普通高等教育
本科数学
基础课程教材

U0761078

Linear Algebra

线性代数

主　编◎高云峰　马　辉　侯方博
副主编◎陈晓弟　于宏佳　王美涵　于济豪

同济大学出版社
TONGJI UNIVERSITY PRESS
·上海·

内 容 提 要

本书主要内容包括行列式、矩阵及其运算、线性方程组、特征值与特征向量和二次型共5章.全书结构严谨，内容丰富，例题详尽，例题的安排由浅入深.教材结合知识点引入了若干课程思政案例、古今中国数学家及其成果介绍等内容，每章后的习题都特别安排了近年考研真题，并引入了数学建模案例和机算实验，突出数学能力的培养.每节后配备了一定数量的习题，每章后配备了总习题，书后附有习题参考答案.

本书的特点在于通过数学建模思想的引入突出学生能力的培养.本书可作为高等院校非数学专业教学的教材或参考书使用，也可作为全国硕士研究生入学考试的参考书.

图书在版编目（CIP）数据

线性代数 / 高云峰，马辉，侯方博主编. -- 上海 ：同济大学出版社，2025. 7. -- ISBN 978-7-5765-1691-3

Ⅰ. O151. 2

中国国家版本馆 CIP 数据核字第 2025JW1957 号

普通高等教育本科数学基础课程教材

线性代数

主编 高云峰 马 辉 侯方博 **副主编** 陈晓弟 于宏佳 王美涵 于济豪

责任编辑 陈佳蔚 **责任校对** 徐逢乔 **封面设计** 渲彩轩

出版发行 同济大学出版社 www.tongjipress.com.cn

（地址：上海市四平路1239号 邮编：200092 电话：021-65985622）

经　　销 全国各地新华书店

印　　刷 常熟市大宏印刷有限公司

排　　版 南京月叶图文制作有限公司

开　　本 787 mm×1092 mm 1/16

印　　张 16.5

字　　数 391 000

版　　次 2025年7月第1版

印　　次 2025年7月第1次印刷

书　　号 ISBN 978-7-5765-1691-3

定　　价 58.00元

前　言

“线性代数”作为高等学校中理、工、农、医、经济管理等学科广泛开设的一门数学类公共基础课程.从交通规划到桥梁设计，从飞机制造到石油勘探，再到经济管理，其概念与方法都具有广泛的应用.

本书在编排上，以矩阵为工具，线性方程组为主线，全面而深入地阐述了线性代数的基本概念与结论.主要内容包括行列式、矩阵及其运算、线性方程组、特征值与特征向量以及二次型共5章，旨在帮助学生系统地掌握基础知识，并通过详尽的例题与习题，引导学生由浅入深地理解数学原理，强化实践能力.

本书在编写过程中，注意贯彻党的二十大精神，强调必须坚持科技是第一生产力、人才是第一资源、创新是第一动力，深入实施科教兴国战略、人才强国战略、创新驱动发展战略，开辟发展新领域新赛道，不断塑造发展新动能新优势.同时，本书力求将课程思政与知识点紧密结合，引导学生深刻领会全面建设社会主义现代化国家，必须坚持中国特色社会主义文化发展道路，增强文化自信，围绕举旗帜、聚民心、育新人、兴文化、展形象建设社会主义文化强国，发展面向现代化、面向世界、面向未来的，民族的科学的大众的社会主义文化，激发全民族文化创新创造活力，增强实现中华民族伟大复兴的精神力量.这不仅是对国家文化自信的坚定表达，也是对学生文化素养的全面提升.

本书第1章由马辉编写，第2、3章由高云峰编写，第4章由侯方博编写，第5章由陈晓弟编写，每章的数学建模案例部分由王美涵整理编写，每章的机算实验部分由于宏佳整理编写，习题参考答案由于济豪核对整理.

由于时间仓促，书中如有不妥之处，敬请各位老师和同行给予批评指正.

编　者

2025年6月

线性代数课程介绍

目 录

第 1 章

行 列 式

行列式的概念在 1683 年与 1693 年由日本数学家关孝和(Seki Takakazu)、德国数学家莱布尼茨(Gottfried Wilhelm Leibniz)提出.以后很长一段时间内,行列式主要应用于对线性方程组的研究.如今,由于计算机科学和计算机软件的快速发展,在常见的高阶行列式中,行列式的数值意义已经不大.但是,行列式公式依然可以给出构成行列式的数表的重要信息.在线性代数的某些应用中,行列式的知识依然很有用.特别是在本课程中,它是研究后面的线性方程组、矩阵及向量组的线性相关的一种重要工具.

1.1 全排列与逆序数

全排列与逆序列、n 阶行列式的定义

中学课程中已经涉及二阶行列式与三阶行列式的定义,分别为

$$\begin{vmatrix} a_{11} & a_{12} \\ a_{21} & a_{22} \end{vmatrix} = a_{11}a_{22} - a_{12}a_{21}$$

称为**二阶行列式**;

$$\begin{vmatrix} a_{11} & a_{12} & a_{13} \\ a_{21} & a_{22} & a_{23} \\ a_{31} & a_{32} & a_{33} \end{vmatrix} = a_{11}a_{22}a_{33} + a_{12}a_{23}a_{31} + a_{13}a_{21}a_{32} - a_{13}a_{22}a_{31} - a_{11}a_{23}a_{32} - a_{12}a_{21}a_{33}$$

称为**三阶行列式**.

横排叫做**行**,竖排叫做**列**.元素 a_{ij} 的下标 i 叫做**行标**,表明该元素位于第 i 行,下标 j 叫做**列标**,表明该元素位于第 j 列.即第 i 行、j 列的元素为 a_{ij}.

不难发现,二、三阶行列式每一项均为不同行、不同列的元素之积再冠以正负号.那么,这个代数和的项数、每一项所带的符号都是由什么确定的呢? 为此,引入全排列和逆序数的概念.

1.1.1 排列与逆序

定义 1 由自然数 1, 2, …, n 组成的不重复的每一种有确定次序的排列,称为一个 **n 级排列**(简称**排列**).

例如,123 是 3 级排列,4312 是 4 级排列,35412 是 5 级排列.

n 级排列的总数是 $n(n-1)\cdots 321 = n!$.

定义 2 在一个 n 级排列 $i_1 i_2 \cdots i_t \cdots i_s \cdots i_n$ 中,若数 $i_t > i_s$,则称数 i_t 与 i_s 构成一个**逆**

序.一个 n 级排列中逆序的总和称为该排列的**逆序数**,记为 $\tau(i_1i_2\cdots i_n)$.

综上所述,可按如下方法计算排列的逆序数:

设在一个 n 级排列 $i_1i_2\cdots i_n$ 中,比 $i_k(k=1,2,\cdots,n)$ 大且排列在 i_k 前面的数共有 j_k 个,则 i_k 的逆序的个数为 j_k,而该排列中所有自然数的逆序的个数之和就是这个排列的逆序数,即

$$\tau(i_1i_2\cdots i_t\cdots i_s\cdots i_n)=j_1+j_2+\cdots+j_n=\sum_{k=1}^{n}j_k.$$

例 1 计算排列 35412 的逆序数.

解 因为 3 排在首位,故其逆序数为 0;

在 5 前面且比 5 大的数有 0 个,故其逆序的个数为 0;

在 4 前面且比 4 大的数有 1 个,故其逆序的个数为 1;

在 1 前面且比 1 大的数有 3 个,故其逆序的个数为 3;

在 2 前面且比 2 大的数有 3 个,故其逆序的个数为 3,

则所求排列的逆序数为 $\tau(35412)=0+0+1+3+3=7$.

定义 3 逆序数为奇数的排列称为**奇排列**;逆序数为偶数的排列称为**偶排列**.

例 2 求排列 $n(n-1)\cdots321$ 的逆序数,并讨论其奇偶性.

解 因为逆序数为

$$\tau(n(n-1)\cdots321)=0+1+2+\cdots+(n-1)=\frac{n(n-1)}{2}.$$

易见:当 $n=4k$, $4k+1$ 时,该排列是偶排列;当 $n=4k+2$, $4k+3$ 时,该排列是奇排列.

1.1.2 对换

为了进一步研究 n 阶行列式的性质,先要讨论对换的概念及其与排列奇偶性的关系.

定义 4 在排列中,将任意两个元素对调,其余的元素不动,这种做出新排列的方法称为**对换**.将两个相邻元素对换,称为**相邻对换**.

例如,对换排列 21354 中的元素 1 和 4 的位置后,得到排列 24351.

定理 1 任意一个排列经过一个对换后,其奇偶性改变.

证明 先证相邻对换的情形.

设排列为 $a_1\cdots a_n a\,b\,b_1\cdots b_m$,对换 a 与 b,变为 $a_1\cdots a_n b\,a\,b_1\cdots b_m$,显然,$a_1$,$\cdots$,$a_n$,$b_1$,$\cdots$,$b_m$ 这些元素的逆序数经过对换并不改变,而 a,b 两元素的逆序数改变:

当 $a<b$ 时,经对换后 a 的逆序数增加 1 而 b 的逆序数不变;

当 $a>b$ 时,经对换后 a 的逆序数不变而 b 的逆序数减少 1,

所以排列 $a_1\cdots a_n abb_1\cdots b_m$ 与 $a_1\cdots a_n bab_1\cdots b_m$ 的逆序数相差 1,奇偶性改变.

再证一般对换的情形.

设排列为 $a_1\cdots a_l a\ b_1\cdots b_m b\ c_1\cdots c_n$,对它做 m 次相邻对换,变成排列 $a_1\cdots a_l abb_1\cdots b_m c_1\cdots c_n$,再做 $m+1$ 次相邻对换,变成 $a_1\cdots a_l b\,b_1\cdots b_m a\,c_1\cdots c_n$,总之,经过 $2m+1$ 次相邻对换,排列 $a_1\cdots a_l ab_1\cdots b_m bc_1\cdots c_n$ 变成排列 $a_1\cdots a_l bb_1\cdots b_m ac_1\cdots c_n$,所以这

两个排列的奇偶性相反.

推论　奇排列变成自然数排列的对换次数为**奇数**,偶排列变成自然顺序排列的对换次数为**偶数**.

证明　由定理 1 知,对换的次数就是排列奇偶性的变换次数,而自然顺序排列是偶排列(逆序数为 0),因此结论成立.

定理 2　n 个自然数 $(n>1)$ 共有 $n!$ 个 n 级排列,其中奇偶排列各占一半.

证明　n 级排列的总数为 $n(n-1)(n-2)\cdots 2\times 1=n!$.

设其中奇排列为 p 个,偶排列为 p 个,若对每个奇排列都做同一对换,则由定理 1,p 个奇排列均变为偶排列,故 $p\leqslant q$;同理,对每一个偶排列都做同一对换,则 p 个偶排列均变为奇排列,故 $q\leqslant p$,所以 $p=q$,从而 $p=q=\dfrac{n!}{2}$.

习题 1.1

1. 求下列排列的逆序数,并判定其奇偶性.

(1) 634521;　(2) 241359876;　(3) 36718254;

(4) 3712456;　(5) $13\cdots(2n-1)24\cdots 2n$;

(6) $13\cdots(2n-1)2n(2n-2)\cdots 2$.

2. 求 j, k 使 8 级排列 $24j157k8$ 为偶排列.

1.2　n 阶行列式的定义

引例

二阶行列式:

$$\begin{vmatrix} a_{11} & a_{12} \\ a_{21} & a_{22} \end{vmatrix}=a_{11}a_{22}-a_{12}a_{21}.$$

三阶行列式:

$$\begin{vmatrix} a_{11} & a_{12} & a_{13} \\ a_{21} & a_{22} & a_{23} \\ a_{31} & a_{32} & a_{33} \end{vmatrix}=a_{11}a_{22}a_{33}+a_{12}a_{23}a_{31}+a_{13}a_{21}a_{32}-a_{13}a_{22}a_{31}-$$

$$a_{11}a_{23}a_{32}-a_{12}a_{21}a_{33}.$$

请读者根据以上两个定义,分析三阶行列式的规律.

三阶行列式规律:

(1) 展开后有 6 项,即 3!项.

(2) 每一项位于不同行不同列的三个元素的乘积.

(3) 每一项除去正负号,可以写成 $a_{1j_1}a_{2j_2}a_{3j_3}$,其中,$j_1j_2j_3$ 是 1,2,3 的某个排列.

请读者尝试总结 n 阶行列式的定义.

定义 由 n^2 个元素 a_{ij} 组成的记号

$$\begin{vmatrix} a_{11} & a_{12} & \cdots & a_{1n} \\ a_{21} & a_{22} & \cdots & a_{2n} \\ \vdots & \vdots & & \vdots \\ a_{n1} & a_{n2} & \cdots & a_{nn} \end{vmatrix}$$

称为 **n 阶行列式**,其中,横排叫做**行**,竖排叫做**列**,它表示所有取自不同行、不同列的 n 个元素的乘积 $a_{1j_1}a_{2j_2}\cdots a_{nj_n}$ 的代数和.各项的符号取号规则:该项元素的行标按自然数顺序排列后,若对应的列标构成的排列是偶排列,则取正号;若是奇排列,则取负号.即

$$\begin{vmatrix} a_{11} & a_{12} & \cdots & a_{1n} \\ a_{21} & a_{22} & \cdots & a_{2n} \\ \vdots & \vdots & & \vdots \\ a_{n1} & a_{n2} & \cdots & a_{nn} \end{vmatrix} = \sum_{j_1j_2\cdots j_n} (-1)^{\tau(j_1j_2\cdots j_n)} a_{1j_1}a_{2j_2}\cdots a_{nj_n},$$

其中,$\sum\limits_{j_1j_2\cdots j_n}$ 表示对所有 n 级排列求和,行列式有时也简记为 $\det(a_{ij})$ 或 $|a_{ij}|$,这里数 a_{ij} 称为行列式的元素,称 $(-1)^{\tau(j_1j_2\cdots j_n)}a_{1j_1}a_{2j_2}\cdots a_{nj_n}$ 为行列式的**一般项**.

注 (1) n 阶行列式是 $n!$ 项的代数和,且冠以正号的项和冠以负号的项各占一半,因此,行列式实质上是**一种特殊定义的数**.

(2) $a_{1j_1}a_{2j_2}\cdots a_{nj_n}$ 的符号为 $(-1)^{\tau(j_1j_2\cdots j_n)}$(**不包括元素本身所带的符号**).

(3) 一阶行列式 $|a|=a$(**不要与绝对值记号相混淆**).

例 1 计算行列式

$$D=\begin{vmatrix} 1 & 0 & 0 & 0 \\ 0 & 2 & 0 & 0 \\ 0 & 0 & 3 & 0 \\ 0 & 0 & 0 & 4 \end{vmatrix}.$$

解 一般项为 $(-1)^{\tau(j_1j_2j_3j_4)}a_{1j_1}a_{2j_2}a_{3j_3}a_{4j_4}$,现考察不为零的项,$a_{1j_1}$ 取自第一行,但只有 $a_{11}\neq 0$,故只能 $j_1=1$;同理可得 $j_2=2$,$j_3=3$,$j_4=4$.即行列式中不为零的项只有 $(-1)^{\tau(1234)}1\times 2\times 3\times 4=24$,所以 $D=24$.

注 一般地,可得到下列结果:

$$D=\begin{vmatrix} a_{11} & 0 & \cdots & 0 \\ 0 & a_{22} & \cdots & 0 \\ \vdots & \vdots & & \vdots \\ 0 & \cdots & \cdots & a_{nn} \end{vmatrix} = a_{11}a_{22}\cdots a_{nn},$$

这种非主对角线上元素全为零的行列式称为**对角行列式**.类似地,得到非副对角线上的元素全为零的行列式

$$D=\begin{vmatrix} 0 & \cdots & 0 & a_{1n} \\ 0 & \cdots & a_{2n-1} & 0 \\ \vdots & & \vdots & \vdots \\ a_{n1} & \cdots & 0 & 0 \end{vmatrix}=(-1)^{\tau(n(n-1)\cdots 1)}a_{1n}a_{2n-1}\cdots a_{n1}$$

$$=(-1)^{\frac{n(n-1)}{2}}a_{1n}a_{2n-1}\cdots a_{n1}.$$

这两类行列式都可以利用公式直接求出结果.另外,对角线以下(上)的元素全为零的行列式称为上(下)三角(形)行列式,其结果也可以直接得到.

上三角形行列式:

$$D=\begin{vmatrix} a_{11} & a_{12} & \cdots & a_{1n} \\ 0 & a_{22} & \cdots & a_{2n} \\ \vdots & \vdots & & \vdots \\ 0 & 0 & \cdots & a_{nn} \end{vmatrix}=a_{11}a_{22}\cdots a_{nn},$$

下三角形行列式:

$$D=\begin{vmatrix} a_{11} & 0 & \cdots & 0 \\ a_{21} & a_{22} & \cdots & 0 \\ \vdots & \vdots & & \vdots \\ a_{n1} & a_{n2} & \cdots & a_{nn} \end{vmatrix}=a_{11}a_{22}\cdots a_{nn}.$$

定理 n 阶行列式也定义为

$$D=\sum(-1)^s a_{i_1j_1}a_{i_2j_2}\cdots a_{i_nj_n},$$

其中,s 为行标与列标排列的逆序数之和,即

$$s=\tau(i_1i_2\cdots i_n)+\tau(j_1j_2\cdots j_n).$$

证明 按行列式定义有

$$D=\sum(-1)^{\tau(\bar{j}_1\bar{j}_2\cdots\bar{j}_n)}a_{1\bar{j}_1}a_{2\bar{j}_2}\cdots a_{2\bar{j}_n}, \tag{1}$$

令

$$D_1=\sum(-1)^s a_{i_1j_1}a_{i_2j_2}\cdots a_{i_nj_n}, \tag{2}$$

注意到交换式(2)的一般项中两个元素的位置,相当于同时进行一个行标的对换和一个列标的对换.故交换位置后一般项两下标排列逆序数之和的奇偶性保持不变.即交换式(2)的一般项中两个元素的位置,其符号保持不变.这样总可以经过有限次的位置交换,使其行标换为自然数顺序排列,即变为式(1)的一般项,因此,D 的一般项也可以记为式(2)的形式.

推论 n 阶行列式也可定义为

$$D=\sum(-1)^{\tau(i_1i_2\cdots i_n)}a_{i_11}a_{i_22}\cdots a_{i_nn}.$$

例 2 在六阶行列式中，下列两项各应带什么符号？

(1) $a_{23}a_{31}a_{42}a_{56}a_{14}a_{65}$； (2) $a_{32}a_{43}a_{14}a_{51}a_{66}a_{25}$.

解 (1) 按定义计算.

先使得行标按自然顺序排列：

$$a_{23}a_{31}a_{42}a_{56}a_{14}a_{65}=a_{14}a_{23}a_{31}a_{42}a_{56}a_{65},$$

而 431265 的逆序数 $\tau=0+1+2+2+0+1=6$，所以 $a_{23}a_{31}a_{42}a_{56}a_{14}a_{65}$ 前面应带正号.

(2) 按定理计算.

行标排列 341562 的逆序数为 $\tau=0+0+2+0+0+4=6$；

列标排列 234165 的逆序数为 $\tau=0+0+0+3+0+1=4$，

所以 $a_{32}a_{43}a_{14}a_{51}a_{66}a_{25}$ 前面应带正号.

习题 1.2

1. 利用定义计算下列行列式.

(1) $\begin{vmatrix} 0 & 2 & 0 & 0 \\ 0 & 0 & 1 & 0 \\ 4 & 0 & 0 & 0 \\ 0 & 0 & 0 & 3 \end{vmatrix}$； (2) $\begin{vmatrix} 1 & 1 & 1 & 1 \\ 2 & 2 & 2 & 0 \\ 3 & 3 & 0 & 0 \\ 4 & 0 & 0 & 0 \end{vmatrix}$； (3) $\begin{vmatrix} 1 & 0 & 0 & 0 \\ 0 & 1 & 0 & 1 \\ 0 & 1 & 1 & 1 \\ 0 & 0 & 1 & 0 \end{vmatrix}$.

2. 写出四阶行列式中含有因子 $a_{12}a_{34}$ 的项.

3. 在六阶行列式 $|a_{ij}|$ 中，下列各元素乘积应取什么符号？

(1) $a_{11}a_{26}a_{32}a_{44}a_{53}a_{65}$； (2) $a_{15}a_{23}a_{32}a_{44}a_{51}a_{66}$.

4. 写出 k，l，使 $a_{13}a_{2k}a_{34}a_{42}a_{5l}$ 成为五阶行列式 $|a_{ij}|$ 中带有正号的项.

5. 设 n 阶行列式中有 n^2-n 个以上的元素为零，证明该行列式为零.

6. 用行列式的定义计算下列行列式.

(1) $\begin{vmatrix} 0 & 0 & \cdots & 0 & 1 \\ 0 & 0 & \cdots & 2 & 0 \\ \vdots & \vdots & & \vdots & \vdots \\ 0 & n-1 & 0 & \cdots & 0 \\ n & 0 & 0 & \cdots & 0 \end{vmatrix}$； (2) $\begin{vmatrix} 0 & 1 & \cdots & 0 & 0 \\ 0 & 0 & \cdots & 0 & 0 \\ \vdots & \vdots & & \vdots & \vdots \\ 0 & 0 & \cdots & 0 & n-1 \\ n & 0 & \cdots & 0 & 0 \end{vmatrix}$；

(3) $\begin{vmatrix} a_{11} & a_{12} & a_{13} & a_{14} & a_{15} \\ a_{21} & a_{22} & a_{23} & a_{24} & a_{25} \\ a_{31} & a_{32} & 0 & 0 & 0 \\ a_{41} & a_{42} & 0 & 0 & 0 \\ a_{51} & a_{52} & 0 & 0 & 0 \end{vmatrix}$； (4) $\begin{vmatrix} a_{11} & \cdots & a_{1n-1} & a_{1n} \\ a_{21} & \cdots & a_{2n-1} & 0 \\ \vdots & & \vdots & \vdots \\ a_{n1} & \cdots & 0 & 0 \end{vmatrix}$.

1.3 行列式的性质

在行列式的计算问题上，按照定义来计算时，随着行列式的阶数的提高，计算量也快速提高，如何探寻行列式的快速计算方法就尤为重要了.行列式的奥妙在于对行列式的行或列进行了某些变换[如行或列互换、交换两行(列)位置、某行(列)乘以某个数、某行(列)乘以某数后加到另一行(列)等]后，行列式虽然会发生相应的变化，但变换前后两个行列式的值却仍保持着线性关系，这意味着，可以利用这些关系大大简化高阶行列式的计算.

行列式的性质

本节首先讨论行列式在上述方面的重要性，然后进一步讨论如何利用这些性质计算高阶行列式的值.

1.3.1 行列式的性质

将行列式 D 的行与列互换后得到的行列式，称为 D 的**转置行列式**，记为 D^{T} 或 D'，即

$$
\text{若 } D=\begin{vmatrix} a_{11} & a_{12} & \cdots & a_{1n} \\ a_{21} & a_{22} & \cdots & a_{2n} \\ \vdots & \vdots & & \vdots \\ a_{n1} & a_{n2} & \cdots & a_{nn} \end{vmatrix}，\text{则 } D^{\mathrm{T}}=\begin{vmatrix} a_{11} & a_{21} & \cdots & a_{n1} \\ a_{12} & a_{22} & \cdots & a_{n2} \\ \vdots & \vdots & & \vdots \\ a_{1n} & a_{2n} & \cdots & a_{nn} \end{vmatrix}.
$$

性质1 行列式与它的转置行列式相等，即 $D=D^{\mathrm{T}}$.

证明 由定义，D 的一般项为 $(-1)^{\tau(j_1j_2\cdots j_n)}a_{1j_1}a_{2j_2}\cdots a_{nj_n}$，它的元素在 D 中位于不同的行、不同的列，因而在 D^{T} 中位于不同的列、不同的行，故这 n 个元素的乘积在 D^{T} 中应为 $a_{j_11}a_{j_22}\cdots a_{j_nn}$，易知其符号也是 $(-1)^{\tau(j_1j_2\cdots j_n)}$. 因此，$D$ 与 D^{T} 是具有相同项的行列式，即 $D=D^{\mathrm{T}}$.

注 由性质1知道，行列式中的行与列具有相同的地位，行列式的行具有的性质，它的列也同样具有.

性质2 交换行列式的两行(列)，行列式变号.

证明 设 n 阶行列式

$$
D=\begin{vmatrix} a_{11} & a_{12} & \cdots & a_{1n} \\ \vdots & \vdots & & \vdots \\ a_{i1} & a_{i2} & \cdots & a_{in} \\ \vdots & \vdots & & \vdots \\ a_{j1} & a_{j2} & \cdots & a_{jn} \\ \vdots & \vdots & & \vdots \\ a_{n1} & a_{n2} & \cdots & a_{nn} \end{vmatrix},
$$

交换行列式的第 i 行与第 j 行对应元素 $(1\leqslant i<j\leqslant n)$，得行列式

$$D_1=\begin{vmatrix} a_{11} & a_{12} & \cdots & a_{1n} \\ \vdots & \vdots & & \vdots \\ a_{j1} & a_{j2} & \cdots & a_{jn} \\ \vdots & \vdots & & \vdots \\ a_{i1} & a_{i2} & \cdots & a_{in} \\ \vdots & \vdots & & \vdots \\ a_{n1} & a_{n2} & \cdots & a_{nn} \end{vmatrix}.$$

乘积 $a_{1p_1}\cdots a_{ip_i}\cdots a_{jp_j}\cdots a_{np_n}$ 在行列式 D 和 D_1 中都是取自不同行、不同列的 n 个元素的乘积，而符号分别为 $(-1)^{s+t}$ 和 $(-1)^{s'+t}$，其中 s 为 D 中行标排列 $1\cdots j\cdots i\cdots n$ 的逆序数，s' 为 D_1 中行标排列 $1\cdots j\cdots i\cdots n$ 的逆序数，而 D 和 D_1 中一般项的奇偶性相反，由这两点即得到 $D=-D_1$.

注 交换 i, j 两行(列)，记为 $r_i\leftrightarrow r_j$ ($c_i\leftrightarrow c_j$).

推论 1 若行列式中有两行(列)的对应元素相同，则此行列式等于零.

证明 互换相同的两行(列)，有 $D=-D$，故 $D=0$.

性质 3 用数 k 乘行列式的某行(列)，等于用数 k 乘此行列式，即

$$D_1=\begin{vmatrix} a_{11} & a_{12} & \cdots & a_{1n} \\ \vdots & \vdots & & \vdots \\ ka_{i1} & ka_{i2} & \cdots & ka_{in} \\ \vdots & \vdots & & \vdots \\ a_{n1} & a_{n2} & \cdots & a_{nn} \end{vmatrix}=k\begin{vmatrix} a_{11} & a_{12} & \cdots & a_{1n} \\ \vdots & \vdots & & \vdots \\ a_{i1} & a_{i2} & \cdots & a_{in} \\ \vdots & \vdots & & \vdots \\ a_{n1} & a_{n2} & \cdots & a_{nn} \end{vmatrix}=kD.$$

证明 第 i 行乘以数 k 后，行列式为

$$\begin{aligned} D_1&=\sum(-1)^{\tau(j_1\cdots j_i\cdots j_n)}a_{1j_1}\cdots(ka_{ij_i})\cdots a_{nj_n} \\ &=k\sum(-1)^{\tau(j_1\cdots j_i\cdots j_n)}a_{1j_1}\cdots a_{ij_i}\cdots a_{nj_n}=kD. \end{aligned}$$

注 第 i 行(列)乘以 k，记为 $r_i\cdot k$ (或 $c_i\cdot k$).

推论 2 行列式的某一行(列)中所有元素的公因子可以提到行列式符号的外面.

推论 3 行列式中某两行(列)对应元素成比例，则此行列式等于零.

例如，行列式

$$D=\begin{vmatrix} 1 & 2 & 3 \\ 2 & 4 & 5 \\ 3 & 6 & 7 \end{vmatrix},$$

因为第 1 列与第 2 列对应元素成比例，根据推论 3，可直接得到 $D=0$.

例 1 设 $\begin{vmatrix} a_{11} & a_{12} & a_{13} \\ a_{21} & a_{22} & a_{23} \\ a_{31} & a_{32} & a_{33} \end{vmatrix}=3$，求 $\begin{vmatrix} 6a_{11} & -2a_{12} & -10a_{13} \\ -3a_{21} & a_{22} & 5a_{23} \\ -3a_{31} & a_{32} & 5a_{33} \end{vmatrix}$.

解

$$\begin{vmatrix} 6a_{11} & -2a_{12} & -10a_{13} \\ -3a_{21} & a_{22} & 5a_{23} \\ -3a_{31} & a_{32} & 5a_{33} \end{vmatrix} = -2\begin{vmatrix} -3a_{11} & a_{12} & 5a_{13} \\ -3a_{21} & a_{22} & 5a_{23} \\ -3a_{31} & a_{32} & 5a_{33} \end{vmatrix}$$

$$= -2\times(-3)\times 5\begin{vmatrix} a_{11} & a_{12} & a_{13} \\ a_{21} & a_{22} & a_{23} \\ a_{31} & a_{32} & a_{33} \end{vmatrix}$$

$$=90.$$

一般地，形如

$$\begin{vmatrix} 0 & a_{12} & a_{13} & \cdots & a_{1n} \\ -a_{12} & 0 & a_{23} & \cdots & a_{2n} \\ -a_{13} & -a_{23} & 0 & \cdots & a_{3n} \\ \vdots & \vdots & \vdots & & \vdots \\ -a_{1n} & -a_{2n} & -a_{3n} & \cdots & 0 \end{vmatrix}$$

的行列式称为**反对称行列式**，它具有特征：$a_{ij}=-a_{ji}(i\neq j)$；$a_{ij}=0\ (i=j)$.

例 2 证明奇数阶反对称行列式的值为零.

证明 设

$$\begin{vmatrix} 0 & a_{12} & a_{13} & \cdots & a_{1n} \\ -a_{12} & 0 & a_{23} & \cdots & a_{2n} \\ -a_{13} & -a_{23} & 0 & \cdots & a_{3n} \\ \vdots & \vdots & \vdots & & \vdots \\ -a_{1n} & -a_{2n} & -a_{3n} & \cdots & 0 \end{vmatrix}.$$

利用行列式性质 1 及推论 2，有

$$D=D^{\mathrm{T}}=(-1)^n\begin{vmatrix} 0 & a_{12} & a_{13} & \cdots & a_{1n} \\ -a_{12} & 0 & a_{23} & \cdots & a_{2n} \\ -a_{13} & -a_{23} & 0 & \cdots & a_{3n} \\ \vdots & \vdots & \vdots & & \vdots \\ -a_{1n} & -a_{2n} & -a_{3n} & \cdots & 0 \end{vmatrix}=(-1)^n D.$$

当 n 为奇数时，有 $D=-D$，即 $D=0$.

性质 4 若行列式的某一行(列)的元素都是两数之和,则行列式可以拆成两个行列式的和,即

$$\begin{vmatrix} a_{11} & a_{12} & \cdots & a_{1n} \\ \vdots & \vdots & & \vdots \\ b_{i1}+c_{i1} & b_{i2}+c_{i2} & \cdots & b_{in}+c_{in} \\ \vdots & \vdots & & \vdots \\ a_{n1} & a_{n2} & \cdots & a_{nn} \end{vmatrix} = \begin{vmatrix} a_{11} & a_{12} & \cdots & a_{1n} \\ \vdots & \vdots & & \vdots \\ b_{i1} & b_{i2} & \cdots & b_{in} \\ \vdots & \vdots & & \vdots \\ a_{n1} & a_{n2} & \cdots & a_{nn} \end{vmatrix} + \begin{vmatrix} a_{11} & a_{12} & \cdots & a_{1n} \\ \vdots & \vdots & & \vdots \\ c_{i1} & c_{i2} & \cdots & c_{in} \\ \vdots & \vdots & & \vdots \\ a_{n1} & a_{n2} & \cdots & a_{nn} \end{vmatrix}.$$

证明
$$\begin{aligned} D &= \sum (-1)^{\tau(j_1\cdots j_i\cdots j_n)} a_{1j_1}\cdots(b_{ij_i}+c_{ij_i})\cdots a_{nj_n} \\ &= \sum (-1)^{\tau(j_1\cdots j_i\cdots j_n)} a_{1j_1}\cdots b_{ij_i}\cdots a_{nj_n} + \sum (-1)^{\tau(j_1\cdots j_i\cdots j_n)} a_{1j_1}\cdots c_{ij_i}\cdots a_{nj_n} \\ &= D_1 + D_2. \end{aligned}$$

注 上述结果可推广到有限个数和的情形.

性质 5 将行列式的某一行(列)的所有元素都乘以数 k 后加到另一行(列)对应元素上去,那么行列式的值不变.

例如,以数 k 乘第 j 列加到第 i 列上,则有

$$D = \begin{vmatrix} a_{11} & \cdots & a_{1i} & \cdots & a_{1j} & \cdots & a_{1n} \\ a_{21} & \cdots & a_{2i} & \cdots & a_{2j} & \cdots & a_{2n} \\ \vdots & & \vdots & & \vdots & & \vdots \\ a_{n1} & \cdots & a_{ni} & \cdots & a_{nj} & \cdots & a_{nn} \end{vmatrix}$$

$$= \begin{vmatrix} a_{11} & \cdots & a_{1i}+ka_{1j} & \cdots & a_{1j} & \cdots & a_{1n} \\ a_{21} & \cdots & a_{2i}+ka_{2j} & \cdots & a_{2j} & \cdots & a_{2n} \\ \vdots & & \vdots & & \vdots & & \vdots \\ a_{n1} & \cdots & a_{ni}+ka_{nj} & \cdots & a_{nj} & \cdots & a_{nn} \end{vmatrix} = D\ (i \neq j).$$

由性质 4 和推论 3 很容易得到,请读者自己证明.

注 以数 k 乘第 j 行加到第 i 行上,记作 $r_i + kr_j$;以数 k 乘第 j 列加到第 i 列上,记作 $c_i + kc_j$.

1.3.2 利用“三角化”计算行列式

计算行列式时,我们发现三角形的行列式是最易于计算的,因此常用行列式的性质,把它化为三角形行列式来计算.例如,将行列式化为上三角形行列式的步骤如下:

(1) 如果第 1 列第 1 个元素为零,先将第 1 行与其他行交换使得第 1 列第 1 个元素不为零,然后把第 1 行分别乘以适当的数加到其他各行,使得第 1 列除第 1 个元素外其他元素全为零.

(2) 再用同样的方法处理除去第 1 行和第 1 列后余下的低一阶行列式;如此继续下去,直至使它成为上三角形行列式,这时主对角线上元素的乘积就是所求行列式的值.

注 当今大部分用于计算一般行列式的计算机程序都是按上述方法进行设计的.可以证明,利用行变换计算 n 阶行列式需要大约 $2n^3/3$ 次算术运算,任何一台现代的微型计算机都可以在几分之一秒内计算出 50 阶行列式的值,计算量大约为 83 300 次.如果用行列式的定义来计算,其运算量约为 $49\times 50!$ 次,这显然是个非常巨大的数值.

例 3 计算 $D=\begin{vmatrix} -2 & 2 & -4 & 0 \\ 4 & -1 & 3 & 5 \\ 3 & 1 & -2 & -3 \\ 2 & 0 & 5 & 1 \end{vmatrix}$.

解

$$D=\begin{vmatrix} -2 & 2 & -4 & 0 \\ 4 & -1 & 3 & 5 \\ 3 & 1 & -2 & -3 \\ 2 & 0 & 5 & 1 \end{vmatrix} \xlongequal{r_2+2r_1} \begin{vmatrix} -2 & 2 & -4 & 0 \\ 0 & 3 & -5 & 5 \\ 3 & 1 & -2 & -3 \\ 2 & 0 & 5 & 1 \end{vmatrix}$$

$$\xlongequal[r_4+r_1]{r_3+\frac{3}{2}r_1} \begin{vmatrix} -2 & 2 & -4 & 0 \\ 0 & 3 & -5 & 5 \\ 0 & 4 & -8 & -3 \\ 0 & 2 & 1 & 1 \end{vmatrix} \xlongequal{r_2\leftrightarrow r_4} -\begin{vmatrix} -2 & 2 & -4 & 0 \\ 0 & 2 & 1 & 1 \\ 0 & 4 & -8 & -3 \\ 0 & 3 & -5 & 5 \end{vmatrix}$$

$$\xlongequal[r_4-\frac{3}{2}r_2]{r_3-2r_2} -\begin{vmatrix} -2 & 2 & -4 & 0 \\ 0 & 2 & 1 & 1 \\ 0 & 0 & -10 & -5 \\ 0 & 0 & -\frac{13}{2} & \frac{7}{2} \end{vmatrix}$$

$$=-2\times 2\times 10\times \frac{13}{2}\begin{vmatrix} -1 & 1 & -2 & 0 \\ 0 & 1 & \frac{1}{2} & \frac{1}{2} \\ 0 & 0 & -1 & -\frac{1}{2} \\ 0 & 0 & -1 & \frac{7}{13} \end{vmatrix}$$

$$\xlongequal{r_4-r_3} -260\begin{vmatrix} -1 & 1 & -2 & 0 \\ 0 & 1 & \frac{1}{2} & \frac{1}{2} \\ 0 & 0 & -1 & -\frac{1}{2} \\ 0 & 0 & 0 & \frac{27}{26} \end{vmatrix} =-260\times \frac{27}{26}=-270.$$

例 4 计算 $D=\begin{vmatrix}6&1&1&1\\0&6&1&1\\1&1&6&1\\1&1&1&6\end{vmatrix}$.

解 计算 $D=\begin{vmatrix}6&1&1&1\\1&6&1&1\\1&1&6&1\\1&1&1&6\end{vmatrix}=\begin{vmatrix}9&1&1&1\\9&6&1&1\\9&1&6&1\\9&1&1&6\end{vmatrix}=\begin{vmatrix}9&1&1&1\\0&5&0&0\\0&0&5&0\\0&0&0&5\end{vmatrix}=9\times5\times5\times5=1\,125.$

注 仿照上述方法可得到更一般的结果：

$$\begin{vmatrix}a&b&b&\cdots&b\\a&a&b&\cdots&b\\\vdots&\vdots&\vdots&&\vdots\\b&b&b&\cdots&a\end{vmatrix}=[a+(n-1)b](a-b)^{n-1}.$$

例 5 计算行列式

$$D=\begin{vmatrix}a_1&-a_1&0&0\\0&a_2&-a_2&0\\0&0&a_3&-a_3\\1&1&1&1\end{vmatrix}.$$

解 根据行列式的特点，可将第 1 列加至第 2 列，然后将第 2 列加至第 3 列，再将第 3 列加至第 4 列，目的是使 D 中的零元素增多.

$$D=\begin{vmatrix}a_1&0&0&0\\0&a_2&-a_2&0\\0&0&a_3&-a_3\\1&2&1&1\end{vmatrix}=\begin{vmatrix}a_1&0&0&0\\0&a_2&0&0\\0&0&a_3&-a_3\\1&2&3&1\end{vmatrix}=\begin{vmatrix}a_1&0&0&0\\0&a_2&0&0\\0&0&a_3&0\\1&2&3&4\end{vmatrix}$$

$$=4a_1a_2a_3.$$

注 类似前注，读者可尝试将此题推广到 n 阶情形.

习题 1.3

1. 用行列式的性质计算行列式.

(1) $\begin{vmatrix}34\,215&35\,215\\28\,092&29\,092\end{vmatrix}$；(2) $\begin{vmatrix}-ab&ac&ae\\bd&-cd&de\\bf&cf&-ef\end{vmatrix}$；(3) $\begin{vmatrix}1&1&1&1\\-1&1&1&1\\-1&-1&1&1\\-1&-1&-1&1\end{vmatrix}$.

2. 利用行列式的性质把下列行列式化为上三角形行列式，并计算其值.

(1) $\begin{vmatrix}-2&2&-4&0\\4&-1&3&5\\3&1&-2&-3\\2&0&5&1\end{vmatrix}$；(2) $\begin{vmatrix}1&2&3&4\\2&3&4&1\\3&4&1&2\\4&3&2&1\end{vmatrix}$.

3. 设行列式 $|a_{ij}|=m(i, j=1, 2, \cdots, 5)$，以下列次序对 $|a_{ij}|$ 进行变换后，求其结果：交换第1行与第5行，再转置，用2乘以所有元素，再用(-3)乘以第2列加到第4列，最后用4除以第2行每个元素.

4. 用行列式的性质证明下列等式.

(1) $\begin{vmatrix} a_1+kb_1 & b_1+c_1 & c_1 \\ a_2+kb_2 & b_2+c_2 & c_2 \\ a_3+kb_3 & b_3+c_3 & c_3 \end{vmatrix} = \begin{vmatrix} a_1 & b_1 & c_1 \\ a_2 & b_2 & c_2 \\ a_3 & b_3 & c_3 \end{vmatrix}$；(2) $\begin{vmatrix} y+z & z+x & x+y \\ x+y & y+z & z+x \\ z+x & x+y & y+z \end{vmatrix} = 2\begin{vmatrix} x & y & z \\ z & x & y \\ y & z & x \end{vmatrix}$.

5. 计算下列行列式.

(1) $\begin{vmatrix} x & a & \cdots & a \\ a & x & \cdots & a \\ \vdots & \vdots & & \vdots \\ a & a & \cdots & x \end{vmatrix}$；(2) $\begin{vmatrix} 1 & 2 & 3 & \cdots & n-1 & n \\ -1 & 0 & 3 & \cdots & n-1 & n \\ -1 & -2 & 0 & \cdots & n-1 & n \\ \vdots & \vdots & \vdots & & \vdots & \vdots \\ -1 & -2 & -3 & \cdots & 0 & n \\ -1 & -2 & -3 & \cdots & -(n-1) & 0 \end{vmatrix}$；

(3) $\begin{vmatrix} 1 & a_1 & a_2 & \cdots & a_n \\ 1 & a_1+b_1 & a_2 & \cdots & a_n \\ 1 & a_1 & a_2+b_2 & \cdots & a_n \\ \vdots & \vdots & \vdots & & \vdots \\ 1 & a_1 & a_2 & \cdots & a_n+b_n \end{vmatrix}$；(4) $\begin{vmatrix} a_0 & 1 & 1 & \cdots & 1 \\ 1 & a_1 & 0 & \cdots & 0 \\ 1 & 0 & a_2 & \cdots & 0 \\ \vdots & \vdots & \vdots & & \vdots \\ 1 & 0 & 0 & \cdots & a_n \end{vmatrix}$，其中 $a_i \neq 0$.

6. 解下列方程.

(1) $\begin{vmatrix} 1 & 1 & 2 & 3 \\ 1 & 2-x^2 & 2 & 3 \\ 2 & 3 & 1 & 5 \\ 2 & 3 & 1 & 9-x^2 \end{vmatrix} = 0$；

(2) $\begin{vmatrix} 1 & 1 & 1 & \cdots & 1 & 1 \\ 1 & 1-x & 1 & \cdots & 1 & 1 \\ 1 & 1 & 2-x & \cdots & 1 & 1 \\ \vdots & \vdots & \vdots & & \vdots & \vdots \\ 1 & 1 & 1 & \cdots & (n-2)-x & 1 \\ 1 & 1 & 1 & \cdots & 1 & (n-1)-x \end{vmatrix} = 0$.

7. 设 n 阶行列式 $D=\det(a_{ij})$，把 D 上下翻转，或逆时针旋转90°，或依副对角线翻转，依次得 $D_1 = \begin{vmatrix} a_{n1} & \cdots & a_{nn} \\ \vdots & & \vdots \\ a_{11} & \cdots & a_{1n} \end{vmatrix}$，$D_2 = \begin{vmatrix} a_{1n} & \cdots & a_{nn} \\ \vdots & & \vdots \\ a_{11} & \cdots & a_{n1} \end{vmatrix}$，$D_3 = \begin{vmatrix} a_{nn} & \cdots & a_{1n} \\ \vdots & & \vdots \\ a_{n1} & \cdots & a_{11} \end{vmatrix}$.

证明：$D_1 = D_2 = (-1)^{\frac{n(n-1)}{2}} D$，$D_3 = D$.

8. 已知255，459，527都能被17整除，不求行列式的值证明行列式 $\begin{vmatrix} 2 & 4 & 5 \\ 5 & 5 & 2 \\ 5 & 9 & 7 \end{vmatrix}$ 能被17整除.

1.4 行列式计算

行列式计算

1.4.1 行列式按一行(列)展开

通过 1.3 节的讨论,我们发现行列式计算量主要来自行列式的阶数,我们考虑能否用低阶的行列式表示高阶行列式,以此完成行列式的降阶,从而提高计算效率,减少计算量.为从更一般的角度来考虑用低阶行列式表示高阶行列式的问题,先引入余子式和代数余子式的概念.

定义 1 在 n 阶行列式 D 中,去掉元素 a_{ij} 所在的第 i 行和第 j 列后,余下的 $n-1$ 阶行列式称为 D 中元素 a_{ij} 的**余子式**,记为 M_{ij},再记 $A_{ij}=(-1)^{i+j}M_{ij}$,称 A_{ij} 为元素 a_{ij} 的**代数余子式**.

例如,在四阶行列式

$$D=\begin{vmatrix} a_{11} & a_{12} & a_{13} & a_{14} \\ a_{21} & a_{22} & a_{23} & a_{24} \\ a_{31} & a_{32} & a_{33} & a_{34} \\ a_{41} & a_{42} & a_{43} & a_{44} \end{vmatrix}$$

中,元素 a_{32} 的余子式和代数余子式分别为

$$M_{32}=\begin{vmatrix} a_{11} & a_{13} & a_{14} \\ a_{21} & a_{23} & a_{24} \\ a_{41} & a_{43} & a_{44} \end{vmatrix}, \quad A_{32}=(-1)^{3+2}M_{32}=-M_{32}.$$

引理 一个 n 阶行列式 D,若其中第 i 行所有元素除 a_{ij} 外都为零,则该行列式等于 a_{ij} 与它的代数余子式的乘积,即 $D=a_{ij}A_{ij}$.

证明 设 a_{ij} 位于 D 的第 1 行第 1 列,则

$$D=\begin{vmatrix} a_{11} & 0 & \cdots & 0 \\ a_{21} & a_{22} & \cdots & a_{2n} \\ \vdots & \vdots & & \vdots \\ a_{41} & a_{42} & \cdots & a_{nn} \end{vmatrix},$$

$$D=a_{11}M_{11}=a_{11}(-1)^{1+1}M_{11}=a_{11}A_{11}.$$

对于一般情形,只要适当交换 D 的行与列的位置,即可得到结论.

定理 1 行列式等于它的任一行(列)的各元素与其对应的代数余子式乘积之和,即

$$D=a_{i1}A_{i1}+a_{i2}A_{i2}+\cdots+a_{in}A_{in} \quad (i=1,\ 2,\ \cdots,\ n)$$

或

$$D=a_{1j}A_{1j}+a_{2j}A_{2j}+\cdots+a_{nj}A_{nj} \quad (j=1,\ 2,\ \cdots,\ n).$$

证明
$$D=\begin{vmatrix} a_{11} & a_{12} & \cdots & a_{1n} \\ \vdots & \vdots & & \vdots \\ a_{i1}+0+\cdots+0 & 0+a_{i2}+0+\cdots+0 & \cdots & 0+\cdots+0+a_{in} \\ \vdots & \vdots & & \vdots \\ a_{n1} & a_{n2} & \cdots & a_{nn} \end{vmatrix}$$

$$=\begin{vmatrix} a_{11} & a_{12} & \cdots & a_{1n} \\ \vdots & \vdots & & \vdots \\ a_{i1} & 0 & \cdots & 0 \\ \vdots & \vdots & & \vdots \\ a_{n1} & a_{n2} & \cdots & a_{nn} \end{vmatrix}+\begin{vmatrix} a_{11} & a_{12} & \cdots & a_{1n} \\ \vdots & \vdots & & \vdots \\ 0 & a_{i2} & \cdots & 0 \\ \vdots & \vdots & & \vdots \\ a_{n1} & a_{n2} & \cdots & a_{nn} \end{vmatrix}+\cdots+\begin{vmatrix} a_{11} & a_{12} & \cdots & a_{1n} \\ \vdots & \vdots & & \vdots \\ 0 & 0 & \cdots & a_{in} \\ \vdots & \vdots & & \vdots \\ a_{n1} & a_{n2} & \cdots & a_{nn} \end{vmatrix}$$

$$=a_{i1}A_{i1}+a_{i2}A_{i2}+\cdots+a_{in}A_{in} \quad (i=1,2,\cdots,n).$$

同理可得 D 按列展开的公式

$$D=a_{1j}A_{1j}+a_{2j}A_{2j}+\cdots+a_{nj}A_{nj} \quad (j=1,2,\cdots,n).$$

推论 行列式某一行(列)的元素与另一行(列)的对应元素的代数余子式乘积之和等于零,即

$$a_{i1}A_{j1}+a_{i2}A_{j2}+\cdots+a_{in}A_{jn}=0 \quad (i\neq j)$$

或

$$a_{1i}A_{1j}+a_{2i}A_{2j}+\cdots+a_{ni}A_{nj}=0 \quad (i\neq j).$$

证明 将行列式 $D=\det(a_{ij})$ 的第 j 行的元素换成第 i 行的元素,再按第 j 行展开,有

$$0=\begin{vmatrix} a_{11} & \cdots & a_{1n} \\ \vdots & & \vdots \\ a_{i1} & \cdots & a_{in} \\ \vdots & & \vdots \\ a_{i1} & \cdots & a_{in} \\ \vdots & & \vdots \\ a_{n1} & \cdots & a_{nn} \end{vmatrix}=a_{i1}A_{j1}+a_{i2}A_{j2}+\cdots+a_{in}A_{jn} \quad (i\neq j),$$

同理可得

$$a_{1i}A_{1j}+a_{2i}A_{2j}+\cdots+a_{ni}A_{nj}=0 \quad (i\neq j).$$

综上所述,可得到有关代数余子式的重要性质:

$$\sum_{k=1}^{n}a_{ki}A_{kj}=D\delta_{ij}=\begin{cases}D, & i=j,\\0, & i\neq j\end{cases} \quad 或 \quad \sum_{k=1}^{n}a_{ik}A_{jk}=D\delta_{ij}=\begin{cases}D, & i=j,\\0, & i\neq j,\end{cases}$$

其中,$\delta_{ij}=\begin{cases}1, & i=j,\\0, & i\neq j.\end{cases}$

注 按行(列)展开计算行列式的方法称为**降阶法**.

例 1 试按第 3 列展开计算行列式

$$D=\begin{vmatrix}1&2&3&4\\1&0&1&2\\3&-1&-1&0\\1&2&0&-5\end{vmatrix}.$$

解 将 D 按第 3 列展开,则有

$$D=a_{13}A_{13}+a_{23}A_{23}+a_{33}A_{33}+a_{43}A_{43},$$

其中,$a_{13}=3$, $a_{23}=1$, $a_{33}=-1$, $a_{43}=0$,

$$A_{13}=(-1)^{1+3}\begin{vmatrix}1&0&2\\3&-1&0\\1&2&-5\end{vmatrix}=19,\quad A_{23}=(-1)^{2+3}\begin{vmatrix}1&2&4\\3&-1&0\\1&2&-5\end{vmatrix}=-63,$$

$$A_{33}=(-1)^{3+3}\begin{vmatrix}1&2&4\\1&0&2\\1&2&-5\end{vmatrix}=18,\quad A_{43}=(-1)^{4+3}\begin{vmatrix}1&2&4\\1&0&2\\3&-1&0\end{vmatrix}=-10.$$

所以 $$D=3\times19+1\times(-63)+(-1)\times18+0\times(-10)=-24.$$

1.4.2 用降阶法计算行列式

直接应用按行(列)展开法则计算行列式,运算量较大,尤其是高阶行列式.因此,计算行列式时,一般可先用行列式的性质将行列式中某一行(列)化为仅含有一个非零元素,再按此行(列)展开,化为低一阶的行列式,如此继续下去直到化为三阶或二阶行列式.

例 2 计算行列式

$$D=\begin{vmatrix}1&2&3&4\\1&0&1&2\\3&-1&-1&0\\1&2&0&-5\end{vmatrix}.$$

解

$$D=\begin{vmatrix}1&2&3&4\\1&0&1&2\\3&-1&-1&0\\1&2&0&-5\end{vmatrix}\xlongequal[r_4+2r_3]{r_1+2r_3}\begin{vmatrix}7&0&1&4\\1&0&1&2\\3&-1&-1&0\\7&0&-2&-5\end{vmatrix}$$

$$=(-1)\times(-1)^{3+2}\begin{vmatrix}7&1&4\\1&1&2\\7&-2&-5\end{vmatrix}\xlongequal[r_3+2r_2]{r_1-r_2}\begin{vmatrix}6&0&2\\1&1&2\\9&0&-1\end{vmatrix}$$

$$=1\times(-1)^{2+2}\begin{vmatrix}6 & 2\\ 9 & -1\end{vmatrix}=-6-18=-24.$$

例 3　计算行列式

$$D=\begin{vmatrix}5 & 3 & -1 & 2 & 0\\ 1 & 7 & 2 & 5 & 2\\ 0 & -2 & 3 & 1 & 0\\ 0 & -4 & -1 & 4 & 0\\ 0 & 2 & 3 & 5 & 0\end{vmatrix}.$$

解

$$D=\begin{vmatrix}5 & 3 & -1 & 2 & 0\\ 1 & 7 & 2 & 5 & 2\\ 0 & -2 & 3 & 1 & 0\\ 0 & -4 & -1 & 4 & 0\\ 0 & 2 & 3 & 5 & 0\end{vmatrix}=2\times(-1)^{2+5}\begin{vmatrix}5 & 3 & -1 & 2\\ 0 & -2 & 3 & 1\\ 0 & -4 & -1 & 4\\ 0 & 2 & 3 & 5\end{vmatrix}$$

$$=-10\begin{vmatrix}-2 & 3 & 1\\ -4 & -1 & 4\\ 2 & 3 & 5\end{vmatrix}\xlongequal[r_3+r_1]{r_2-2r_1}-10\begin{vmatrix}-2 & 3 & 1\\ 0 & -7 & 2\\ 0 & 6 & 6\end{vmatrix}$$

$$=-10\times(-2)\begin{vmatrix}-7 & 2\\ 6 & 6\end{vmatrix}=20\times(-42-12)$$

$$=-1\,080.$$

例 4　求证

$$\begin{vmatrix}1 & 2 & 3 & 4 & \cdots & n\\ 1 & 1 & 2 & 3 & \cdots & n-1\\ 1 & x & 1 & 2 & \cdots & n-2\\ 1 & x & x & 1 & \cdots & n-3\\ \vdots & \vdots & \vdots & \vdots & & \vdots\\ 1 & x & x & x & \cdots & 2\\ 1 & x & x & x & \cdots & 1\end{vmatrix}=(-1)^{n+1}x^{n-2}.$$

证明

$$\begin{vmatrix}1 & 2 & 3 & 4 & \cdots & n\\ 1 & 1 & 2 & 3 & \cdots & n-1\\ 1 & x & 1 & 2 & \cdots & n-2\\ 1 & x & x & 1 & \cdots & n-3\\ \vdots & \vdots & \vdots & \vdots & & \vdots\\ 1 & x & x & x & \cdots & 2\\ 1 & x & x & x & \cdots & 1\end{vmatrix}\xlongequal[i=2,\cdots,n]{r_{i-1}-r_i}\begin{vmatrix}0 & 1 & 1 & 1 & \cdots & 1 & 1\\ 0 & 1-x & 1 & 1 & \cdots & 1 & 1\\ 0 & 0 & 1-x & 1 & \cdots & 1 & 1\\ 0 & 0 & 0 & 1-x & \cdots & 1 & 1\\ \vdots & \vdots & \vdots & \vdots & & \vdots & \vdots\\ 0 & 0 & 0 & 0 & \cdots & 1-x & 1\\ 1 & x & x & x & \cdots & x & 1\end{vmatrix}$$

$$=(-1)^{n+1}\begin{vmatrix} 1 & 1 & 1 & \cdots & 1 & 1 \\ 1-x & 1 & 1 & \cdots & 1 & 1 \\ 0 & 1-x & 1 & \cdots & 1 & 1 \\ 0 & 0 & 1-x & \cdots & 1 & 1 \\ \vdots & \vdots & \vdots & & \vdots & \vdots \\ 0 & 0 & 0 & \cdots & 1-x & 1 \end{vmatrix}$$

$$\xlongequal[i=2,\cdots,n]{r_{i-1}-r_i}(-1)^{n+1}\begin{vmatrix} x & 0 & 0 & \cdots & 0 & 0 \\ 1-x & x & 0 & \cdots & 0 & 0 \\ 0 & 1-x & x & \cdots & 0 & 0 \\ 0 & 0 & 1-x & \cdots & 0 & 0 \\ \vdots & \vdots & \vdots & & \vdots & \vdots \\ 0 & 0 & 0 & \cdots & 1-x & 1 \end{vmatrix}$$

$$=(-1)^{n+1}x^{n-2}.$$

例 5 证明范德蒙(Vandermonde)行列式

$$D_n=\begin{vmatrix} 1 & 1 & \cdots & 1 \\ x_1 & x_2 & \cdots & x_n \\ x_1^2 & x_2^2 & \cdots & x_n^2 \\ \vdots & \vdots & & \vdots \\ x_1^{n-1} & x_2^{n-1} & \cdots & x_n^{n-1} \end{vmatrix}=\prod_{n\geqslant i>j\geqslant 1}(x_i-x_j),$$

其中,记号“$\prod$”表示全体同类因子的乘积.

证明 用数学归纳法.当 $n=2$ 时,

$$D_2=\begin{vmatrix} 1 & 1 \\ x_1 & x_2 \end{vmatrix}=x_2-x_1=\prod_{2\geqslant i>j\geqslant 1}(x_i-x_j),$$

所证等式成立.

假设所证等式对于 $n-1$ 阶范德蒙行列式成立,现要证所证等式对 n 阶范德蒙行列式也成立.为此,设法把 D_n 降阶:从第 n 行开始,后一行减去前一行的 x_1 倍,有

$$D_n\xlongequal[i=n,n-1,\cdots,2]{r_i-x_1r_{i-1}}\begin{vmatrix} 1 & 1 & 1 & \cdots & 1 \\ 0 & x_2-x_1 & x_3-x_1 & \cdots & x_n-x_1 \\ 0 & x_2(x_2-x_1) & x_3(x_3-x_1) & \cdots & x_n(x_n-x_1) \\ \vdots & \vdots & \vdots & & \vdots \\ 0 & x_2^{n-2}(x_2-x_1) & x_3^{n-2}(x_3-x_1) & \cdots & x_n^{n-2}(x_n-x_1) \end{vmatrix}.$$

按第 1 列展开,并把每列的公因子 (x_i-x_1) 提出,得到

$$D_n=(x_2-x_1)(x_3-x_1)\cdots(x_n-x_1)\begin{vmatrix}1&1&\cdots&1\\x_2&x_3&\cdots&x_n\\\vdots&\vdots&&\vdots\\x_2^{n-2}&x_3^{n-2}&\cdots&x_n^{n-2}\end{vmatrix}.$$

上式右端的行列式是 $n-1$ 阶范德蒙行列式，按归纳假设，它等于所有 (x_i-x_j) 因子的乘积，其中 $n\geqslant i>j\geqslant 2$，故

$$D_n=(x_2-x_1)(x_3-x_1)\cdots(x_n-x_1)\prod_{n\geqslant i>j\geqslant 2}(x_i-x_j)=\prod_{n\geqslant i>j\geqslant 1}(x_i-x_j).$$

例 6 设 $D=\begin{vmatrix}3&-5&2&1\\1&1&0&-5\\-1&3&1&3\\2&-4&-1&-3\end{vmatrix}$，$D$ 中元素 a_{ij} 的余子式和代数余子式依次记作 M_{ij} 和 A_{ij}，求 $A_{11}+A_{12}+A_{13}+A_{14}$ 和 $M_{11}+M_{21}+M_{31}+M_{41}$.

解 注意到 $A_{11}+A_{12}+A_{13}+A_{14}$ 等于用 1，1，1，1 代替 D 的第 1 行的元素所得的行列式，即

$$A_{11}+A_{12}+A_{13}+A_{14}=\begin{vmatrix}1&1&1&1\\1&1&0&-5\\-1&3&1&3\\2&-4&-1&-3\end{vmatrix}\xlongequal[r_3-r_1]{r_4+r_3}\begin{vmatrix}1&1&1&1\\1&1&0&-5\\-2&2&0&2\\1&-1&0&0\end{vmatrix}$$

$$=\begin{vmatrix}1&1&-5\\-2&2&2\\1&-1&0\end{vmatrix}\xlongequal{c_2+c_1}\begin{vmatrix}1&2&-5\\-2&0&2\\1&0&0\end{vmatrix}$$

$$=\begin{vmatrix}2&-5\\0&2\end{vmatrix}=4.$$

又按定义知

$$M_{11}+M_{21}+M_{31}+M_{41}=A_{11}-A_{21}+A_{31}-A_{41}$$

$$=\begin{vmatrix}1&-5&2&1\\-1&1&0&-5\\1&3&1&3\\-1&-4&-1&-3\end{vmatrix}\xlongequal{r_4+r_3}\begin{vmatrix}1&-5&2&1\\-1&1&0&-5\\1&3&1&3\\0&-1&0&0\end{vmatrix}$$

$$=(-1)\begin{vmatrix}1&2&1\\-1&0&5\\1&1&3\end{vmatrix}\xlongequal{r_1-2r_3}(-1)\begin{vmatrix}-1&0&-5\\-1&0&-5\\1&1&3\end{vmatrix}=0.$$

注 按照例题求解方法，代数余子式的和可以转化为相应的行列式求值，余子式求和先转化为代数余子式，进一步转化为行列式求值.

思政案例：行列式计算

“条条大路通罗马”，对于行列式的计算，展开定理、利用性质化为三角形行列式、降阶法，或者将这三种方法相结合来进行计算都是可行的，我们要培养严谨的科学观以及不断进取钻研的精神.

*1.4.3 拉普拉斯定理

定义 2 在 n 阶行列式 D 中，任意选定 k 行 k 列 $(1\leqslant k\leqslant n)$，位于这些行和列交叉位置的 k^2 个元素，按原来的顺序构成一个 k 阶行列式 M，称为 D 的一个 **k 阶子式**，去掉这个 k 行 k 列，余下的元素按原来的顺序 $n-k$ 阶行列式，在其前面冠以符号 $(-1)^{i_1+\cdots+i_k+j_1+\cdots+j_k}$，称为 M 的代数余子式，其中 $i_1, i_2, \cdots, i_k$ 为 k 阶子式 M 在 D 中的**行标**，$j_1, j_2, \cdots, j_k$ 为 k 阶子式 M 在 D 中的**列标**.

注 行列式的 k 阶子式与其代数余子式之间有类似行列式按行(列)展开的性质.

定理 2(拉普拉斯定理) 在 n 阶行列式 D 中，任意取定 k 行(列) $(1\leqslant k\leqslant n-1)$，由这 k 行(列)组成的所有 k 阶子式与它们的代数余子式的乘积之和等于行列式 D.

注 行列式按一行(列)展开是按该定理中 $k=1$ 的特殊情况.

例 7 用拉普拉斯定理求行列式 $\begin{vmatrix} 2 & 3 & 0 & 0 \\ 1 & 2 & 3 & 0 \\ 0 & 1 & 2 & 3 \\ 0 & 0 & 1 & 2 \end{vmatrix}$ 的值.

解 按第 1 行和第 2 行展开，得

$$\begin{vmatrix} 2 & 3 & 0 & 0 \\ 1 & 2 & 3 & 0 \\ 0 & 1 & 2 & 3 \\ 0 & 0 & 1 & 2 \end{vmatrix} = \begin{vmatrix} 2 & 3 \\ 1 & 2 \end{vmatrix} \times (-1)^{1+2+1+2} \begin{vmatrix} 2 & 3 \\ 1 & 2 \end{vmatrix} +$$

$$\begin{vmatrix} 2 & 0 \\ 1 & 3 \end{vmatrix} \times (-1)^{1+2+1+3} \begin{vmatrix} 1 & 3 \\ 0 & 2 \end{vmatrix} + \begin{vmatrix} 3 & 0 \\ 2 & 3 \end{vmatrix} \times (-1)^{1+2+2+3} \begin{vmatrix} 0 & 3 \\ 0 & 2 \end{vmatrix}$$

$$=1-12+0=-11.$$

习题 1.4

1. 求行列式 $\begin{vmatrix} -3 & 0 & 4 \\ 5 & 0 & 3 \\ 2 & -2 & 1 \end{vmatrix}$ 中元素 2 和 -2 的代数余子式.

2. 已知四阶行列式 D 中第 3 列元素依次为 $-1, 2, 0, 1$，它们的余子式依次为 $5, 3, -7, 4$，求 D.

3. 按第 3 列展开下列行列式，并计算其值.

(1) $\begin{vmatrix} 1 & 0 & a & 1 \\ 0 & -1 & b & -1 \\ -1 & -1 & c & -1 \\ -1 & 1 & d & 0 \end{vmatrix}$； (2) $\begin{vmatrix} a_{11} & a_{12} & a_{13} & a_{14} & a_{15} \\ a_{21} & a_{22} & a_{23} & a_{24} & a_{25} \\ a_{31} & a_{32} & 0 & 0 & 0 \\ a_{41} & a_{42} & 0 & 0 & 0 \\ a_{51} & a_{52} & 0 & 0 & 0 \end{vmatrix}$.

4. 用降阶法计算下列行列式.

(1) $\begin{vmatrix} 1+x & 1 & 1 & 1 \\ 1 & 1-x & 1 & 1 \\ 1 & 1 & 1-y & 1 \\ 1 & 1 & 1 & 1+y \end{vmatrix}$；　　(2) $\begin{vmatrix} 0 & a & b & a \\ a & 0 & a & b \\ b & a & 0 & a \\ a & b & a & 0 \end{vmatrix}$；

(3) $\begin{vmatrix} x & y & 0 & \cdots & 0 & 0 \\ 0 & x & y & \cdots & 0 & 0 \\ \vdots & \vdots & \vdots & & \vdots & \vdots \\ 0 & 0 & 0 & \cdots & x & y \\ y & 0 & 0 & \cdots & 0 & x \end{vmatrix}$；　　(4) $\begin{vmatrix} -a_1 & a_1 & 0 & \cdots & 0 & 0 \\ 0 & -a_2 & a_2 & \cdots & 0 & 0 \\ \vdots & \vdots & \vdots & & \vdots & \vdots \\ 0 & 0 & 0 & \cdots & -a_n & a_n \\ 1 & 1 & 1 & \cdots & 1 & 1 \end{vmatrix}$.

5. 计算下列行列式（D_k 为 k 阶行列式）.

(1) $D_n = \det(a_{ij})$，其中 $a_{ij} = |i-j|$；　　(2) $D_{n+1} = \begin{vmatrix} a^n & (a-1)^n & \cdots & (a-n)^n \\ a^{n-1} & (a-1)^{n-1} & \cdots & (a-n)^{n-1} \\ \vdots & \vdots & & \vdots \\ a & a-1 & \cdots & a-n \\ 1 & 1 & \cdots & 1 \end{vmatrix}$；

(3) $D = \begin{vmatrix} a_1 & 0 & 0 & b_1 \\ 0 & a_2 & b_2 & 0 \\ 0 & b_3 & a_3 & 0 \\ b_4 & 0 & 0 & a_4 \end{vmatrix}$.

6. 已知四阶行列式 D 中第 1 行的元素分别为 1，2，0，−4，第 3 行元素的余子式依次为 6，x，19，2，试求 x 的值.

1.5 克拉默法则

引例 对三元线性方程组

$$\begin{cases} a_{11}x_1 + a_{12}x_2 + a_{13}x_3 = b_1, \\ a_{21}x_1 + a_{22}x_2 + a_{23}x_3 = b_2, \\ a_{31}x_1 + a_{32}x_2 + a_{33}x_3 = b_3. \end{cases}$$

克拉默法则

在其系数行列式 $D \neq 0$ 的条件下，有唯一解：

$$x_1 = \frac{D_1}{D},\quad x_2 = \frac{D_2}{D},\quad x_3 = \frac{D_3}{D}.$$

其中

$$D = \begin{vmatrix} a_{11} & a_{12} & a_{13} \\ a_{21} & a_{22} & a_{23} \\ a_{31} & a_{32} & a_{33} \end{vmatrix},\qquad D_1 = \begin{vmatrix} b_1 & a_{12} & a_{13} \\ b_2 & a_{22} & a_{23} \\ b_3 & a_{32} & a_{33} \end{vmatrix},$$

$$D_2=\begin{vmatrix} a_{11} & b_1 & a_{13} \\ a_{21} & b_2 & a_{23} \\ a_{31} & b_3 & a_{33} \end{vmatrix}, \qquad D_3=\begin{vmatrix} a_{11} & a_{12} & b_1 \\ a_{21} & a_{22} & b_2 \\ a_{31} & a_{32} & b_3 \end{vmatrix}.$$

注 这个解可通过消元的方法直接求出.

对更一般的线性方程组是否有类似的结果？答案是肯定的.在引入克拉默法则之前，我们先介绍有关 n 元线性方程组的概念.含有 n 个未知数 $x_1, x_2, \cdots, x_n$ 的线性方程组

$$\begin{cases} a_{11}x_1+a_{12}x_2+\cdots+a_{1n}x_n=b_1, \\ a_{21}x_1+a_{22}x_2+\cdots+a_{2n}x_n=b_2, \\ \qquad\qquad\vdots \\ a_{n1}x_1+a_{n2}x_2+\cdots+a_{nn}x_n=b_n, \end{cases} \tag{1}$$

称为**n 元线性方程组**.当其右端的常数项 $b_1, b_2, \cdots, b_n$ 不全为零时，线性方程组(1)称为**非齐次线性方程组**；当 $b_1, b_2, \cdots, b_n$ 全为零时，线性方程组(1)称为**齐次线性方程组**.

线性方程组(1)的系数构成的行列式 $|a_{ij}|$ 称为该方程组的**系数行列式 D**，即

$$D=\begin{vmatrix} a_{11} & a_{12} & \cdots & a_{1n} \\ a_{21} & a_{22} & \cdots & a_{2n} \\ \vdots & \vdots & & \vdots \\ a_{n1} & a_{n2} & \cdots & a_{nn} \end{vmatrix}.$$

定理 1(克拉默法则) 若线性方程组(1)的系数行列式 $D\neq 0$，则线性方程组(1)有唯一解，其解为

$$x_j=\frac{D_j}{D} \quad (j=1, 2, \cdots, n), \tag{2}$$

其中，$D_j (j=1, 2, \cdots, n)$ 是把 D 中的第 j 列元素 $a_{1j}, a_{2j}, \cdots, a_{nj}$ 换成方程组右端的常数项 $b_1, b_2, \cdots, b_n$，而其余各列保持不变所得到的行列式.

例 1 用克拉默法则解方程组

$$\begin{cases} 2x_1+x_2-5x_3+x_4=8, \\ x_1-3x_2-6x_4=9, \\ 2x_2-x_3+2x_4=-5, \\ x_1+4x_2-7x_3+6x_4=0. \end{cases}$$

解 $$D=\begin{vmatrix} 2 & 1 & -5 & 1 \\ 1 & -3 & 0 & -6 \\ 0 & 2 & -1 & 2 \\ 1 & 4 & -7 & 6 \end{vmatrix} \xlongequal[r_4-r_2]{r_1-2r_2} \begin{vmatrix} 0 & 7 & -5 & 13 \\ 1 & -3 & 0 & -6 \\ 0 & 2 & -1 & 2 \\ 0 & 7 & -7 & 12 \end{vmatrix}$$

$$=-\begin{vmatrix} 7 & -5 & 13 \\ 2 & -1 & 2 \\ 7 & -7 & 12 \end{vmatrix} \xlongequal[c_3+2c_2]{c_1+2c_2} -\begin{vmatrix} -3 & -5 & 3 \\ 0 & -1 & 0 \\ -7 & -7 & -2 \end{vmatrix} = \begin{vmatrix} -3 & 3 \\ -7 & -2 \end{vmatrix}=27.$$

$$D_1=\begin{vmatrix}8&1&-5&1\\9&-3&0&-6\\-5&2&-1&2\\0&4&-7&6\end{vmatrix}=81,\quad D_2=\begin{vmatrix}2&8&-5&1\\1&9&0&-6\\0&-5&-1&2\\1&0&-7&6\end{vmatrix}=-108,$$

$$D_3=\begin{vmatrix}2&1&8&1\\1&-3&9&-6\\0&2&-5&2\\1&4&0&6\end{vmatrix}=-27,\quad D_4=\begin{vmatrix}2&1&-5&8\\1&-3&0&9\\0&2&-1&5\\1&4&-7&0\end{vmatrix}=27,$$

所以

$$x_1=\frac{D_1}{D}=\frac{81}{27}=3,\qquad x_2=\frac{D_2}{D}=\frac{-108}{27}=-4,$$

$$x_3=\frac{D_3}{D}=\frac{-27}{27}=-1,\qquad x_4=\frac{D_4}{D}=\frac{27}{27}=1.$$

例 2 设曲线 $y=a_0+a_1x+a_2x^2+a_3x^3$ 通过四点 $(1,3),(2,4),(3,3),(4,-3)$，求系数 a_0,a_1,a_2,a_3.

解 把四个点的坐标代入曲线方程，得线性方程组

$$\begin{cases}a_0+a_1+a_2+a_3=3,\\a_0+2a_1+4a_2+8a_3=4,\\a_0+3a_1+9a_2+27a_3=3,\\a_0+4a_1+16a_2+64a_3=-3.\end{cases}$$

其系数行列式

$$D=\begin{vmatrix}1&1&1&1\\1&2&4&8\\1&3&9&27\\1&4&16&64\end{vmatrix}=\begin{vmatrix}1&1&1&1\\1&2&2^2&2^3\\1&3&3^2&3^3\\1&4&4^2&4^3\end{vmatrix}$$

是一个范德蒙行列式的转置，按1.4节例5的结论，可得 $D=1\times2\times3\times1\times2\times1=12$. 而

$$D_1=\begin{vmatrix}3&1&1&1\\4&2&4&8\\3&3&9&27\\-3&4&16&64\end{vmatrix}\xlongequal[c_1-3c_2]{\substack{c_4-c_3\\c_3-c_2}}\begin{vmatrix}0&1&0&0\\-2&2&2&4\\-6&3&6&18\\-15&4&12&48\end{vmatrix}=(-1)^3\begin{vmatrix}-2&2&4\\-6&6&18\\-15&12&48\end{vmatrix}$$

$$\xlongequal{c_1+c_2}-\begin{vmatrix}0&2&4\\0&6&18\\-3&12&48\end{vmatrix}=-(-3)\begin{vmatrix}2&4\\6&18\end{vmatrix}=36.$$

同理可得

$$D_2=\begin{vmatrix}1&3&1&1\\1&4&4&8\\1&3&9&27\\1&-3&16&64\end{vmatrix}=-18,\quad D_3=\begin{vmatrix}1&1&3&1\\1&2&4&8\\1&3&3&27\\1&4&-3&64\end{vmatrix}=24,$$

$$D_4=\begin{vmatrix}1&1&1&3\\1&2&4&4\\1&3&9&3\\1&4&16&-3\end{vmatrix}=-6.$$

因此，按克拉默法则，得唯一解：

$$a_0=3,\quad a_1=-\frac{3}{2},\quad a_2=2,\quad a_3=-\frac{1}{2},$$

即曲线方程为

$$y=3-\frac{3}{2}x+2x^2-\frac{1}{2}x^3.$$

一般来说，用克拉默法则求线性方程组的解时，计算量是比较大的，当未知数较多时往往可用计算机来求解.目前用计算机解线性方程组已经有了一整套成熟的方法.

克拉默法则在一定条件下给出了线性方程组解的存在性、唯一性，与其在计算方面的作用相比，克拉默法则更具有重大的理论价值.撇开求解公式(2)，克拉默法则可叙述为下面的定理.

定理 2 如果线性方程组(1)的系数行列式 $D\neq 0$，则线性方程组(1)一定有解，且解是唯一的.

在解题或证明中，常用到定理 2 的逆否定理：

定理 2′ 如果线性方程组(1)无解或解不是唯一的，则它的系数行列式必为零.

对齐次线性方程组，易见 $x_1=x_2=\cdots=x_n=0$ 一定是该方程组的解，称其为齐次线性方程组的**零解**. 把定理 2 应用于齐次线性方程组，可得到下列结论.

定理 3 如果齐次线性方程组的系数行列式 $D\neq 0$，则它只有零解.

定理 3′ 如果齐次方程组有非零解，则它的系数行列式 $D=0$.

注 在第 3 章中还将继续证明，如果齐次线性方程组的系数行列式 $D=0$，则齐次线性方程组有非零解.

例 3 λ 为何值时，齐次线性方程组

$$\begin{cases}(1-\lambda)x_1-2x_2+4x_3=0,\\2x_1+(3-\lambda)x_2+x_3=0,\\x_1+x_2+(1-\lambda)x_3=0\end{cases}$$

有非零解?

解 由定理 3′可知，若所给齐次线性方程组有非零解，则其系数行列式 $D=0$. 而

$$D=\begin{vmatrix}1-\lambda & -2 & 4\\ 2 & 3-\lambda & 1\\ 1 & 1 & 1-\lambda\end{vmatrix}\xlongequal{c_2-c_1}\begin{vmatrix}1-\lambda & -3+\lambda & 4\\ 2 & 1-\lambda & 1\\ 1 & 0 & 1-\lambda\end{vmatrix}$$

$$=(1-\lambda)^3+(\lambda-3)-4(1-\lambda)-2(1-\lambda)(-3+\lambda)$$

$$=(1-\lambda)^3+2(1-\lambda)^2+\lambda-3=\lambda(\lambda-2)(3-\lambda).$$

如果齐次线性方程组有非零解，则 $D=0$，即当 $\lambda=0$，2 或 3 时，齐次线性方程组有非零解.

习题 1.5

1. 用克拉默法则解下列线性方程组.

(1) $\begin{cases}2x+5y=1,\\3x+7y=2;\end{cases}$　　(2) $\begin{cases}6x_1-4x_2=10,\\5x_1+7x_2=29.\end{cases}$

2. 用克拉默法则解下列线性方程组.

(1) $\begin{cases}x+y-2z=-3,\\5x-2y+7z=22,\\2x-5y+4z=4;\end{cases}$　　(2) $\begin{cases}bx-ay+2ab=0,\\-2cy+3bz-bc=0,\\cx+az=0,\end{cases}$ 其中 $abc\neq 0$，

3. 用克拉默法则解下列线性方程组.

(1) $\begin{cases}2x_1+x_2-5x_3+x_4=8,\\x_1-3x_2-6x_4=9,\\2x_2-x_3+2x_4=-5,\\x_1+4x_2-7x_3+6x_4=0;\end{cases}$　　(2) $\begin{cases}2x_1+3x_2+11x_3+5x_4=6,\\x_1+x_2+5x_3+2x_4=2,\\2x_1+x_2+3x_3+4x_4=2,\\x_1+x_2+3x_3+4x_4=2.\end{cases}$

4. 变量 x_1，x_2，x_3，x_4 与变量 y_1，y_2，y_3，y_4 有下面的线性关系：

$$x_1=a_{11}y_1+a_{12}y_2+a_{13}y_3+a_{14}y_4,$$
$$x_2=a_{21}y_1+a_{22}y_2+a_{23}y_3+a_{24}y_4,$$
$$x_3=a_{31}y_1+a_{32}y_2+a_{33}y_3+a_{34}y_4,$$
$$x_4=a_{41}y_1+a_{42}y_2+a_{43}y_3+a_{44}y_4,$$

已知其系数行列式不等于零，将 y_1，y_2，y_3，y_4 用 x_1，x_2，x_3，x_4 表示.

5. 判断齐次线性方程组 $\begin{cases}2x_1+2x_2-x_3=0,\\x_1-2x_2+4x_3=0,\\5x_1+8x_2-2x_3=0\end{cases}$ 是否仅有零解.

6. λ，μ 取何值时，齐次线性方程组 $\begin{cases}\lambda x_1+x_2+x_3=0,\\x_1+\mu x_2+x_3=0,\\x_1+2\mu x_2+x_3=0\end{cases}$ 有非零解？

1.6 数学建模案例

1.6.1 欧拉的四面体问题

如何用四面体的六条棱长表示它的体积？这个问题是由欧拉(Euler)提出的.

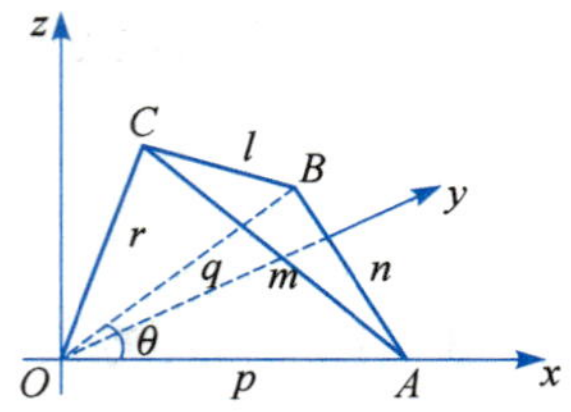

图 1.1 六条棱长已知的四面体

【模型建立】 如图 1.1 所示，建立坐标系，设 A，B，C 三点的坐标分别为 (a_1, b_1, c_1)，(a_2, b_2, c_2) 和 (a_3, b_3, c_3)，并设四面体 O-ABC 的六条棱长分别为 l，m，n，p，q，r. 由立体几何知道，该四面体的体积 V 等于当向量 $\overrightarrow{OA}$，$\overrightarrow{OB}$，$\overrightarrow{OC}$ 组成右手系时，以它们为棱的平行六面体的体积 V_6 的 $\dfrac{1}{6}$. 而

$$V_6=(\overrightarrow{OA}\times\overrightarrow{OB})\cdot\overrightarrow{OC}=\begin{vmatrix} a_1 & b_1 & c_1 \\ a_2 & b_2 & c_2 \\ a_3 & b_3 & c_3 \end{vmatrix},$$

于是得

$$6V=\begin{vmatrix} a_1 & b_1 & c_1 \\ a_2 & b_2 & c_2 \\ a_3 & b_3 & c_3 \end{vmatrix}.$$

将上式平方，得

$$\begin{aligned} 36V^2 &= \begin{vmatrix} a_1 & b_1 & c_1 \\ a_2 & b_2 & c_2 \\ a_3 & b_3 & c_3 \end{vmatrix}\cdot\begin{vmatrix} a_1 & b_1 & c_1 \\ a_2 & b_2 & c_2 \\ a_3 & b_3 & c_3 \end{vmatrix} \\ &= \begin{vmatrix} a_1^2+b_1^2+c_1^2 & a_1a_2+b_1b_2+c_1c_2 & a_1a_3+b_1b_3+c_1c_3 \\ a_1a_2+b_1b_2+c_1c_2 & a_2^2+b_2^2+c_2^2 & a_2a_3+b_2b_3+c_2c_3 \\ a_1a_3+b_1b_3+c_2c_3 & a_2a_3+b_2b_3+c_2c_3 & a_3^2+b_3^2+c_3^2 \end{vmatrix}. \end{aligned}$$

根据向量的数量积的坐标表示，有

$$\overrightarrow{OA}\cdot\overrightarrow{OA}=a_1^2+b_1^2+c_1^2,\qquad \overrightarrow{OA}\cdot\overrightarrow{OB}=a_1a_2+b_1b_2+c_1c_2,$$
$$\overrightarrow{OA}\cdot\overrightarrow{OC}=a_1a_3+b_1b_3+c_1c_3,\qquad \overrightarrow{OB}\cdot\overrightarrow{OB}=a_2^2+b_2^2+c_2^2,$$
$$\overrightarrow{OB}\cdot\overrightarrow{OC}=a_2a_3+b_2b_3+c_2c_3,\qquad \overrightarrow{OC}\cdot\overrightarrow{OC}=a_3^2+b_3^2+c_3^2.$$

于是

$$36V^2=\begin{vmatrix} \overrightarrow{OA}\cdot\overrightarrow{OA} & \overrightarrow{OA}\cdot\overrightarrow{OB} & \overrightarrow{OA}\cdot\overrightarrow{OC} \\ \overrightarrow{OA}\cdot\overrightarrow{OB} & \overrightarrow{OB}\cdot\overrightarrow{OB} & \overrightarrow{OB}\cdot\overrightarrow{OC} \\ \overrightarrow{OA}\cdot\overrightarrow{OC} & \overrightarrow{OB}\cdot\overrightarrow{OC} & \overrightarrow{OC}\cdot\overrightarrow{OC} \end{vmatrix}. \tag{1}$$

由余弦定理,可得

$$\overrightarrow{OA}\cdot\overrightarrow{OB}=p\cdot q\cdot\cos\theta=\frac{p^2+q^2-n^2}{2}.$$

同理

$$\overrightarrow{OA}\cdot\overrightarrow{OC}=\frac{p^2+r^2-m^2}{2},\quad \overrightarrow{OB}\cdot\overrightarrow{OC}=\frac{q^2+r^2-l^2}{2}.$$

将以上各式代入式(1),得

$$36V^2=\begin{vmatrix} p^2 & \dfrac{p^2+q^2-n^2}{2} & \dfrac{p^2+r^2-m^2}{2} \\ \dfrac{p^2+q^2-n^2}{2} & p^2 & \dfrac{p^2+r^2-l^2}{2} \\ \dfrac{p^2+r^2-m^2}{2} & \dfrac{p^2+r^2-l^2}{2} & r^2 \end{vmatrix}. \tag{2}$$

式(2)就是欧拉的四面体体积公式.

1.6.2 电路设计问题①

电路是电子元件的神经系统. 参数的计算是电路设计的重要环节. 其依据来自两个方面:一是客观需要;二是物理学定律.

假设图 1.2 中的方框代表某类具有输入和输出终端的电路. 用 $\begin{pmatrix} v_1 \\ i_1 \end{pmatrix}$ 记录输入电压 v[单位:V(伏特)]和输入电流 i[单位:A(安培)],用 $\begin{pmatrix} v_2 \\ i_2 \end{pmatrix}$ 记录输出电压和输出电流. 若 $\begin{pmatrix} v_2 \\ i_2 \end{pmatrix}=\boldsymbol{A}\begin{pmatrix} v_1 \\ i_1 \end{pmatrix}$,则称矩阵 $\boldsymbol{A}$ 为转移矩阵.

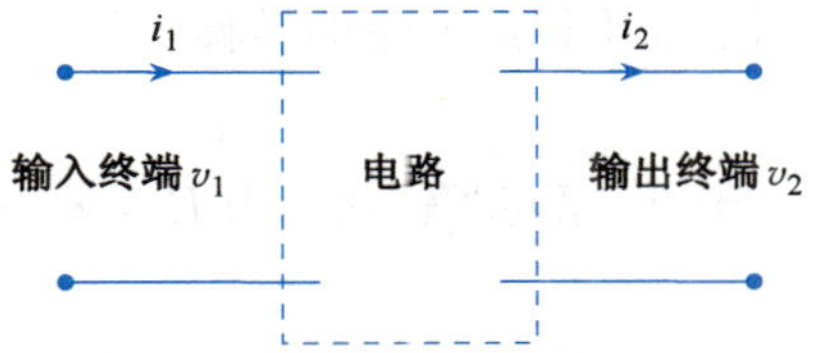

图 1.2 具有输入和输出终端的电子电路

图 1.3 给出了一个梯形网络,左边的电路称为串联电路,电阻为 R_1[单位:Ω(欧姆)].右边的电路是并联电路,电阻为 R_2.利用欧姆定理和楚列斯基定律,可以得到串联电路和并联电路的转移矩阵分别是

$$\begin{pmatrix} 1 & -R_1 \\ 0 & 1 \end{pmatrix} \quad 和 \quad \begin{pmatrix} 1 & 0 \\ -\dfrac{1}{R_2} & 1 \end{pmatrix}.$$

---

① David C. Lay.线性代数及其应用[M].沈复兴,傅莺莺,等,译.北京:人民邮电出版社,2009:129-130.

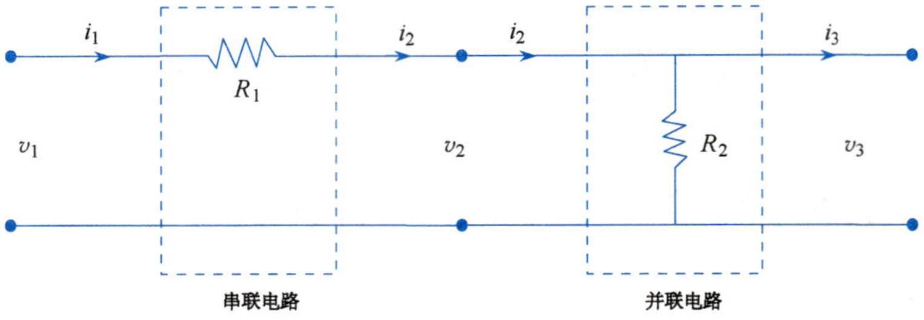

图 1.3　梯形网络

试设计一个梯形网络,其转移矩阵是$\begin{pmatrix}1 & -8\\ -0.5 & 5\end{pmatrix}$.

【模型假设】 假设导线的电阻为零.

【模型建立】 设 $\boldsymbol{A}_1$ 和 $\boldsymbol{A}_2$ 分别是串联电路和并联电路的转移矩阵,则输入向量 $\boldsymbol{x}$ 先变换成$\boldsymbol{A}_1\boldsymbol{x}$,再变换到 $\boldsymbol{A}_2(\boldsymbol{A}_1\boldsymbol{x})$.其中

$$\boldsymbol{A}_2\boldsymbol{A}_1=\begin{pmatrix}1 & 0\\ -\dfrac{1}{R_2} & 1\end{pmatrix}\begin{pmatrix}1 & -R_1\\ 0 & 1\end{pmatrix}=\begin{pmatrix}1 & -R_1\\ -\dfrac{1}{R_2} & 1+\dfrac{R_1}{R_2}\end{pmatrix}$$

是图 1.3 中梯形网络的转移矩阵.

于是,原问题转化为求 R_1, R_2 的值,使得$\begin{pmatrix}1 & -R_1\\ -\dfrac{1}{R_2} & 1+\dfrac{R_1}{R_2}\end{pmatrix}=\begin{pmatrix}1 & -8\\ -0.5 & 5\end{pmatrix}$.

【模型求解】 由$\begin{pmatrix}1 & -R_1\\ -\dfrac{1}{R_2} & 1+\dfrac{R_1}{R_2}\end{pmatrix}=\begin{pmatrix}1 & -8\\ -0.5 & 5\end{pmatrix}$,可得$\begin{cases}-R_1=-8,\\ -\dfrac{1}{R_2}=-0.5,\\ 1+\dfrac{R_1}{R_2}=5.\end{cases}$

根据前两个方程可得 $R_1=8$, $R_2=2$.把 $R_1=8$, $R_2=2$ 代入上述方程组中的第三个方程,确实能使等式成立.这就说明在图 1.3 的梯形网络中取 $R_1=8$, $R_2=2$ 即为所求.

【模型分析】 若要求的转移矩阵改为$\begin{pmatrix}1 & -8\\ -0.5 & 4\end{pmatrix}$,则上面的梯形网络无法实现.因为这时对应的方程组是$\begin{cases}-R_1=-8,\\ -\dfrac{1}{R_2}=-0.5,\\ 1+\dfrac{R_1}{R_2}=4.\end{cases}$根据前两个方程依然得到 $R_1=8$, $R_2=2$, 但把 $R_1=$

8，$R_2=2$ 代入第三个方程却不能使等式成立.

1.6.3 平衡价格问题

为了协调多个相互依存的行业平衡发展，有关部门需要根据每个行业的产出在各个行业中的分配情况确定每个行业产品的指导价格，使得每个行业的投入与产出都大致相等.假设一个经济系统由煤炭、电力、钢铁行业组成，每个行业的产出在各个行业中的分配见表 1.1.

表 1.1 行业产出分配

购买者	产出分配		
	煤炭	电力	钢铁
煤炭	0	0.4	0.6
电力	0.6	0.1	0.2
钢铁	0.4	0.5	0.2

每一列中的元素表示占该行业总产出的比例.求使得每个行业的投入与产出都相等的平衡价格.

【模型假设】 假设不考虑这个系统与外界的联系.

【模型建立】 把煤炭、电力、钢铁行业每年总产出的价格分别用 x_1，x_2，x_3表示，则

$$\begin{cases} x_1 = \qquad 0.4x_2+0.6x_3, \\ x_2=0.6x_1+0.1x_2+0.2x_3, \\ x_3=0.4x_1+0.5x_2+0.2x_3, \end{cases}$$

即

$$\begin{cases} x_1-0.4x_2-0.6x_3=0, \\ -0.6x_1+0.9x_2-0.2x_3=0, \\ -0.4x_1-0.5x_2+0.8x_3=0. \end{cases}$$

【模型求解】 在 MATLAB 命令窗口输入

```
>> A=[1,-0.4,-0.6;-0.6,0.9,-0.2;-0.4,-0.5,0.8];
>> x=null(A,'r'); format short, x'
```

运行结果如下.

```
ans=
    0.9394    0.8485    1.0000
```

可见上述齐次线性方程组的通解为

$$\boldsymbol{x}=k(0.9394, 0.8485, 1)^{\mathrm{T}}.$$

这就是说，如果煤炭、电力、钢铁行业每年总产出的价格分别为0.939 4亿元，0.848 5 亿元，

1 亿元，那么每个行业的投入与产出都相等.

【模型分析】 一个比较完整的经济系统可能会涉及更多的行业，因此需要统计更多的行业间的分配数据.

1.7 机算实验

1.7.1 实验目的

熟悉使用 MATLAB 软件处理和解决下列问题的程序和方法：

(1) 行列式的计算；

(2) 应用克拉默法则求解线性方程组；

(3) 验证行列式按行(列)展开定理及符号变量在行列式中的应用.

1.7.2 与实验相关的 MATLAB 命令或函数

1. 运算符号

表 1.2 给出了线性代数实验用到的 MATLAB 基本运算符号.

表 1.2 MATLAB 基本运算符号

运算符号	=	+	−	*	\	/	^	'	.
说明	赋值	加	减	乘	左除	右除	幂运算	转置	群运算

2. 命令(函数)和语句

表 1.3 给出了与本实验相关的 MATLAB 命令或函数.若要进一步了解和学习某个命令或函数的详细功能和用法，可参考 MATLAB 提供的 help 命令.

表 1.3 与本实验相关的 MATLAB 命令或函数

命令	功能说明
help inv	在命令窗口中显示函数 inv 的帮助信息
[ ]	创建矩阵
,	矩阵行元素分割符号
;	矩阵列元素分割符号
%	注释行
clear	清除工作空间中的各种变量，往往写在一个程序的最前面
n=input('...')	数据输入函数，撇号内的字符串起说明作用
if...else if...end	条件语句，用于控制程序流程，与 C 语言的功能类似
[m,n]=size(A)	计算结果为一个二维行向量，m，n 分别存放矩阵 **A** 的行数和列数
==	关系运算符号：等于

（续表）

命令	功能说明
~=	关系运算符号：不等于
disp('...')	显示撇号中的字符串
det(A)	计算矩阵 **A** 的行列式
B(:,i)=b	把向量 **b** 赋给矩阵 **B** 的第 i 列，要求矩阵 **B** 的列向量和向量 **b** 同型
for...end	for 循环语句，用于控制程序流程，与 C 语言的功能类似
syms x	定义 x 为符号变量
factor(D)	对符号变量多项式 D 进行因式分解
solve(D)	求符号变量多项式 $D=0$ 的解
randn(m, n)	创建 $m\times n$ 阶均值为 0、方差为 1 的标准正态分布的随机矩阵
rand(m, n)	创建 $m\times n$ 阶元素从 0 到 1 的均匀分布的随机数矩阵
round(A)	对矩阵 **A** 中所有元素进行四舍五入运算
T(1,:)=[]	把一个空行[]赋给矩阵 **T** 的第 1 行，即删除矩阵 **T** 的第 1 行
A(i, j)	引用矩阵 **A** 中第 i 行第 j 列的元素
[L, U]=lu(A)	**L** 为准下三角矩阵，**U** 为上三角矩阵，满足 **A**=**LU**
diag(A)	提取或建立对角阵 **A**
prod(A)	求 **A** 的列向量上元素的乘积
A=[...];	在赋值语句后，若有一个分号“;”，则其含义是不在窗口中显示矩阵 **A**

1.7.3　实验内容

例 1　求下列行列式的值.

(1) $\det(\boldsymbol{A})=\begin{vmatrix}1&3&1\\2&2&3\\3&1&3\end{vmatrix}$；　　(2) $\det(\boldsymbol{B})=\begin{vmatrix}103&100&204\\199&200&395\\301&300&600\end{vmatrix}$；

(3) $\det(\boldsymbol{C})=\begin{vmatrix}3&2&2&2\\2&3&2&2\\2&2&3&2\\2&2&2&3\end{vmatrix}$.

解法 1　计算的思路和主要步骤如下.

(1) 根据对角线法则可得

$$\det(\boldsymbol{A})=10+27+2-3-30-6=0.$$

(2) 先用行列式的运算性质化简，第 1 列减去第 2 列，第 3 列减去第 2 列的 2 倍，第 2 列提出公因子 100，再用对角线法则，可得

$$\det(\boldsymbol{B})=2\ 000.$$

(3) 用行列式的运算性质化简该行列式为上三角行列式,可得

$$\det(\boldsymbol{C})=9.$$

解法 2 用 MATLAB 软件计算如下.

(1) 在 MATLAB 命令窗口输入

```
A=[1, 3, 1; 2, 2, 3; 3, 1, 5]  %矩阵同行元素以逗号或空格分割
或
A=[1, 3, 1; 2, 2, 3; 3, 1, 5]  %行与行之间必须用分号或回车分隔
或
A=[1  3  1
   2  2  3
   3  1  5]
```

运行结果如下.

```
A=
   1  3  1
   2  2  3
   3  1  5
det(A)
ans=
        0
```

(2) 在 MATLAB 命令窗口输入

```
B=[103, 100, 204; 199, 200, 395; 301, 300, 600]
B=
   103   100   204
   199   200   395
   301   300   600
>>det(B)
ans=
      2000
```

(3) 在 MATLAB 命令窗口输入

```
C=[3222; 2322; 2232; 2223]
C=
   3  2  2  2
   2  3  2  2
   2  2  3  2
   2  2  2  3
>>det(C)
```

```
ans=
     9
```

例 2 已知非齐次线性方程组

$$\begin{cases} x_1+x_2+2x_3+x_4=1, \\ 3x_1-x_2-x_3-2x_4=-4, \\ 2x_1+3x_2-x_3-x_4=-6, \\ x_1+2x_2+3x_3-x_4=-4. \end{cases}$$

用克拉默法则解该方程组.

解法 1 计算的思路和主要步骤如下.

(1) 分别求出下列行列式的值.

$$D=\begin{vmatrix} 1 & 1 & 2 & 1 \\ 3 & -1 & -1 & -2 \\ 2 & 3 & -1 & -1 \\ 1 & 2 & 3 & -1 \end{vmatrix}=-75, \quad D_1=\begin{vmatrix} 1 & 1 & 2 & 1 \\ -4 & -1 & -1 & -2 \\ -6 & 3 & -1 & -1 \\ -4 & 2 & 3 & -1 \end{vmatrix}=21,$$

$$D_2=\begin{vmatrix} 1 & 1 & 2 & 1 \\ 3 & -4 & -1 & -2 \\ 2 & -6 & -1 & -1 \\ 1 & -4 & 3 & -1 \end{vmatrix}=81, \quad D_3=\begin{vmatrix} 1 & 1 & 1 & 1 \\ 3 & -1 & -4 & -2 \\ 2 & 3 & -6 & -1 \\ 1 & 2 & -4 & -1 \end{vmatrix}=-12,$$

$$D_4=\begin{vmatrix} 1 & 1 & 2 & 1 \\ 3 & -1 & -1 & -4 \\ 2 & 3 & -1 & -6 \\ 1 & 2 & 3 & -4 \end{vmatrix}=-153.$$

(2) 由克拉默法则,得

$$x_1=\frac{D_1}{D}=-0.28, \qquad x_2=\frac{D_2}{D}=-1.08,$$

$$x_3=\frac{D_3}{D}=0.16, \qquad x_4=\frac{D_4}{D}=2.04.$$

解法 2 用 MATLAB 软件计算如下.

把齐次线性方程组写为矩阵形式: $\boldsymbol{Ax}=\boldsymbol{b}$, 则 $\boldsymbol{x}=\boldsymbol{A}^{-1}\boldsymbol{b}$. 根据克拉默法则可得 $x_i=\dfrac{D_i}{D}$. 其中, D 是方程组的系数行列式, $D=\det(\boldsymbol{A})$; D_i 是用常数列向量 $\boldsymbol{b}$ 代替系数行列式的第 i 列所得到的行列式.

在 MATLAB 命令窗口输入

```
%用克拉默法则求解方程组
```

```
clear                              %清除变量
input('方程个数 n=')                %用户输入方程个数
A=input('系数矩阵 A=')              %用户输入方程组的系数矩阵
b=input('常数列向量 b=')            %用户输入常数列向量
if(size(A)~=[n,n])|(size(b)~=[n,1])
                                   %判断矩阵 A 和向量 b 的输入格式是否正确
disp('输入不正确,要求 A 是 n 阶方阵,b 是 n 维列向量')
                                   %disp:显示字符串
elseif det(A)                      %判断系数行列式是否为 0
disp('系数行列式为零,不能用克拉默法则解此方程.')
else
for i=1:n                          %计算 x1, x2, …, xn
B=A;                               %构造与矩阵 A 相等的矩阵 B
B(:,i)=b                           %用列向量 b 替代矩阵 B 中的第 i 列
x(i)=det(B)/det(A);                %根据克拉默法则计算 x1, x2, …, xn
end
x=x'                               %以列向量形式显示方程组的解
end
```

运行结果如下.

```
n=
  4
A=[1 1 2 1; 3 -1 -1 -2; 2 3 -1 -1; 1 2 3 -1]
b=
  1
  -4
  -6
  -4
x =
  -0.2800
  -1.0800
   0.1600
   2.0400
```

即方程个数 $n=4$. 系数矩阵 $\boldsymbol{A}=\begin{pmatrix}1&1&2&1\\3&-1&-1&-2\\2&3&-1&-1\\1&2&3&-1\end{pmatrix}$. 常数列向量 $\boldsymbol{b}=(1,-4,-6,-4)$.

注意　当方程组的系数行列式等于零时,不能用克拉默法则求解方程组,即克拉默法

则对这种情形的线性方程组失效，在矩阵部分，我们将介绍用初等行变换的方法求解这种情形的线性方程组的方法.

例 3 解方程

$$\begin{vmatrix} 1-x & x & 0 & 0 & 0 \\ -1 & 1-x & x & 0 & 0 \\ 0 & -1 & 1-x & x & 0 \\ 0 & 0 & -1 & 1-x & x \\ 0 & 0 & 0 & -1 & 1-x \end{vmatrix}=0.$$

解法 1 计算的思路和主要步骤如下.

按第 1 行展开，得

$$D_5=(1-x)\begin{vmatrix} 1-x & x & 0 & 0 \\ -1 & 1-x & x & 0 \\ 0 & -1 & 1-x & x \\ 0 & 0 & -1 & 1-x \end{vmatrix}-x\begin{vmatrix} -1 & x & 0 & 0 \\ 0 & 1-x & x & 0 \\ 0 & -1 & 1-x & x \\ 0 & 0 & -1 & 1-x \end{vmatrix}$$

$$=(1-x)D_4+xD_3.$$

即得递推公式：

$$D_5=(1-x)D_4+xD_3,$$
$$D_4=(1-x)D_3+xD_2,$$
$$D_3=(1-x)D_2+xD_1.$$

因此，得

$$D_5=[(1-x)^3+2x(1-x)]D_2+[x(1-x)^2+x^2]D_1,$$

其中

$$D_2=\begin{vmatrix} 1-x & x \\ -1 & 1-x \end{vmatrix}=(1-x)^2+x,\quad D_1=1-x.$$

于是，由

$$D_5=(1-x)(1-x+x^2)(1+x+x^2)=0,$$

解得

$$x_1=1,\quad x_2=\frac{1}{2}+\frac{\sqrt{3}}{2}\mathrm{i},\quad x_3=\frac{1}{2}-\frac{\sqrt{3}}{2}\mathrm{i},$$

$$x_4=-\frac{1}{2}+\frac{\sqrt{3}}{2}\mathrm{i},\quad x_5=-\frac{1}{2}-\frac{\sqrt{3}}{2}\mathrm{i}.$$

解法 2 用 MATLAB 软件计算如下.

在 MATLAB 命令窗口输入

```
%求解符号行列式方程
clear all                         %清除各种变量
syms x                            %定义 x 为符号变量
A=[1-x, x, 0, 0, 0; -1, 1-x, x, 0, 0; 0, -1, 1-x, x, 0;0, 0, -1, 1-x, x; 0, 0, 0, -1, 1
    -x]
                                  %对行列式 D 进行因式分解
                                  %给矩阵 A 赋值
D=det(A)                          %计算含符号变量矩阵 A 的行列式 D
f=factor(D)                       %从因式分解的结果,可以看出方程的解
x=solve(D)                        %求方程"D=0"的解
```

运行结果如下.

```
A=
   [1-x, x, 0, 0, 0]
   [-1, 1-x, x, 0, 0]
   [0, -1, 1-x, x, 0]
   [0, 0, -1, 1-x, x]
   [0, 0, 0, -1, 1-x]
D=
   1-x+x^2-x^3+x^4-x^5
f=
  -(x-1)*(1-x+x^2)*(1+x+x^2)
x=
          1
  -1/2+1/2*i*3^(1/2)
  -1/2-1/2*i*3^(1/2)
   1/2+1/2*i*3^(1/2)
   1/2-1/2*i*3^(1/2)
```

向量 $\boldsymbol{x}$ 即为方程的解.MATLAB 针对符号变量可以得出解析解.

例 4 用 MATLAB 软件验证行列式按行(列)展开公式:

$$\sum_{k=1}^{n} a_{ik}\boldsymbol{A}_{jk}=\begin{cases}|\boldsymbol{A}|, & i=j,\\ 0, & i\neq j.\end{cases}$$

解法 1 计算的思路和主要步骤如下.

当 $i=j$ 时, n 阶行列式为

$$D \xlongequal{\text{第 } i \text{ 行写为 } n \text{ 个数的和}} \begin{vmatrix} a_{11} & a_{12} & \cdots & a_{1n} \\ \vdots & \vdots & & \vdots \\ a_{i1}+0+\cdots+0 & a_{i2}+0+\cdots+0 & \cdots & a_{in}+0+\cdots+0 \\ \vdots & \vdots & & \vdots \\ a_{n1} & a_{n2} & \cdots & a_{nn} \end{vmatrix}$$

$$\xlongequal{\text{按行列式性质 4 展开}} \begin{vmatrix} a_{11} & a_{12} & \cdots & a_{1n} \\ \vdots & \vdots & & \vdots \\ a_{i1} & 0 & \cdots & 0 \\ \vdots & \vdots & & \vdots \\ a_{n1} & a_{n2} & \cdots & a_{nn} \end{vmatrix} + \begin{vmatrix} a_{11} & a_{12} & \cdots & a_{1n} \\ \vdots & \vdots & & \vdots \\ 0 & a_{i2} & \cdots & 0 \\ \vdots & \vdots & & \vdots \\ a_{n1} & a_{n2} & \cdots & a_{nn} \end{vmatrix} + \cdots + \begin{vmatrix} a_{11} & a_{12} & \cdots & a_{1n} \\ \vdots & \vdots & & \vdots \\ 0 & 0 & \cdots & a_{in} \\ \vdots & \vdots & & \vdots \\ a_{n1} & a_{n2} & \cdots & a_{nn} \end{vmatrix}$$

$$= a_{i1}\boldsymbol{A}_{i1} + a_{i2}\boldsymbol{A}_{i2} + \cdots + a_{in}\boldsymbol{A}_{in}$$

$$= \sum_{k=1}^{n} a_{ik}\boldsymbol{A}_{ik}$$

$$= |\boldsymbol{A}|.$$

当 $i \neq j$ 时，由行列式性质与展开定理，结合 $i = j$ 时的结论得

$$D = \begin{vmatrix} a_{11} & a_{12} & \cdots & a_{1n} \\ \vdots & \vdots & & \vdots \\ a_{i1} & a_{i2} & \cdots & a_{in} \\ \vdots & \vdots & & \vdots \\ a_{j2} & a_{j2} & \cdots & a_{jn} \\ \vdots & \vdots & & \vdots \\ a_{n1} & a_{n2} & \cdots & a_{nn} \end{vmatrix} \xlongequal{\text{第 } i \text{ 行加到第 } j \text{ 行}} \begin{vmatrix} a_{11} & a_{12} & \cdots & a_{1n} \\ \vdots & \vdots & & \vdots \\ a_{i1} & a_{i2} & \cdots & a_{in} \\ \vdots & \vdots & & \vdots \\ a_{j1} + a_{i1} & a_{j2} + a_{i2} & \cdots & a_{jn} + a_{in} \\ \vdots & \vdots & & \vdots \\ a_{n1} & a_{n2} & \cdots & a_{nn} \end{vmatrix}.$$

按第 j 行展开为

$$\begin{aligned} D &= \sum_{k=1}^{n} a_{jk}\boldsymbol{A}_{jk} = \text{右} = \sum_{k=1}^{n} (a_{jk} + a_{ik})\boldsymbol{A}_{jk} \\ &= \sum_{k=1}^{n} (a_{jk}\boldsymbol{A}_{jk} + a_{ik} + \boldsymbol{A}_{jk}) = \sum_{k=1}^{n} a_{jk}\boldsymbol{A}_{jk} + \sum_{k=1}^{n} a_{ik}\boldsymbol{A}_{jk} \\ &= |\boldsymbol{A}| + \sum_{k=1}^{n} a_{ik}\boldsymbol{A}_{jk}, \end{aligned}$$

故

$$\sum_{k=1}^{n} a_{ij}\boldsymbol{A}_{jk} = 0 \qquad (i \neq j).$$

解法 2 用 MATLAB 软件证明如下.

用 MATLAB 程序构造一个五阶随机数方阵 $\boldsymbol{A}$.

首先，按第 1 行展开为

$$s = a_{11}\boldsymbol{A}_{11} + a_{12}\boldsymbol{A}_{12} + \cdots + a_{15}\boldsymbol{A}_{15},$$

验证 s 是否与 $\boldsymbol{A}$ 的行列式相等.

其次，计算 $\boldsymbol{A}$ 的第 1 行元素与第 3 行元素对应的代数余子式乘积之和为

$$s = a_{11}\boldsymbol{A}_{31} + a_{12}\boldsymbol{A}_{32} + \cdots + a_{15}\boldsymbol{A}_{35},$$

验算 s 是否为 0.

在 MATLAB 命令窗口输入

```
%验证行列式按行(列)展开公式
clear
A=round(10 * randn(5)); %构造五阶随机数方阵
D=det(A);               %计算矩阵 A 的行列式
%矩阵 A 按第 1 行元素展开: s = a11A11 + a12A12 + … + a15A15
s=0;
for i=1:5
T=A;
T(1,:)=[];              %删去矩阵第 1 行
T(:,i)=[];              %删去矩阵第 i 列,此时,|T|为矩阵 A 元素 a1i 的余子式
s=s+A(1,i) * (-1)^(1+i) * det(T);
end
e=D-s                   %验算 D 与 s 是否相等
```

运行结果如下.

```
e=
  0
```

在 MATLAB 命令窗口输入

```
%计算五阶方阵 A 的第 1 行元素与第 3 行元素对应的代数余子式乘积之和: s = a11A31 + a12A32 + …
  + a15A35
clear
A=round(10 * randn(5)); %构造五阶随机数方阵
s=0;
for i=1:5
   T=A;
   T=(3,:)=[];          %删去矩阵第 3 行
   T(:i)=[];            %删去矩阵第 i 列,此时,|T|为矩阵 A 元素 a3i 的余子式
s=s+A(1,i) * (-1)^(3+i) * det(T);
end
s                       %验算 s 是否为 0
```

运行结果如下.

```
s=
  0
```

例 5 用化简为三角形行列式的方法,求行列式

$$D=\begin{vmatrix} 10 & 8 & 6 & 4 & 1 \\ 2 & 5 & 8 & 9 & 4 \\ 6 & 0 & 9 & 9 & 8 \\ 5 & 8 & 7 & 4 & 0 \\ 9 & 4 & 2 & 9 & 1 \end{vmatrix}.$$

解法 1 计算的思路和主要步骤如下.

对行列式 D 施行初等变换,依次把行列式 D 对角线相仿的元素化为 0,得到上三角形行列式,从而求出其值.

$$D=\begin{vmatrix}10&8&6&4&1\\2&5&8&9&4\\6&0&9&9&8\\5&8&7&4&0\\9&4&2&9&1\end{vmatrix}\xlongequal{r_1-r_5}\begin{vmatrix}1&4&4&-5&0\\2&5&8&9&4\\6&0&9&9&8\\5&8&7&4&0\\9&4&2&9&1\end{vmatrix}$$

$$\xlongequal[r_5-9r_1]{\substack{r_2-2r_1\\r_3-6r_1\\r_4-5r_1}}\begin{vmatrix}1&4&4&-5&0\\0&-3&0&19&4\\0&-24&-15&39&8\\0&-12&-13&29&0\\0&-32&-34&54&1\end{vmatrix}$$

$$\xlongequal[r_5-11r_2]{\substack{r_3-8r_2\\r_4-4r_2}}\begin{vmatrix}1&4&4&-5&0\\0&-3&0&19&4\\0&0&-15&-113&-24\\0&0&-13&-47&-16\\0&1&-34&-155&-43\end{vmatrix}$$

$$\xlongequal{r_2\leftrightarrow r_5}-\begin{vmatrix}1&4&4&5&0\\0&1&-34&-155&-43\\0&0&-15&-113&-24\\0&0&-13&-47&16\\0&-3&0&19&4\end{vmatrix}$$

$$\xlongequal{r_5+3r_2}-\begin{vmatrix}1&4&4&5&0\\0&-1&34&155&43\\0&0&15&113&24\\0&0&13&47&16\\0&0&102&446&125\end{vmatrix}$$

$$\xlongequal[r_5-\frac{102}{15}r_3]{r_4-\frac{13}{15}r_3}-\begin{vmatrix}1&4&4&5&0\\0&-1&34&155&43\\0&0&15&113&24\\0&0&0&-50.9333&-4.8000\\0&0&0&-322.4&-38.2\end{vmatrix}$$

$$\xrightarrow{r_5-\frac{322.4}{50.9333}r_4}-\begin{vmatrix}1 & 4 & 4 & 5 & 0\\0 & -1 & 34 & 155 & 43\\0 & 0 & 15 & 113 & 24\\0 & 0 & 0 & -50.9333 & -4.8000\\0 & 0 & 0 & 0 & -7.8167\end{vmatrix}\approx 5972.$$

解法 2 用 MATLAB 软件计算如下.

在 MATLAB 命令窗口输入

```
A=[10 8 6 4 1; 2 5 8 9 4; 6 0 9 9 8; 5 8 7 4 0; 9 4 2 9 1];
[L,U]=lu(A)           %分解为上三角形矩阵U和准下三角矩阵L
du=diag(U);           %取出上三角形矩阵U的主对角线上的元素向量
D=prod(du)            %求主对角线元素的连乘积
```

运行结果如下：

```
L=
    1.0000         0         0         0         0
    0.2000   -0.7083    1.0000         0         0
    0.6000    1.0000         0         0         0
    0.5000   -0.8333    0.8000   -0.2953    1.0000
    0.9000    0.6667   -0.6588    1.0000         0

U=
   10.0000    8.0000    6.0000    4.0000    1.0000
         0   -4.8000    5.4000    6.6000    7.4000
         0         0   10.6250   12.8750    9.0417
         0         0         0    9.4824    1.1235
         0         0         0         0   -1.2349
D=
   5.9720e+003=5972
```

通过对以上例题两种计算方法的比较，可以看出使用 MATLAB 软件计算的优越性，即具有省时省力的快捷性.尤其在解决一些实际应用问题的过程中，应学会运用计算机进行繁杂的数字计算.

例 6 几何图形面积的计算.设三角形三个顶点的坐标分别为

$$(x_1,\ y_1),\ (x_2,\ y_2),\ (x_3,\ y_3).$$

(1) 试求此三角形的面积.

(2) 利用此结果计算四个顶点坐标为(0, 1), (3, 5), (4, 3), (2, 0)的四边形的面积.

解法 1 计算的思路和主要步骤如下.

(1) 由于三角形面积为对应平行四边形面积的一半，所以利用行列式等于两向量所构成的平行四边形面积的关系，可求出三角形面积与顶点坐标之间的关系.

将三角形的一个顶点 (x_1, y_1) 移到原点，则其余两个顶点的坐标分别为 (x_2-x_1, y_2-y_1) 和 (x_3-x_1, y_3-y_1). 这两个顶点所对应的向量构成的平行四边形面积为

$$S_p = a_1b_2 - a_2b_1 = (x_2-x_1)(y_3-y_1)-(x_3-x_1)(y_2-y_1). \tag{1}$$

由于行列式是有正有负的，所以面积也可以规定正负号，通常是用第一个向量到第二个向量的转动方向来定义的，但这不符合大多数应用的习惯，而且在面积相加时，容易造成错误，因此在这里可取它的绝对值，即三角形的面积为

$$S_s = 0.5\,|S_p| = 0.5\,|(x_2-x_1)(y_3-y_1)-(x_3-x_1)(y_2-y_1)|. \tag{2}$$

(2) 据题设条件可绘制四边形，如图 1.4 所示.将它划分为两个三角形，按式(2)分别计算其面积再相加即可.

三角形 ABD 的面积为

$$\begin{aligned} S_1 &= 0.5\times|(2-0)\times(5-1)-(3-0)\times(0-1)| \\ &= 0.5\times(8+3) = 5.5. \end{aligned}$$

三角形 CBD 的面积为

$$\begin{aligned} S_2 &= 0.5\times|(4-2)\times(5-0)-(3-2)\times(3-0)| \\ &= 0.5\times(10-3) = 3.5. \end{aligned}$$

此四边形的面积为

$$S = S_1 + S_2 = 9.$$

解法 2 编写绘制四边形的程序如下.

在 MATLAB 命令窗口输入

```
%画四边形
close all
A=[0, 1; 3, 5; 4, 3; 2, 0; 0, 1];          %矩阵 A 的最后一行和第 1 行
                                            %相同,目的是画出闭合图形
subplot(1,2,1);
plot(A(:,1),A(:,2));                        %以矩阵 A 的第 1 列为横坐标
                                            %以矩阵 A 的第 2 列为纵坐标
hold on;
b=[3,5;2,0];
plot(B(:,1),B(:,2));
axis equal;
axis square;
grid on;
```

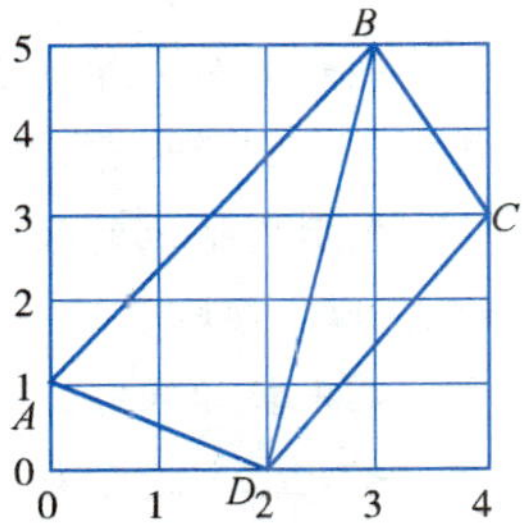

图 1.4 例 6 的四边形

运行结果如图 1.4 所示.

习题 1.7

1. 分别用命令 det(A) 计算下列行列式的值.

(1) $D=\begin{vmatrix} -6 & -7 & 7 & 6 \\ 3 & 4 & 2 & 3 \\ -4 & -2 & 0 & 6 \\ 1 & 7 & 8 & 3 \end{vmatrix}$；　　(2) $B=\begin{vmatrix} -3 & 4 & -2 & 4 \\ -4 & -4 & 4 & 2 \\ -3 & 6 & 1 & 6 \\ 1 & 1 & -1 & 9 \end{vmatrix}$.

2. 若有行列式 $\begin{vmatrix} 2 & 2 & 4 & 8 \\ 2 & 5 & 25 & 125 \\ 2 & x & x^2 & x^3 \\ 2 & 1 & 1 & 1 \end{vmatrix}=0$，求 x.

3. 求下列符号变量的行列式，并对结果进行因式分解.

(1) $\begin{vmatrix} 3 & 2 & 1 & 1 \\ 3 & 2 & 2-x^2 & 1 \\ 5 & 1 & 3 & 2 \\ 7-x^2 & 1 & 3 & 2 \end{vmatrix}$；　　(2) $\begin{vmatrix} a & b & b & b \\ a & b & a & a \\ a & a & b & a \\ b & b & b & a \end{vmatrix}$.

4. 已知非齐次线性方程组：

$$\begin{cases} -23x_1-13x_2+14x_3+14x_4-7x_5=-104, \\ -2x_1-2x_2+x_3+6x_4-14x_5=-144, \\ -4x_1-5x_2-9x_3+2x_4-9x_5=-212, \\ -4x_1-7x_2+x_3+0x_4+0x_5=-56, \\ 9x_1-x_2+x_3-9x_4+10x_5=120. \end{cases}$$

用克拉默法则求解该方程组.

5. 利用行列式计算下列三角形和四边形的面积.

(1) 已知点 $A(1,2)$，$B(3,3)$，$C(2,-1)$，求三角形 ABC 的面积；

(2) 已知点 $A(0,0)$，$B(1,4)$，$C(5,3)$，$D(4,1)$，求四边形 $ABCD$ 的面积.

思政元素：秦九韶与《数书九章》

秦九韶(1208—1268)，南宋数学家.字道古，出生于普州安岳(今四川省安岳县).青少年时期饱经战争忧患，成年后被迫离开四川，在湖北、安徽、江苏、浙江等地做官，晚年贬于梅州，“在梅治政不辍”，死于任所.秦九韶自称年轻时在杭州“访习于太史，又尝从隐君子受数学”.他知识渊博，当时人们称他“性极机巧，星象、音律、算术以至营造等事无不精究”.

秦九韶对数学的看法是矛盾的，他混淆了数学科学和术数的界限，把“通神明，顺性命”看成大者，把“经世务，类万物“看成小者，进而认为河图、洛书揭开了数学的奥秘，说“数与道非二本”，表示要把他的数学成就“进之于道”.然而，数学研究的实践又使他承认他对通神明、顺性命的认识非常肤浅，承认“数术之传，以实为体”，从而把主要精力用于“经世务”，从社会实践和需要抽象出数学问题.

秦九韶论述了数学在计算日月五星位置、改革历法、测量雨雪、度量田域、测高求远、军事部署、财政管理、建筑工程以及商业贸易等中的巨大作用，认为不进行计算会造成“财蠹力伤”的后果，而计算不准确，“差之毫厘，谬乃千百”，于私于公都没有好处.因此他注意搜求生产、生活、交换以及战争中的数学问题，“设为问答以拟于用”，终于在1247年写成著作《数书九章》.

《数书九章》在南宋时称为《数学大略》或《数术大略》，明朝时称为《数学九章》.全书共18卷，81题，分为九大类.第一类，大衍类，集中阐述了他的重要成就——大衍求一术，即一次同余式组解法.秦九韶指出“大衍之法不载九章”，历算家制定历法时虽然用到这种方法，但误以为是线性方程组问题.他总结了历算家计算上元积年的方法，在《孙子算经》“物不知数”题的基础上，系统地提出了一次同余式组解法，西方解决同样的问题用同余式组的理论是高斯于1801年建立的，在秦九韶之后554年.另外，他还把这种理论用于解决商功、利息、粟米、建筑等问题.第二类，天时类，是有关历法推算及降雨降雪量的测量.第三类，田域类，是面积问题.第四类，测望类，是勾股重差问题.第五类，赋役类，是均输及租税问题.第六类，钱谷类，是粮谷转运和仓库容积问题.第七类，营建类，是建筑工程问题.第八类，军旅类，是营盘布置及军需供应问题.第九类，市易类，是交易及利息问题.后八类问题都是按应用分类，其中最重要的成就是正负开方术，今称秦九韶程序，即以增乘开方法为主导求高次方程正根的方法.他用这种方法解决了21个问题共26个方程，其中二次方程20个，三次方程1个，四次方程4个，还用勾股差率列出了1个十次方程.在这里，秦九韶把贾宪开创的增乘开方法发展到十分完备的地步.在开方中，他发展了刘徽“开方不尽求微数”的思想，在世界数学史上第一次用十进小数表示无理根的近似值.秦九韶总结和巩固了前人的开方法，整齐且有系统地应用到任意次方程的有理或无理根的求解.其实质和“霍纳法”完全相同.霍纳在1819年发表其方法，晚于秦九韶572年.鲁菲尼类似方法的发表(1804)也比秦九韶晚了557年.

秦九韶在《数学九章》卷五“三斜求积”题中提出了已知三角形三边 a, b, c，求面积 A 的公式为

$$A=\sqrt{\frac{1}{4}\left[a^2b^2-\left(\frac{a^2+b^2-c^2}{2}\right)^2\right]}.$$

这个公式与古希腊的海伦公式

$$A=\sqrt{s(s-a)(s-b)(s-c)},\quad s=\frac{a+b+c}{2}$$

是等价的.另外，他还改进了线性方程组解法，普遍用互乘相消法代替“直除法”，并在互乘之前，先约去公因子，使运算更加简便.

与以往的数学著作比较，《数书九章》中的问题更加复杂，如卷十三“计定筑城”题已知条件达88个，卷九“复邑修赋”题的答案有180个.因此，《数书九章》也更加翔实地反映了南宋的社会经济情况，保存了非常有价值的历史资料.

《数书九章》也有不容忽视的缺点.如第一题将大衍求一术附会《周易》“大衍之数五十，其用四十有九”，不足为训.还有一些问题，甚至某些不难的勾股测量问题，题设和演算都出现错误.

《数书九章》问世后，当时流传不广，明《永乐大典》抄录此书，称为《数学九章》.清四库馆本《数学九章》转录自《永乐大典》，并加校订.后李锐又略加校注.明万历年间赵琦美有另一抄本《数书九章》.清沈钦裴、宋景昌以赵本为主，参考各家校本，重加校订，1842年收入上海郁松年所刻《宜稼堂丛书》.此后，又有《古今算学丛书》本，商务印书馆《丛书集成》本均据此翻印，成为最流行的版本.

总习题 1

(A)

1. 计算下列排列的逆序数,并讨论奇偶性.

(1) 253416;　　　　(2) 326154789.

2. 用行列式定义计算

$$D=\begin{vmatrix} 0 & 0 & \cdots & 0 & 1 & 0 \\ 0 & 0 & \cdots & 2 & 0 & 0 \\ 0 & \vdots & & \vdots & \vdots & \vdots \\ 2\,014 & 0 & \cdots & 0 & 0 & 0 \\ 0 & 0 & \cdots & 0 & 0 & 2\,015 \end{vmatrix}.$$

3. 计算下列行列式.

(1) $\begin{vmatrix} 3 & 1 & -1 & 2 \\ -5 & 1 & 3 & -4 \\ 2 & 0 & 1 & -1 \\ 1 & -5 & 3 & -3 \end{vmatrix}$;　　(2) $\begin{vmatrix} 0 & 4 & 5 & -1 & 2 \\ -5 & 0 & 2 & 0 & 1 \\ 7 & 2 & 0 & 3 & -4 \\ -3 & 1 & -1 & -5 & 0 \\ 2 & -3 & 0 & 1 & 3 \end{vmatrix}$.

4. 利用行列式的性质证明:

$$\begin{vmatrix} a^2 & (a+1)^2 & (a+2)^2 & (a+3)^2 \\ b^2 & (b+1)^2 & (b+2)^2 & (b+3)^2 \\ c^2 & (c+1)^2 & (c+2)^2 & (c+3)^2 \\ d^2 & (d+1)^2 & (d+2)^2 & (d+3)^2 \end{vmatrix}=0.$$

5. 已知 $D=\begin{vmatrix} -1 & 0 & x & 1 \\ 1 & 1 & -1 & -1 \\ 1 & -1 & 1 & -1 \\ 1 & -1 & -1 & 1 \end{vmatrix}$,则 D 中 x 的系数是________.

6. $D=\begin{vmatrix} 103 & 100 & 204 \\ 199 & 200 & 395 \\ 301 & 300 & 600 \end{vmatrix}=$________.

7. 计算下列行列式.

(1) $\begin{vmatrix} a & b & c & d \\ b & a & d & c \\ c & d & a & b \\ d & c & b & a \end{vmatrix}$;　(2) $\begin{vmatrix} a_1 & 0 & 0 & b_1 \\ 0 & a_2 & b_2 & 0 \\ 0 & b_3 & a_3 & 0 \\ b_4 & 0 & 0 & a_4 \end{vmatrix}$;　(3) $\begin{vmatrix} 0 & 0 & \cdots & 0 & \alpha & \beta \\ 0 & 0 & \cdots & \alpha & \beta & 0 \\ \vdots & \vdots & & \vdots & \vdots & \vdots \\ \alpha & \beta & \cdots & 0 & 0 & 0 \\ \beta & 0 & \cdots & 0 & 0 & \alpha \end{vmatrix}$.

8. 计算下列行列式.

(1) $\begin{vmatrix} 1 & 2 & 3 & \cdots & n \\ 2 & 3 & 4 & \cdots & 1 \\ 3 & 4 & 5 & \cdots & 2 \\ \vdots & \vdots & \vdots & & \vdots \\ n & 1 & 2 & \cdots & n-1 \end{vmatrix}$；　　(2) $\begin{vmatrix} x-2 & x-1 & x-2 & x-3 \\ 2x-2 & 2x-1 & 2x-2 & 2x-3 \\ 3x-3 & 3x-2 & 4x-5 & 3x-5 \\ 4x & 4x-3 & 5x-7 & 4x-3 \end{vmatrix}$.

9. 证明：$\begin{vmatrix} 1 & 1 & 1 \\ x_1^2 & x_2^2 & x_3^2 \\ x_1^3 & x_2^3 & x_3^3 \end{vmatrix} = (x_1x_2+x_2x_3+x_3x_1)\prod\limits_{3\geqslant i\geqslant j\geqslant 1}(x_i-x_j)$.

10. 设 $|a_{ij}|_{4\times4}=\begin{vmatrix} 3 & 6 & 9 & 12 \\ 2 & 4 & 6 & 8 \\ 1 & 2 & 0 & 3 \\ 5 & 6 & 4 & 3 \end{vmatrix}$，试求 $A_{41}+2A_{42}+3A_{44}$，其中 A_{4j} 为元素 $a_{4j}\,(j=1,2,4)$ 的代数余子式.

11. 已知四阶行列式 $D=\begin{vmatrix} 1 & 2 & 3 & 4 \\ 3 & 3 & 4 & 4 \\ 1 & 5 & 6 & 7 \\ 1 & 1 & 2 & 2 \end{vmatrix}=-6$，试求 $A_{41}+A_{42}$ 与 $A_{43}+A_{44}$，其中 $A_{4j}\,(j=1,2,3,4)$ 是 D 中第 4 行第 j 列的代数余子式.

12. 已知 n 阶行列式 $|\boldsymbol{A}|=\begin{vmatrix} 1 & 3 & 5 & \cdots & 2n-1 \\ 1 & 2 & 0 & \cdots & 0 \\ 1 & 0 & 3 & \cdots & 0 \\ \vdots & \vdots & \vdots & & \vdots \\ 1 & 0 & 0 & \cdots & n \end{vmatrix}$，求代数余子式 $A_{11}+A_{12}+\cdots+A_{1n}$ 之和.

13. 用克拉默法则解下列线性方程组.

(1) $\begin{cases} x_1+x_2+x_3+x_4+x_5=0, \\ x_2+x_3+x_4+x_5=0, \\ x_1+2x_2+3x_3=2, \\ x_2+2x_3+3x_4=-2, \\ x_3+2x_4+3x_5=2; \end{cases}$　　(2) $\begin{cases} 5x_1+6x_2=1, \\ x_1+5x_2+6x_3=0, \\ x_2+5x_3+6x_4=0, \\ x_3+5x_4+6x_5=0, \\ x_4+5x_5=1. \end{cases}$

14. 设 $f(x)=\begin{vmatrix} 1 & 1 & 1 & \cdots & 1 & 1 \\ 1 & 2 & 3 & \cdots & n & x \\ 1 & 4 & 9 & \cdots & n^2 & x^2 \\ \vdots & \vdots & \vdots & & \vdots & \vdots \\ 1 & 2^n & 3^n & \cdots & n^n & x^n \end{vmatrix}$，求导函数 $f'(x)$ 的零点个数及其所在区间.

15. 证明：平面上三条不同的直线

$$ax+by+c=0,\quad bx+cy+a=0,\quad cx+ay+b=0$$

相交于一点的充分必要条件是 $a+b+c=0$.

16. 设 $f(x)=c_0+c_1x+c_2x^2+\cdots+c_nx^n$，用克拉默法则证明：如果 $f(x)$ 有 $n+1$ 个互不相同的根，则 $f(x)$ 是零多项式.

(B)

1. 计算行列式 $\begin{vmatrix} 1 & 1 & 1 & 0 \\ 1 & 1 & 0 & 1 \\ 1 & 0 & 1 & 1 \\ 0 & 1 & 1 & 1 \end{vmatrix} =$ ________.

2. 计算行列式 $\begin{vmatrix} 1 & -1 & 1 & x-1 \\ 1 & -1 & x+1 & -1 \\ 1 & x-1 & 1 & -1 \\ x+1 & -1 & 1 & -1 \end{vmatrix} =$ ________.

3. 计算 n 阶行列式 $\begin{vmatrix} a & b & 0 & \cdots & 0 & 0 \\ 0 & a & b & \cdots & 0 & 0 \\ 0 & 0 & a & \cdots & 0 & 0 \\ \vdots & \vdots & \vdots & & \vdots & \vdots \\ 0 & 0 & 0 & \cdots & a & b \\ b & 0 & 0 & \cdots & 0 & a \end{vmatrix} =$ ________.

4. 计算五阶行列式 $D = \begin{vmatrix} 1-a & a & 0 & 0 & 0 \\ -1 & 1-a & a & 0 & 0 \\ 0 & -1 & 1-a & a & 0 \\ 0 & 0 & -1 & 1-a & a \\ 0 & 0 & 0 & -1 & 1-a \end{vmatrix} =$ ________.

5. 设行列式 $D = \begin{vmatrix} 3 & 0 & 4 & 0 \\ 2 & 2 & 2 & 2 \\ 0 & -7 & 0 & 0 \\ 5 & 3 & -2 & 2 \end{vmatrix}$，则第 4 行各元素余子式之和为________.

6. 四阶行列式 $\begin{vmatrix} a_1 & 0 & 0 & b_1 \\ 0 & a_2 & b_2 & 0 \\ 0 & b_3 & a_3 & 0 \\ b_4 & 0 & 0 & a_4 \end{vmatrix}$ 的值等于(　　).

A. $a_1a_2a_3a_4 - b_1b_2b_3b_4$　　B. $a_1a_2a_3a_4 + b_1b_2b_3b_4$

C. $(a_1a_2 - b_1b_2)(a_3a_4 - b_3b_4)$　　D. $(a_2a_3 - b_2b_3)(a_1a_4 - b_1b_4)$

7. 记行列式 $\begin{vmatrix} x-2 & x-1 & x-2 & x-3 \\ 2x-2 & 2x-1 & 2x-2 & 2x-3 \\ 3x-3 & 3x-2 & 4x-5 & 3x-5 \\ 4x & 4x-3 & 5x-7 & 4x-3 \end{vmatrix}$ 为 $f(x)$，则方程 $f(x)=0$ 的根的个数为(　　).

A. 1　　B. 2　　C. 3　　D. 4

8. 行列式 $\begin{vmatrix} 0 & a & b & 0 \\ a & 0 & 0 & b \\ 0 & c & d & 0 \\ c & 0 & 0 & d \end{vmatrix} =$(　　).

A. $(ad-bc)^2$　　B. $-(ad-bc)^2$　　C. $a^2d^2-b^2c^2$　　D. $b^2c^2-a^2d^2$

第 2 章 矩阵及其运算

矩阵是线性代数的核心内容，是代数学的一个主要研究对象，也是数学研究和应用的一个重要工具.本章将首先介绍矩阵的概念、矩阵的运算，然后介绍矩阵的初等变换及初等矩阵的基本理论.

2.1 矩阵的概念与运算

矩阵的概念
与线性运算

2.1.1 矩阵的概念

矩阵是从许多实际问题中抽象出来的一个数学概念，是一个数表.它在自然科学的各个领域和经济管理、经济分析中有着广泛的应用.下面看一个简单的例子.

例 1 某种物资有 4 个产地，5 个销地，调配量见表 2.1.

表 2.1 物资调配

产地	销地				
	B_1	B_2	B_3	B_4	B_5
A_1	1	6	3	5	2
A_2	3	1	2	0	5
A_3	4	0	1	2	1
A_4	2	3	0	4	0

那么，上述数据信息可简化成一个矩形数表：

$$\begin{pmatrix} 1 & 6 & 3 & 5 & 2 \\ 3 & 1 & 2 & 0 & 5 \\ 4 & 0 & 1 & 2 & 1 \\ 2 & 3 & 0 & 4 & 0 \end{pmatrix} \text{ 或 } \begin{bmatrix} 1 & 6 & 3 & 5 & 2 \\ 3 & 1 & 2 & 0 & 5 \\ 4 & 0 & 1 & 2 & 1 \\ 2 & 3 & 0 & 4 & 0 \end{bmatrix}.$$

在已知行列意义的情况下，矩形数表就表明了整个产销调配的状况.不同的问题，矩形数表的行列规模有所不同，去掉表中数据的实际含义，可得矩阵的概念.

定义 1 由 $m \times n$ 个数或代数式 a_{ij} $(i=1, 2, \cdots, m; j=1, 2, \cdots, n)$ 构成的一个 m 行 n 列的矩形数表

$$\begin{pmatrix} a_{11} & a_{12} & \cdots & a_{1n} \\ a_{21} & a_{22} & \cdots & a_{2n} \\ \vdots & \vdots & & \vdots \\ a_{m1} & a_{m2} & \cdots & a_{mn} \end{pmatrix} \quad \text{或} \quad \begin{bmatrix} a_{11} & a_{12} & \cdots & a_{1n} \\ a_{21} & a_{22} & \cdots & a_{2n} \\ \vdots & \vdots & & \vdots \\ a_{m1} & a_{m2} & \cdots & a_{mn} \end{bmatrix}$$

称为 $m \times n$ 型的**矩阵**,简记为 $\boldsymbol{A}_{m\times n}=(a_{ij})_{m\times n}$,其中 a_{ij} 表示矩阵第 i 行第 j 列的元素 $(i=1, 2, \cdots, m; j=1, 2, \cdots, n)$,有时也记作 $\boldsymbol{A}$.

矩阵也可用其他大写黑体字母表示,例如 $\boldsymbol{B}_{m\times n}=(b_{ij})_{m\times n}$, $\boldsymbol{C}_{m\times n}=(c_{ij})_{m\times n}$, ….

若矩阵的元素都是实数,则该矩阵称为**实矩阵**;若矩阵的元素含有复数,则该矩阵称为**复矩阵**;若 $\boldsymbol{A}_{m\times n}=(a_{ij})_{m\times n}$ 是复矩阵,则矩阵 $(\bar{a}_{ij})_{m\times n}$ 称为 $\boldsymbol{A}$ 的**共轭矩阵**,记作 $\bar{\boldsymbol{A}}=(\bar{a}_{ij})_{m\times n}$(其中 $\bar{a}_{ij}$ 为 a_{ij} 的共轭复数).

若矩阵的所有元素都为零,则称其为**零矩阵**,记为 $\boldsymbol{O}_{m\times n}$,不引起混淆时也可简记为 $\boldsymbol{O}$.

当矩阵 $\boldsymbol{A}_{m\times n}$ 的行数、列数相等时,即当 $m=n$ 时,称其为 **n 阶方(矩)阵 $\boldsymbol{A}$** 或简称为**方阵 $\boldsymbol{A}$**;一阶方阵也常作为一个数对待.

对于 n 阶方阵 $\boldsymbol{A}_{n\times n}=(a_{ij})_{n\times n}$,由它的元素按原有排列形式构成的行列式称为**方阵 $\boldsymbol{A}$ 的行列式**,记为 $|\boldsymbol{A}|$ 或 $\det \boldsymbol{A}$.

定义 2 如果两个矩阵 $\boldsymbol{A}=(a_{ij})_{m\times n}$, $\boldsymbol{B}=(b_{ij})_{s\times t}$ 具有相同的行数、列数,即 $m=s$, $n=t$,且对应位置上的元素相等 $(a_{ij}=b_{ij})$,那么称**矩阵 $\boldsymbol{A}$ 与 $\boldsymbol{B}$ 相等**,记为 $\boldsymbol{A}=\boldsymbol{B}$.

例如,由 $\begin{pmatrix} 4 & x & 3 \\ -1 & 0 & y \end{pmatrix}=\begin{pmatrix} 4 & -5 & 3 \\ z & 0 & 6 \end{pmatrix}$,立即可得 $x=-5$, $y=6$, $z=-1$.

例 2 设矩阵 $\boldsymbol{A}=\begin{pmatrix} 1 & a \\ 2-b & 3 \end{pmatrix}$, $\boldsymbol{B}=\begin{pmatrix} c+1 & -4 \\ 0 & 3d \end{pmatrix}$,且 $\boldsymbol{A}=\boldsymbol{B}$,试求 a, b, c, d.

解 因为 $\boldsymbol{A}=\boldsymbol{B}$,故有

$$1=c+1, \quad a=-4, \quad 2-b=0, \quad 3=3d.$$

解得 $a=-4$, $b=2$, $c=0$, $d=1$.

2.1.2 矩阵的运算

1. 矩阵的线性运算——加法、减法与数乘

定义 3 两个 $m\times n$ 矩阵 $\boldsymbol{A}=(a_{ij})$, $\boldsymbol{B}=(b_{ij})$ 对应位置上的元素相加得到的 $m\times n$ 矩阵 $(a_{ij}+b_{ij})_{m\times n}$,称为 $\boldsymbol{A}$ 与 $\boldsymbol{B}$ 的**和**,记作 $\boldsymbol{A}+\boldsymbol{B}=(a_{ij}+b_{ij})_{m\times n}$.

定义 4 以数 k 乘以矩阵 $\boldsymbol{A}$ 的每个元素所得的矩阵,称为数 k 与矩阵 $\boldsymbol{A}$ 的**乘积**,若记 $\boldsymbol{A}=(a_{ij})_{m\times n}$,则 $k\boldsymbol{A}=k(a_{ij})_{m\times n}=(ka_{ij})_{m\times n}$.

例 3 有 4 名学生的某 3 门课的平时考查成绩矩阵为

$$\boldsymbol{A}=\begin{pmatrix} 90 & 78 & 92 & 66 \\ 86 & 80 & 93 & 74 \\ 95 & 70 & 96 & 75 \end{pmatrix},$$

而课程结业考试的卷面成绩矩阵为

$$B=\begin{pmatrix}94&83&98&60\\90&85&95&70\\97&76&97&72\end{pmatrix},$$

规定各门课程的考核成绩由平时考查和卷面考试的成绩分别占 30%和 70%构成，求 4 名学生的考核成绩矩阵.

解　考核成绩矩阵为

$$0.3A+0.7B=0.3\begin{pmatrix}90&78&92&66\\86&80&93&74\\95&70&96&75\end{pmatrix}+0.7\begin{pmatrix}94&83&98&60\\90&85&95&70\\97&76&97&72\end{pmatrix}$$

$$=\begin{pmatrix}27&23.4&27.6&19.8\\25.8&24&27.9&22.2\\28.5&21&28.8&22.5\end{pmatrix}+\begin{pmatrix}65.8&58.1&68.6&42\\63&59.5&66.5&49\\67.9&53.2&67.9&50.4\end{pmatrix}$$

$$=\begin{pmatrix}92.8&81.5&96.2&61.8\\88.8&83.5&94.4&71.2\\96.4&74.3&96.7&72.9\end{pmatrix}.$$

把 $A=(a_{ij})_{m\times n}$ 中的各元素取其相反数得到的矩阵，称为 A 的**负矩阵**，记为 $-A$，即 $-A=(-a_{ij})_{m\times n}$.

如果 $A=(a_{ij})_{m\times n}$，$B=(b_{ij})_{m\times n}$，则定义**减法**为

$$A-B=A+(-B)=(a_{ij})_{m\times n}+(-b_{ij})_{m\times n}=(a_{ij}-b_{ij})_{m\times n}.$$

显然，矩阵的线性运算满足如下运算规律(设 A，B，C 都是 $m\times n$ 矩阵，λ，μ 为常数).

(1) $A+B=B+A$;

(2) $(A+B)+C=A+(B+C)$;

(3) $A+O=A$;

(4) $A+(-A)=O$;

(5) $\lambda(A+B)=\lambda A+\lambda B$;

(6) $(\lambda+\mu)A=\lambda A+\mu A$;

(7) $(\lambda\mu)A=\lambda(\mu A)$;

(8) $1\cdot A=A$;

(9) $\lambda A=O$，当且仅当 $\lambda=0$ 或 $A=O$.

例 4　已知 $A=\begin{pmatrix}3&2&7\\-1&5&-5\end{pmatrix}$，$B=\begin{pmatrix}9&4&-1\\7&3&2\end{pmatrix}$，且 $A+3X=B$，求 X.

解　由 $A+3X=B$ 得

$$X=\frac{1}{3}(B-A)=\frac{1}{3}\begin{pmatrix}6&2&-8\\8&-2&7\end{pmatrix}=\begin{pmatrix}2&\frac{2}{3}&-\frac{8}{3}\\\frac{8}{3}&-\frac{2}{3}&\frac{7}{3}\end{pmatrix}.$$

例 5 设 $\boldsymbol{A}$ 为三阶矩阵，若已知 $|\boldsymbol{A}|=-2$，求 $\big||\boldsymbol{A}|\boldsymbol{A}\big|$.

解 因为 $\boldsymbol{A}$ 为三阶矩阵，不妨设 $\boldsymbol{A}=(a_{ij})_{3\times3}$，则

$$|\boldsymbol{A}|\boldsymbol{A}=-2\boldsymbol{A}=\begin{pmatrix}-2a_{11} & -2a_{12} & -2a_{13}\\ -2a_{21} & -2a_{22} & -2a_{23}\\ -2a_{31} & -2a_{32} & -2a_{33}\end{pmatrix},$$

所以

$$\big||\boldsymbol{A}|\boldsymbol{A}\big|=\begin{vmatrix}-2a_{11} & -2a_{12} & -2a_{13}\\ -2a_{21} & -2a_{22} & -2a_{23}\\ -2a_{31} & -2a_{32} & -2a_{33}\end{vmatrix}=(-2)^3\begin{vmatrix}a_{11} & a_{12} & a_{13}\\ a_{21} & a_{22} & a_{23}\\ a_{31} & a_{32} & a_{33}\end{vmatrix}$$

$$=(-2)^3\times(-2)=16.$$

矩阵的乘法

一般地，对于 n 阶方阵 $\boldsymbol{A}=(a_{ij})_{n\times n}$，有 $|\lambda\boldsymbol{A}|=\lambda^n|\boldsymbol{A}|$（$\lambda$ 为常数）.

2. 矩阵的乘法

某地区甲、乙、丙三家商场同时销售两种品牌的家用电器，如果用矩阵 $\boldsymbol{A}$ 表示各商场销售这两种家用电器的日平均销售量（单位：台），用矩阵 $\boldsymbol{B}$ 表示两种家用电器的单位售价（单位：千元）和单位利润（单位：千元）：

$$\begin{matrix} & \text{Ⅰ} \quad \text{Ⅱ} & \\ \boldsymbol{A}= & \begin{pmatrix}20 & 10\\ 25 & 11\\ 18 & 9\end{pmatrix} & \begin{matrix}\text{甲}\\ \text{乙}\\ \text{丙}\end{matrix}\end{matrix} \qquad \begin{matrix} & \text{单价} \quad \text{利润} & \\ \boldsymbol{B}= & \begin{pmatrix}3.5 & 0.8\\ 5 & 1.2\end{pmatrix} & \begin{matrix}\text{Ⅰ}\\ \text{Ⅱ}\end{matrix}\end{matrix}$$

用矩阵 $\boldsymbol{C}=(c_{ij})_{3\times2}$ 表示这三家商场销售两种家用电器的每日总收入和总利润，那么 $\boldsymbol{C}$ 中的元素分别为

$$\text{总收入}\begin{cases}c_{11}=20\times3.5+10\times5=120,\\ c_{21}=25\times3.5+11\times5=142.5,\\ c_{31}=18\times3.5+9\times5=108;\end{cases}$$

$$\text{总利润}\begin{cases}c_{12}=20\times0.8+10\times1.2=28,\\ c_{22}=25\times0.8+11\times1.2=33.2,\\ c_{32}=18\times0.8+9\times1.2=25.2,\end{cases}$$

即

$$\boldsymbol{C}=\begin{pmatrix}c_{11} & c_{12}\\ c_{21} & c_{22}\\ c_{31} & c_{32}\end{pmatrix}=\begin{pmatrix}20\times3.5+10\times5 & 20\times0.8+10\times1.2\\ 25\times3.5+11\times5 & 25\times0.8+11\times1.2\\ 18\times3.5+9\times5 & 18\times0.8+9\times1.2\end{pmatrix}=\begin{pmatrix}120 & 28\\ 142.5 & 33.2\\ 108 & 25.2\end{pmatrix}.$$

其中，矩阵 $\boldsymbol{C}$ 中的第 i 行第 j 列的元素是矩阵 $\boldsymbol{A}$ 的第 i 行元素与矩阵 $\boldsymbol{B}$ 的第 j 列对应元素乘积的和.

定义 5　设矩阵 $\boldsymbol{A}=(a_{ij})_{m\times s}$，$\boldsymbol{B}=(b_{ij})_{s\times n}$，那么，矩阵 $\boldsymbol{A}$ 与矩阵 $\boldsymbol{B}$ 有**乘积**且为一个 $m\times n$ 矩阵 $\boldsymbol{C}=(c_{ij})_{m\times n}$，其中 $c_{ij}=a_{i1}b_{1j}+a_{i2}b_{2j}+\cdots+a_{is}b_{sj}=\sum\limits_{k=1}^{s}a_{ik}b_{kj}$，记为 $\boldsymbol{C}=\boldsymbol{AB}$. 同时，称 $\boldsymbol{A}$ 为**左乘矩阵**，$\boldsymbol{B}$ 为**右乘矩阵**.

由矩阵乘法的定义可得如下结论：

(1) 左乘矩阵 $\boldsymbol{A}$ 的列数要等于右乘矩阵 $\boldsymbol{B}$ 的行数，乘法 $\boldsymbol{AB}$ 才有意义；

(2) 积矩阵 $\boldsymbol{C}$ 的行数等于左乘矩阵 $\boldsymbol{A}$ 的行数，$\boldsymbol{C}$ 的列数等于右乘矩阵 $\boldsymbol{B}$ 的列数.

例 6　已知 $\boldsymbol{A}=\begin{pmatrix}2&3\\1&-2\\3&1\end{pmatrix}$，$\boldsymbol{B}=\begin{pmatrix}1&-2&-3\\2&3&0\end{pmatrix}$，$\boldsymbol{C}=(2,\ 1,\ 3)$，求 $\boldsymbol{AB}$，$\boldsymbol{BA}$，$\boldsymbol{AC}$，$\boldsymbol{CA}$.

解

$$\boldsymbol{AB}=\begin{pmatrix}2&3\\1&-2\\3&1\end{pmatrix}\begin{pmatrix}1&-2&-3\\2&3&0\end{pmatrix}$$

$$=\begin{pmatrix}2\times1+3\times2&2\times(-2)+3\times3&2\times(-3)+3\times0\\1\times1+(-2)\times2&1\times(-2)+(-2)\times3&1\times(-3)+(-2)\times0\\3\times1+1\times2&3\times(-2)+1\times3&3\times(-3)+1\times0\end{pmatrix}$$

$$=\begin{pmatrix}8&5&-6\\-3&-8&-3\\5&-3&-9\end{pmatrix};$$

$$\boldsymbol{BA}=\begin{pmatrix}1&-2&-3\\2&3&0\end{pmatrix}\begin{pmatrix}2&3\\1&-2\\3&1\end{pmatrix}=\begin{pmatrix}-9&4\\7&0\end{pmatrix};$$

$\boldsymbol{AC}$ 无定义；

$$\boldsymbol{CA}=(2,\ 1,\ 3)\begin{pmatrix}2&3\\1&-2\\3&1\end{pmatrix}=(14,\ 7).$$

例 7　已知 $\boldsymbol{A}=\begin{pmatrix}-1&-2\\3&6\end{pmatrix}$，$\boldsymbol{B}=\begin{pmatrix}-2&4\\1&-2\end{pmatrix}$，$\boldsymbol{C}=\begin{pmatrix}2&4\\-3&-6\end{pmatrix}$，求 $\boldsymbol{AB}$，$\boldsymbol{BC}$，$\boldsymbol{CB}$，并比较 $\boldsymbol{AB}$ 与 $\boldsymbol{CB}$.

解　$$\boldsymbol{AB}=\begin{pmatrix}-1&-2\\3&6\end{pmatrix}\begin{pmatrix}-2&4\\1&-2\end{pmatrix}=\begin{pmatrix}0&0\\0&0\end{pmatrix},$$

$$\boldsymbol{BC}=\begin{pmatrix}-2&4\\1&-2\end{pmatrix}\begin{pmatrix}2&4\\-3&-6\end{pmatrix}=\begin{pmatrix}-16&-32\\8&16\end{pmatrix},$$

$$CB=\begin{pmatrix}2&4\\-3&-6\end{pmatrix}\begin{pmatrix}-2&4\\1&-2\end{pmatrix}=\begin{pmatrix}0&0\\0&0\end{pmatrix}.$$

显然 $AB=CB$，但 $A\neq C$.

由例 6 与例 7 可以看出，矩阵乘法既不满足交换律，也不满足消去律；还有 $AB=O$ 不能必然推出 $A=O$ 或 $B=O$. 不过，下例中 $AB=BA$ 却成立.

例 8 已知 $A=\begin{pmatrix}1&1\\0&1\end{pmatrix}$，$B=\begin{pmatrix}1&2\\0&1\end{pmatrix}$，求 AB，BA.

解 $AB=\begin{pmatrix}1&1\\0&1\end{pmatrix}\begin{pmatrix}1&2\\0&1\end{pmatrix}=\begin{pmatrix}1&3\\0&1\end{pmatrix}$,

$$BA=\begin{pmatrix}1&2\\0&1\end{pmatrix}\begin{pmatrix}1&1\\0&1\end{pmatrix}=\begin{pmatrix}1&3\\0&1\end{pmatrix}.$$

定义 6 如果两矩阵 A 与 B 相乘，满足 $AB=BA$，则称 **A 与 B 可交换**.

显然，A 与 B 可交换时，A 和 B 是同阶方阵.

例 9 设 $A=\begin{pmatrix}1&0\\2&1\end{pmatrix}$，试求出所有与 A 可交换的矩阵.

解 假设矩阵 B 与 A 可交换，则 B 为二阶矩阵，可令 $B=\begin{pmatrix}a&b\\c&d\end{pmatrix}$，于是由 $AB=BA$，即 $\begin{pmatrix}1&0\\2&1\end{pmatrix}\begin{pmatrix}a&b\\c&d\end{pmatrix}=\begin{pmatrix}a&b\\c&d\end{pmatrix}\begin{pmatrix}1&0\\2&1\end{pmatrix}$，得

$$\begin{pmatrix}a&b\\2a+c&2b+d\end{pmatrix}=\begin{pmatrix}a+2b&b\\c+2d&d\end{pmatrix},$$

所以 $\begin{cases}a=d,\\b=0,\end{cases}$ 即 $B=\begin{pmatrix}a&0\\c&a\end{pmatrix}$，其中 a，c 为任意值.

例 10 解矩阵方程 $\begin{pmatrix}2&1\\1&2\end{pmatrix}X=\begin{pmatrix}1&2\\-1&4\end{pmatrix}$.

解 由乘法定义知 X 为二阶矩阵，设 $X=\begin{pmatrix}x_1&x_2\\x_3&x_4\end{pmatrix}$，由于

$$\begin{pmatrix}2&1\\1&2\end{pmatrix}\begin{pmatrix}x_1&x_2\\x_3&x_4\end{pmatrix}=\begin{pmatrix}1&2\\-1&4\end{pmatrix},\quad \begin{pmatrix}2x_1+x_3&2x_2+x_4\\x_1+2x_3&x_2+2x_4\end{pmatrix}=\begin{pmatrix}1&2\\-1&4\end{pmatrix},$$

即

$$\begin{cases}2x_1+x_3=1,\\x_1+2x_3=-1,\\2x_2+x_4=2,\\x_2+2x_4=4,\end{cases}$$

解得

$$x_1=1,\quad x_2=0,\quad x_3=-1,\quad x_4=2,$$

所以
$$X=\begin{pmatrix}1 & 0\\ -1 & 2\end{pmatrix}.$$

易证矩阵乘法和矩阵数乘满足下列运算规律(假设运算可以进行，λ 为常数).

(1) 结合律 $(AB)C=A(BC)$，$\lambda(AB)=(\lambda A)B=A(\lambda B)$.

(2) 分配律 $A(B+C)=AB+AC$，$(B+C)A=BA+CA$.

由矩阵乘法，可以将线性方程组表示为矩阵形式，即对于方程组

$$\begin{cases}a_{11}x_1+a_{12}x_2+\cdots+a_{1n}x_n=b_1,\\ a_{21}x_1+a_{22}x_2+\cdots+a_{2n}x_n=b_2,\\ \qquad\vdots\\ a_{m1}x_1+a_{m2}x_2+\cdots+a_{mn}x_n=b_m.\end{cases}$$

令 $A=\begin{pmatrix}a_{11} & a_{12} & \cdots & a_{1n}\\ a_{21} & a_{22} & \cdots & a_{2n}\\ \vdots & \vdots & & \vdots\\ a_{m1} & a_{m2} & \cdots & a_{mn}\end{pmatrix}$，$x=\begin{pmatrix}x_1\\ x_2\\ \vdots\\ x_n\end{pmatrix}$，$b=\begin{pmatrix}b_1\\ b_2\\ \vdots\\ b_m\end{pmatrix}$，则方程组的矩阵形式为 $Ax=b$.

在前面，介绍了方阵 $A=(a_{ij})_{n\times n}$ 的行列式 $|A|$，数乘矩阵的行列式 $|\lambda A|=\lambda^n|A|$. 下面来讨论方阵乘积的行列式的运算规律.

定理 设 A，B 是两个 n 阶方阵，则 $|AB|=|A||B|$.

证明 设 $A=(a_{ij})_{n\times n}$，$B=(b_{ij})_{n\times n}$，可构造一个 $2n$ 阶行列式

$$D=\begin{vmatrix}a_{11} & \cdots & a_{1n} & 0 & \cdots & 0\\ \vdots & & \vdots & \vdots & & \vdots\\ a_{n1} & \cdots & a_{nn} & 0 & \cdots & 0\\ -1 & \cdots & 0 & b_{11} & \cdots & b_{1n}\\ \vdots & & \vdots & \vdots & & \vdots\\ 0 & \cdots & -1 & b_{n1} & \cdots & b_{nn}\end{vmatrix}=\begin{vmatrix}A & O\\ -E & B\end{vmatrix}.$$

其中，$E=\begin{pmatrix}1 & 0 & \cdots & 0\\ 0 & 1 & \cdots & 0\\ \vdots & \vdots & & \vdots\\ 0 & 0 & \cdots & 1\end{pmatrix}$.

根据拉普拉斯定理将行列式 D 按前 n 行展开，得

$$D=(-1)^{2(1+2+\cdots+n)+2[(n+1)+(n+2)+\cdots+2n]}|A||B|=|A||B|.$$

又在 D 中将第 1 列的 b_{1j} 倍，第 2 列的 b_{2j} 倍，…，第 n 列的 b_{nj} 倍同时加到第 $n+j$ 列 $(j=1,2,\cdots,n)$，可得

$$D=\begin{vmatrix} a_{11} & \cdots & a_{1n} & \sum_{k=1}^{n} a_{1k}b_{k1} & \cdots & \sum_{k=1}^{n} a_{1k}b_{kn} \\ \vdots & & \vdots & \vdots & & \vdots \\ a_{n1} & \cdots & a_{nn} & \sum_{k=1}^{n} a_{nk}b_{k1} & \cdots & \sum_{k=1}^{n} a_{nk}b_{kn} \\ -1 & \cdots & 0 & 0 & \cdots & 0 \\ \vdots & & \vdots & \vdots & & \vdots \\ 0 & \cdots & -1 & 0 & \cdots & 0 \end{vmatrix}=\begin{vmatrix} \boldsymbol{A} & \boldsymbol{AB} \\ -\boldsymbol{E} & \boldsymbol{O} \end{vmatrix}.$$

将 $\begin{vmatrix} \boldsymbol{A} & \boldsymbol{AB} \\ -\boldsymbol{E} & \boldsymbol{O} \end{vmatrix}$ 的第 i 行与 $n+i$ 行对换 $(i=1, 2, \cdots, n)$，得

$$D=(-1)^{n}\begin{vmatrix} -\boldsymbol{E} & \boldsymbol{O} \\ \boldsymbol{A} & \boldsymbol{AB} \end{vmatrix}=(-1)^{2(1+2+\cdots+n)+2[(n+1)+(n+2)+\cdots+2n]+n}|-\boldsymbol{E}||\boldsymbol{AB}|$$
$$=(-1)^{2n}|\boldsymbol{AB}|=|\boldsymbol{AB}|,$$

所以 $|\boldsymbol{AB}|=|\boldsymbol{A}||\boldsymbol{B}|$.

此定理可以推广到有限个方阵 $\boldsymbol{A}_1, \boldsymbol{A}_2, \cdots, \boldsymbol{A}_k$ 乘积的行列式：

$$|\boldsymbol{A}_1\boldsymbol{A}_2\cdots\boldsymbol{A}_k|=|\boldsymbol{A}_1||\boldsymbol{A}_2|\cdots|\boldsymbol{A}_k|.$$

例 11 n 阶方阵 $\boldsymbol{A}=(a_{ij})_{n\times n}$ 的行列式 $|\boldsymbol{A}|=\begin{vmatrix} a_{11} & \cdots & a_{1n} \\ \vdots & & \vdots \\ a_{n1} & \cdots & a_{nn} \end{vmatrix}$ 的元素 a_{ij} 的代数余子式 $\boldsymbol{A}_{ij}(i, j=1, 2, \cdots, n)$ 构成的矩阵：

$$\boldsymbol{A}^*=\begin{pmatrix} \boldsymbol{A}_{11} & \boldsymbol{A}_{21} & \cdots & \boldsymbol{A}_{n1} \\ \boldsymbol{A}_{12} & \boldsymbol{A}_{22} & \cdots & \boldsymbol{A}_{n2} \\ \vdots & \vdots & & \vdots \\ \boldsymbol{A}_{1n} & \boldsymbol{A}_{2n} & \cdots & \boldsymbol{A}_{nn} \end{pmatrix},$$

称为方阵 $\boldsymbol{A}$ 的伴随矩阵.试证明：

(1) $\boldsymbol{AA}^*=\boldsymbol{A}^*\boldsymbol{A}=|\boldsymbol{A}|\boldsymbol{E}$；(2) 当 $|\boldsymbol{A}|\neq 0$ 时，$|\boldsymbol{A}^*|=|\boldsymbol{A}|^{n-1}$.

证明 (1) 设 $\boldsymbol{AA}^*=(b_{ij})_{n\times n}$，由矩阵乘法定义有

$$b_{ij}=a_{i1}\boldsymbol{A}_{j1}+a_{i2}\boldsymbol{A}_{j2}+\cdots+a_{in}\boldsymbol{A}_{jn}=\begin{cases} |\boldsymbol{A}|, & i=j, \\ 0, & i\neq j \end{cases} \quad (i, j=1, 2, \cdots, n).$$

所以
$$\boldsymbol{AA}^*=\begin{pmatrix} |\boldsymbol{A}| & \cdots & \boldsymbol{O} \\ \vdots & \ddots & \vdots \\ \boldsymbol{O} & \cdots & |\boldsymbol{A}| \end{pmatrix}=|\boldsymbol{A}|^n\boldsymbol{E}.$$

类似可以证得 $\boldsymbol{A}^*\boldsymbol{A}=|\boldsymbol{A}|\boldsymbol{E}$，故 $\boldsymbol{AA}^*=\boldsymbol{A}^*\boldsymbol{A}=|\boldsymbol{A}|\boldsymbol{E}$.

(2) 由(1)的结论和矩阵乘积的行列式定理有

$$|AA^*|=||A|E|=|A|^n|E|=|A|^n,\quad |AA^*|=|A||A^*|,$$

所以 $|A||A^*|=|A|^n$，又 $|A|\neq 0$，故 $|A^*|=|A|^{n-1}$.

若相乘的矩阵为一系列相等的矩阵，则乘积称为该矩阵的**方幂**.显然，只有方阵才有方幂. $A^k=\underbrace{A\cdot A\cdot\cdots\cdot A}_{k个}$ 称为方阵 A 的 k 次幂.相应地，方阵的幂具有下列性质（k，l 为正整数）：

(1) $A^kA^l=A^{k+l}$；　(2) $(A^k)^l=A^{kl}$.

对于矩阵 $A=\begin{pmatrix}0&1\\0&0\end{pmatrix}\neq O$，$A^2=\begin{pmatrix}0&0\\0&0\end{pmatrix}=O$.类似地，若方阵 $A\neq O$，存在某正整数 k 使得 $A^k=O$，则称 A 为**幂零矩阵**.

设 $f(x)=a_nx^n+a_{n-1}x^{n-1}+\cdots+a_1x+a_0$ 为 x 的 n 次多项式，A 为 m 阶方阵，则有 $f(A)=a_nA^n+a_{n-1}A^{n-1}+\cdots+a_1A+a_0E$，其仍为一个 m 阶方阵，称 $f(A)$ 为**方阵 A 的多项式**.

例 12　设 $f(x)=x^n+2x^2+1$，$A=\begin{pmatrix}1&1\\0&1\end{pmatrix}$，求 A^n 和 $f(A)$.

解　$A^2=AA=\begin{pmatrix}1&1\\0&1\end{pmatrix}\begin{pmatrix}1&1\\0&1\end{pmatrix}=\begin{pmatrix}1&2\\0&1\end{pmatrix}$.

由数学归纳法，假设 $A^{n-1}=\begin{pmatrix}1&n-1\\0&1\end{pmatrix}$，则

$$A^n=A^{n-1}A=\begin{pmatrix}1&n-1\\0&1\end{pmatrix}\begin{pmatrix}1&1\\0&1\end{pmatrix}=\begin{pmatrix}1&n\\0&1\end{pmatrix},$$

所以　$$f(A)=A^n+2A^2+E=\begin{pmatrix}1&n\\0&1\end{pmatrix}+\begin{pmatrix}2&4\\0&2\end{pmatrix}+\begin{pmatrix}1&0\\0&1\end{pmatrix}=\begin{pmatrix}4&n+4\\0&4\end{pmatrix}.$$

3. 矩阵的转置

定义 7　将 $m\times n$ 矩阵 A 的行与列互换，得到的 $n\times m$ 矩阵称为 A 的**转置矩阵**，记为 $A^{\mathrm T}$ 或 A'. 即如果

$$A=\begin{pmatrix}a_{11}&a_{12}&\cdots&a_{1n}\\a_{21}&a_{22}&\cdots&a_{2n}\\\vdots&\vdots&&\vdots\\a_{m1}&a_{m2}&\cdots&a_{mn}\end{pmatrix},\quad 则\ A^{\mathrm T}=\begin{pmatrix}a_{11}&a_{21}&\cdots&a_{m1}\\a_{12}&a_{22}&\cdots&a_{m2}\\\vdots&\vdots&&\vdots\\a_{1n}&a_{2n}&\cdots&a_{mn}\end{pmatrix}.$$

矩阵的转置具有如下运算法则.

(1) $(A^{\mathrm T})^{\mathrm T}=A$；

(2) $(A+B)^{\mathrm T}=A^{\mathrm T}+B^{\mathrm T}$；

(3) $(kA)^{\mathrm T}=kA^{\mathrm T}$；

(4) $(AB)^{\mathrm T}=B^{\mathrm T}A^{\mathrm T}$.

(1)—(3)成立是很显然的，现在来证明(4)成立.

证明 设$\boldsymbol{A}=(a_{ij})_{m\times l}$，$\boldsymbol{B}=(b_{ij})_{l\times s}$，那么$\boldsymbol{AB}$为$m\times s$矩阵，$(\boldsymbol{AB})^{\mathrm{T}}$就为$s\times m$矩阵，$\boldsymbol{B}^{\mathrm{T}}$为$s\times l$矩阵，$\boldsymbol{A}^{\mathrm{T}}$为$l\times m$矩阵，于是$\boldsymbol{B}^{\mathrm{T}}\boldsymbol{A}^{\mathrm{T}}$为$s\times m$矩阵.则$\boldsymbol{B}^{\mathrm{T}}\boldsymbol{A}^{\mathrm{T}}$与$(\boldsymbol{AB})^{\mathrm{T}}$的行数、列数对应相等，又$\boldsymbol{B}^{\mathrm{T}}\boldsymbol{A}^{\mathrm{T}}$的第$i$行第$j$列元素为$\boldsymbol{AB}$的第$j$行第$i$列元素，故

$$a_{j1}b_{1i}+a_{j2}b_{2i}+\cdots+a_{jl}b_{li}=\sum_{k=1}^{l}a_{jk}b_{ki}.$$

$\boldsymbol{B}^{\mathrm{T}}\boldsymbol{A}^{\mathrm{T}}$的第$i$行第$j$列元素为$\boldsymbol{B}^{\mathrm{T}}$的第$i$行与$\boldsymbol{A}^{\mathrm{T}}$的第$j$列元素对应乘积之和.而$\boldsymbol{B}^{\mathrm{T}}$的第$i$行元素为$\boldsymbol{B}$的第$i$列元素$b_{1i}$，$b_{2i}$，…，$b_{li}$；$\boldsymbol{A}^{\mathrm{T}}$的第$j$列元素为$\boldsymbol{A}$的第$j$行元素$a_{j1}$，$a_{j2}$，…，$a_{jl}$.故$\boldsymbol{B}^{\mathrm{T}}\boldsymbol{A}^{\mathrm{T}}$的第$i$行第$j$列元素为

$$b_{1i}a_{j1}+b_{2i}a_{j2}+\cdots+b_{lil}a_{jl}=\sum_{k=1}^{l}a_{jk}b_{ki}.$$

因此，$(\boldsymbol{AB})^{\mathrm{T}}$与$\boldsymbol{B}^{\mathrm{T}}\boldsymbol{A}^{\mathrm{T}}$对应位置上的元素相等.所以$(\boldsymbol{AB})^{\mathrm{T}}=\boldsymbol{B}^{\mathrm{T}}\boldsymbol{A}^{\mathrm{T}}$.

习题 2.1

1. 设矩阵$\boldsymbol{A}=\begin{pmatrix}a\\b\end{pmatrix}$，则$\boldsymbol{AA}^{\mathrm{T}}=$________.

2. 设矩阵$\boldsymbol{A}=\begin{pmatrix}1&2\\3&4\end{pmatrix}$，则$|\boldsymbol{A}^2|=$________.

3. 若$\boldsymbol{A}$，$\boldsymbol{B}$均为三阶矩阵，且$|\boldsymbol{A}|=2$，$\boldsymbol{B}=-3\boldsymbol{E}$，则$|\boldsymbol{AB}|=$________.

4. 设$\boldsymbol{A}=\begin{pmatrix}1&-2\\3&1\end{pmatrix}$，$\boldsymbol{B}=\begin{pmatrix}2&1\\0&3\end{pmatrix}$，$\boldsymbol{C}=(2,-1)$，则$(\boldsymbol{A}-\boldsymbol{B})\boldsymbol{C}^{\mathrm{T}}=$________.

5. $\begin{pmatrix}2&1&0\\1&-1&4\end{pmatrix}\begin{pmatrix}1&3\\0&-1\\4&0\end{pmatrix}=$________.

6. 设$\boldsymbol{A}=\begin{pmatrix}1&-1&1\\1&1&-1\end{pmatrix}$，$\boldsymbol{B}=\begin{pmatrix}1&2&3\\-1&-2&4\end{pmatrix}$，则$\boldsymbol{A}+2\boldsymbol{B}=$________.

7. 对任意n阶方阵$\boldsymbol{A}$，$\boldsymbol{B}$总有(　　).

A. $\boldsymbol{AB}=\boldsymbol{BA}$　　B. $|\boldsymbol{AB}|=|\boldsymbol{BA}|$　　C. $(\boldsymbol{AB})^{\mathrm{T}}=\boldsymbol{A}^{\mathrm{T}}\boldsymbol{B}^{\mathrm{T}}$　　D. $(\boldsymbol{AB})^2=\boldsymbol{A}^2\boldsymbol{B}^2$

8. 设$\boldsymbol{A}$是$m\times n$矩阵，$\boldsymbol{B}$是$s\times n$矩阵，$\boldsymbol{C}$是$m\times s$矩阵，则下列运算有意义的是(　　).

A. $\boldsymbol{AB}$　　B. $\boldsymbol{BC}$　　C. $\boldsymbol{AB}^{\mathrm{T}}$　　D. $\boldsymbol{AC}^{\mathrm{T}}$

9. 设$\boldsymbol{A}$是三阶方阵，且$|\boldsymbol{A}|=-1$，则$|2\boldsymbol{A}|=$(　　).

A. -8　　B. -2　　C. 2　　D. 8

10. 设$\boldsymbol{A}=\begin{pmatrix}1&2&0\\3&4&0\\-1&2&1\end{pmatrix}$，$\boldsymbol{B}=\begin{pmatrix}2&3&-1\\-2&4&0\end{pmatrix}$.求(1) $\boldsymbol{AB}^{\mathrm{T}}$；(2) $|4\boldsymbol{A}|$.

2.2　特殊矩阵及矩阵分块

特殊矩阵

2.2.1　几种常见的特殊矩阵

1. 对角矩阵

形如

$$A=\begin{pmatrix} a_{11} & & & \\ & a_{22} & & \\ & & \ddots & \\ & & & a_{nn} \end{pmatrix}$$

的 n 阶方阵称为**对角矩阵**，即只有主对角线上存在非零元素，其他元素都是零的方阵，也可简记为 $\operatorname{diag}(a_{11}, a_{22}, \cdots, a_{nn})$.

易证对角矩阵具有如下性质.

(1) 两对角矩阵 $\boldsymbol{A}$，$\boldsymbol{B}$ 的和 $\boldsymbol{A}+\boldsymbol{B}$ 仍是对角矩阵；

(2) 数乘对角矩阵 $k\boldsymbol{A}$ 仍是对角矩阵；

(3) 两对角矩阵的乘积 $\boldsymbol{AB}$ 仍是对角矩阵.

2. 单位矩阵

主对角线上的元素全为 1 的对角矩阵称为**单位矩阵**，常记作 $\boldsymbol{E}$，即

$$\boldsymbol{E}_n=\begin{pmatrix} 1 & & & \\ & 1 & & \\ & & \ddots & \\ & & & 1 \end{pmatrix}_{n\times n}.$$

显然，单位矩阵左乘或右乘一个矩阵，结果等于被乘矩阵本身，即

$$\boldsymbol{E}_m\boldsymbol{A}_{m\times n}=\boldsymbol{A}_{m\times n},\quad \boldsymbol{A}_{m\times n}\boldsymbol{E}_n=\boldsymbol{A}_{m\times n},\quad \boldsymbol{E}_n^k=\boldsymbol{E}_n.$$

单位矩阵在矩阵的乘法中与数 1 在数的乘法中有类似的性质.

3. 数量矩阵

主对角线上的元素全相等的对角矩阵 $\boldsymbol{A}_{n\times n}=\begin{pmatrix} a & & & \\ & a & & \\ & & \ddots & \\ & & & a \end{pmatrix}$ 称为**数量矩阵**，单位矩阵是特殊的数量矩阵.由数乘矩阵的性质有 $\boldsymbol{A}_{n\times n}=\begin{pmatrix} a & & & \\ & a & & \\ & & \ddots & \\ & & & a \end{pmatrix}=a\boldsymbol{E}_n$. 因此有

$$\begin{pmatrix} a & & & \\ & a & & \\ & & \ddots & \\ & & & a \end{pmatrix}_{m\times m} \begin{pmatrix} b_{11} & b_{12} & \cdots & b_{1n} \\ b_{21} & b_{22} & \cdots & b_{2n} \\ \vdots & \vdots & & \vdots \\ b_{m1} & b_{m2} & \cdots & b_{mn} \end{pmatrix} = a\boldsymbol{E} \begin{pmatrix} b_{11} & b_{12} & \cdots & b_{1n} \\ b_{21} & b_{22} & \cdots & b_{2n} \\ \vdots & \vdots & & \vdots \\ b_{m1} & b_{m2} & \cdots & b_{mn} \end{pmatrix} = \begin{pmatrix} ab_{11} & ab_{12} & \cdots & ab_{1n} \\ ab_{21} & ab_{22} & \cdots & ab_{2n} \\ \vdots & \vdots & & \vdots \\ ab_{m1} & ab_{m2} & \cdots & ab_{mn} \end{pmatrix};$$

$$\begin{pmatrix} b_{11} & b_{12} & \cdots & b_{1n} \\ b_{21} & b_{22} & \cdots & b_{2n} \\ \vdots & \vdots & & \vdots \\ b_{m1} & b_{m2} & \cdots & b_{mn} \end{pmatrix} \begin{pmatrix} a & & & \\ & a & & \\ & & \ddots & \\ & & & a \end{pmatrix}_{n\times n} = \begin{pmatrix} b_{11} & b_{12} & \cdots & b_{1n} \\ b_{21} & b_{22} & \cdots & b_{2n} \\ \vdots & \vdots & & \vdots \\ b_{m1} & b_{m2} & \cdots & b_{mn} \end{pmatrix} a\boldsymbol{E}_n$$

$$= \begin{pmatrix} ab_{11} & ab_{12} & \cdots & ab_{1n} \\ ab_{21} & ab_{22} & \cdots & ab_{2n} \\ \vdots & \vdots & & \vdots \\ ab_{m1} & ab_{m2} & \cdots & ab_{mn} \end{pmatrix}.$$

例 1 已知 $\boldsymbol{A} = \begin{pmatrix} -1 & -2 & -3 \\ 1 & 2 & 3 \\ 3 & 6 & 9 \end{pmatrix}$，求 $\boldsymbol{A}^n$（n 为正整数）.

解 $\boldsymbol{A} = \begin{pmatrix} -1 & -2 & -3 \\ 1 & 2 & 3 \\ 3 & 6 & 9 \end{pmatrix} = \begin{pmatrix} -1 \\ 1 \\ 3 \end{pmatrix}(1,\ 2,\ 3) = \boldsymbol{A}_1\boldsymbol{A}_2$,

又 $\boldsymbol{A}_2\boldsymbol{A}_1 = (1,\ 2,\ 3)\begin{pmatrix} -1 \\ 1 \\ 3 \end{pmatrix} = 10$，则有

$$\boldsymbol{A}^n = \begin{pmatrix} -1 \\ 1 \\ 3 \end{pmatrix} \underbrace{\left[(1,\ 2,\ 3)\begin{pmatrix} -1 \\ 1 \\ 3 \end{pmatrix}(1,\ 2,\ 3)\begin{pmatrix} -1 \\ 1 \\ 3 \end{pmatrix}\cdots(1,\ 2,\ 3)\begin{pmatrix} -1 \\ 1 \\ 3 \end{pmatrix}\right]}_{(n-1)\text{个}}(1,\ 2,\ 3)$$

$$= 10^{n-1}\begin{pmatrix} -1 \\ 1 \\ 3 \end{pmatrix}(1,\ 2,\ 3) = 10^{n-1}\boldsymbol{A} = 10^{n-1}\begin{pmatrix} -1 & -2 & -3 \\ 1 & 2 & 3 \\ 3 & 6 & 9 \end{pmatrix}.$$

4. 上(下)三角形矩阵

如果 n 阶方阵 $\boldsymbol{A} = (a_{ij})_{n\times n}$ 满足 $a_{ij} = 0$（$i > j$；$i,\ j = 1,\ 2,\ \cdots,\ n$），即

$$\boldsymbol{A} = \begin{pmatrix} a_{11} & a_{12} & \cdots & a_{1n} \\ & a_{22} & \cdots & a_{2n} \\ & & \ddots & \vdots \\ & & & a_{nn} \end{pmatrix},$$

则称 $\boldsymbol{A}$ 为 n 阶上三角形矩阵.

如果 n 阶方阵 $\boldsymbol{B}=(b_{ij})_{n\times n}$ 满足 $b_{ij}=0\ (i<j;\ i,\ j=1,\ 2,\ \cdots,\ n)$，即

$$\boldsymbol{B}=\begin{pmatrix} b_{11} & & & \\ b_{21} & b_{22} & & \\ \vdots & \vdots & \ddots & \\ b_{n1} & b_{n2} & \cdots & b_{nn} \end{pmatrix},$$

则称 $\boldsymbol{B}$ 为 n 阶下三角形矩阵.

易证 $\boldsymbol{A}$，$\boldsymbol{B}$ 同为 n 阶上(下)三角形矩阵，则 $k\boldsymbol{A}$，$\boldsymbol{A}+\boldsymbol{B}$，$\boldsymbol{AB}$ 也为同阶上(下)三角形矩阵.

5. 对称矩阵

如果 n 阶方阵 $\boldsymbol{A}=(a_{ij})_{n\times n}$ 满足 $a_{ij}=a_{ji}(i,\ j=1,\ 2,\ \cdots,\ n)$，则称 $\boldsymbol{A}$ 为对称矩阵，即 $\boldsymbol{A}^{\mathrm{T}}=\boldsymbol{A}$. 易证对称矩阵的和、差、数乘仍是对称矩阵.

但对称矩阵的乘积不一定是对称矩阵，如 $\begin{pmatrix} 0 & -1 \\ -1 & 1 \end{pmatrix}\begin{pmatrix} 1 & 1 \\ 1 & 1 \end{pmatrix}=\begin{pmatrix} -1 & -1 \\ 0 & 0 \end{pmatrix}$.

例 2　$\boldsymbol{A}$ 与 $\boldsymbol{B}$ 是两个 n 阶对称矩阵.证明:当且仅当 $\boldsymbol{A}$ 与 $\boldsymbol{B}$ 可交换时，$\boldsymbol{AB}$ 是对称矩阵.

证明　因为 $\boldsymbol{A}$ 与 $\boldsymbol{B}$ 是两个 n 阶对称矩阵，所以 $\boldsymbol{A}^{\mathrm{T}}=\boldsymbol{A}$，$\boldsymbol{B}^{\mathrm{T}}=\boldsymbol{B}$. 又由矩阵的转置运算性质有 $(\boldsymbol{AB})^{\mathrm{T}}=\boldsymbol{B}^{\mathrm{T}}\boldsymbol{A}^{\mathrm{T}}=\boldsymbol{BA}$.

所以，要 $(\boldsymbol{AB})^{\mathrm{T}}=\boldsymbol{AB}$ 成立，当且仅当 $\boldsymbol{AB}=\boldsymbol{BA}$，即 $\boldsymbol{A}$ 与 $\boldsymbol{B}$ 可交换.

对任意矩阵 $\boldsymbol{A}$，$\boldsymbol{A}^{\mathrm{T}}\boldsymbol{A}$，$\boldsymbol{A}\boldsymbol{A}^{\mathrm{T}}$ 都是对称矩阵，有兴趣的读者可以自行证明.

6. 反对称矩阵

如果 n 阶方阵 $\boldsymbol{A}=(a_{ij})_{n\times n}$ 满足 $a_{ij}=-a_{ji}(i,\ j=1,\ 2,\ \cdots,\ n)$，则称 $\boldsymbol{A}$ 为反对称矩阵，即 $\boldsymbol{A}^{\mathrm{T}}=-\boldsymbol{A}$.

反对称矩阵主对角线上的元素 a_{ii} 满足 $a_{ii}=-a_{ii}$，则 $a_{ii}=0\ (i=1,\ 2,\ \cdots,\ n)$.

7. 行阶梯形矩阵

若一个矩阵的每个非零行(元素不全为零)的第一个非零元素所在列的下标随行标增大而严格增大，并且零行(元素全为零的行)均在所有非零行的下面，则称此矩阵为行阶梯形矩阵.例如，

$$\begin{pmatrix} 1 & 2 & 3 & 4 \\ 0 & 0 & 5 & 2 \\ 0 & 0 & 0 & 3 \end{pmatrix}.$$

8. 行最简形矩阵

若一个行阶梯形矩阵的每个非零行首个非零元素为 1，且此非零元素所在列的其余元素全为零，则称此矩阵为行最简形矩阵.例如，

$$\begin{pmatrix} 1 & 2 & 0 & 0 \\ 0 & 0 & 1 & 0 \\ 0 & 0 & 0 & 1 \end{pmatrix}.$$

矩阵分块

2.2.2 矩阵分块

在分析和解决矩阵之间的运算问题时，经常遇到矩阵的行数和列数较大或一些特殊的矩阵，对于这些矩阵，希望找到一些简便方法去计算.矩阵分块就是一种常见的方法，即把一个矩阵分成若干小块(小矩阵)，将小块作为矩阵的元素再进行计算.

首先介绍如何分块，然后介绍分块矩阵的运算.

1. 矩阵的分块

对矩阵 $\boldsymbol{A}_{m\times n}$ 的行间用横线分成 t 块，对 $\boldsymbol{A}$ 的列间用竖线分成 s 块，就得到一个 $t\times s$ 的分块矩阵

$$\begin{array}{c} \\ \boldsymbol{A}= \end{array} \begin{array}{c} \begin{matrix} n_1 & n_2 & \cdots & n_s \end{matrix} \\ \begin{pmatrix} \boldsymbol{A}_{11} & \boldsymbol{A}_{12} & \cdots & \boldsymbol{A}_{1s} \\ \boldsymbol{A}_{21} & \boldsymbol{A}_{22} & \cdots & \boldsymbol{A}_{2s} \\ \vdots & \vdots & & \vdots \\ \boldsymbol{A}_{t1} & \boldsymbol{A}_{t2} & \cdots & \boldsymbol{A}_{ts} \end{pmatrix} \end{array} \begin{array}{c} \\ m_1 \\ m_2 \\ \vdots \\ m_t \end{array}$$

这里子块 $\boldsymbol{A}_{ij}$ 是 $m_i\times n_j$ 矩阵($i=1, 2, \cdots, t$; $j=1, 2, \cdots, s$).通常，简记为 $\boldsymbol{A}=(\boldsymbol{A}_{ij})_{t\times s}$.

例如，将一个 4×5 矩阵 $\boldsymbol{A}$ 分块为

$$\boldsymbol{A}=\left(\begin{array}{ccc:cc} 3 & 2 & 0 & 1 & 5 \\ \hdashline 0 & -1 & 8 & 3 & 4 \\ 7 & 2 & 1 & 1 & 0 \\ \hdashline -2 & 1 & 6 & 0 & 3 \end{array}\right)=\begin{pmatrix} \boldsymbol{A}_{11} & \boldsymbol{A}_{12} \\ \boldsymbol{A}_{21} & \boldsymbol{A}_{22} \\ \boldsymbol{A}_{31} & \boldsymbol{A}_{32} \end{pmatrix},$$

其中，$\boldsymbol{A}_{11}=(3, 2, 0)$，$\boldsymbol{A}_{12}=(1, 5)$，$\boldsymbol{A}_{21}=\begin{pmatrix} 0 & -1 & 8 \\ 7 & 2 & 1 \end{pmatrix}$，$\boldsymbol{A}_{22}=\begin{pmatrix} 3 & 4 \\ 1 & 0 \end{pmatrix}$，$\boldsymbol{A}_{31}=(-2, 1, 6)$，$\boldsymbol{A}_{32}=(0, 3)$.

一个矩阵的分块是任意的，上例矩阵也有其他分法.在分块矩阵进行计算时，可将分块阵看作元素处理，直接应用一般矩阵的计算法则，而子块和子块间运算也要符合一般矩阵运算规律.

2. 分块矩阵的运算

设 $m\times n$ 矩阵 $\boldsymbol{A}=(\boldsymbol{A}_{ij})_{t\times s}$，$\boldsymbol{B}=(\boldsymbol{B}_{ij})_{t\times s}$($i=1, 2, \cdots, t$; $j=1, 2, \cdots, s$).

(1) 定义 $\boldsymbol{A}=\boldsymbol{B}$，当且仅当 $\boldsymbol{A}_{ij}=\boldsymbol{B}_{ij}$($i=1, 2, \cdots, t$; $j=1, 2, \cdots, s$).

(2) 定义 $\boldsymbol{A}+\boldsymbol{B}=(\boldsymbol{C}_{ij})_{s\times t}$，其中 $\boldsymbol{C}_{ij}=\boldsymbol{A}_{ij}+\boldsymbol{B}_{ij}$.

(3) 定义 $k\boldsymbol{A}=(\boldsymbol{D}_{ij})_{t\times s}$，其中 $\boldsymbol{D}_{ij}=k\boldsymbol{A}_{ij}$.

显然，上述定义的结果与不分块情形相同，因此是合理的.

例 3　已知 $\boldsymbol{A}=\begin{pmatrix}1&0&1&3\\0&1&2&4\\0&0&-1&0\\0&0&0&-1\end{pmatrix}$，$\boldsymbol{B}=\begin{pmatrix}1&2&0&0\\2&0&0&0\\6&-2&1&0\\0&3&0&1\end{pmatrix}$，用矩阵的分块计算 $\boldsymbol{A}+\boldsymbol{B}$.

解

$$\boldsymbol{A}+\boldsymbol{B}=\left(\begin{array}{cc:cc}1&0&1&3\\0&1&2&4\\ \hdashline 0&0&-1&0\\0&0&0&-1\end{array}\right)+\left(\begin{array}{cc:cc}1&2&0&0\\2&0&0&0\\ \hdashline 6&-2&1&0\\0&3&0&1\end{array}\right)=\begin{pmatrix}\boldsymbol{E}&\boldsymbol{A}_1\\\boldsymbol{O}&-\boldsymbol{E}\end{pmatrix}+\begin{pmatrix}\boldsymbol{B}_1&\boldsymbol{O}\\\boldsymbol{B}_2&\boldsymbol{E}\end{pmatrix}$$

$$=\begin{pmatrix}\boldsymbol{E}+\boldsymbol{B}_1&\boldsymbol{A}_1\\\boldsymbol{B}_2&-\boldsymbol{E}+\boldsymbol{E}\end{pmatrix}=\begin{pmatrix}\boldsymbol{E}+\boldsymbol{B}_1&\boldsymbol{A}_1\\\boldsymbol{B}_2&\boldsymbol{O}\end{pmatrix}=\begin{pmatrix}2&2&1&3\\2&1&2&4\\6&-2&0&0\\0&3&0&0\end{pmatrix}.$$

分块运算中乘法是很重要的，需要特别注意的是，利用分块矩阵计算矩阵 $\boldsymbol{A}_{m\times n}$ 与 $\boldsymbol{B}_{n\times s}$ 的乘积 $\boldsymbol{AB}$ 时，要使左乘矩阵 $\boldsymbol{A}$ 的列的分块与右乘矩阵 $\boldsymbol{B}$ 的行的分块一致，即 $\boldsymbol{A}$ 的列块数与 $\boldsymbol{B}$ 的行块数相等，$\boldsymbol{A}$ 某列块的列数与 $\boldsymbol{B}$ 的对应行块的行数相等. 并且，子块相乘时 $\boldsymbol{A}$ 的各子块始终左乘 $\boldsymbol{B}$ 的对应子块.

例 4　已知 $\boldsymbol{A}=\begin{pmatrix}1&0&-2&0\\0&1&0&-2\\0&0&5&3\end{pmatrix}$，$\boldsymbol{B}=\begin{pmatrix}3&0&-2\\1&2&0\\0&1&0\\0&0&1\end{pmatrix}$，用分块矩阵计算 $\boldsymbol{AB}$.

解法 1

$$\boldsymbol{AB}=\left(\begin{array}{cc:cc}1&0&-2&0\\0&1&0&-2\\ \hdashline 0&0&5&3\end{array}\right)\left(\begin{array}{cc:c}3&0&-2\\1&2&0\\ \hdashline 0&1&0\\0&0&1\end{array}\right)$$

$$=\begin{pmatrix}\boldsymbol{E}&-2\boldsymbol{E}\\\boldsymbol{O}&\boldsymbol{A}_1\end{pmatrix}\begin{pmatrix}\boldsymbol{B}_1&\boldsymbol{B}_2\\\boldsymbol{B}_3&\boldsymbol{B}_4\end{pmatrix}=\begin{pmatrix}\boldsymbol{B}_1-2\boldsymbol{B}_3&\boldsymbol{B}_2-2\boldsymbol{B}_4\\\boldsymbol{A}_1\boldsymbol{B}_3&\boldsymbol{A}_1\boldsymbol{B}_4\end{pmatrix},$$

又

$$\boldsymbol{B}_1-2\boldsymbol{B}_3=\begin{pmatrix}3&0\\1&2\end{pmatrix}-2\begin{pmatrix}0&1\\0&0\end{pmatrix}=\begin{pmatrix}3&-2\\1&2\end{pmatrix},$$

$$\boldsymbol{B}_2-2\boldsymbol{B}_4=\begin{pmatrix}-2\\0\end{pmatrix}-2\begin{pmatrix}0\\1\end{pmatrix}=\begin{pmatrix}-2\\-2\end{pmatrix},$$

$$\boldsymbol{A}_1\boldsymbol{B}_3=(5,\ \ 3)\begin{pmatrix}0&1\\0&0\end{pmatrix}=(0,\ \ 5),$$

$$\boldsymbol{A}_1\boldsymbol{B}_4=(5,\ \ 3)\begin{pmatrix}0\\1\end{pmatrix}=(3),$$

所以 $\boldsymbol{AB}=\begin{pmatrix}3 & -2 & -2\\1 & 2 & -2\\0 & 5 & 3\end{pmatrix}$.

解法 2 $\boldsymbol{AB}=\left(\begin{array}{cc:cc}1 & 0 & -2 & 0\\0 & 1 & 0 & -2\\ \hdashline 0 & 0 & 5 & 3\end{array}\right)\left(\begin{array}{cc:c}3 & 0 & -2\\1 & 2 & 0\\0 & 1 & 0\\ \hdashline 0 & 0 & 1\end{array}\right)=\begin{pmatrix}\boldsymbol{E} & -2\boldsymbol{E}\\\boldsymbol{O} & \boldsymbol{A}_1\end{pmatrix}\begin{pmatrix}\boldsymbol{B}_1 & \boldsymbol{B}_2\\\boldsymbol{O} & \boldsymbol{E}\end{pmatrix}$

$$=\begin{pmatrix}\boldsymbol{B}_1 & \boldsymbol{B}_2-2\boldsymbol{E}\\\boldsymbol{O} & \boldsymbol{A}_1\end{pmatrix},$$

故 $\boldsymbol{AB}=\begin{pmatrix}3 & -2 & -2\\1 & 2 & -2\\0 & 5 & 3\end{pmatrix}$.

从例 4 可以看出，不同的分块方法使得求解过程的繁杂程度不一样，一般尽可能把特殊的零子块和单位子块分出来，这样可以简化子块的求解.

下面介绍几种常见的分块矩阵.

形如 $\begin{pmatrix}\boldsymbol{A}_1 & \boldsymbol{O} & \cdots & \boldsymbol{O}\\\boldsymbol{O} & \boldsymbol{A}_2 & \cdots & \boldsymbol{O}\\\vdots & \vdots & & \vdots\\\boldsymbol{O} & \boldsymbol{O} & \cdots & \boldsymbol{A}_s\end{pmatrix}$ 的分块矩阵，称为**分块对角矩阵**或**准对角矩阵**. 当主对角线上各子块均为对角矩阵时，分块对角矩阵 $\begin{pmatrix}\boldsymbol{A}_1 & \boldsymbol{O} & \cdots & \boldsymbol{O}\\\boldsymbol{O} & \boldsymbol{A}_2 & \cdots & \boldsymbol{O}\\\vdots & \vdots & & \vdots\\\boldsymbol{O} & \boldsymbol{O} & \cdots & \boldsymbol{A}_s\end{pmatrix}$ 才是对角矩阵.

形如 $\begin{pmatrix}\boldsymbol{A}_{11} & \boldsymbol{A}_{12} & \cdots & \boldsymbol{A}_{1s}\\\boldsymbol{O} & \boldsymbol{A}_{22} & \cdots & \boldsymbol{A}_{2s}\\\vdots & \vdots & & \vdots\\\boldsymbol{O} & \boldsymbol{O} & \cdots & \boldsymbol{A}_{ss}\end{pmatrix}$ 的分块矩阵，称为**分块上三角形矩阵**.

形如 $\begin{pmatrix}\boldsymbol{A}_{11} & \boldsymbol{O} & \cdots & \boldsymbol{O}\\\boldsymbol{A}_{21} & \boldsymbol{A}_{22} & \cdots & \boldsymbol{O}\\\vdots & \vdots & & \vdots\\\boldsymbol{A}_{s1} & \boldsymbol{A}_{s2} & \cdots & \boldsymbol{A}_{ss}\end{pmatrix}$ 的分块矩阵，称为**分块下三角形矩阵**.

如果分块上(下)三角形矩阵的主对角线上的子块 $\boldsymbol{A}_{ii}\ (i=1,\ 2,\ \cdots,\ s)$ 均为方阵，那么利用拉普拉斯定理可推得

$$\begin{vmatrix} \boldsymbol{A}_{11} & \boldsymbol{A}_{12} & \cdots & \boldsymbol{A}_{1s} \\ \boldsymbol{O} & \boldsymbol{A}_{22} & \cdots & \boldsymbol{A}_{2s} \\ \vdots & \vdots & & \vdots \\ \boldsymbol{O} & \boldsymbol{O} & \cdots & \boldsymbol{A}_{ss} \end{vmatrix} = \begin{vmatrix} \boldsymbol{A}_{11} & \boldsymbol{O} & \cdots & \boldsymbol{O} \\ \boldsymbol{A}_{21} & \boldsymbol{A}_{22} & \cdots & \boldsymbol{O} \\ \vdots & \vdots & & \vdots \\ \boldsymbol{A}_{s1} & \boldsymbol{A}_{s2} & \cdots & \boldsymbol{A}_{ss} \end{vmatrix} = \det \boldsymbol{A}_{11} \det \boldsymbol{A}_{22} \cdots \det \boldsymbol{A}_{ss}.$$

（证明略.）

习题 2.2

1. $\boldsymbol{A} = \begin{pmatrix} a & 1 & 0 & 0 \\ 0 & a & 0 & 0 \\ 0 & 0 & b & 1 \\ 0 & 0 & 1 & b \end{pmatrix}$，$\boldsymbol{B} = \begin{pmatrix} a & 0 & 0 & 0 \\ 1 & a & 0 & 0 \\ 0 & 0 & b & 0 \\ 0 & 0 & 1 & b \end{pmatrix}$，求 $\boldsymbol{A}+\boldsymbol{B}$.

2. 用分块法计算 $\boldsymbol{AB}$，其中 $\boldsymbol{A} = \begin{pmatrix} 0 & 0 & 5 \\ 4 & 2 & 1 \\ 0 & -1 & 2 \end{pmatrix}$，$\boldsymbol{B} = \begin{pmatrix} 1 & 2 & 4 & -1 \\ 5 & 3 & 1 & 0 \\ 0 & 0 & 2 & 0 \end{pmatrix}$.

3. 用分块法计算 $\boldsymbol{AB}$，其中 $\boldsymbol{A} = \begin{pmatrix} 1 & 0 & 0 & 0 \\ 0 & 1 & 0 & 0 \\ -1 & 2 & 1 & 0 \\ 1 & 1 & 0 & 1 \end{pmatrix}$，$\boldsymbol{B} = \begin{pmatrix} 1 & 0 & 1 & 0 \\ -1 & 2 & 0 & 1 \\ 1 & 0 & 4 & 1 \\ -1 & -1 & 2 & 0 \end{pmatrix}$.

2.3 可逆矩阵

可逆矩阵

数的乘法存在着逆运算，即当数 $a \neq 0$ 时，逆 $\frac{1}{a} = a^{-1}$ 满足 $a^{-1}a = 1$，这使得一元线性方程 $ax = b$ 的求解可简单得到：方程两边同时乘以 a^{-1}，解得 $x = a^{-1}b = \frac{b}{a}$. 那么，在解矩阵方程 $\boldsymbol{AX} = \boldsymbol{b}$（此处 $\boldsymbol{b}$ 为单列矩阵）时是否也存在类似的逆 $\boldsymbol{A}^{-1}$ 使得 $\boldsymbol{X} = \boldsymbol{A}^{-1}\boldsymbol{b}$ 呢？下面将探索什么样的矩阵存在这种运算，若存在，它具有怎样的性质，又如何求得呢？

定义 1　对 n 阶方阵 $\boldsymbol{A}$，若存在一个同阶方阵 $\boldsymbol{B}$，使得

$$\boldsymbol{AB} = \boldsymbol{BA} = \boldsymbol{E},$$

则称方阵 $\boldsymbol{A}$ **可逆**，方阵 $\boldsymbol{B}$ 为方阵 $\boldsymbol{A}$ 的**逆矩阵**，记为 $\boldsymbol{A}^{-1}$.

易证若方阵 $\boldsymbol{A}$ 可逆，则 $\boldsymbol{A}$ 的逆矩阵是**唯一**的.

假设 $\boldsymbol{B}_1$，$\boldsymbol{B}_2$ 均为可逆方阵 $\boldsymbol{A}$ 的逆矩阵，则由方阵可逆定义有

$$\boldsymbol{AB}_1 = \boldsymbol{B}_1\boldsymbol{A} = \boldsymbol{E}, \quad \boldsymbol{AB}_2 = \boldsymbol{B}_2\boldsymbol{A} = \boldsymbol{E},$$

则 $\boldsymbol{B}_1=\boldsymbol{B}_1\boldsymbol{E}=\boldsymbol{B}_1(\boldsymbol{A}\boldsymbol{B}_2)=(\boldsymbol{B}_1\boldsymbol{A})\boldsymbol{B}_2=\boldsymbol{E}\boldsymbol{B}_2=\boldsymbol{B}_2$.

所以如果一个矩阵可逆，那么它的逆矩阵是唯一的.

注意 在定义中 $\boldsymbol{A}$，$\boldsymbol{B}$ 的地位是对等的，因此 $\boldsymbol{B}$ 也可逆，且 $\boldsymbol{B}^{-1}=\boldsymbol{A}$ [也就是 $(\boldsymbol{A}^{-1})^{-1}=\boldsymbol{A}$]，即 $\boldsymbol{A}$ 与 $\boldsymbol{B}$ 是互为逆矩阵.

可逆矩阵还具有以下性质.

(1) 若方阵 $\boldsymbol{A}$ 可逆，则 $|\boldsymbol{A}^{-1}|=\dfrac{1}{|\boldsymbol{A}|}$；

(2) 若方阵 $\boldsymbol{A}$ 可逆，数 $\lambda\neq 0$，则 $\lambda\boldsymbol{A}$ 可逆，且 $(\lambda\boldsymbol{A})^{-1}=\dfrac{1}{\lambda}\boldsymbol{A}^{-1}$；

(3) 若方阵 $\boldsymbol{A}$ 可逆，则 $\boldsymbol{A}^{\mathrm{T}}$ 也可逆，且 $(\boldsymbol{A}^{\mathrm{T}})^{-1}=(\boldsymbol{A}^{-1})^{\mathrm{T}}$；

(4) 若方阵 $\boldsymbol{A}$ 可逆，且 $\boldsymbol{A}\boldsymbol{B}=\boldsymbol{A}\boldsymbol{C}$，则 $\boldsymbol{B}=\boldsymbol{C}$；

(5) 若 $\boldsymbol{A}$，$\boldsymbol{B}$ 为同阶方阵且均可逆，则 $\boldsymbol{A}\boldsymbol{B}$ 也可逆，且 $(\boldsymbol{A}\boldsymbol{B})^{-1}=\boldsymbol{B}^{-1}\boldsymbol{A}^{-1}$.

证明 (1) 若方阵 $\boldsymbol{A}$ 可逆，则 $\boldsymbol{A}\boldsymbol{A}^{-1}=\boldsymbol{E}$，所以

$$|\boldsymbol{A}\boldsymbol{A}^{-1}|=|\boldsymbol{A}|\,|\boldsymbol{A}^{-1}|=|\boldsymbol{E}|=1,\quad |\boldsymbol{A}^{-1}|=\frac{1}{|\boldsymbol{A}|}.$$

(2) 若 n 阶方阵 $\boldsymbol{A}$ 可逆，则 $|\boldsymbol{A}|\neq 0$；又 $\lambda\neq 0$，所以 $|\lambda\boldsymbol{A}|=\lambda^n|\boldsymbol{A}|\neq 0$，则 $\lambda\boldsymbol{A}$ 可逆，又

$$(\lambda\boldsymbol{A})\left(\frac{1}{\lambda}\boldsymbol{A}^{-1}\right)=\lambda\cdot\frac{1}{\lambda}\boldsymbol{A}\boldsymbol{A}^{-1}=\boldsymbol{E},\quad \left(\frac{1}{\lambda}\boldsymbol{A}^{-1}\right)(\lambda\boldsymbol{A})=\frac{1}{\lambda}\cdot\lambda\boldsymbol{A}\boldsymbol{A}^{-1}=\boldsymbol{E},$$

据逆矩阵的定义有 $(\lambda\boldsymbol{A})^{-1}=\dfrac{1}{\lambda}\boldsymbol{A}^{-1}$.

(3) 由定义 $\boldsymbol{A}^{\mathrm{T}}(\boldsymbol{A}^{-1})^{\mathrm{T}}=(\boldsymbol{A}^{-1}\boldsymbol{A})^{\mathrm{T}}=\boldsymbol{E}$，又 $(\boldsymbol{A}^{-1})^{\mathrm{T}}\boldsymbol{A}^{\mathrm{T}}=(\boldsymbol{A}\boldsymbol{A}^{-1})^{\mathrm{T}}=\boldsymbol{E}$，所以 $(\boldsymbol{A}^{\mathrm{T}})^{-1}=(\boldsymbol{A}^{-1})^{\mathrm{T}}$.

(4) 若方阵 $\boldsymbol{A}$ 可逆，可将 $\boldsymbol{A}\boldsymbol{B}=\boldsymbol{A}\boldsymbol{C}$ 两端同时左乘 $\boldsymbol{A}^{-1}$，得 $(\boldsymbol{A}^{-1}\boldsymbol{A})\boldsymbol{B}=(\boldsymbol{A}^{-1}\boldsymbol{A})\boldsymbol{C}$，即 $\boldsymbol{B}=\boldsymbol{C}$.

(5) 若 $\boldsymbol{A}$ 与 $\boldsymbol{B}$ 为同阶可逆矩阵，则有 $(\boldsymbol{A}\boldsymbol{B})(\boldsymbol{B}^{-1}\boldsymbol{A}^{-1})=\boldsymbol{A}(\boldsymbol{B}\boldsymbol{B}^{-1})\boldsymbol{A}^{-1}=\boldsymbol{A}\boldsymbol{A}^{-1}=\boldsymbol{E}$，$(\boldsymbol{B}^{-1}\boldsymbol{A}^{-1})(\boldsymbol{A}\boldsymbol{B})=\boldsymbol{B}^{-1}(\boldsymbol{A}^{-1}\boldsymbol{A})\boldsymbol{B}=\boldsymbol{B}^{-1}\boldsymbol{B}=\boldsymbol{E}$，所以 $\boldsymbol{A}\boldsymbol{B}$ 也可逆，且 $(\boldsymbol{A}\boldsymbol{B})^{-1}=\boldsymbol{B}^{-1}\boldsymbol{A}^{-1}$.

定义 2 如果 n 阶方阵 $\boldsymbol{A}$ 的行列式 $|\boldsymbol{A}|\neq 0$，则称 $\boldsymbol{A}$ 是**非奇异矩阵**(或**非退化矩阵**)；否则，称 $\boldsymbol{A}$ 是**奇异矩阵**(或**退化矩阵**).

定理 1 n 阶方阵 $\boldsymbol{A}$ 可逆的充分必要条件为 $\boldsymbol{A}$ 是非奇异矩阵，且

$$\boldsymbol{A}^{-1}=\frac{1}{|\boldsymbol{A}|}\boldsymbol{A}^*,$$

其中，$\boldsymbol{A}^*$ 为 $\boldsymbol{A}$ 的**伴随矩阵**.

证明 由伴随矩阵的定义有

$$\boldsymbol{A}\cdot\boldsymbol{A}^*=\begin{pmatrix}a_{11}&a_{12}&\cdots&a_{1n}\\a_{21}&a_{22}&\cdots&a_{2n}\\\vdots&\vdots&&\vdots\\a_{n1}&a_{n2}&\cdots&a_{nn}\end{pmatrix}\begin{pmatrix}A_{11}&A_{21}&\cdots&A_{n1}\\A_{12}&A_{22}&\cdots&A_{n2}\\\vdots&\vdots&&\vdots\\A_{1n}&A_{2n}&\cdots&A_{nn}\end{pmatrix}$$

$$=\begin{pmatrix}|\boldsymbol{A}|&0&\cdots&0\\0&|\boldsymbol{A}|&\cdots&0\\\vdots&\vdots&\ddots&\vdots\\0&0&\cdots&|\boldsymbol{A}|\end{pmatrix}=|\boldsymbol{A}|\boldsymbol{E},$$

故当且仅当 $|\boldsymbol{A}|\neq 0$，即 $\boldsymbol{A}$ 是非奇异矩阵时，等式两边可乘 $\dfrac{1}{|\boldsymbol{A}|}$ 得到

$$\frac{1}{|\boldsymbol{A}|}\boldsymbol{A}\boldsymbol{A}^*=\boldsymbol{E},$$

所以由矩阵乘法的性质有

$$\boldsymbol{A}\left(\frac{1}{|\boldsymbol{A}|}\boldsymbol{A}^*\right)=\boldsymbol{E},$$

即

$$\boldsymbol{A}^{-1}=\frac{1}{|\boldsymbol{A}|}\boldsymbol{A}^*.$$

定理 2　若两个同阶方阵 $\boldsymbol{A}$ 与 $\boldsymbol{B}$ 的乘积有 $\boldsymbol{AB}=\boldsymbol{E}$，则 $\boldsymbol{A}$ 与 $\boldsymbol{B}$ 互逆.

证明　若 $\boldsymbol{A}$ 与 $\boldsymbol{B}$ 是同阶方阵，且 $\boldsymbol{AB}=\boldsymbol{E}$，据方阵乘积的行列式的运算规律有 $|\boldsymbol{AB}|=|\boldsymbol{A}||\boldsymbol{B}|=|\boldsymbol{E}|=1$，于是 $|\boldsymbol{A}|\neq 0$，且 $|\boldsymbol{B}|\neq 0$，所以 $\boldsymbol{A}$ 与 $\boldsymbol{B}$ 均可逆.

将 $\boldsymbol{AB}=\boldsymbol{E}$ 两边同时左乘 $\boldsymbol{A}^{-1}$，得到 $\boldsymbol{A}^{-1}=\boldsymbol{B}$. 同理，右乘 $\boldsymbol{B}^{-1}$，得到 $\boldsymbol{B}^{-1}=\boldsymbol{A}$，即 $\boldsymbol{A}$ 与 $\boldsymbol{B}$ 互为逆矩阵.

例 1　判断三阶方阵 $\boldsymbol{A}=\begin{pmatrix}3&7&-3\\-2&-5&2\\-4&-10&3\end{pmatrix}$ 是否可逆？若可逆，求出它的逆矩阵.

解　因为 $|\boldsymbol{A}|=\begin{vmatrix}3&7&-3\\-2&-5&2\\-4&-10&3\end{vmatrix}=1\neq 0$，所以 $\boldsymbol{A}$ 可逆.

又因 $\boldsymbol{A}^{-1}=\dfrac{1}{|\boldsymbol{A}|}\boldsymbol{A}^*=\boldsymbol{A}^*=\begin{pmatrix}A_{11}&A_{12}&A_{13}\\A_{21}&A_{22}&A_{23}\\A_{31}&A_{32}&A_{33}\end{pmatrix}^{\mathrm{T}}$；

又可算得 $A_{11}=\begin{vmatrix}-5&2\\-10&3\end{vmatrix}=5$，类似可算得

$$A_{12}=-2,\quad A_{13}=0,\quad A_{21}=9,\quad A_{22}=-3,\quad A_{23}=2,$$
$$A_{31}=-1,\quad A_{32}=0,\quad A_{33}=-1,$$

所以 $$\boldsymbol{A}^{-1}=\begin{pmatrix}5 & 9 & -1\\ -2 & -3 & 0\\ 0 & 2 & -1\end{pmatrix}.$$

例 2 已知二阶矩阵 $\boldsymbol{A}=\begin{pmatrix}a & b\\ c & d\end{pmatrix}$，$ad-bc\neq 0$；$n$ 阶矩阵 $\boldsymbol{B}=\begin{pmatrix}a_1 & & & \\ & a_2 & & \\ & & \ddots & \\ & & & a_n\end{pmatrix}$，$a_1a_2\cdots a_n\neq 0$. 求 $\boldsymbol{A}^{-1}$，$\boldsymbol{B}^{-1}$.

解 $|\boldsymbol{A}|=\begin{vmatrix}a & b\\ c & d\end{vmatrix}=ad-bc\neq 0$，所以 $\boldsymbol{A}$ 可逆.

又 $$\boldsymbol{A}^{*}=\begin{pmatrix}d & -b\\ -c & a\end{pmatrix},$$

所以 $$\boldsymbol{A}^{-1}=\frac{1}{|\boldsymbol{A}|}\boldsymbol{A}^{*}=\frac{1}{ad-bc}\begin{pmatrix}d & -b\\ -c & a\end{pmatrix}.$$

设矩阵 $\boldsymbol{B}$ 的逆矩阵 $\boldsymbol{B}^{-1}=(b_{ij})_{n\times n}$，由定义 $\boldsymbol{B}\boldsymbol{B}^{-1}=\boldsymbol{E}$，有

$$a_ib_{ij}=\begin{cases}1, & i=j,\\ 0, & i\neq j,\end{cases}\quad 即\ b_{ij}=\begin{cases}\dfrac{1}{a_i}, & i=j,\\ 0, & i\neq j,\end{cases}$$

所以 $$\boldsymbol{B}^{-1}=\begin{pmatrix}\dfrac{1}{a_1} & & & \\ & \dfrac{1}{a_2} & & \\ & & \ddots & \\ & & & \dfrac{1}{a_n}\end{pmatrix}.$$

例 3 设 $\boldsymbol{A}$ 为四阶矩阵，$|\boldsymbol{A}|=2$，求 $|(3\boldsymbol{A})^{-1}-2\boldsymbol{A}^{*}|$ 的值.

解 因 $\boldsymbol{A}$ 为四阶矩阵，$|\boldsymbol{A}|=2$，所以

$$|(3\boldsymbol{A})^{-1}-2\boldsymbol{A}^{*}|=\left|\frac{1}{3}\boldsymbol{A}^{-1}-4\times\frac{1}{|\boldsymbol{A}|}\boldsymbol{A}^{*}\right|=\left|\frac{1}{3}\boldsymbol{A}^{-1}-4\boldsymbol{A}^{-1}\right|=\left|-\frac{11}{3}\boldsymbol{A}^{-1}\right|$$
$$=\left(-\frac{11}{3}\right)^4|\boldsymbol{A}^{-1}|=\left(\frac{11}{3}\right)^4\times\frac{1}{2}=\frac{14\,641}{162}.$$

例 4 设 $\boldsymbol{A}$ 与 $\boldsymbol{B}$ 均为 n 阶可逆矩阵，证明：

(1) $(\boldsymbol{AB})^* = \boldsymbol{B}^* \boldsymbol{A}^*$；　(2) $(\boldsymbol{A}^*)^* = |\boldsymbol{A}|^{n-2}\boldsymbol{A}$.

证明　(1) 因 $\boldsymbol{A}$ 与 $\boldsymbol{B}$ 均为 n 阶可逆矩阵，所以 $(\boldsymbol{AB})^{-1} = \boldsymbol{B}^{-1}\boldsymbol{A}^{-1}$.

又
$$(\boldsymbol{AB})^{-1} = \frac{1}{|\boldsymbol{AB}|}(\boldsymbol{AB})^* = \frac{1}{|\boldsymbol{A}||\boldsymbol{B}|}(\boldsymbol{AB})^*,$$
$$\boldsymbol{B}^{-1}\boldsymbol{A}^{-1} = \frac{1}{|\boldsymbol{B}|}\boldsymbol{B}^*\ \frac{1}{|\boldsymbol{A}|}\boldsymbol{A}^* = \frac{1}{|\boldsymbol{A}||\boldsymbol{B}|}\boldsymbol{B}^*\boldsymbol{A}^*,$$

所以 $\dfrac{1}{|\boldsymbol{A}||\boldsymbol{B}|}(\boldsymbol{AB})^* = \dfrac{1}{|\boldsymbol{A}||\boldsymbol{B}|}\boldsymbol{B}^*\boldsymbol{A}^*$.

两边同时乘以 $|\boldsymbol{A}||\boldsymbol{B}|$ 得
$$(\boldsymbol{AB})^* = \boldsymbol{B}^*\boldsymbol{A}^*.$$

(2) 因 $\boldsymbol{A}$ 为 n 阶可逆矩阵，所以
$$\boldsymbol{A}^* = |\boldsymbol{A}|\boldsymbol{A}^{-1},$$
$$|\boldsymbol{A}^*| = ||\boldsymbol{A}|\boldsymbol{A}^{-1}| = |\boldsymbol{A}|^n|\boldsymbol{A}^{-1}| = |\boldsymbol{A}|^n\frac{1}{|\boldsymbol{A}|} = |\boldsymbol{A}|^{n-1} \neq 0,$$

因此 $\boldsymbol{A}^*$ 可逆，且 $(\boldsymbol{A}^*)^{-1} = (|\boldsymbol{A}|\boldsymbol{A}^{-1})^{-1} = \dfrac{1}{|\boldsymbol{A}|}(\boldsymbol{A}^{-1})^{-1} = \dfrac{1}{|\boldsymbol{A}|}\boldsymbol{A}$.

由伴随矩阵求逆法可得 $(\boldsymbol{A}^*)^{-1} = \dfrac{1}{|\boldsymbol{A}^*|}(\boldsymbol{A}^*)^*$，所以
$$\frac{1}{|\boldsymbol{A}^*|}(\boldsymbol{A}^*)^* = \frac{1}{|\boldsymbol{A}|}\boldsymbol{A},$$
$$(\boldsymbol{A}^*)^* = |\boldsymbol{A}^*|\frac{1}{|\boldsymbol{A}|}\boldsymbol{A} = |\boldsymbol{A}|^{n-1}\frac{1}{|\boldsymbol{A}|}\boldsymbol{A} = |\boldsymbol{A}|^{n-2}\boldsymbol{A},$$

即 $(\boldsymbol{A}^*)^* = |\boldsymbol{A}|^{n-2}\boldsymbol{A}$.

习题 2.3

1. 判断下列矩阵是否可逆，若可逆，求其逆矩阵.

(1) $\begin{pmatrix} 3 & 2 \\ -1 & 0 \end{pmatrix}$；　(2) $\begin{pmatrix} 2 & 0 & 0 \\ 0 & 3 & 2 \\ 0 & 0 & -1 \end{pmatrix}$；　(3) $\begin{pmatrix} 2 & 1 & 0 \\ 0 & -1 & 2 \\ 0 & 3 & 0 \end{pmatrix}$；　(4) $\begin{pmatrix} 1 & 2 & 0 & 0 \\ 3 & 1 & 0 & 0 \\ 0 & 0 & 1 & 2 \\ 0 & 0 & 2 & 1 \end{pmatrix}$.

2. $\boldsymbol{A}$，$\boldsymbol{B}$，$\boldsymbol{C}$ 均为可逆矩阵，则 $(\boldsymbol{ABC})^{-1} =$ ________.

3. 若 $\boldsymbol{A}$，$\boldsymbol{B}$ 都是方阵，且 $|\boldsymbol{A}| = 2$，$|\boldsymbol{B}| = -1$，则 $|\boldsymbol{A}^{-1}\boldsymbol{B}| =$ (　　).

A. -2　　B. 2　　C. $-\dfrac{1}{2}$　　D. $\dfrac{1}{2}$

4. 设 $\boldsymbol{A} = \begin{pmatrix} 2 & 0 & 0 \\ 0 & 1 & -1 \\ 0 & 0 & 2 \end{pmatrix}$，则 $\boldsymbol{A}^{-1} =$ (　　).

A. $\begin{pmatrix} \frac{1}{2} & 0 & 0 \\ 0 & 1 & 0 \\ 0 & -\frac{1}{2} & 1 \end{pmatrix}$ B. $\begin{pmatrix} \frac{1}{2} & 0 & 0 \\ 0 & \frac{1}{2} & -\frac{1}{2} \\ 0 & 0 & \frac{1}{2} \end{pmatrix}$ C. $\begin{pmatrix} \frac{1}{2} & 0 & 0 \\ 0 & 1 & \frac{1}{2} \\ 0 & 0 & \frac{1}{2} \end{pmatrix}$ D. $\begin{pmatrix} \frac{1}{2} & 0 & 0 \\ 0 & 1 & 0 \\ 0 & \frac{1}{2} & \frac{1}{2} \end{pmatrix}$

5. 设 $\boldsymbol{A}$ 是二阶可逆方阵，且 $\boldsymbol{A}^{-1} = \begin{pmatrix} -3 & 7 \\ 1 & -2 \end{pmatrix}$，则 $\boldsymbol{A} =$（　　）.

A. $\begin{pmatrix} -2 & 7 \\ 1 & -3 \end{pmatrix}$ B. $\begin{pmatrix} 2 & 7 \\ 1 & 3 \end{pmatrix}$ C. $\begin{pmatrix} 2 & -7 \\ -1 & 3 \end{pmatrix}$ D. $\begin{pmatrix} 3 & 7 \\ 1 & 2 \end{pmatrix}$

6. 下列矩阵中可逆的是（　　）.

A. $\begin{pmatrix} 0 & 0 & 0 \\ 0 & 1 & 0 \\ 0 & 0 & 1 \end{pmatrix}$ B. $\begin{pmatrix} 1 & 1 & 0 \\ 2 & 2 & 0 \\ 0 & 0 & 1 \end{pmatrix}$

C. $\begin{pmatrix} 1 & 1 & 0 \\ 0 & 1 & 1 \\ 1 & 2 & 1 \end{pmatrix}$ D. $\begin{pmatrix} 1 & 0 & 0 \\ 1 & 1 & 1 \\ 1 & 0 & 1 \end{pmatrix}$

7. 设矩阵 $\boldsymbol{A} = \begin{pmatrix} 2 & 0 & 0 \\ 0 & -1 & -1 \\ 0 & 1 & 2 \end{pmatrix}$，则 $\boldsymbol{A}^{-1} =$（　　）.

A. $\begin{pmatrix} \frac{1}{2} & 0 & 0 \\ 0 & -2 & -1 \\ 0 & 1 & 1 \end{pmatrix}$ B. $\begin{pmatrix} \frac{1}{2} & 0 & 0 \\ 0 & 2 & 1 \\ 0 & -1 & -1 \end{pmatrix}$

C. $\begin{pmatrix} 2 & 1 & 0 \\ -1 & -1 & 0 \\ 0 & 0 & \frac{1}{2} \end{pmatrix}$ D. $\begin{pmatrix} -2 & -1 & 0 \\ 1 & 1 & 0 \\ 0 & 0 & 2 \end{pmatrix}$

8. n 阶方阵 $\boldsymbol{A}$ 满足 $\boldsymbol{A}^2 - 2\boldsymbol{A} - 4\boldsymbol{E} = \boldsymbol{O}$，其中 $\boldsymbol{A}$ 给定，证明 $\boldsymbol{A}$ 可逆，并求其逆矩阵.

9. 设 $\boldsymbol{A}$，$\boldsymbol{B}$ 为 n 阶方阵，满足 $\boldsymbol{A} + \boldsymbol{B} = \boldsymbol{AB}$，若 $\boldsymbol{B} = \begin{pmatrix} 1 & -3 & 0 \\ 2 & 1 & 0 \\ 0 & 0 & 2 \end{pmatrix}$，求矩阵 $\boldsymbol{A}$.

10. 设 $\boldsymbol{A} = \begin{pmatrix} 4 & 2 & 3 \\ 1 & 1 & 0 \\ -1 & 2 & 3 \end{pmatrix}$，且矩阵 $\boldsymbol{X}$ 满足 $\boldsymbol{AX} = \boldsymbol{A} + 2\boldsymbol{X}$，求矩阵 $\boldsymbol{X}$.

11. 设 $\boldsymbol{A} = \begin{pmatrix} 1 & 0 & 1 \\ 0 & 2 & 0 \\ 1 & 0 & 1 \end{pmatrix}$，矩阵 $\boldsymbol{X}$ 满足方程 $\boldsymbol{AX} + \boldsymbol{E} = \boldsymbol{A}^2 + \boldsymbol{X}$，求矩阵 $\boldsymbol{X}$.

2.4　矩阵的初等变换

矩阵的初等变换

矩阵的初等变换是研究矩阵性质、求逆矩阵以及研究线性方程组时不可缺少的重要方法.

2.4.1　矩阵的初等变换与初等矩阵

1. 初等变换

定义 1　设矩阵 $\boldsymbol{A}=(a_{ij})_{m\times n}$，则以下三种行(列)的变换：

(1) $\boldsymbol{A}$ 的某两行(列)元素对换；

(2) 用一个非零数 k 乘以 $\boldsymbol{A}$ 的某一行(列)的元素；

(3) $\boldsymbol{A}$ 的某行(列)元素的 k 倍对应加到另一行(列)，

称为矩阵的初等行(列)变换.一般地，将矩阵的初等行(列)的变换统称为矩阵的初等变换.

2. 初等矩阵

定义 2　由 n 阶单位矩阵 $\boldsymbol{E}_n$ 经过一次初等行(列)变换得到的矩阵称为初等矩阵.

对应三种初等变换，可以得到三种初等矩阵.

(1) 对换单位矩阵的 i，j 两行(或两列)而得到的初等矩阵记为 $\boldsymbol{E}_n(i,j)$，常简记为 $\boldsymbol{E}(i,j)$.形如：

$$\boldsymbol{E}(i,j)=\begin{pmatrix} 1 & & & & & & & & & \\ & \ddots & & & & & & & & \\ & & 1 & & & & & & & \\ & & & 0 & & \cdots & & 1 & & \\ & & & & 1 & & & & & \\ & & & \vdots & & \ddots & & \vdots & & \\ & & & & & & 1 & & & \\ & & & 1 & & \cdots & & 0 & & \\ & & & & & & & & 1 & \\ & & & & & & & & & \ddots \\ & & & & & & & & & & 1 \end{pmatrix}\begin{array}{l} \\ \\ \\ \leftarrow 第\ i\ 行 \\ \\ \\ \\ \leftarrow 第\ j\ 行 \\ \\ \\ \\ \end{array}.$$

(2) 用一个非零数 k 乘以 $\boldsymbol{E}$ 的第 i 行(或列)的元素得到的初等矩阵记为 $\boldsymbol{E}(i(k))$.形如：

$$\boldsymbol{E}(i(k))=\begin{pmatrix} 1 & & & & & & \\ & \ddots & & & & & \\ & & 1 & & & & \\ & & & k & & & \\ & & & & 1 & & \\ & & & & & \ddots & \\ & & & & & & 1 \end{pmatrix}\begin{array}{l} \\ \\ \\ \leftarrow 第\ i\ 行 \\ \\ \\ \\ \end{array}.$$

(3) 将 $\boldsymbol{E}$ 的第 i 行(或第 j 列)元素的 k 倍对应加到第 j 行(或第 i 列)去,得到的初等矩阵记为 $\boldsymbol{E}(j,i(k))$. 形如:

$$\boldsymbol{E}(j,i(k))=\begin{pmatrix}1 &&&&&\\ &\ddots&&&&\\ &&1&&&\\ &&\vdots&\ddots&&\\ &&k&\cdots&1&\\ &&&&&\ddots&\\ &&&&&&1\end{pmatrix}\begin{matrix}\\ \\ \leftarrow 第 i 行\\ \\ \leftarrow 第 j 行\\ \\ \\ \end{matrix}.$$

因为初等矩阵都是由单位矩阵经过一次初等变换得到的,依据行列式的性质知道初等矩阵的行列式值不为零,故它们都可逆.初等矩阵的逆矩阵也是初等矩阵.易证,它们的逆矩阵为

$$\boldsymbol{E}(i,j)^{-1}=\boldsymbol{E}(i,j),\quad \boldsymbol{E}(i(k))^{-1}=\boldsymbol{E}\left(i\left(\frac{1}{k}\right)\right),$$

$$\boldsymbol{E}(i,j(k))^{-1}=\boldsymbol{E}(i,j(-k)).$$

3. 初等变换与初等矩阵的关系

定理 1 设 $\boldsymbol{A}=(a_{ij})_{m\times n}$,则对 $\boldsymbol{A}$ 施行一次初等行变换,相当于用一个 m 阶的同类型初等矩阵(单位阵经相同初等变换而得到的初等矩阵)左乘矩阵 $\boldsymbol{A}$;对 $\boldsymbol{A}$ 施行一次初等列变换,相当于用一个 n 阶的同类型初等矩阵右乘矩阵 $\boldsymbol{A}$:

$$\boldsymbol{A}_{m\times n}\xrightarrow{r_i\leftrightarrow r_j}\boldsymbol{E}_m(i,j)\boldsymbol{A}_{m\times n},$$

$$\boldsymbol{A}_{m\times n}\xrightarrow{c_i\leftrightarrow c_j}\boldsymbol{A}_{m\times n}\boldsymbol{E}_n(i,j),$$

$$\boldsymbol{A}_{m\times n}\xrightarrow{kr_i}\boldsymbol{E}_m(i(k))\boldsymbol{A}_{m\times n},$$

$$\boldsymbol{A}_{m\times n}\xrightarrow{kc_i}\boldsymbol{A}_{m\times n}\boldsymbol{E}_n(i(k)),$$

$$\boldsymbol{A}_{m\times n}\xrightarrow{r_j+kr_i}\boldsymbol{E}_m(j,i(k))\boldsymbol{A}_{m\times n},$$

$$\boldsymbol{A}_{m\times n}\xrightarrow{c_j+kc_i}\boldsymbol{A}_{m\times n}\boldsymbol{E}_n(j,i(k)).$$

证明 将 $\boldsymbol{A}=(a_{ij})_{m\times n}$ 按一行分为一块得分块矩阵 $\boldsymbol{A}=\begin{pmatrix}\boldsymbol{A}_1\\ \boldsymbol{A}_2\\ \vdots\\ \boldsymbol{A}_m\end{pmatrix}$,于是

$$\boldsymbol{E}(i,j)\boldsymbol{A}=\begin{pmatrix}1&&&&&&\\&\ddots&&&&&\\&&0&\cdots&1&&\\&&\vdots&\ddots&\vdots&&\\&&1&\cdots&0&&\\&&&&&\ddots&\\&&&&&&1\end{pmatrix}\begin{pmatrix}\boldsymbol{A}_1\\\vdots\\\boldsymbol{A}_i\\\vdots\\\boldsymbol{A}_j\\\vdots\\\boldsymbol{A}_m\end{pmatrix}=\begin{pmatrix}\boldsymbol{A}_1\\\vdots\\\boldsymbol{A}_j\\\vdots\\\boldsymbol{A}_i\\\vdots\\\boldsymbol{A}_m\end{pmatrix},$$

即乘积的结果等同于直接把 $\boldsymbol{A}$ 的 i，j 两行进行对换；

$$\boldsymbol{E}(i(k))\boldsymbol{A}=\begin{pmatrix}1&&&&\\&\ddots&&&\\&&k&&\\&&&\ddots&\\&&&&1\end{pmatrix}\begin{pmatrix}\boldsymbol{A}_1\\\vdots\\\boldsymbol{A}_i\\\vdots\\\boldsymbol{A}_m\end{pmatrix}=\begin{pmatrix}\boldsymbol{A}_1\\\vdots\\k\boldsymbol{A}_i\\\vdots\\\boldsymbol{A}_m\end{pmatrix},$$

即乘积的结果等同于直接把 $\boldsymbol{A}$ 的 i 行元素乘以 k 倍；

$$\boldsymbol{E}(j,i(k))\boldsymbol{A}=\begin{pmatrix}1&&&&&&\\&\ddots&&&&&\\&&1&&&&\\&&\vdots&\ddots&&&\\&&k&\cdots&1&&\\&&&&&\ddots&\\&&&&&&1\end{pmatrix}\begin{pmatrix}\boldsymbol{A}_1\\\vdots\\\boldsymbol{A}_i\\\vdots\\\boldsymbol{A}_j\\\vdots\\\boldsymbol{A}_m\end{pmatrix}=\begin{pmatrix}\boldsymbol{A}_1\\\vdots\\\boldsymbol{A}_i\\\vdots\\\boldsymbol{A}_j+k\boldsymbol{A}_i\\\vdots\\\boldsymbol{A}_m\end{pmatrix},$$

即乘积的结果等同于直接把 $\boldsymbol{A}$ 的 i 行元素的 k 倍对应加到第 j 行.

关于右乘关系的相关结论可以类似证得.

矩阵初等变换的应用

2.4.2　求逆矩阵的初等变换法

定义 3　如果矩阵 $\boldsymbol{A}$ 经过有限次初等变换变成矩阵 $\boldsymbol{B}$，则称矩阵 $\boldsymbol{A}$ 与矩阵 $\boldsymbol{B}$ **等价**，记为 $\boldsymbol{A}\sim\boldsymbol{B}$.

不难验证矩阵的等价具有下列性质.

(1) **反身性**　$\boldsymbol{A}\sim\boldsymbol{A}$；

(2) **对称性**　若 $\boldsymbol{A}\sim\boldsymbol{B}$，则 $\boldsymbol{B}\sim\boldsymbol{A}$；

(3) **传递性**　若 $\boldsymbol{A}\sim\boldsymbol{B}$，$\boldsymbol{B}\sim\boldsymbol{C}$，则 $\boldsymbol{A}\sim\boldsymbol{C}$.

定理 2　任意一个矩阵 $\boldsymbol{A}_{m\times n}$ 都与一个下列形式的矩阵

$$\boldsymbol{D}_{m\times n}=\begin{pmatrix}\boldsymbol{E}_r&\boldsymbol{O}\\\boldsymbol{O}&\boldsymbol{O}\end{pmatrix}$$

等价. $\boldsymbol{D}$ 形式的矩阵称为 $\boldsymbol{A}$ 的等价标准形.

证明　设 $\boldsymbol{A}=(a_{ij})_{m\times n}$，若 $\boldsymbol{A}=\boldsymbol{O}$，则 $\boldsymbol{A}$ 已经是标准形了.

若 $\boldsymbol{A}\neq\boldsymbol{O}$，则 $\boldsymbol{A}$ 至少有一个元素不为零，不妨设 $a_{11}\neq 0$. 于是

$$\boldsymbol{A}=\begin{pmatrix} a_{11} & a_{12} & \cdots & a_{1n} \\ a_{21} & a_{22} & \cdots & a_{2n} \\ \vdots & \vdots & & \vdots \\ a_{m1} & a_{m2} & \cdots & a_{mn} \end{pmatrix} \xrightarrow{c_i+\left(-\frac{a_{1i}}{a_{11}}\right)c_1(i=2,3,\cdots,n)} \begin{pmatrix} a_{11} & 0 & \cdots & 0 \\ a_{21} & a'_{22} & \cdots & a'_{2n} \\ \vdots & \vdots & & \vdots \\ a_{m1} & a'_{m2} & \cdots & a'_{mn} \end{pmatrix}$$

$$\xrightarrow{r_i+\left(-\frac{a_{i1}}{a_{11}}\right)r_1(i=2,3,\cdots,m)} \begin{pmatrix} 1 & 0 & \cdots & 0 \\ 0 & a''_{22} & \cdots & a''_{2n} \\ \vdots & \vdots & & \vdots \\ 0 & a''_{m2} & \cdots & a''_{mn} \end{pmatrix}=\begin{pmatrix} 1 & \boldsymbol{O} \\ \boldsymbol{O} & \boldsymbol{A}_1 \end{pmatrix},$$

其中 $\boldsymbol{A}_1$ 为 $(m-1)\times(n-1)$ 矩阵，对 $\boldsymbol{A}_1$ 重复上述过程，经有限次初等变换后有

$$\boldsymbol{A}\rightarrow\begin{pmatrix} 1 & \boldsymbol{O} \\ \boldsymbol{O} & \boldsymbol{A}_1 \end{pmatrix}\rightarrow\cdots\rightarrow\boldsymbol{D}=\begin{pmatrix} \boldsymbol{E}_r & \boldsymbol{O} \\ \boldsymbol{O} & \boldsymbol{O} \end{pmatrix}.$$

例 1　设矩阵

$$\boldsymbol{A}=\begin{pmatrix} 1 & 1 & 0 & 2 \\ -1 & 1 & -1 & 0 \\ 2 & 1 & 2 & 1 \end{pmatrix},$$

试将 $\boldsymbol{A}$ 化为等价标准形.

解　$$\boldsymbol{A}=\begin{pmatrix} 1 & 1 & 0 & 2 \\ -1 & 1 & -1 & 0 \\ 2 & 1 & 2 & 1 \end{pmatrix} \xrightarrow[c_4-2c_1]{c_2-c_1} \begin{pmatrix} 1 & 0 & 0 & 0 \\ -1 & 2 & -1 & 2 \\ 2 & -1 & 2 & -3 \end{pmatrix}$$

$$\xrightarrow[r_3-2r_1]{r_2+r_1} \begin{pmatrix} 1 & 0 & 0 & 0 \\ 0 & 2 & -1 & 2 \\ 0 & -1 & 2 & -3 \end{pmatrix} \xrightarrow{r_2\leftrightarrow r_3} \begin{pmatrix} 1 & 0 & 0 & 0 \\ 0 & -1 & 2 & -3 \\ 0 & 2 & -1 & 2 \end{pmatrix}$$

$$\xrightarrow[r_3+2r_2]{-r_2} \begin{pmatrix} 1 & 0 & 0 & 0 \\ 0 & 1 & -2 & 3 \\ 0 & 0 & 3 & -4 \end{pmatrix} \xrightarrow[c_4-3c_2]{c_3+2c_2} \begin{pmatrix} 1 & 0 & 0 & 0 \\ 0 & 1 & 0 & 0 \\ 0 & 0 & 3 & -4 \end{pmatrix}$$

$$\xrightarrow[c_4+\frac{4c_3}{3}]{\frac{c_3}{3}} \begin{pmatrix} 1 & 0 & 0 & 0 \\ 0 & 1 & 0 & 0 \\ 0 & 0 & 1 & 0 \end{pmatrix}.$$

定理 3　一个 n 阶方阵 $\boldsymbol{A}$ 可逆的充分必要条件是它的等价标准形为单位矩阵，且 $\boldsymbol{A}$ 可

以表示成一系列初等矩阵的乘积.

证明　由定理 2 和初等变换与初等矩阵的关系可知，存在一系列初等矩阵 $\boldsymbol{Q}_1$，$\boldsymbol{Q}_2$，…，$\boldsymbol{Q}_s$；$\boldsymbol{R}_1$，$\boldsymbol{R}_2$，…，$\boldsymbol{R}_t$ 使得

$$\boldsymbol{Q}_1\boldsymbol{Q}_2\cdots\boldsymbol{Q}_s\boldsymbol{A}\boldsymbol{R}_1\boldsymbol{R}_2\cdots\boldsymbol{R}_t=\begin{pmatrix}\boldsymbol{E}_r & \boldsymbol{O}\\ \boldsymbol{O} & \boldsymbol{O}\end{pmatrix},$$

所以 $\boldsymbol{A}=\boldsymbol{Q}_s^{-1}\boldsymbol{Q}_{s-1}^{-1}\cdots\boldsymbol{Q}_1^{-1}\begin{pmatrix}\boldsymbol{E}_r & \boldsymbol{O}\\ \boldsymbol{O} & \boldsymbol{O}\end{pmatrix}\boldsymbol{R}_t^{-1}\boldsymbol{R}_{t-1}^{-1}\cdots\boldsymbol{R}_1^{-1}$.

又 $\boldsymbol{A}$ 可逆的充分必要条件是 $|\boldsymbol{A}|\neq 0$，于是

$$\begin{aligned}|\boldsymbol{A}|&=\left|\boldsymbol{Q}_s^{-1}\boldsymbol{Q}_{s-1}^{-1}\cdots\boldsymbol{Q}_1^{-1}\begin{pmatrix}\boldsymbol{E}_r & \boldsymbol{O}\\ \boldsymbol{O} & \boldsymbol{O}\end{pmatrix}\boldsymbol{R}_t^{-1}\boldsymbol{R}_{t-1}^{-1}\cdots\boldsymbol{R}_1^{-1}\right|\\&=|\boldsymbol{Q}_s^{-1}|\,|\boldsymbol{Q}_{s-1}^{-1}|\cdots|\boldsymbol{Q}_1^{-1}|\left|\begin{pmatrix}\boldsymbol{E}_r & \boldsymbol{O}\\ \boldsymbol{O} & \boldsymbol{O}\end{pmatrix}\right|\,|\boldsymbol{R}_t^{-1}|\,|\boldsymbol{R}_{t-1}^{-1}|\cdots|\boldsymbol{R}_1^{-1}|\neq 0,\end{aligned}$$

所以 $\left|\begin{pmatrix}\boldsymbol{E}_r & \boldsymbol{O}\\ \boldsymbol{O} & \boldsymbol{O}\end{pmatrix}\right|\neq 0$，则 $r=n$，即 $\begin{pmatrix}\boldsymbol{E}_r & \boldsymbol{O}\\ \boldsymbol{O} & \boldsymbol{O}\end{pmatrix}=\boldsymbol{E}_n$，故

$$\boldsymbol{A}=\boldsymbol{Q}_s^{-1}\boldsymbol{Q}_{s-1}^{-1}\cdots\boldsymbol{Q}_1^{-1}\boldsymbol{R}_t^{-1}\boldsymbol{R}_{t-1}^{-1}\cdots\boldsymbol{R}_1^{-1}.$$

因为初等矩阵的乘积也是初等矩阵，故定理 3 得证.

若 $\boldsymbol{A}$ 为 n 阶可逆矩阵，则 $\boldsymbol{A}^{-1}$ 也可逆.由定理 3 的结论知，存在一系列初等矩阵 $\boldsymbol{G}_1$，$\boldsymbol{G}_2$，…，$\boldsymbol{G}_k$ 使得

$$\boldsymbol{A}^{-1}=\boldsymbol{G}_1\boldsymbol{G}_2\cdots\boldsymbol{G}_k,$$

于是 $\boldsymbol{A}^{-1}\boldsymbol{A}=\boldsymbol{G}_1\boldsymbol{G}_2\cdots\boldsymbol{G}_k\boldsymbol{A}=\boldsymbol{E}$.

又 $\boldsymbol{G}_1\boldsymbol{G}_2\cdots\boldsymbol{G}_k\boldsymbol{E}=\boldsymbol{G}_1\boldsymbol{G}_2\cdots\boldsymbol{G}_k=\boldsymbol{A}^{-1}$，由初等矩阵与初等变换的关系有

$$(\boldsymbol{A}\quad\boldsymbol{E})\xrightarrow{\text{初等行变换}}\cdots\cdots\rightarrow(\boldsymbol{E}\quad\boldsymbol{A}^{-1}).$$

这揭示出求逆矩阵的又一种通用方法——初等变换求逆法.该方法之一是用 n 阶方阵 $\boldsymbol{A}$ 和一个同阶单位阵构造出一个 $n\times 2n$ 的矩阵 $(\boldsymbol{A}\,\vdots\,\boldsymbol{E})$，然后将矩阵 $(\boldsymbol{A}\,\vdots\,\boldsymbol{E})$ 始终进行初等行变换，直到子块 $\boldsymbol{A}$ 变换为单位矩阵时，则子块 $\boldsymbol{E}$ 就变换成了 $\boldsymbol{A}$ 的逆矩阵 $\boldsymbol{A}^{-1}$；否则，若变换到某步骤时左边子块出现了一行元素全为零，则可判断矩阵 $\boldsymbol{A}$ 不可逆.

例 2　已知 $\boldsymbol{A}=\begin{pmatrix}2 & -4 & 1\\ 1 & -5 & 2\\ 1 & -1 & 1\end{pmatrix}$，$\boldsymbol{B}=\begin{pmatrix}1 & 2 & 3\\ 2 & 4 & 6\\ 2 & 1 & 3\end{pmatrix}$，求 $\boldsymbol{A}^{-1}$，$\boldsymbol{B}^{-1}$.

解　$$(\boldsymbol{A}\,\vdots\,\boldsymbol{E})=\left(\begin{array}{ccc:ccc}2 & -4 & 1 & 1 & 0 & 0\\ 1 & -5 & 2 & 0 & 1 & 0\\ 1 & -1 & 1 & 0 & 0 & 1\end{array}\right)\rightarrow\left(\begin{array}{ccc:ccc}1 & -1 & 1 & 0 & 0 & 1\\ 1 & -5 & 2 & 0 & 1 & 0\\ 2 & -4 & 1 & 1 & 0 & 0\end{array}\right)$$

$$\rightarrow\left(\begin{array}{ccc:ccc}1 & -1 & 1 & 0 & 0 & 1\\ 0 & -4 & 1 & 0 & 1 & -1\\ 0 & -2 & -1 & 1 & 0 & -2\end{array}\right)\rightarrow\left(\begin{array}{ccc:ccc}1 & -1 & 1 & 0 & 0 & 1\\ 0 & -2 & -1 & 1 & 0 & -2\\ 0 & -4 & 1 & 0 & 1 & -1\end{array}\right)$$

$$\to\left(\begin{array}{ccc:ccc}1&-1&1&0&0&1\\0&-2&-1&1&0&-2\\0&0&3&-2&1&3\end{array}\right)\to\left(\begin{array}{ccc:ccc}1&-1&0&\frac{2}{3}&-\frac{1}{3}&0\\0&-2&0&\frac{1}{3}&\frac{1}{3}&-1\\0&0&1&-\frac{2}{3}&\frac{1}{3}&1\end{array}\right)$$

$$\to\left(\begin{array}{ccc:ccc}1&0&0&\frac{1}{2}&-\frac{1}{2}&\frac{1}{2}\\0&1&0&-\frac{1}{6}&-\frac{1}{6}&\frac{1}{2}\\0&0&1&-\frac{2}{3}&\frac{1}{3}&1\end{array}\right),$$

所以 $\boldsymbol{A}^{-1}=\begin{pmatrix}\frac{1}{2}&-\frac{1}{2}&\frac{1}{2}\\-\frac{1}{6}&-\frac{1}{6}&\frac{1}{2}\\-\frac{2}{3}&\frac{1}{3}&1\end{pmatrix}$,

$$(\boldsymbol{B}\vdots\boldsymbol{E})=\left(\begin{array}{ccc:ccc}1&2&3&1&0&0\\2&4&6&0&1&0\\2&1&3&0&0&1\end{array}\right)\to\left(\begin{array}{ccc:ccc}1&2&3&1&0&0\\0&0&0&-2&1&0\\2&1&3&0&0&1\end{array}\right),$$

故 $\boldsymbol{B}$ 不可逆,即 $\boldsymbol{B}^{-1}$ 不存在.

初等变换求逆矩阵,也可将 n 阶方阵 $\boldsymbol{A}$ 和一个同阶单位矩阵构造成 $2n\times n$ 矩阵 $\begin{pmatrix}\boldsymbol{A}\\\boldsymbol{E}\end{pmatrix}$. 当然,根据初等变换与初等矩阵的关系可推知,这种形式的矩阵只能进行列变换,即

$$\begin{pmatrix}\boldsymbol{A}\\\boldsymbol{E}\end{pmatrix}\xrightarrow{\text{初等列变换}}\cdots\cdots\to\begin{pmatrix}\boldsymbol{E}\\\boldsymbol{A}^{-1}\end{pmatrix}.$$

例 3 用逆矩阵或初等变换解下列矩阵方程.

(1) $\boldsymbol{AX}=\boldsymbol{A}+2\boldsymbol{X}$, 其中 $\boldsymbol{A}=\begin{pmatrix}4&2&3\\1&1&0\\-1&2&3\end{pmatrix}$;

(2) $\begin{pmatrix}2&5\\1&3\end{pmatrix}\boldsymbol{X}\begin{pmatrix}1&0&0\\0&2&1\\3&0&1\end{pmatrix}=\begin{pmatrix}-1&1&2\\2&0&1\end{pmatrix}$.

解 (1) 由 $\boldsymbol{AX}=\boldsymbol{A}+2\boldsymbol{X}$, 得 $(\boldsymbol{A}-2\boldsymbol{E})\boldsymbol{X}=\boldsymbol{A}$,

$$A-2E=\begin{pmatrix}4&2&3\\1&1&0\\-1&2&3\end{pmatrix}-2\begin{pmatrix}1&&\\&1&\\&&1\end{pmatrix}=\begin{pmatrix}2&2&3\\1&-1&0\\-1&2&1\end{pmatrix},$$

又 $|A-2E|=\begin{vmatrix}2&2&3\\1&-1&0\\-1&2&1\end{vmatrix}=-1$，故 $A-2E$ 可逆，从而 $X=(A-2E)^{-1}A$.

因为

$$(A-2E\vdots A)=\begin{pmatrix}2&2&3&4&2&3\\1&-1&0&1&1&0\\-1&2&1&-1&2&3\end{pmatrix}\to\begin{pmatrix}1&-1&0&1&1&0\\2&2&3&4&2&3\\-1&2&1&-1&2&3\end{pmatrix}$$

$$\to\begin{pmatrix}1&-1&0&1&1&0\\0&4&3&2&0&3\\0&1&1&0&3&3\end{pmatrix}\to\begin{pmatrix}1&-1&0&1&1&0\\0&1&0&2&-9&-6\\0&1&1&0&3&3\end{pmatrix}$$

$$\to\begin{pmatrix}1&0&0&3&-8&-6\\0&1&0&2&-9&-6\\0&0&1&-2&12&9\end{pmatrix},$$

所以 $X=(A-2E)^{-1}A=\begin{pmatrix}3&-8&-6\\2&-9&-6\\-2&12&9\end{pmatrix}$.

(2) 因为 $\begin{pmatrix}1&0&0\\0&2&1\\3&0&1\\-1&1&2\\2&0&1\end{pmatrix}\to\begin{pmatrix}1&0&0\\0&1&0\\3&0&1\\-1&\frac{1}{2}&\frac{3}{2}\\2&0&1\end{pmatrix}\to\begin{pmatrix}1&0&0\\0&1&0\\0&0&1\\-\frac{11}{2}&\frac{1}{2}&\frac{3}{2}\\-1&0&1\end{pmatrix}$,

所以 $\begin{pmatrix}2&5\\1&3\end{pmatrix}X=\begin{pmatrix}-1&1&2\\2&0&1\end{pmatrix}\begin{pmatrix}1&0&0\\0&2&1\\3&0&1\end{pmatrix}^{-1}=\begin{pmatrix}-\frac{11}{2}&\frac{1}{2}&\frac{3}{2}\\-1&0&1\end{pmatrix}$,

又 $\begin{pmatrix}2&5\\1&3\end{pmatrix}^{-1}=\begin{pmatrix}3&-5\\-1&2\end{pmatrix}$，所以

$$X=\begin{pmatrix}2&5\\1&3\end{pmatrix}^{-1}\begin{pmatrix}-\frac{11}{2}&\frac{1}{2}&\frac{3}{2}\\-1&0&1\end{pmatrix}=\begin{pmatrix}3&-5\\-1&2\end{pmatrix}\begin{pmatrix}-\frac{11}{2}&\frac{1}{2}&\frac{3}{2}\\-1&0&1\end{pmatrix}$$

$$=\begin{pmatrix}-\frac{23}{2}&\frac{3}{2}&-\frac{1}{2}\\\frac{7}{2}&-\frac{1}{2}&\frac{1}{2}\end{pmatrix}.$$

习题 2.4

1. 设矩阵 $A=\begin{pmatrix}a_{11}&a_{12}&a_{13}&a_{14}\\a_{21}&a_{22}&a_{23}&a_{24}\\a_{31}&a_{32}&a_{33}&a_{34}\\a_{41}&a_{42}&a_{43}&a_{44}\end{pmatrix}$，$B=\begin{pmatrix}a_{14}&a_{13}&a_{12}&a_{11}\\a_{24}&a_{23}&a_{22}&a_{21}\\a_{34}&a_{33}&a_{32}&a_{31}\\a_{44}&a_{43}&a_{42}&a_{41}\end{pmatrix}$，$P_1=\begin{pmatrix}0&0&0&1\\0&1&0&0\\0&0&1&0\\1&0&0&0\end{pmatrix}$，$P_2=\begin{pmatrix}1&0&0&0\\0&0&1&0\\0&1&0&0\\0&0&0&1\end{pmatrix}$，其中 A 可逆，则 B^{-1} 等于(　　).

A. $A^{-1}P_1P_2$　　B. $P_1A^{-1}P_2$　　C. $P_1P_2A^{-1}$　　D. $P_2A^{-1}P_1$

2. 设矩阵 $A=\begin{pmatrix}a_{11}&a_{12}&a_{13}\\a_{21}&a_{22}&a_{23}\\a_{31}&a_{32}&a_{33}\end{pmatrix}$，$B=\begin{pmatrix}a_{21}&a_{22}&a_{23}\\a_{11}&a_{12}&a_{13}\\a_{31}+a_{11}&a_{32}+a_{12}&a_{33}+a_{13}\end{pmatrix}$，$P_1=\begin{pmatrix}0&1&0\\1&0&0\\0&0&1\end{pmatrix}$，$P_2=\begin{pmatrix}1&0&0\\0&1&0\\1&0&1\end{pmatrix}$，则必有(　　).

A. $AP_1P_2=B$　　B. $AP_2P_1=B$　　C. $P_1P_2A=B$　　D. $P_2P_1A=B$

3. 设矩阵 $A=\begin{pmatrix}a_{11}&a_{12}&a_{13}\\a_{21}&a_{22}&a_{23}\\a_{31}&a_{32}&a_{33}\end{pmatrix}$，$B=\begin{pmatrix}a_{21}&a_{22}+ka_{23}&a_{23}\\a_{31}&a_{32}+ka_{33}&a_{33}\\a_{11}&a_{12}+ka_{13}&a_{13}\end{pmatrix}$，$P_1=\begin{pmatrix}0&1&0\\0&0&1\\1&0&0\end{pmatrix}$，$P_2=\begin{pmatrix}1&0&0\\0&1&0\\0&k&1\end{pmatrix}$，则 A 等于(　　).

A. $P_1^{-1}BP_2^{-1}$　　B. $P_2^{-1}BP_1^{-1}$　　C. $P_1^{-1}P_2^{-1}B$　　D. $BP_1^{-1}P_2^{-1}$

4. 设 A，B 均为 n 阶矩阵，A 与 B 等价，则下列命题中错误的是(　　).

A. 若 $|A|>0$，则 $|B|>0$　　B. 若 $|A|\neq 0$，则 B 也可逆

C. 若 A 与 E 等价，则 B 与 E 等价　　D. 存在可逆矩阵 P，Q，使得 $PAQ=B$

5. 用初等变换求下列矩阵的逆矩阵.

(1) $A=\begin{pmatrix}a&b\\c&d\end{pmatrix}$，$|A|=m\neq 0$；　　(2) $A=\begin{pmatrix}1&0&1\\-7&3&2\\2&-1&0\end{pmatrix}$；

(3) $A=\begin{pmatrix}2&0&1\\2&-1&2\\3&2&1\end{pmatrix}$；　　(4) $A=\begin{pmatrix}0&0&1\\4&3&2\\3&2&-1\end{pmatrix}$；

(5) $A=\begin{pmatrix}1&1&1&1\\1&-1&1&-1\\1&-1&-1&1\\1&1&-1&-1\end{pmatrix}$；　　(6) $A=\begin{pmatrix}1&2&3&4\\2&3&4&3\\3&4&3&2\\4&3&2&1\end{pmatrix}$；

(7) $\boldsymbol{A}=\begin{pmatrix}1&2&0&0\\2&3&0&0\\-3&1&5&6\\0&-2&3&4\end{pmatrix}$.

6. 用行初等变换方法解下列矩阵方程.

(1) $\begin{pmatrix}4&3\\3&2\end{pmatrix}\boldsymbol{X}=\begin{pmatrix}2&5\\1&3\end{pmatrix}$;　(2) $\begin{pmatrix}2&0&1\\2&-1&2\\3&2&1\end{pmatrix}\boldsymbol{X}=\begin{pmatrix}0&0&1\\4&3&2\\3&2&-1\end{pmatrix}$;

(3) $\begin{pmatrix}1&1&1\\2&0&-1\\0&1&2\end{pmatrix}\boldsymbol{X}=\begin{pmatrix}1&1&-1\\0&1&1\\1&2&1\end{pmatrix}$;　(4) $\boldsymbol{X}\begin{pmatrix}0&0&1\\4&3&2\\3&2&-1\end{pmatrix}=\begin{pmatrix}2&0&1\\2&-1&2\\3&2&1\end{pmatrix}$.

7. 用分块方法计算下列矩阵的逆矩阵.

(1) $\boldsymbol{A}=\begin{pmatrix}1&0&2&3\\3&2&-1&4\\0&0&3&0\\0&0&0&4\end{pmatrix}$;　(2) $\boldsymbol{A}=\begin{pmatrix}2&1&0&0\\1&1&0&0\\3&-4&4&5\\0&1&2&3\end{pmatrix}$;

(3) $\boldsymbol{A}=\begin{pmatrix}1&1&1&1\\1&-1&1&-1\\1&1&-1&-1\\1&-1&-1&1\end{pmatrix}$;　(4) $\boldsymbol{A}=\begin{pmatrix}1&2&0&0\\0&2&3&0\\0&0&3&4\\0&0&0&4\end{pmatrix}$;

(5) $\boldsymbol{A}=\begin{pmatrix}1&-2&1&0&0\\0&4&1&0&0\\1&0&2&0&0\\0&0&0&3&-2\\0&0&0&-5&4\end{pmatrix}$;　(6) $\boldsymbol{A}=\begin{pmatrix}2&1&0&0&0\\0&2&1&0&0\\0&0&2&1&0\\0&0&0&2&1\\0&0&0&0&2\end{pmatrix}$.

8. 已知 $\boldsymbol{A}=\begin{pmatrix}1&2&-2\\0&1&4\\0&0&1\end{pmatrix}$，且 $\boldsymbol{A}^2-\boldsymbol{AB}=\boldsymbol{E}$，求矩阵 $\boldsymbol{B}$.

9. 设矩阵 $\boldsymbol{A}=\begin{pmatrix}1&1&-1\\-1&1&1\\1&-1&1\end{pmatrix}$，矩阵 $\boldsymbol{X}$ 满足 $\boldsymbol{A}^*\boldsymbol{X}=\boldsymbol{A}^{-1}+2\boldsymbol{X}$，其中 $\boldsymbol{A}^*$ 是 $\boldsymbol{A}$ 的伴随矩阵，求矩阵 $\boldsymbol{X}$.

10. 已知 $\boldsymbol{X}=\boldsymbol{AX}+\boldsymbol{B}$，其中 $\boldsymbol{A}=\begin{pmatrix}0&1&0\\-1&1&1\\-1&0&-1\end{pmatrix}$，$\boldsymbol{B}=\begin{pmatrix}1&-1\\2&0\\5&-3\end{pmatrix}$，求矩阵 $\boldsymbol{X}$.

2.5 矩阵的秩

矩阵的秩

定义 1 在矩阵 $A=(a_{ij})_{m\times n}$ 中任选 k 行 k 列 $(k\leqslant\min\{m,n\})$，其交叉位置上的元素按原有的相对位置构成一个 k 阶行列式，称为矩阵 A 的 **k 阶子式**.

如矩阵 $\begin{pmatrix}1&-1&0&1&1&0\\2&2&3&4&2&3\\-1&2&1&-1&2&3\end{pmatrix}$ 的第 2, 3 行，第 3, 6 列上的元素构成的二阶子式为 $\begin{vmatrix}3&3\\1&3\end{vmatrix}=6$；第 2, 3 行，第 2, 5 列上的元素构成的二阶子式为 $\begin{vmatrix}2&2\\2&2\end{vmatrix}=0$；第 1, 2, 3 行，第 1, 2, 5 列上的元素构成的三阶子式为 $\begin{vmatrix}1&-1&1\\2&2&2\\-1&2&2\end{vmatrix}=12$.

$m\times n$ 矩阵中 k 阶子式有 $C_n^k\cdot C_m^k$ 个，其中可能有的子式值为零，有的却不为零.不为零的子式称为**非零子式**.

定义 2 如果一个矩阵 A 有一个 r 阶非零子式，且所有 $r+1$ 阶(如果存在)子式的值全为零，则数 r 称为矩阵 A 的**秩**，记为 $R(A)=r$. 规定零矩阵的秩为零.

在一个矩阵 $A=(a_{ij})_{m\times n}$ 中，根据拉普拉斯定理可以推知，若所有 $r+1$ 阶子式的值全为零，则所有高于 $r+1$ 阶的子式的值必全为零.因此，一个矩阵的秩就是其最高阶非零子式的阶数.很显然，矩阵的秩 r 满足 $0\leqslant r\leqslant\min\{m,n\}$；若 $r=\min\{m,n\}$，则称 A 为**满秩矩阵**.矩阵的秩反映了矩阵内在的重要特性，在矩阵理论和应用中都具有重要意义.

一般而言，要利用定义求一个矩阵 $A=(a_{ij})_{m\times n}$ 的秩并非易事.而对于行阶梯形矩阵

$B=\begin{pmatrix}1&0&-2&3&1\\0&2&1&4&-2\\0&0&0&5&3\\0&0&0&0&0\end{pmatrix}$ 可一眼看出它的秩为 3.因为要子式不为零，可取三个非零行的 1, 2, 4 列得三阶非零上三角形子式 $\begin{vmatrix}1&0&3\\0&2&4\\0&0&-5\end{vmatrix}=-10$，故据矩阵秩的定义有 $R(B)=3$.

同理可知，阶梯矩阵的秩等于其梯级数，即等于它的非零行数.

定理 1 任意一个 $m\times n$ 矩阵都可以经过一系列初等行变换化为 $m\times n$ **阶梯形矩阵**.

定理 2 矩阵的初等变换不改变矩阵的秩.

思政案例:初等变换与秩

定理2展现了"透过现象看本质""抓主要矛盾"的科学原理,矩阵无论施行哪种初等变换,它的秩始终不变.

例1 求下列矩阵的秩.

$$\boldsymbol{A}=\begin{pmatrix}1&1&1&2\\2&3&3&2\\1&1&2&1\end{pmatrix},\quad \boldsymbol{B}=\begin{pmatrix}1&-1&2&1&0\\2&-2&4&-2&0\\3&0&6&-1&1\\2&1&4&2&1\end{pmatrix}.$$

解 $\boldsymbol{A}=\begin{pmatrix}1&1&1&2\\2&3&3&2\\1&1&2&1\end{pmatrix}\xrightarrow[r_3-r_1]{r_2-2r}\begin{pmatrix}1&1&1&2\\0&1&1&-2\\0&0&1&-1\end{pmatrix}$,故 $R(\boldsymbol{A})=3$;

$$\boldsymbol{B}=\begin{pmatrix}1&-1&2&1&0\\2&-2&4&-2&0\\3&0&6&-1&1\\2&1&4&2&1\end{pmatrix}\xrightarrow[\substack{r_3-3r_1\\r_4-2r_1}]{r_2-2r_1}\begin{pmatrix}1&-1&2&1&0\\0&0&0&-4&0\\0&3&0&-4&1\\0&3&0&0&1\end{pmatrix}\xrightarrow{r_2\leftrightarrow r_4}\begin{pmatrix}1&-1&2&1&0\\0&3&0&0&1\\0&3&0&-4&1\\0&0&0&-4&0\end{pmatrix}$$

$$\xrightarrow{r_3-r_2}\begin{pmatrix}1&-1&2&1&0\\0&3&0&0&1\\0&0&0&-4&0\\0&0&0&-4&0\end{pmatrix}\xrightarrow{r_4-r_3}\begin{pmatrix}1&-1&2&1&0\\0&3&0&0&1\\0&0&0&-4&0\\0&0&0&0&0\end{pmatrix},$$

故 $R(\boldsymbol{B})=3$.

例2 试证明:

(1) $R(\boldsymbol{A})=R(\boldsymbol{A}^{\mathrm{T}})$;

(2) n 阶矩阵 $\boldsymbol{A}$ 可逆的充分必要条件是 $\boldsymbol{A}$ 为满秩矩阵,即 $R(\boldsymbol{A})=n$.

证明 (1) $\boldsymbol{A}^{\mathrm{T}}$ 中的任意一个 k 阶子式都是 $\boldsymbol{A}$ 中一 k 阶子式的转置行列式,又行列式转置后值不变,故 $\boldsymbol{A}^{\mathrm{T}}$ 中非零子式的最高阶数与 $\boldsymbol{A}$ 中非零子式的最高阶数相等,即 $R(\boldsymbol{A})=R(\boldsymbol{A}^{\mathrm{T}})$;

(2) n 阶矩阵 $\boldsymbol{A}$ 可逆的充分必要条件是 $|\boldsymbol{A}|\neq 0$,故由矩阵秩的定义有 $R(\boldsymbol{A})=n$.

例3 设矩阵 $\boldsymbol{A}$ 为 n 阶非奇异矩阵,$\boldsymbol{B}=(b_{ij})_{n\times t}$,$\boldsymbol{C}=(c_{ij})_{s\times n}$,试证明:$R(\boldsymbol{AB})=R(\boldsymbol{B})$,$R(\boldsymbol{CA})=R(\boldsymbol{C})$.

证明 因为矩阵 $\boldsymbol{A}$ 为 n 阶非奇异矩阵,故存在有限个初等矩阵 $\boldsymbol{Q}_1$,$\boldsymbol{Q}_2$,…,$\boldsymbol{Q}_r$,使得 $\boldsymbol{A}=\boldsymbol{Q}_1\boldsymbol{Q}_2\cdots\boldsymbol{Q}_r$,于是

$$\boldsymbol{AB}=\boldsymbol{Q}_1\boldsymbol{Q}_2\cdots\boldsymbol{Q}_r\boldsymbol{B},\quad \boldsymbol{CA}=\boldsymbol{C}\boldsymbol{Q}_1\boldsymbol{Q}_2\cdots\boldsymbol{Q}_r.$$

由初等矩阵与初等变换的关系可知，$\boldsymbol{AB}$ 可由 $\boldsymbol{B}$ 经一系列初等行变换得到，$\boldsymbol{CA}$ 可由 $\boldsymbol{C}$ 经一系列初等列变换得到，又初等变换不改变矩阵的秩，故有

$$\boldsymbol{AB}=\boldsymbol{Q}_1\boldsymbol{Q}_2\cdots\boldsymbol{Q}_r\boldsymbol{B},\quad \boldsymbol{CA}=\boldsymbol{C}\boldsymbol{Q}_1\boldsymbol{Q}_2\cdots\boldsymbol{Q}_r.$$

关于矩阵的命题常用的定理结论或公式还有：

(1) 设 $\boldsymbol{A}$，$\boldsymbol{B}$ 均为 $m\times n$ 矩阵，则 $R(\boldsymbol{A}\pm\boldsymbol{B})\leqslant R(\boldsymbol{A})+R(\boldsymbol{B})$；

(2) 设 $\boldsymbol{A}$ 为 $m\times n$ 矩阵，$\boldsymbol{B}$ 为 $n\times s$ 矩阵，则 $R(\boldsymbol{A})+R(\boldsymbol{B})-n\leqslant R(\boldsymbol{AB})\leqslant \min\{R(\boldsymbol{A}),R(\boldsymbol{B})\}$；

(3) 设 $\boldsymbol{A}$ 为 $m\times n$ 矩阵，$\boldsymbol{B}$ 为 $n\times s$ 矩阵，若 $\boldsymbol{AB}=\boldsymbol{O}$，则 $R(\boldsymbol{A})+R(\boldsymbol{B})\leqslant n$.

习题 2.5

1. 设矩阵 $\boldsymbol{A}=\begin{pmatrix}a_1b_1 & a_1b_2 & a_1b_3\\ a_2b_1 & a_2b_2 & a_2b_3\\ a_3b_1 & a_3b_2 & a_3b_3\end{pmatrix}$，其中 $a_ib_i\neq 0(i=1,2,3)$，则 $R(\boldsymbol{A})=$________.

2. 矩阵 $\begin{pmatrix}1 & -1 & -1\\ 0 & -1 & -1\\ 0 & 0 & -1\end{pmatrix}$ 的秩等于________.

3. 若 $\boldsymbol{A}=\begin{pmatrix}1 & -1 & 1 & 2\\ 2 & 3 & 3 & 2\\ 1 & 1 & 2 & 1\end{pmatrix}$，则 $R(\boldsymbol{A})=$________.

4. 设三阶方阵 $\boldsymbol{A}$ 的秩为 2，矩阵 $\boldsymbol{P}=\begin{pmatrix}0 & 1 & 0\\ 1 & 0 & 0\\ 0 & 0 & 1\end{pmatrix}$，$\boldsymbol{Q}=\begin{pmatrix}1 & 0 & 0\\ 0 & 1 & 0\\ 1 & 0 & 1\end{pmatrix}$，若矩阵 $\boldsymbol{B}=\boldsymbol{PAQ}$，则 $R(\boldsymbol{B})=$______.

5. 若 $\boldsymbol{A}=\begin{pmatrix}1 & 2 & 4\\ 2 & \lambda & 1\\ 1 & 1 & 0\end{pmatrix}$，为使矩阵 $\boldsymbol{A}$ 的秩有最小秩，则 λ 应为________.

6. 若 $\boldsymbol{A}$ 是 n 阶可逆矩阵，$\boldsymbol{B}$ 是 m 阶可逆矩阵，$\boldsymbol{C}=\begin{pmatrix}\boldsymbol{A} & \boldsymbol{O}\\ \boldsymbol{O} & \boldsymbol{B}\end{pmatrix}$，则 $R(\boldsymbol{C})=$________.

7. 设 $\boldsymbol{A}=\begin{pmatrix}1 & 2 & -2\\ 4 & a & 1\\ 3 & -1 & 1\end{pmatrix}$，$\boldsymbol{B}$ 为三阶非零矩阵，且 $\boldsymbol{AB}=\boldsymbol{O}$，则 $a=$________.

8. 设 $\boldsymbol{A}$，$\boldsymbol{B}$ 均为三阶矩阵，若 $\boldsymbol{A}$ 可逆，$R(\boldsymbol{B})=2$，那么 $R(\boldsymbol{AB})$ 为(　　).

A. 0　　B. 1　　C. 2　　D. 3

9. 已知 $\boldsymbol{A}$ 有一个 r 阶子式不等于零，则 $R(\boldsymbol{A})$ 为(　　).

A. r　　B. $r+1$　　C. $\leqslant r$　　D. $\geqslant r$

10. 设三阶方阵 $\boldsymbol{A}$ 的元素全为 1，则 $R(\boldsymbol{A})$ 为(　　).

A. 0　　B. 1　　C. 2　　D. 3

11. $\boldsymbol{A}$, $\boldsymbol{B}$ 均为 n 阶方阵, $\boldsymbol{A} \neq \boldsymbol{O}$, 且 $\boldsymbol{AB} = \boldsymbol{O}$, 则 $\boldsymbol{B}$ 的秩为(　　).

A. 0　　B. $<n$　　C. n　　D. $n-1$

12. 设 $\boldsymbol{A}$, $\boldsymbol{B}$ 为 n 阶方阵, $\boldsymbol{A} \neq \boldsymbol{O}$, $\boldsymbol{B} \neq \boldsymbol{O}$, 且 $\boldsymbol{AB} = \boldsymbol{O}$, 则 $\boldsymbol{A}$, $\boldsymbol{B}$ 的秩(　　).

A. 一个小于 n,一个等于 n　　B. 都等于 n

C. 都小于 n　　D. 必有一个等于零

13. 设矩阵 $\boldsymbol{A} = \begin{pmatrix} 1 & -2 & -1 & 0 & 2 \\ -2 & 4 & 2 & 6 & -6 \\ 2 & -1 & 0 & 2 & 3 \\ 3 & 3 & 3 & 3 & 4 \end{pmatrix}$, 求 $R(\boldsymbol{A})$.

2.6　数学建模案例

2.6.1　平面图形的几何变换①

随着计算机科学技术的发展,计算机图形学的应用领域越来越广,如仿真设计、效果图制作、动画片制作、电子游戏开发等.图形的几何变换,包括图形的平移、旋转、放缩等,是计算机图形学中经常遇到的问题.这里只讨论平面图形的几何变换.

平面图形的旋转和放缩都很容易用矩阵乘法实现,但是图形的平移并不是线性运算,不能直接用矩阵乘法表示.现在要求用一种方法使平移、旋转、放缩能统一用矩阵乘法来实现.

【模型假设】 设平移变换为

$$(x, y) \to (x+a, y+b),$$

旋转变换(绕原点逆时针旋转 θ 角度)为

$$(x, y) \to (x\cos\theta - y\sin\theta, x\sin\theta + y\cos\theta),$$

放缩变换(沿 x 轴方向放大 s 倍,沿 y 轴方向放大 t 倍)为

$$(x, y) \to (sx, ty).$$

【模型求解】 $\mathbf{R}^2$ 中的每个点 (x, y) 可以对应于 $\mathbf{R}^3$ 中的 $(x, y, 1)$.它在 xOy 平面上方 1 单位的平面上.称 $(x, y, 1)$ 是 (x, y) 的齐次坐标.在齐次坐标下,平移变换

$$(x, y) \to (x+a, y+b)$$

可以用齐次坐标写成

---

① David C. Lay.线性代数及其应用[M].沈复兴,傅莺莺,等,译.北京:人民邮电出版社,2009:139-141.

$$(x, y, 1) \to (x+a, y+b, 1).$$

于是可以用矩阵乘积 $\begin{pmatrix} 1 & 0 & a \\ 0 & 1 & b \\ 0 & 0 & 1 \end{pmatrix}\begin{pmatrix} x \\ y \\ 1 \end{pmatrix} = \begin{pmatrix} x+a \\ y+b \\ 1 \end{pmatrix}$ 实现.

旋转变换

$$(x, y) \to (x\cos\theta - y\sin\theta, x\sin\theta + y\cos\theta)$$

可以用齐次坐标写成

$$(x, y, 1) \to (x\cos\theta - y\sin\theta, x\sin\theta + y\cos\theta, 1).$$

于是可以用矩阵乘积 $\begin{pmatrix} \cos\theta & -\sin\theta & 0 \\ \sin\theta & \cos\theta & 0 \\ 0 & 0 & 1 \end{pmatrix}\begin{pmatrix} x \\ y \\ 1 \end{pmatrix} = \begin{pmatrix} x\cos\theta - y\sin\theta \\ x\sin\theta + y\cos\theta \\ 1 \end{pmatrix}$ 实现.

放缩变换

$$(x, y) \to (sx, ty)$$

可以用齐次坐标写成

$$(x, y, 1) \to (sx, ty, 1).$$

于是可以用矩阵乘积 $\begin{pmatrix} s & 0 & 0 \\ 0 & t & 0 \\ 0 & 0 & 1 \end{pmatrix}\begin{pmatrix} x \\ y \\ 1 \end{pmatrix} = \begin{pmatrix} sx \\ ty \\ 1 \end{pmatrix}$ 实现.

【模型分析】 由上述求解可以看出，$\mathbf{R}^2$ 中的任何线性变换都可以用分块矩阵 $\begin{pmatrix} \boldsymbol{A} & \boldsymbol{O} \\ \boldsymbol{O} & 1 \end{pmatrix}$ 乘以齐次坐标实现，其中 $\boldsymbol{A}$ 是二阶方阵.这样，只要把平面图形上点的齐次坐标写成列向量，平面图形的每一次几何变换，都可通过左乘一个三阶变换矩阵来实现.

2.6.2 应用矩阵编码 Hill 密码①

密码学在经济和军事方面起着极其重要的作用.现代密码学涉及很多高深的数学知识.这里无法展开介绍.保密通信的基本模型如图 2.1 所示.

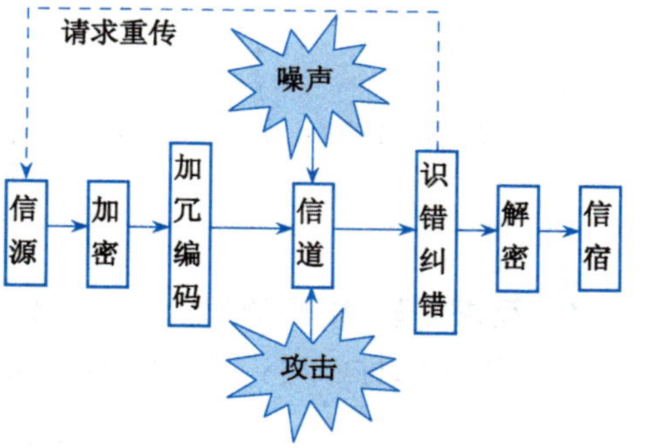

图 2.1 保密通信的基本模型

密码学中将信息代码称为**密码**，尚未转换成密码的文字信息称为**明文**，由密码表示的信息称为**密文**.从明文到密文的过程称为**加密**，反之为**解密**.1929 年，希尔（Hill）通过线性变换对

① 杨威，高淑萍.线性代数机算与应用指导[M].西安：西安电子科技大学出版社，2009：98-102.

传输信息进行加密处理，提出了在密码史上有重要地位的希尔加密算法. 下面略去一些实际应用中的细节，只介绍最基本的思想.

【模型准备】 若要发出信息 ACTION，现需要利用矩阵乘法给出加密方法和加密后得到的密文，并给出相应的解密方法.

【模型假设】 (1) 假定每个字母都对应一个非负整数，空格和 26 个英文字母依次对应整数 0—26，见表 2.2.

表 2.2　　空格及字母的整数代码表

空格	A	B	C	D	E	F	G	H	I	J	K	L	M
0	1	2	3	4	5	6	7	8	9	10	11	12	13
N	O	P	Q	R	S	T	U	V	W	X	Y	Z	
14	15	16	17	18	19	20	21	22	23	24	25	26	

(2) 假设将单词中从左到右，每 3 个字母分为一组，并将对应的 3 个整数排成三维的行向量，加密后仍为三维的行向量，其分量仍为整数.

【模型建立】 设三维向量 $\boldsymbol{x}$ 为明文，要选一个矩阵 $\boldsymbol{A}$ 使密文 $\boldsymbol{y}=\boldsymbol{A}\boldsymbol{x}$，还要确保接收方能由 $\boldsymbol{y}$ 准确地解出 $\boldsymbol{x}$. 因此，$\boldsymbol{A}$ 必须是一个三阶可逆矩阵. 这样就可以由 $\boldsymbol{y}=\boldsymbol{A}\boldsymbol{x}$ 得 $\boldsymbol{x}=\boldsymbol{A}^{-1}\boldsymbol{y}$. 为了避免小数引起误差，并且确保 $\boldsymbol{y}$ 也是整数向量，$\boldsymbol{A}$ 和 $\boldsymbol{A}^{-1}$ 的元素应该都是整数. 注意到，当整数矩阵 $\boldsymbol{A}$ 的行列式等于 ± 1 时，$\boldsymbol{A}^{-1}$ 也是整数矩阵. 因此原问题转化为：

(1) 把信息 ACTION 翻译成两个行向量：$\boldsymbol{x}_1$，$\boldsymbol{x}_2$；

(2) 构造一个行列式等于 ± 1 的整数矩阵 $\boldsymbol{A}$（当然不能取 $\boldsymbol{A}=\boldsymbol{E}$）；

(3) 计算 $\boldsymbol{A}\boldsymbol{x}_1$ 和 $\boldsymbol{A}\boldsymbol{x}_2$；

(4) 计算 $\boldsymbol{A}^{-1}$.

【模型求解】 (1) 由上述假设可见 $\boldsymbol{x}_1=(1,\ 3,\ 20)$，$\boldsymbol{x}_2=(9,\ 15,\ 14)$.

(2) 对三阶单位矩阵 $\boldsymbol{E}=\begin{pmatrix}1&0&0\\0&1&0\\0&0&1\end{pmatrix}$ 进行几次适当的初等变换（比如把某一行的整数被加到另一行，或交换某两行），根据行列式的性质可知，这样得到的矩阵 $\boldsymbol{A}$ 的行列式为 1 或 -1. 例如，$\boldsymbol{A}=\begin{pmatrix}1&1&0\\2&1&1\\3&2&2\end{pmatrix}$，$|\boldsymbol{A}|=-1$.

(3) $$\boldsymbol{y}_1=\boldsymbol{A}\boldsymbol{x}_1=(1,\ 3,\ 20)\begin{pmatrix}1&1&0\\2&1&1\\3&2&2\end{pmatrix}=(67,\ 44,\ 43),$$

$$\boldsymbol{y}_2=\boldsymbol{A}\boldsymbol{x}_2=(9,\ 15,\ 14)\begin{pmatrix}1&1&0\\2&1&1\\3&2&2\end{pmatrix}=(81,\ 52,\ 43).$$

(4) 由 $(\boldsymbol{A},\boldsymbol{E})=\begin{pmatrix}1&1&0&1&0&0\\2&1&1&0&1&0\\3&2&2&0&0&1\end{pmatrix}\xrightarrow{\text{初等行变换}}\begin{pmatrix}1&0&0&0&2&-1\\0&1&0&1&-2&1\\0&0&1&-1&-1&1\end{pmatrix}$,可得

$$\boldsymbol{A}^{-1}=\begin{pmatrix}0&2&-1\\1&-2&1\\-1&-1&1\end{pmatrix}.$$

这就是说,接收方收到的密文是 67, 44, 43, 81, 52, 43.要还原成明文,只要计算 $(67,\ 44,\ 43)\boldsymbol{A}^{-1}$和$(81,\ 52,\ 43)\boldsymbol{A}^{-1}$,再对照表 2.2“翻译”成单词即可.

【模型分析】 如果要发送一个英文句子,在不记标点符号的情况下,仍然可以把句子(含空格)从左到右每 3 个字符分为一组(最后不足 3 个字母时用空格补上).

【模型检验】 $(67,\ 44,\ 43)\boldsymbol{A}^{-1}=(1,\ 3,\ 20)$,

$(81,\ 52,\ 43)\boldsymbol{A}^{-1}=(9,\ 15,\ 14)$.

2.6.3 企业投入产出分析模型

某地区有三个重要产业:一个煤矿、一个发电厂和一条地方铁路.开采 1 元的煤,煤矿要支付 0.25 元的电费及 0.25 元的运输费.生产 1 元的电,发电厂要支付 0.65 元的煤费,0.05 元的电费及 0.05 元的运输费.创收 1 元的运输费,铁路要支付 0.55 元的煤费及 0.10 元的电费.在某一周内,煤矿接到外地金额为 50 000 元的订单,发电厂接到外地金额为 25 000 元的订单,外界对地方铁路没有需求.问三个企业在这一周内总产值多少才能满足自身及外界的需求?

【模型假设】 假设不考虑价格变动等其他因素.

【模型建立】 设 x_1 为煤矿本周内的总产值,x_2 为电厂本周的总产值,x_3 为铁路本周内的总产值,则

$$\begin{cases}x_1-(0\times x_1+0.65x_2+0.55x_3)=50\ 000,\\x_2-(0.25x_1+0.05x_2+0.10x_3)=25\ 000,\\x_3-(0.25x_1+0.05x_2+0\times x_3)=0,\end{cases}\tag{1}$$

即

$$\begin{pmatrix}x_1\\x_2\\x_3\end{pmatrix}-\begin{pmatrix}0&0.65&0.55\\0.25&0.05&0.10\\0.25&0.05&0\end{pmatrix}\begin{pmatrix}x_1\\x_2\\x_3\end{pmatrix}=\begin{pmatrix}50\ 000\\25\ 000\\0\end{pmatrix}.$$

令

$$\boldsymbol{X}=\begin{pmatrix}x_1\\x_2\\x_3\end{pmatrix},\quad \boldsymbol{A}=\begin{pmatrix}0&0.65&0.55\\0.25&0.05&0.10\\0.25&0.05&0\end{pmatrix},\quad \boldsymbol{Y}=\begin{pmatrix}50\ 000\\25\ 000\\0\end{pmatrix}.$$

矩阵 $\boldsymbol{A}$ 称为直接消耗矩阵,$\boldsymbol{X}$ 称为产出向量,$\boldsymbol{Y}$ 称为需求向量,则方程组(1)为

$$\boldsymbol{X}-\boldsymbol{A}\boldsymbol{X}=\boldsymbol{Y},$$

即

$$(\boldsymbol{E}-\boldsymbol{A})\boldsymbol{X}=\boldsymbol{Y}. \tag{2}$$

其中,矩阵 $\boldsymbol{E}$ 为单位矩阵,$\boldsymbol{E}-\boldsymbol{A}$ 称为列昂杰夫矩阵,列昂杰夫矩阵为非奇异矩阵.

【模型求解】 投入产出分析表.

设 $\boldsymbol{B}=(\boldsymbol{E}-\boldsymbol{A})^{-1}-\boldsymbol{E}$, $\boldsymbol{C}=\boldsymbol{A}\begin{pmatrix}x_1 & 0 & 0\\ 0 & x_2 & 0\\ 0 & 0 & x_3\end{pmatrix}$, $\boldsymbol{D}=(1,\ \ 1,\ \ 1)\boldsymbol{C}$. 矩阵 $\boldsymbol{B}$ 称为完全消耗矩阵,它与矩阵 $\boldsymbol{A}$ 一起在各个部门之间的投入产出中起平衡作用.矩阵 $\boldsymbol{C}$ 称为投入产出矩阵,它的元素表示煤矿、电厂、铁路之间的投入产出关系.向量 $\boldsymbol{D}$ 称为总投入向量,它的元素是矩阵 $\boldsymbol{C}$ 的对应列元素之和,分别表示煤矿、电厂、铁路得到的总投入.由矩阵 $\boldsymbol{C}$,向量 $\boldsymbol{Y}$ 和向量 $\boldsymbol{D}$,可得投入产出分析表 2.3.

表 2.3 投入产出分析 单位:元

	煤矿	电厂	铁路	外界需求	总产出
煤矿	c_{11}	c_{12}	c_{13}	y_1	x_1
电厂	c_{21}	c_{22}	c_{23}	y_2	x_2
铁路	c_{31}	c_{32}	c_{33}	y_3	x_3
总投入	d_1	d_2	d_3	—	—

按式(2)解方程组可得产出向量 $\boldsymbol{X}$,于是可计算矩阵 $\boldsymbol{C}$ 和向量 $\boldsymbol{D}$,计算结果见表 2.4.

表 2.4 投入产出计算结果 单位:元

	煤矿	电厂	铁路	外界需求	总产出
煤矿	0	36 505.96	15 581.51	50 000	102 087.48
电厂	25 521.87	2 808.15	2 833.00	25 000	56 163.02
铁路	25 521.87	2 808.15	0	0	28 330.02
总投入	51 043.74	42 122.27	18 414.52	—	—

【模型分析】 可见三个企业在这一周内总产值为 186 580.52 元才能满足自身及外界的需求.

2.7 机算实验

2.7.1 实验目的

熟悉用 MATLAB 软件处理和解决下列问题的程序和方法:

(1) 进行矩阵的运算；

(2) 矩阵的求逆；

(3) 化矩阵为行阶梯形矩阵，进而化为行最简形矩阵；

(4) 求矩阵的秩.

2.7.2 与实验相关的 MATLAB 命令或函数

与本实验相关的 MATLAB 命令或函数见表 2.5.

表 2.5　与本实验相关的 MATLAB 命令或函数

命令	功能说明
[ ]	创建矩阵
,	矩阵行元素分割符号
;	矩阵列元素分割符号
eye(n)	创建 n 阶单位矩阵
zeros(m, n)	创建 $m\times n$ 阶零矩阵
zeros(n)	创建 n 阶零方阵
ones(m, n)	创建 $m\times n$ 阶元素全为 1 的矩阵
C=A±B	两个矩阵相加减
C=A*B	两个矩阵相乘
A^n	求矩阵 $\boldsymbol{A}$ 的 n 次方
inv(A)	求矩阵 $\boldsymbol{A}$ 的逆
U=rref(A)	对矩阵 $\boldsymbol{A}$ 进行初等行变换，使之成为最简行阶梯形矩阵

2.7.3 实验内容

例 1　用 MATLAB 软件生成以下矩阵：

(1) $\boldsymbol{A}=\begin{pmatrix}4&5&7&8\\6&1&2&5\\3&5&4&6\\4&2&4&8\end{pmatrix}$；　(2) $\boldsymbol{B}=\begin{pmatrix}1&0&0&0\\0&1&0&0\\0&0&1&0\\0&0&0&1\end{pmatrix}$；

(3) $\boldsymbol{C}=\begin{pmatrix}0&0&0&0\\0&0&0&0\\0&0&0&0\\0&0&0&0\end{pmatrix}$；　(4) $\boldsymbol{D}=\begin{pmatrix}1&1&1&1\\1&1&1&1\\1&1&1&1\\1&1&1&1\end{pmatrix}$.

解　用 MATLAB 软件生成如下.

(1) 在 MATLAB 命令窗口输入

```
A=[4, 5, 7, 8; 6, 1, 2, 5; 3, 5, 4, 6; 4, 2, 4, 8]
```

运行结果如下.

```
A=
    4   5   7   8
    6   1   2   5
    3   5   4   6
    4   2   4   8
```

(2) 在 MATLAB 命令窗口输入

```
B=eye(4)
```

运行结果如下.

```
B=
    1   0   0   0
    0   1   0   0
    0   0   1   0
    0   0   0   1
```

(3) 在 MATLAB 命令窗口输入

```
C=zeros(4)
```

运行结果如下.

```
C=
    0   0   0   0
    0   0   0   0
    0   0   0   0
    0   0   0   0
```

(4) 在 MATLAB 命令窗口输入

```
D=ones(4)
```

运行结果如下.

```
D=
    1   1   1   1
    1   1   1   1
    1   1   1   1
    1   1   1   1
```

例 2 已知矩阵 $\boldsymbol{A}=\begin{pmatrix}1&2&3\\3&2&1\\1&2&1\end{pmatrix}$，$\boldsymbol{B}=\begin{pmatrix}1&1&2\\2&2&3\\1&4&3\end{pmatrix}$，计算：

(1) $\boldsymbol{A}+\boldsymbol{B}$；　(2) $\boldsymbol{A}-\boldsymbol{B}$；　(3) $5\boldsymbol{A}$；　(4) $\boldsymbol{AB}$；　(5) $\boldsymbol{A}^{\mathrm{T}}$.

解法 1 计算的思路和主要步骤：直接利用矩阵的和、差、数乘、乘积、转置运算的定义计算即可.

解法 2 用 MATLAB 软件计算如下.

在 MATLAB 命令窗口输入

```
A=[1, 2, 3; 3, 2, 1; 1, 2, 1]
B=[1, 1, 2; 2, 2, 3; 1, 4, 3]
```

运行结果如下.

```
A=
    1  2  3
    3  2  1
    1  2  1
B=
    1  1  2
    2  2  3
    1  4  3
```

(1) 在 MATLAB 命令窗口输入

```
A+B
```

运行结果如下.

```
ans=
     2  3  5
     5  4  4
     2  6  4
```

(2) 在 MATLAB 命令窗口输入

```
A-B
```

运行结果如下.

```
ans=
     0    1    1
     1    0   -2
     0   -2   -2
```

(3) 在 MATLAB 命令窗口输入

```
5 * A
```

运行结果如下.

```
ans=
     5    10    15
    15    10     5
     5    10     5
```

(4) 在 MATLAB 命令窗口输入

```
A * B
```

运行结果如下.

```
ans=
     8    17    17
     8    11    15
     6     9    11
```

(5) 在 MATLAB 命令窗口输入

```
A'
```

运行结果如下.

```
ans=
     1     3     1
     2     2     2
     3     1     1
```

例 3 已知矩阵 $\boldsymbol{A}=\begin{pmatrix}1 & 2 & 3\\3 & 2 & 1\\1 & 2 & 1\end{pmatrix}$，求 $\boldsymbol{A}^2$.

解法 1 计算的思路和主要步骤:利用矩阵乘法的定义直接计算即可.

解法 2 用 MATLAB 软件计算如下.

在 MATLAB 命令窗口输入

```
A=[1, 2, 3; 3, 2, 1; 1, 2, 1]
```

运行结果如下.

```
A=
     1     2     3
     3     2     1
     1     2     1
```

在 MATLAB 命令窗口输入

```
A^2
```

运行结果如下.

```
ans=
    10   12    8
    10   12   12
     8    8    6
```

例 4 已知矩阵 $\boldsymbol{A}=\begin{pmatrix}0&1&2\\1&1&-1\\2&4&0\end{pmatrix}$，求 $\boldsymbol{A}^{-1}$.

解法 1 计算的思路和主要步骤如下.

利用初等行变换计算.首先，构造矩阵 $(\boldsymbol{A}\vdots\boldsymbol{E})$；其次，利用初等变换将 $(\boldsymbol{A}\vdots\boldsymbol{E})$ 化为 $(\boldsymbol{E}\vdots\boldsymbol{A}^{-1})$. 具体如下.

$$(\boldsymbol{A}\vdots\boldsymbol{E})=\begin{pmatrix}0&1&2&1&0&0\\1&1&-1&0&1&0\\2&4&0&0&0&1\end{pmatrix}\rightarrow\begin{pmatrix}1&0&0&2&4&-\frac{3}{2}\\0&1&0&-1&-2&1\\0&0&1&1&1&-\frac{1}{2}\end{pmatrix}=(\boldsymbol{E}\vdots\boldsymbol{A}^{-1}).$$

则

$$\boldsymbol{A}^{-1}=\begin{pmatrix}2&4&-\frac{3}{2}\\-1&-2&1\\1&1&-\frac{1}{2}\end{pmatrix}.$$

解法 2 用 MATLAB 软件计算如下.

在 MATLAB 命令窗口输入

```
inv(A)=[0, 1, 2; 1, 1, -1; 2, 4, 0]
```

运行结果如下.

```
ans=
     2.0000    4.0000   -1.5000
    -1.0000   -2.0000    1.0000
     1.0000    1.0000   -0.5000
```

例 5 已知矩阵 $\boldsymbol{A}=\begin{pmatrix}1&3&1&2&1\\3&9&3&8&4\\-1&-5&3&4&2\\2&4&6&12&6\\2&7&0&2&3\end{pmatrix}$，将 $\boldsymbol{A}$ 化为行最简形，并求 $\boldsymbol{A}$ 的秩.

解法 1 计算的思路和主要步骤如下.

利用初等行变换将 $\boldsymbol{A}$ 化为行阶梯形矩阵，则非零行的行数(或主元的个数)为该阵的秩.具体如下.

$$\boldsymbol{A}=\begin{pmatrix} 1 & 3 & 1 & 2 & 1 \\ 3 & 9 & 3 & 8 & 4 \\ -1 & -5 & 3 & 4 & 2 \\ 2 & 4 & 6 & 12 & 6 \\ 2 & 7 & 0 & 2 & 3 \end{pmatrix} \rightarrow \begin{pmatrix} 1 & 0 & 7 & 0 & 0 \\ 0 & 1 & -2 & 0 & 0 \\ 0 & 0 & 0 & 1 & 0 \\ 0 & 0 & 0 & 0 & 1 \\ 0 & 0 & 0 & 0 & 0 \end{pmatrix},$$

则 $\boldsymbol{A}$ 的秩为 4.

解法 2　用 MATLAB 软件计算如下.

在 MATLAB 命令窗口输入

```
A=[1, 3, 1, 2, 1; 3, 9, 3, 8, 4; -1, -5, 3, 4, 2; 2, 4, 6, 12, 6; 2, 7, 0, 2, 3]
```

运行结果如下.

```
A=
     1     3   1    2   1
     3     9   3    8   4
    -1    -5   3    4   2
     2     4   6   12   6
     2     7   0    2   3
```

在 MATLAB 命令窗口输入

```
rref(A)
```

运行结果如下.

```
ans=
     1   0    7   0   0
     0   1   -2   0   0
     0   0    0   1   0
     0   0    0   0   1
     0   0    0   0   0
```

在 MATLAB 命令窗口输入

```
rank(A)
```

运行结果如下.

```
ans=
     4
```

例 6　某厂生产三种产品，每件产品的成本及每季度生产件数见表 2.6 及表 2.7，试提供该厂每季度的总成本分布表.

表 2.6　每件产品的成本　单位:元

成本	产品 A	产品 B	产品 C
原材料	0.10	0.30	0.15
劳动	0.30	0.40	0.25
企业管理费	0.10	0.20	0.15

表 2.7　每季度产品生产数量　单位:件

产品	第二季度	第三季度	第四季度	第一季度
A	4 000	4 500	4 500	4 000
B	2 000	2 800	2 400	2 200
C	5 800	6 200	6 000	6 000

解法 1　计算的思路和主要步骤如下.

设产品分类成本矩阵为 $\boldsymbol{M}$,季度产量矩阵为 $\boldsymbol{P}$,则

$$\boldsymbol{M}=\begin{pmatrix}0.10 & 0.30 & 0.15\\0.30 & 0.40 & 0.25\\0.10 & 0.20 & 0.15\end{pmatrix},$$

$$\boldsymbol{P}=\begin{pmatrix}4\,000 & 4\,500 & 4\,500 & 4\,000\\2\,000 & 2\,800 & 2\,400 & 2\,200\\5\,800 & 6\,200 & 6\,000 & 6\,000\end{pmatrix}.$$

令 $\boldsymbol{Q}=\boldsymbol{MP}$,则 $\boldsymbol{Q}$ 的第 1 行第 1 列元素为

$$\boldsymbol{Q}(1,\ 1)=0.1\times 4\,000+0.3\times 2\,000+0.15\times 5\,800=1\,870.$$

它表示第二季度消耗的原材料总成本.同理,可得

$$\boldsymbol{Q}=\begin{pmatrix}1\,870 & 2\,220 & 2070 & 1\,960\\3\,450 & 4\,020 & 3\,810 & 3\,580\\1\,670 & 1\,940 & 1\,830 & 1\,740\end{pmatrix}.$$

$\boldsymbol{Q}$ 的第 1, 2, 3 行元素之和分别为 8 120, 14 860, 7 180,分别表示全年内原材料、劳动、企业管理费的成本,所以全年总成本为 8 120+14 860+7 180=30 160 元. $\boldsymbol{Q}$ 的第 1, 2, 3 列元素之和分别为 6 900, 8 180, 7 710, 7 280,分别表示每季度的总成本,根据以上计算结果,可以完成每季度总成本分布,见表 2.8.

表 2.8　每季度总成本分布　单位:元

成本	第二季度	第三季度	第四季度	第一季度	全年
原材料	1 870	2 220	2 070	1 960	8 120
劳动	3 450	4 020	3 810	3 580	14 860

（续表）

成本	第二季度	第三季度	第四季度	第一季度	全年
企业管理费	1 670	1 940	1 830	1 740	7 180
总成本	6 990	8 180	7 710	7 280	30 160

解法 2　用 MATLAB 软件计算如下.

在 MATLAB 命令窗口输入

```
M=[0.1, 0.3, 0.15; 0.3, 0.4, 0.25; 0.1, 0.2, 0.15]
P=[4000, 4500, 4500, 4000; 2000, 2800, 2400, 2200; 5800, 6200, 6000, 6000]
Q=M*P
```

运行结果如下.

```
Q=
    1870   2220   2070   1960
    3450   4020   3810   3580
    1670   1940   1830   1740
```

计算矩阵 $\boldsymbol{Q}$ 的每一行和每一列的和，输入

```
Q*ones(4,1)
ans=
      8120
      14860
      7180
ones(1,3)*Q
ans=
      6990   8180   7710   7280
```

计算全年的总成本，输入

```
ans*ones(4,1)
ans=
      30160
```

根据以上计算结果，可以完成每季度总成本分布表，见表 2.8.

习题 2.7

1. 已知矩阵 $\boldsymbol{A}=\begin{pmatrix}1 & 0\\ 2 & -1\end{pmatrix}$，$\boldsymbol{B}=\begin{pmatrix}3 & 0\\ 1 & 2\end{pmatrix}$，求 $2\boldsymbol{A}$，$\boldsymbol{A}+\boldsymbol{B}$，$\boldsymbol{AB}$.

2. 已知矩阵 $\boldsymbol{A}=\begin{pmatrix}1 & -2 & 3\\ 2 & 4 & 2\\ 0 & 1 & 1\end{pmatrix}$，求 $\boldsymbol{A}$ 的逆矩阵.

3. 已知矩阵 $\boldsymbol{A}=\begin{pmatrix}2 & 1 & 8 & 3 & 7\\2 & -3 & 0 & 7 & -5\\3 & -2 & 5 & 8 & 0\\1 & 0 & 3 & 2 & 0\end{pmatrix}$，将 $\boldsymbol{A}$ 化成行最简形，并求其秩.

4. 有甲、乙、丙、丁 4 个服装厂，月产量情况见表 2.9，若甲厂生产 8 个月，乙厂生产 10 个月，丙厂生产 5 个月，丁厂生产 9 个月，则生产帽子、衣服、裤子各多少？

表 2.9　　服装厂的月产量　　单位：万件

品种	甲厂	乙厂	丙厂	丁厂
帽子	20	4	2	7
衣服	10	18	5	6
裤子	5	7	16	3

思政元素：华罗庚

华罗庚(1910—1985)，中国数学家，生于江苏省金坛区(原金坛县)，卒于日本东京.1924 年华罗庚初中毕业后，到上海中华职业学校学会计，但因家贫，不到一年便辍学回乡，协助父亲料理小杂货铺，业余自修数学.1930 年，华罗庚在《科学》杂志上发表《苏家驹之代数的五次方程式解法不能成立的理由》，受到熊庆来的重视，被邀请到清华大学工作，第一年做管理员，次年任助教，再一年升为讲师.1934 年成为文化基金会研究员.1936 年作为访问学者到英国剑桥大学进修.1938 年回国受聘为昆明西南联大教授.1946 年后到苏联、美国等国访问讲学，其间曾任美国普林斯顿高等研究院研究员和普林斯顿大学教授.1950 年回国，先后任清华大学教授，中国科学院数学研究所所长，中国数学会理事长，中国科学院数理化学部委员、学部副主任，中国科学技术大学数学系主任、副校长，中国科学院应用数学研究所所长，中国科学院副院长等职.他还先后当选为美国科学院国外院士，第三世界科学院院士，联邦德国巴伐利亚科学院院士.之后又被法国南锡大学、香港中文大学授予荣誉博士学位.1979 年后到英、法、德、荷、美、日等国讲学与访问.1985 年 6 月 12 日，华罗庚在日本东京大学作学术报告时，因心脏病发作去世.

华罗庚是中国解析数论、典型群、矩阵几何学、自守函数论与多个复变数函数论等很多方面研究的创始人与开拓者，也是我国进入世界著名数学家行列最杰出的代表之一，发表学术论文 200 余篇，专著 10 部，其中 8 部被国外翻译出版，有些被列入 20 世纪经典著作.华罗庚的名字已进入美国华盛顿斯密司——宋尼博物馆，也被列为芝加哥科学技术博物馆中当今 88 个数学伟人之一.外国报刊上征引了很多著名数学家对华罗庚的赞扬："由于他工作范围之广，使他堪称世界名列前茅的数学家之一"(劳埃尔·熊飞尔德)，"他是绝对第一流的数学家，他是作出特别多贡献的人"(李普曼·贝尔斯)，"受他直接影响的人也许比受历史上任何数学家直接影响的人都多，他有一个普及数学的方法"(罗兰德·格雷汉)，等等，这些绝非溢美之词，华罗庚是当之无愧的.

早在 20 世纪 50 年代初，华罗庚就提出“天才在于积累，聪明在于勤奋”，虽然他聪明过人，但他从不夸耀自己的天分，而是把比“聪明”重要得多的“勤奋”与“积累”看作两把成功的钥匙，反复告诉青年人，学数学要做到“拳不离手，曲不离口”，经常锻炼自己.

在治学方面，华罗庚总是不吃老本，永远向前看，当他成为世界著名数论学家时仍不停步，宁可另起炉灶，研究新领域——代数学与复分析，到老年时，他还勇敢地接触新的数学领域，如近似积分与偏微分方程等.他要大家不要“画地为牢”，要抓紧机会学习别人的长处与锻炼自己，特别是他提出了“专”与“漫”的关系.首先要“专”，使研究工作深入，其次必须注意从自己的专长出发，向有关方面“漫”出去，扩大研究领域.

华罗庚深知年龄不饶人，1979 年，他指出：“树老易空，人老易松，科学之道，戒之以空，戒之以松，我愿一辈子从实以终，这是我对自己的鞭策，也可以说是我今后的打算.”

华罗庚正是以“实”与“紧”要求自己，即使在卧病时，仍然坚持工作，并且说：“我的哲学不是生命尽量延长，而是工作尽量多做.”

华罗庚是我国在中学进行数学竞赛活动的创始人、组织者与参加者.20 世纪 50 年代北京的历次数学竞赛活动，他都参与组织，从出试题，监考，到改试卷都亲自参加，也多次到外地去推动这一工作的开展.特别在竞赛前，他都亲自给学生作报告，作动员.他写的通俗读物《从杨辉三角谈起》《从祖冲之的圆周率谈起》《从孙子的“神奇妙算”谈起》《数学归纳法》等，都源自当时的报告.这些报告不仅传授知识，富于启发性，更重要的是，这些报告都是极好的爱国主义教材.杨辉、祖冲之都是我国古代的卓越数学家，“神奇妙算”是《孙子算经》中的光辉篇章.《数学归纳法》中有一个李善兰恒等式的证明，其中还有个故事，当匈牙利数学家保尔·吐朗来北京访问时，曾讲了这个恒等式，并用兰向达多项式等高深知识给出了一个证明，中国人难道不能给他们祖先提出的问题一个数学证明吗？华罗庚连夜思考，终于在与保尔·吐朗临别时，给了他一个非常初等、漂亮的证明.这些书一版再版，在青年中广为流传，是他们最喜欢的课外书籍之一.

华罗庚治学严谨，教导有方，为国家培养了一大批优秀的人才.他的工作为祖国争得荣誉，对中国数学事业的发展起了重要的推动作用.

总习题 2

(A)

一、选择题

1. 对于矩阵 $\boldsymbol{A}_{3\times2}$，$\boldsymbol{B}_{2\times3}$，$\boldsymbol{C}_{3\times2}$，下列运算不可行的是(　　).

A. $\boldsymbol{AB}$　　B. $\boldsymbol{BC}$　　C. $\boldsymbol{ABC}$　　D. $\boldsymbol{AB}-\boldsymbol{BC}$

2. 如果已知矩阵 $\boldsymbol{A}_{m\times n}$，$\boldsymbol{B}_{n\times m}$ $(m\neq n)$，则下列运算结果不是 n 阶矩阵的是(　　).

A. $\boldsymbol{AB}$　　B. $\boldsymbol{BA}$　　C. $(\boldsymbol{BA})^{\mathrm{T}}$　　D. $\boldsymbol{A}^{\mathrm{T}}\boldsymbol{B}^{\mathrm{T}}$

3. 若 $\boldsymbol{A}$，$\boldsymbol{B}$ 均为 n 阶矩阵，当(　　)时，有 $(\boldsymbol{A}+\boldsymbol{B})(\boldsymbol{A}-\boldsymbol{B})=\boldsymbol{A}^2-\boldsymbol{B}^2$.

A. $\boldsymbol{A}=\boldsymbol{E}$　　B. $\boldsymbol{B}=\boldsymbol{O}$　　C. $\boldsymbol{A}=\boldsymbol{B}$　　D. $\boldsymbol{AB}=\boldsymbol{BA}$

4. $\boldsymbol{A}$，$\boldsymbol{B}$，$\boldsymbol{C}$ 为同阶矩阵，若 $\boldsymbol{ABC}=\boldsymbol{E}$，则下列各式中总是成立的有(　　).

A. $\boldsymbol{CAB}=\boldsymbol{E}$　　B. $\boldsymbol{BAC}=\boldsymbol{E}$　　C. $\boldsymbol{ACB}=\boldsymbol{E}$　　D. $\boldsymbol{CBA}=\boldsymbol{E}$

5. 若 $\boldsymbol{A}$ 是(　　)，则必有 $\boldsymbol{A}^{\mathrm{T}}=\boldsymbol{A}$.

A. 对称矩阵　　B. 三角矩阵　　C. 对角矩阵　　D. 可逆矩阵

6. 设 $\boldsymbol{A}$ 是任一 n（$n \geqslant 3$）阶方阵，常数 k 满足 $k \neq 0$，且 $k \neq \pm 1$，则 $(k\boldsymbol{A})^*$ 等于（　　）.

A. $k\boldsymbol{A}^*$　　B. $k^{n-1}\boldsymbol{A}^*$　　C. $k^n\boldsymbol{A}^*$　　D. $k^{-1}\boldsymbol{A}^*$

7. 当 $\boldsymbol{A} =$（　　）时，$\boldsymbol{A}\begin{pmatrix} a_{11} & a_{12} & a_{13} \\ a_{21} & a_{22} & a_{23} \\ a_{31} & a_{32} & a_{33} \end{pmatrix} = \begin{pmatrix} a_{11}-3a_{31} & a_{12}-3a_{32} & a_{13}-3a_{33} \\ a_{21} & a_{22} & a_{23} \\ a_{31} & a_{32} & a_{33} \end{pmatrix}$.

A. $\begin{pmatrix} 1 & 0 & 0 \\ 0 & 1 & 0 \\ -3 & 0 & 1 \end{pmatrix}$　　B. $\begin{pmatrix} 1 & 0 & -3 \\ 0 & 1 & 0 \\ 0 & 0 & 1 \end{pmatrix}$　　C. $\begin{pmatrix} 0 & 0 & -3 \\ 0 & 1 & 0 \\ 1 & 0 & 1 \end{pmatrix}$　　D. $\begin{pmatrix} 1 & 0 & 0 \\ 0 & 1 & 0 \\ 0 & -3 & 1 \end{pmatrix}$

8. 设 n（$n > 3$）阶矩阵 $\boldsymbol{A} = \begin{pmatrix} 1 & a & a & \cdots & a \\ a & 1 & a & \cdots & a \\ a & a & 1 & \cdots & a \\ \vdots & \vdots & \vdots & & \vdots \\ a & a & a & \cdots & 1 \end{pmatrix}$，如果 $R(\boldsymbol{A}) = n-1$，则 $a =$（　　）.

A. 1　　B. $\dfrac{1}{1-n}$　　C. -1　　D. $\dfrac{1}{n-1}$

9. $\boldsymbol{A}$ 是三阶矩阵，$|\boldsymbol{A}| = 5$；$\boldsymbol{B}$ 是二阶矩阵，$|\boldsymbol{B}| = -2$，则 $\begin{vmatrix} & \boldsymbol{A}^* \\ (3\boldsymbol{B})^{-1} & \end{vmatrix} =$（　　）.

A. $\dfrac{75}{2}$　　B. $\dfrac{25}{6}$　　C. $-\dfrac{50}{9}$　　D. $-\dfrac{25}{18}$

10. 已知 $\boldsymbol{A} = \begin{pmatrix} 3 & 2 & 1 \\ 6 & 4 & t \\ 9 & 6 & 3 \end{pmatrix}$，$\boldsymbol{P}$ 为三阶非零矩阵，且满足 $\boldsymbol{PA} = \boldsymbol{O}$，则（　　）.

A. 当 $t = 2$ 时，$R(\boldsymbol{P}) = 1$　　B. 当 $t = 2$ 时，$R(\boldsymbol{P}) = 2$

C. 当 $t \neq 2$ 时，$R(\boldsymbol{P}) = 1$　　D. 当 $t \neq 2$ 时，$R(\boldsymbol{P}) = 2$

二、填空题

1. 如果 $\boldsymbol{A}^2 - 2\boldsymbol{A} + \boldsymbol{E} = \boldsymbol{O}$，则 $(\boldsymbol{A} - 2\boldsymbol{E})^{-1} =$ ________.

2. 如果 $\boldsymbol{A} = \begin{pmatrix} -8 & 2 & -2 \\ 2 & x & -4 \\ -2 & -4 & x \end{pmatrix}$ 不可逆，则 $x =$ ________.

3. 设 $\boldsymbol{A} = \dfrac{\boldsymbol{B} + \boldsymbol{E}}{2}$，则 $\boldsymbol{A}^2 = \boldsymbol{A}$ 的充分必要条件是________.

4. $\boldsymbol{A}$，$\boldsymbol{B}$ 均是 n 阶对称矩阵，则 $\boldsymbol{AB}$ 是对称矩阵的充分必要条件是________.

5. $\begin{pmatrix} 0 & 1 & 0 \\ 1 & 0 & 0 \\ 0 & 0 & 1 \end{pmatrix}^{2011} \begin{pmatrix} 1 & 6 & 7 \\ 2 & 5 & 8 \\ 3 & 4 & 9 \end{pmatrix} \begin{pmatrix} 0 & 0 & 1 \\ 0 & 1 & 0 \\ 1 & 0 & 0 \end{pmatrix}^{2012} =$ ________.

6. 已知 $\boldsymbol{A} = \begin{pmatrix} 0 & 1 & 0 & \cdots & 0 \\ 0 & 0 & 2 & \cdots & 0 \\ \vdots & \vdots & \vdots & & \vdots \\ 0 & 0 & 0 & \cdots & n-1 \\ n & 0 & 0 & \cdots & 0 \end{pmatrix}$，则 $(\boldsymbol{A}^*)^{-1} =$ ________.

7. 已知 $\boldsymbol{A}=\begin{pmatrix}0&0&1&0\\0&2&0&0\\3&0&0&0\\0&0&0&4\end{pmatrix}$，则 $\boldsymbol{A}^{-1}=$ ________.

8. $\boldsymbol{A}=\begin{pmatrix}1&&\\&2&\\&&-1\end{pmatrix}$，$\boldsymbol{B}=\begin{pmatrix}1&0&0\\0&1&0\\0&3&1\end{pmatrix}$，则 $(\boldsymbol{AB})^{-1}=$ ________.

9. 如果 $\boldsymbol{A}^3=2\boldsymbol{E}$，则 $\boldsymbol{A}^{-1}=$ ________.

10. 如果 $\boldsymbol{A}^4=\boldsymbol{O}$，则 $(\boldsymbol{E}+\boldsymbol{A}+\boldsymbol{A}^2+\boldsymbol{A}^3)^{-1}=$ ________.

三、计算题

1. 设 $\boldsymbol{A}=\begin{pmatrix}1&2&1&2\\2&1&2&1\\1&2&3&4\end{pmatrix}$，$\boldsymbol{B}=\begin{pmatrix}4&3&2&1\\-2&1&-2&1\\0&-1&0&-1\end{pmatrix}$，

(1) 求 $3\boldsymbol{A}-\boldsymbol{B}$；

(2) 求 $2\boldsymbol{A}+3\boldsymbol{B}$；

(3) 若 $\boldsymbol{X}$ 满足 $\boldsymbol{A}+\boldsymbol{X}=\boldsymbol{B}$，求 $\boldsymbol{X}$；

(4) 若 $\boldsymbol{Y}$ 满足 $(2\boldsymbol{A}-\boldsymbol{Y})+2(\boldsymbol{B}-\boldsymbol{Y})=\boldsymbol{O}$，求 $\boldsymbol{Y}$.

2. 设 $\boldsymbol{A}=\begin{pmatrix}x&0\\6&y\end{pmatrix}$，$\boldsymbol{B}=\begin{pmatrix}u&v\\y&2\end{pmatrix}$，$\boldsymbol{C}=\begin{pmatrix}3&-4\\x&u\end{pmatrix}$，且 $\boldsymbol{A}+2\boldsymbol{B}-\boldsymbol{C}=\boldsymbol{O}$，求 x，y，u，v 的值.

3. 计算.

(1) $\begin{pmatrix}3&-1\\2&5\end{pmatrix}\begin{pmatrix}2&1\\3&2\end{pmatrix}$；

(2) $\begin{pmatrix}1&2&3\\2&4&6\\3&6&9\end{pmatrix}\begin{pmatrix}-1&-2&-4\\-1&-2&-4\\1&2&4\end{pmatrix}$；

(3) $\begin{pmatrix}1\\2\\4\end{pmatrix}(1,\ 2,\ 4)$；

(4) $\begin{pmatrix}3&1&2&-1\\0&3&1&0\end{pmatrix}\begin{pmatrix}1&0&-5\\0&2&0\\1&0&1\\0&-3&0\end{pmatrix}\begin{pmatrix}-1&0\\1&5\\0&2\end{pmatrix}$.

4. 设 $\boldsymbol{A}=\begin{pmatrix}a_{11}&a_{12}&a_{13}&a_{14}\\a_{21}&a_{22}&a_{23}&a_{24}\\a_{31}&a_{32}&a_{33}&a_{34}\end{pmatrix}$，计算

(1) $\begin{pmatrix}&&1\\&1&\\1&&\end{pmatrix}\boldsymbol{A}$；　(2) $\begin{pmatrix}1&0&0\\0&0&1\\0&1&0\end{pmatrix}\boldsymbol{A}$；　(3) $\boldsymbol{A}\begin{pmatrix}1&&&\\&1&&\\&&k&\\&&&1\end{pmatrix}$；　(4) $\begin{pmatrix}1&0&0\\l&1&0\\0&0&1\end{pmatrix}\boldsymbol{A}$.

5. 设 $\boldsymbol{A}=\begin{pmatrix}1&1&0&0\\0&1&1&0\\0&0&1&1\\0&0&0&1\end{pmatrix}$，$\boldsymbol{B}=\begin{pmatrix}5&1&0\\0&5&2\\0&0&5\end{pmatrix}$，求 $\boldsymbol{A}^k$，$\boldsymbol{B}^k$（k 为正整数）.

6. 设 $\boldsymbol{A}=\begin{pmatrix}1&1\\0&1\end{pmatrix}$，求所有与 $\boldsymbol{A}$ 可交换的矩阵.

7. 按指定分块用分块矩阵乘法求下列矩阵乘积.

(1) $\left(\begin{array}{cc|c} 1 & -2 & 0 \\ -1 & 2 & 1 \\ \hline 0 & 3 & 2 \end{array}\right)\left(\begin{array}{c|c} 0 & 1 \\ 1 & 0 \\ \hline 0 & -1 \end{array}\right)$； (2) $\left(\begin{array}{ccc} 2 & 1 & -1 \\ \hline 3 & 0 & -2 \\ \hline 1 & -1 & 1 \end{array}\right)\left(\begin{array}{c|c|c} 1 & 1 & 0 \\ 0 & 0 & -1 \\ -1 & 2 & 1 \end{array}\right)$；

(3) $\left(\begin{array}{cc|cc} a & 0 & 0 & 0 \\ 0 & a & 0 & 0 \\ \hline 1 & 0 & b & 0 \\ 0 & 1 & 0 & b \end{array}\right)\left(\begin{array}{cc|cc} 1 & 0 & c & 0 \\ 0 & 1 & 0 & c \\ \hline 0 & 0 & d & 0 \\ 0 & 0 & 0 & d \end{array}\right)$.

8. 求下列矩阵的逆矩阵.

(1) $\begin{pmatrix} 3 & 1 \\ 2 & 5 \end{pmatrix}$； (2) $\begin{pmatrix} 1 & 2 \\ -1 & 2 \end{pmatrix}\begin{pmatrix} 4 & 2 \\ 3 & 1 \end{pmatrix}$；

(3) $\begin{pmatrix} 1 & 1 & 1 \\ 0 & 1 & 1 \\ 0 & 0 & 1 \end{pmatrix}$； (4) $\begin{pmatrix} 1 & 1 & 1 \\ 1 & 2 & 1 \\ 1 & 1 & 3 \end{pmatrix}$；

(5) $\begin{pmatrix} 1 & -1 & 2 \\ 2 & 3 & -1 \\ 0 & -5 & 5 \end{pmatrix}$； (6) $\begin{pmatrix} 5 & 2 & 0 & 0 \\ 2 & 1 & 0 & 0 \\ 0 & 0 & 1 & -2 \\ 0 & 0 & 1 & 1 \end{pmatrix}$.

9. 利用逆矩阵或初等变换解下列矩阵方程.

(1) $\begin{pmatrix} 1 & 2 & 3 \\ 3 & 1 & 2 \\ 2 & 3 & 1 \end{pmatrix}\boldsymbol{X} = \begin{pmatrix} 2 & 4 & 0 \\ 4 & 0 & 2 \\ 0 & 2 & 4 \end{pmatrix}$； (2) $\boldsymbol{X}\begin{pmatrix} 5 & 3 & 1 \\ 1 & -3 & -2 \\ -5 & 2 & 1 \end{pmatrix} = \begin{pmatrix} -8 & 3 & 0 \\ -5 & 9 & 0 \\ -2 & 15 & 0 \end{pmatrix}$；

(3) $\begin{pmatrix} 1 & 4 \\ -1 & 2 \end{pmatrix}\boldsymbol{X}\begin{pmatrix} 2 & 0 \\ -1 & 1 \end{pmatrix} = \begin{pmatrix} 3 & 1 \\ 0 & -1 \end{pmatrix}$； (4) $\begin{pmatrix} 0 & 1 & 0 \\ -1 & 1 & 1 \\ -1 & 0 & -1 \end{pmatrix}\boldsymbol{X} + \begin{pmatrix} 1 & -1 \\ 2 & 0 \\ 5 & -3 \end{pmatrix} = \boldsymbol{X}$.

10. 求下列矩阵的秩.

(1) $\begin{pmatrix} 1 & 2 & 3 \\ 2 & 3 & 1 \\ 3 & 1 & 2 \end{pmatrix}$； (2) $\begin{pmatrix} 1 & 2 & 3 & 4 \\ 1 & -2 & 4 & 5 \\ 1 & 10 & 1 & 2 \end{pmatrix}$； (3) $\begin{pmatrix} 2 & 3 \\ 1 & -1 \\ -1 & 2 \\ 2 & 4 \end{pmatrix}$；

(4) $\begin{pmatrix} 14 & 12 & 6 & 8 & 2 \\ 6 & 104 & 21 & 9 & 17 \\ 7 & 6 & 3 & 4 & 1 \\ 35 & 30 & 15 & 20 & 6 \end{pmatrix}$； (5) $\begin{pmatrix} 1 & 2 & 3 & 0 & 1 \\ -2 & -2 & 0 & 3 & 2 \\ 2 & 4 & 6 & 0 & 0 \\ 1 & 2 & -1 & 0 & -1 \\ 0 & 0 & 1 & 1 & 1 \end{pmatrix}$.

11. 设 $\boldsymbol{A} = \begin{pmatrix} 1 & 1 & 0 & 0 \\ 1 & 1 & 0 & 0 \\ 0 & 0 & 1 & 0 \\ 0 & 0 & 1 & 1 \end{pmatrix}$，求 $\boldsymbol{A}^k$.

四、证明题

1. 设 $\boldsymbol{A}$ 为 n 阶矩阵，$\boldsymbol{A} \neq \boldsymbol{O}$，且存在正整数 $k \geqslant 2$，使 $\boldsymbol{A}^k = \boldsymbol{O}$. 证明：$\boldsymbol{E}-\boldsymbol{A}$ 可逆，且 $(\boldsymbol{E}-\boldsymbol{A})^{-1} = \boldsymbol{E}$

$+\boldsymbol{A}+\boldsymbol{A}^2+\cdots+\boldsymbol{A}^{k-1}$.

2. 已知 n 阶矩阵 $\boldsymbol{A}$ 满足 $\boldsymbol{A}^2-3\boldsymbol{A}+2\boldsymbol{E}=\boldsymbol{O}$，证明：$\boldsymbol{A}$ 可逆，并求 $\boldsymbol{A}^{-1}$.

3. 已知 $\boldsymbol{A}$，$\boldsymbol{B}$ 为三阶矩阵，满足 $2\boldsymbol{A}^{-1}\boldsymbol{B}=\boldsymbol{B}-4\boldsymbol{E}$.

(1) 证明：$\boldsymbol{A}-2\boldsymbol{E}$ 可逆；(2) 若 $\boldsymbol{B}=\begin{pmatrix}1&-2&0\\3&2&0\\0&0&2\end{pmatrix}$，求矩阵 $\boldsymbol{A}$.

4. 证明：矩阵 $\boldsymbol{A}$ 与所有 n 阶对角矩阵可交换的充分必要条件是 $\boldsymbol{A}$ 为 n 阶对角矩阵.

5. 证明：如果 $\boldsymbol{A}$ 是实数域上的一个对称矩阵，且满足 $\boldsymbol{A}^2=\boldsymbol{O}$，则 $\boldsymbol{A}=\boldsymbol{O}$.

6. 设 $\boldsymbol{A}$，$\boldsymbol{B}$，$\boldsymbol{C}$，$\boldsymbol{D}$ 均为 n 阶矩阵，且 $\det\boldsymbol{A}\neq 0$，$\boldsymbol{AC}=\boldsymbol{CA}$. 证明：

$$\begin{vmatrix}\boldsymbol{A}&\boldsymbol{B}\\\boldsymbol{C}&\boldsymbol{D}\end{vmatrix}=|\boldsymbol{AD}-\boldsymbol{CB}|.$$

7. 设 $\boldsymbol{A}$ 为 n 阶矩阵，且 $\boldsymbol{A}^2-\boldsymbol{A}=2\boldsymbol{E}$，证明：

(1) $\boldsymbol{A}$ 及 $\boldsymbol{A}+2\boldsymbol{E}$ 均可逆，并求 $\boldsymbol{A}^{-1}$ 和 $(\boldsymbol{A}+2\boldsymbol{E})^{-1}$；

(2) $R(2\boldsymbol{E}-\boldsymbol{A})+R(\boldsymbol{E}+\boldsymbol{A})=n$.

(B)

1. 设 $\boldsymbol{A}$ 为 m 阶方阵，$\boldsymbol{B}$ 为 n 阶方阵，且 $|\boldsymbol{A}|=a$，$|\boldsymbol{B}|=b$，$\boldsymbol{C}=\begin{pmatrix}\boldsymbol{O}&\boldsymbol{A}\\\boldsymbol{B}&\boldsymbol{O}\end{pmatrix}$，则 $|\boldsymbol{C}|=$ ______.

2. 设 n 阶矩阵 $\boldsymbol{A}=\begin{pmatrix}0&1&1&\cdots&1&1\\1&0&1&\cdots&1&1\\1&1&0&\cdots&1&1\\\vdots&\vdots&\vdots&&\vdots&\vdots\\1&1&1&\cdots&0&1\\1&1&1&\cdots&1&0\end{pmatrix}$，则 $|\boldsymbol{A}|=$ ______.

3. 设 $\boldsymbol{A}$，$\boldsymbol{B}$ 均为 n 阶矩阵，$|\boldsymbol{A}|=2$，$|\boldsymbol{B}|=-3$，则 $|2\boldsymbol{A}^*\boldsymbol{B}^{-1}|=$ ______.

4. 设 $\boldsymbol{\alpha}=(1,0,-1)^{\mathrm{T}}$，矩阵 $\boldsymbol{A}=\boldsymbol{\alpha}\boldsymbol{\alpha}^{\mathrm{T}}$，$n$ 为正整数，则 $|\boldsymbol{\alpha}\boldsymbol{E}-\boldsymbol{A}^n|=$ ______.

5. 设三阶方阵 $\boldsymbol{A}$，$\boldsymbol{B}$ 满足 $\boldsymbol{A}^2\boldsymbol{B}-\boldsymbol{A}-\boldsymbol{B}=\boldsymbol{E}$，其中 $\boldsymbol{E}$ 为三阶单位矩阵，若 $\boldsymbol{A}=\begin{pmatrix}1&0&1\\0&2&0\\-2&0&1\end{pmatrix}$，则 $|\boldsymbol{B}|=$ ______.

6. 设矩阵 $\boldsymbol{A}=\begin{pmatrix}2&1&0\\1&2&0\\0&0&1\end{pmatrix}$，矩阵 $\boldsymbol{B}$ 满足 $\boldsymbol{ABA}^*=2\boldsymbol{BA}^*+\boldsymbol{E}$，其中 $\boldsymbol{A}^*$ 为 $\boldsymbol{A}$ 的伴随矩阵，$\boldsymbol{E}$ 是单位矩阵，则 $|\boldsymbol{B}|=$ ______.

7. 设 $\boldsymbol{A}=\begin{pmatrix}2&1\\-1&2\end{pmatrix}$，$\boldsymbol{E}$ 为二阶单位矩阵，矩阵 $\boldsymbol{B}$ 满足 $\boldsymbol{BA}=\boldsymbol{B}+2\boldsymbol{E}$，则 $|\boldsymbol{B}|=$ ______.

8. 设 $\boldsymbol{A}$，$\boldsymbol{B}$ 为三阶矩阵，且 $|\boldsymbol{A}|=3$，$|\boldsymbol{B}|=2$，$|\boldsymbol{A}^{-1}+\boldsymbol{B}|=2$，则 $|\boldsymbol{A}+\boldsymbol{B}^{-1}|=$ ______.

9. 设 $\boldsymbol{A}$ 为三阶矩阵，$|\boldsymbol{A}|=3$，$\boldsymbol{A}^*$ 为 $\boldsymbol{A}$ 的伴随矩阵，若交换 $\boldsymbol{A}$ 的第 1 行与第 2 行，得矩阵 $\boldsymbol{B}$，则 $|\boldsymbol{BA}^*|=$ ______.

10. 设矩阵 $\boldsymbol{A}=\begin{pmatrix}3&0&0\\1&4&0\\0&0&3\end{pmatrix}$，$\boldsymbol{I}=\begin{pmatrix}1&0&0\\0&1&0\\0&0&1\end{pmatrix}$，则逆矩阵 $(\boldsymbol{A}-2\boldsymbol{I})^{-1}=$ ______.

11. 设四阶方阵 $\boldsymbol{A}=\begin{pmatrix}5&2&0&0\\2&1&0&0\\0&0&1&-2\\0&0&1&1\end{pmatrix}$，则 $\boldsymbol{A}^{-1}=$ ________.

12. 设 $a_i\neq 0\ (i=1,2,\cdots,n)$，且 $\boldsymbol{A}=\begin{pmatrix}0&a_1&0&\cdots&0\\0&0&a_2&\cdots&0\\\vdots&\vdots&\vdots&&\vdots\\0&0&0&\cdots&a_{n-1}\\a_n&0&0&\cdots&0\end{pmatrix}$，则 $\boldsymbol{A}^{-1}=$ ________.

13. 设三阶方阵 $\boldsymbol{A}$，$\boldsymbol{B}$ 满足关系式 $\boldsymbol{A}^{-1}\boldsymbol{B}\boldsymbol{A}=6\boldsymbol{A}+\boldsymbol{B}\boldsymbol{A}$，且 $\boldsymbol{A}=\begin{pmatrix}\frac{1}{3}&0&0\\0&\frac{1}{4}&0\\0&0&\frac{1}{7}\end{pmatrix}$，则 $\boldsymbol{B}=$ ________.

14. 设 $\boldsymbol{A}=\begin{pmatrix}1&0&0\\2&2&0\\3&4&5\end{pmatrix}$，$\boldsymbol{A}^*$ 为 $\boldsymbol{A}$ 的伴随矩阵，则 $(\boldsymbol{A}^*)^{-1}=$ ________.

15. 设 $\boldsymbol{A}$ 是 4×3 矩阵，且 $R(\boldsymbol{A})=2$，而 $\boldsymbol{B}=\begin{pmatrix}1&0&2\\0&2&0\\-1&0&3\end{pmatrix}$，则 $R(\boldsymbol{A}\boldsymbol{B})=$ ________.

16. 设 $\boldsymbol{A}=\begin{pmatrix}1&2&-2\\4&t&3\\3&-1&1\end{pmatrix}$，$\boldsymbol{B}$ 为三阶非零矩阵，且 $\boldsymbol{A}\boldsymbol{B}=\boldsymbol{O}$，则 $t=$ ________.

17. 设矩阵 $\boldsymbol{A}$，$\boldsymbol{B}$ 满足 $\boldsymbol{A}^*\boldsymbol{B}\boldsymbol{A}=2\boldsymbol{B}\boldsymbol{A}-8\boldsymbol{E}$，其中 $\boldsymbol{A}=\begin{pmatrix}1&0&0\\0&-2&0\\0&0&1\end{pmatrix}$，$\boldsymbol{E}$ 为单位矩阵，$\boldsymbol{A}^*$ 为 $\boldsymbol{A}$ 的伴随矩阵，则 $\boldsymbol{B}=$ ________.

18. 设 $\boldsymbol{A}=\begin{pmatrix}1&0&0&0\\-2&3&0&0\\0&-4&5&0\\0&0&-6&7\end{pmatrix}$，$\boldsymbol{E}$ 为四阶单位矩阵，且 $\boldsymbol{B}=(\boldsymbol{E}+\boldsymbol{A})^{-1}(\boldsymbol{E}-\boldsymbol{A})$，则 $(\boldsymbol{E}+\boldsymbol{B})^{-1}=$ ________.

19. 设矩阵 $\boldsymbol{A}$ 满足 $\boldsymbol{A}^2+\boldsymbol{A}-4\boldsymbol{E}=\boldsymbol{O}$，其中 $\boldsymbol{E}$ 为单位矩阵，则 $(\boldsymbol{A}-\boldsymbol{E})^{-1}=$ ________.

20. 设矩阵 $\boldsymbol{A}=\begin{pmatrix}k&1&1&1\\1&k&1&1\\1&1&k&1\\1&1&1&k\end{pmatrix}$，且 $R(\boldsymbol{A})=3$，则 $k=$ ________.

21. 设矩阵 $\boldsymbol{A}=\begin{pmatrix}1&-1\\2&3\end{pmatrix}$，$\boldsymbol{B}=\boldsymbol{A}^2-3\boldsymbol{A}+2\boldsymbol{E}$，则 $\boldsymbol{B}^{-1}=$ ________.

22. 设 $\boldsymbol{A}$, $\boldsymbol{B}$ 均为三阶方阵，$\boldsymbol{E}$ 为三阶单位矩阵，已知 $\boldsymbol{AB}=2\boldsymbol{A}+\boldsymbol{B}$, $\boldsymbol{B}=\begin{pmatrix}2&0&2\\0&4&0\\2&0&2\end{pmatrix}$，则 $(\boldsymbol{A}-\boldsymbol{E})^{-1}$ $=$ ________.

23. 设 $\boldsymbol{A}$ 为 n 阶方阵，且 $\boldsymbol{A}$ 的行列式 $|\boldsymbol{A}|=a\neq 0$，而 $\boldsymbol{A}^*$ 是 $\boldsymbol{A}$ 的伴随矩阵，则 $|\boldsymbol{A}^*|$ 等于(　　).

A. a　　B. $\dfrac{1}{a}$　　C. a^{n-1}　　D. a^n

24. 设 $\boldsymbol{A}$, $\boldsymbol{B}$, $\boldsymbol{A}+\boldsymbol{B}$, $\boldsymbol{A}^{-1}+\boldsymbol{B}^{-1}$ 均为 n 阶可逆矩阵，则 $(\boldsymbol{A}^{-1}+\boldsymbol{B}^{-1})^{-1}$ 等于(　　).

A. $\boldsymbol{A}^{-1}+\boldsymbol{B}^{-1}$　　B. $\boldsymbol{A}+\boldsymbol{B}$　　C. $\boldsymbol{A}(\boldsymbol{A}+\boldsymbol{B})^{-1}\boldsymbol{B}$　　D. $(\boldsymbol{A}-\boldsymbol{B})^{-1}$

25. 已知 $\boldsymbol{Q}=\begin{pmatrix}1&2&3\\2&4&t\\3&6&9\end{pmatrix}$，$\boldsymbol{P}$ 为三阶非零矩阵，且满足 $\boldsymbol{PQ}=\boldsymbol{O}$，则(　　).

A. 当 $t=6$ 时，$\boldsymbol{P}$ 的秩必为 1　　B. 当 $t=6$ 时，$\boldsymbol{P}$ 的秩必为 2

C. 当 $t\neq 6$ 时，$\boldsymbol{P}$ 的秩必为 1　　D. 当 $t\neq 6$ 时，$\boldsymbol{P}$ 的秩必为 2

26. 设 $\boldsymbol{A}$ 是 $m\times n$ 矩阵，$\boldsymbol{C}$ 是 n 阶可逆矩阵，矩阵 $\boldsymbol{A}$ 的秩为 r，矩阵 $\boldsymbol{B}=\boldsymbol{AC}$ 的秩为 r_1，则(　　).

A. $r>r_1$　　B. $r<r_1$

C. $r=r_1$　　D. r 与 r_1 的关系依 $\boldsymbol{C}$ 而定

27. 设矩阵 $\begin{pmatrix}a_1&b_1&c_1\\a_2&b_2&c_2\\a_3&b_3&c_3\end{pmatrix}$ 是满秩的，则直线 $\dfrac{x-a_3}{a_1-a_2}=\dfrac{y-b_3}{b_1-b_2}=\dfrac{z-c_3}{c_1-c_2}$ 与直线 $\dfrac{x-a_1}{a_2-a_3}=\dfrac{y-b_1}{b_2-b_3}$ $=\dfrac{z-c_1}{c_2-c_3}$ 的位置关系为(　　).

A. 相交于一点　　B. 重合　　C. 平行但不重合　　D. 异面

28. 设 $\boldsymbol{A}$ 为 $m\times n$ 矩阵，$\boldsymbol{B}$ 为 $n\times m$ 矩阵，$\boldsymbol{E}$ 为 m 阶单位矩阵，若 $\boldsymbol{AB}=\boldsymbol{E}$，则(　　).

A. $r(\boldsymbol{A})=m$, $r(\boldsymbol{B})=m$　　B. $r(\boldsymbol{A})=m$, $r(\boldsymbol{B})=n$

C. $r(\boldsymbol{A})=n$, $r(\boldsymbol{B})=m$　　D. $r(\boldsymbol{A})=n$, $r(\boldsymbol{B})=n$

29. 设 $\boldsymbol{A}$ 为四阶对称矩阵，且 $\boldsymbol{A}^2+\boldsymbol{A}=\boldsymbol{O}$，且 $r(\boldsymbol{A})=3$，则 $\boldsymbol{A}$ 相似于(　　).

A. $\begin{pmatrix}1&&&\\&1&&\\&&1&\\&&&0\end{pmatrix}$　　B. $\begin{pmatrix}1&&&\\&1&&\\&&-1&\\&&&0\end{pmatrix}$

C. $\begin{pmatrix}1&&&\\&-1&&\\&&-1&\\&&&0\end{pmatrix}$　　D. $\begin{pmatrix}-1&&&\\&-1&&\\&&-1&\\&&&0\end{pmatrix}$

30. 设 $\boldsymbol{A}$ 为三阶矩阵，将 $\boldsymbol{A}$ 的第 2 列加到第 1 列，得到矩阵 $\boldsymbol{B}$，再交换 $\boldsymbol{B}$ 的第 2 行与第 3 行，得单位矩阵，记 $\boldsymbol{P}_1=\begin{pmatrix}1&0&0\\1&1&0\\0&0&1\end{pmatrix}$，$\boldsymbol{P}_2=\begin{pmatrix}1&0&0\\0&0&1\\0&1&0\end{pmatrix}$，则 $\boldsymbol{A}=$(　　).

A. $\boldsymbol{P}_1\boldsymbol{P}_2$　　B. $\boldsymbol{P}_1^{-1}\boldsymbol{P}_2$　　C. $\boldsymbol{P}_2\boldsymbol{P}_1$　　D. $\boldsymbol{P}_2\boldsymbol{P}_1^{-1}$

第 3 章

线性方程组

线性方程组是线性代数的核心内容，其理论广泛应用于交通规划、桥梁设计、飞机制造、石油勘探、经济管理等领域.本章将讨论线性方程组的基本理论及解法，并在向量组线性相关性的基础上，进一步讨论线性方程组解的结构.

3.1 消　元　法

消元法

引例　用消元法求解线性方程组：

$$\begin{cases} x_1+x_2-2x_3=0, & ① \\ x_1+x_2+2x_3=8, & ② \\ 2x_1+x_2+\ \ x_3=7. & ③ \end{cases}$$

解　为求解此方程组，将方程①乘以(−1)加到方程②上，将方程①乘以(−2)加到方程③上，目的在于消去方程②和方程③的第 1 项，之后交换方程②和方程③的位置.具体如下：

$$\begin{cases} x_1+x_2-2x_3=0, \\ x_1+x_2+2x_3=8, \\ 2x_1+x_2+\ \ x_3=7 \end{cases} \rightarrow \begin{cases} x_1+x_2-2x_3=0, \\ \qquad\qquad 4x_3=8, \\ \quad -x_2+5x_3=7 \end{cases} \rightarrow \begin{cases} x_1+x_2-2x_3=0, & ① \\ \quad -x_2+5x_3=7, & ② \\ \qquad\qquad 4x_3=8. & ③ \end{cases}$$

由方程③得可以得到 $x_3=2$，将其代入方程②可求出 $x_2=3$，再将 $x_3=2$ 与 $x_2=3$ 代入方程①，可以求得 $x_1=1$. 故得到方程组的解为 $x_1=1$，$x_2=3$，$x_3=2$. 通常把这样的过程称为消元过程.

设有线性方程组

$$\begin{cases} a_{11}x_1+a_{12}x_2+\cdots+a_{1n}x_n=b_1, \\ a_{21}x_1+a_{22}x_2+\cdots+a_{2n}x_n=b_2, \\ \qquad\qquad\qquad\vdots \\ a_{m1}x_1+a_{m2}x_2+\cdots+a_{mn}x_n=b_m. \end{cases} \tag{1}$$

其矩阵形式为

$$\boldsymbol{Ax}=\boldsymbol{b},$$

其中，$\boldsymbol{A}=\begin{pmatrix} a_{11} & a_{12} & \cdots & a_{1n} \\ a_{21} & a_{22} & \cdots & a_{2n} \\ \vdots & \vdots & & \vdots \\ a_{m1} & a_{m2} & \cdots & a_{mn} \end{pmatrix}$，$\boldsymbol{x}=\begin{pmatrix} x_1 \\ x_2 \\ \vdots \\ x_n \end{pmatrix}$，$\boldsymbol{b}=\begin{pmatrix} b_1 \\ b_2 \\ \vdots \\ b_m \end{pmatrix}$.

称矩阵 $\boldsymbol{A}$ 为线性方程组(1)的系数矩阵，这里定义 $\widetilde{\boldsymbol{A}}=(\boldsymbol{A},\ \boldsymbol{b})$ 为线性方程组(1)的增广矩阵.

当 $b_i=0\ (i=1,\ 2,\ \cdots,\ m)$ 时，线性方程组(1)称为齐次的；否则，称为非齐次的.显然，齐次线性方程组的矩阵形式为

$$\boldsymbol{Ax}=\boldsymbol{0}.$$

称 $\boldsymbol{Ax}=\boldsymbol{0}$ 为非齐次线性方程组 $\boldsymbol{Ax}=\boldsymbol{b}$ 对应的齐次线性方程组或导出方程组.

由以上引例解题过程可以看出，用消元法求解线性方程组的具体做法就是对方程组重复实施以下三种变换.

(1) 交换两个方程的位置；

(2) 用一个非零数乘某一个方程；

(3) 将一个方程的倍数加到另一个方程上去.

以上这三种变换称为线性方程组的初等变换.消元法就是利用线性方程组的初等变换将原方程组化为阶梯形方程组，显然这个阶梯形方程组与原线性方程组同解，解这个阶梯形方程组即得原方程组的解.

利用方程组的初等变换将原方程组化为行阶梯形方程组，再利用回代法解出未知量的过程，叫做高斯消元法.

将一个方程组化为行阶梯形方程组的步骤并不是唯一的，所以，同一个方程组的行阶梯形方程组也不是唯一的.特别地，还可以将一个一般的行阶梯形方程组化为行最简形方程组，从而能直接“读”出该线性方程组的解.

由方程组和矩阵的对应，也可将引例中方程组的消元过程写成以下线性方程组增广矩阵的初等变换形式.

$$\widetilde{\boldsymbol{A}}=\begin{pmatrix} 1 & 1 & -2 & 0 \\ 1 & 1 & 2 & 8 \\ 2 & 1 & 1 & 7 \end{pmatrix} \to \begin{pmatrix} 1 & 1 & -2 & 0 \\ 0 & 0 & 4 & 8 \\ 0 & -1 & 5 & 7 \end{pmatrix} \to \begin{pmatrix} 1 & 1 & -2 & 0 \\ 0 & -1 & 5 & 7 \\ 0 & 0 & 4 & 8 \end{pmatrix}.$$

为方便看出未知量的值，可以继续将矩阵进行初等行变换，即

$$\begin{pmatrix} 1 & 1 & -2 & 0 \\ 0 & 1 & -5 & -7 \\ 0 & 0 & 1 & 2 \end{pmatrix} \to \begin{pmatrix} 1 & 1 & 0 & 4 \\ 0 & 1 & 0 & 3 \\ 0 & 0 & 1 & 2 \end{pmatrix} \to \begin{pmatrix} 1 & 0 & 0 & 1 \\ 0 & 1 & 0 & 3 \\ 0 & 0 & 1 & 2 \end{pmatrix}.$$

由最后一个矩阵，很容易看出

$$x_1=1,\quad x_2=3,\quad x_3=2.$$

从引例可得到如下启示：用消元法解三元线性方程组的过程，相当于对该方程组的增

线性方程组解的判定方法

广矩阵作初等行变换.对一般线性方程组是否有同样的结论？答案是肯定的.下面就一般线性方程组求解的问题进行讨论.

定理 1 设 $\boldsymbol{A}=(a_{ij})_{m\times n}$，齐次线性方程组 $\boldsymbol{Ax}=\boldsymbol{0}$ 有非零解的充分必要条件是系数矩阵 $\boldsymbol{A}$ 的秩 $r(\boldsymbol{A})<n$.

证明 必要性.设方程组 $\boldsymbol{Ax}=\boldsymbol{0}$ 有非零解.

设 $r(\boldsymbol{A})=n$，则在 $\boldsymbol{A}$ 中应有一个 n 阶非零子式 D_n. 根据克拉默法则，D_n 所对应的 n 个方程只有零解，与假设矛盾，故 $r(\boldsymbol{A})<n$.

充分性.设 $r(\boldsymbol{A})=s<n$，则 $\boldsymbol{A}$ 进行初等行变换后的行阶梯形矩阵只含有 s 个非零行，从而知方程组有 $n-s$ 个自由未知量(即可取任意实数的未知量).任取一个自由未知量为 1，其余自由未知量为 0，即可得到方程组的一个非零解.

由定理 1 容易推出以下结论.

推论 1 如果齐次方程组中方程的个数小于未知量的个数，则该方程组必有非零解.

推论 2 n 个方程 n 个未知量的齐次线性方程组有非零解的充分必要条件是方程组的系数行列式等于零.

定理 2 设 $\boldsymbol{A}=(a_{ij})_{m\times n}$，非齐次线性方程组 $\boldsymbol{Ax}=\boldsymbol{b}$ 有解的充分必要条件是系数矩阵 $\boldsymbol{A}$ 的秩等于增广矩阵 $\widetilde{\boldsymbol{A}}=(\boldsymbol{A},\boldsymbol{b})$ 的秩，即 $r(\boldsymbol{A})=r(\widetilde{\boldsymbol{A}})$.

证明 必要性.设方程组 $\boldsymbol{Ax}=\boldsymbol{b}$ 有解，但 $r(\boldsymbol{A})<r(\widetilde{\boldsymbol{A}})$，则 $\widetilde{\boldsymbol{A}}$ 进行初等行变换后的行阶梯形矩阵中最后一个非零行对应矛盾方程，这与方程组有解矛盾，因此 $r(\boldsymbol{A})=r(\widetilde{\boldsymbol{A}})$.

充分性.设 $r(\boldsymbol{A})=r(\widetilde{\boldsymbol{A}})=s(s\leqslant n)$，则 $\widetilde{\boldsymbol{A}}$ 进行初等行变换后的行阶梯形矩阵中含有 s 个非零行，把这 s 行的第一个非零元所对应的未知量作为非自由未知量，其余 $n-s$ 个未知量作为自由未知量，并令这 $n-s$ 个自由未知量全为零，即可得到方程组的一个解.

推论 3 n 个方程 n 个未知量的非齐次线性方程组有唯一解的充分必要条件是方程组的系数行列式不等于零.

实际上，定理 2 的证明已然给出了求解线性方程组(1)的方法.

若记 $\widetilde{\boldsymbol{A}}=(\boldsymbol{A},\boldsymbol{b})$，总结以上定理，可得以下结果.

(1) $r(\boldsymbol{A})=r(\widetilde{\boldsymbol{A}})=n$，当且仅当 $\boldsymbol{Ax}=\boldsymbol{b}$，有唯一解；

(2) $r(\boldsymbol{A})=r(\widetilde{\boldsymbol{A}})<n$，当且仅当 $\boldsymbol{Ax}=\boldsymbol{b}$，有无穷多解；

(3) $r(\boldsymbol{A})\neq r(\widetilde{\boldsymbol{A}})$，当且仅当 $\boldsymbol{Ax}=\boldsymbol{b}$，无解；

(4) $r(\boldsymbol{A})=n$，当且仅当 $\boldsymbol{Ax}=\boldsymbol{0}$，只有零解；

(5) $r(\boldsymbol{A})<n$，当且仅当 $\boldsymbol{Ax}=\boldsymbol{0}$，有非零解.

根据以上结论，总结线性方程组的求法.

对齐次线性方程组，将其系数矩阵进行初等行变换化为行最简形矩阵，便可直接写出其全部解.其中若 $r(\boldsymbol{A})=n$，齐次线性方程组只有零解；若 $r(\boldsymbol{A})=s<n$，将 $\boldsymbol{A}$ 进行初等行变换后的行最简形矩阵中含有 s 个非零行，把这 s 行的首非零元所对应的未知量作为非自由量，其余 $n-s$ 个作为自由未知量.

对非齐次线性方程组，将增广矩阵 $\widetilde{\boldsymbol{A}}$ 进行初等行变换化为行阶梯形矩阵，便可直接判断其是否有解，若有解，进一步化为行最简形矩阵，便可直接写出其全部解.此时，若 $r(\boldsymbol{A})=r(\widetilde{\boldsymbol{A}})=n$，非齐次线性方程组有唯一解；若 $r(\boldsymbol{A})=r(\widetilde{\boldsymbol{A}})=s<n$，将 $\widetilde{\boldsymbol{A}}$ 进行初等行变换后的行最简形矩阵中含有 s 个非零行，把这 s 行的第一个非零元所对应的未知量作为非自由量，其余 $n-s$ 个作为自由未知量.

思政案例 3.1：初等变换法求解线性方程组

初等变换法求解线性方程组时，需要对增广矩阵施行初等变换，将其化为行最简形，其中需要经过大量烦琐的计算，每一步都不能出错，最终才能得到正确的结果."锲而舍之，朽木不折；锲而不舍，金石可镂"，严谨的科学态度和锲而不舍的精神难能可贵.

例 1 求解齐次线性方程组

$$\begin{cases} x_1+2x_2+3x_3=0, \\ 2x_1-2x_2-x_3=0, \\ x_1-x_2-3x_3=0. \end{cases}$$

解 首先写出方程组的系数矩阵 $\boldsymbol{A}$，并进行初等行变换：

$$\boldsymbol{A}=\begin{pmatrix} 1 & 2 & 3 \\ 2 & -2 & -1 \\ 1 & -1 & -3 \end{pmatrix} \to \begin{pmatrix} 1 & 2 & 3 \\ 0 & -6 & -7 \\ 0 & -3 & -6 \end{pmatrix} \to \begin{pmatrix} 1 & 2 & 3 \\ 0 & -3 & -6 \\ 0 & -6 & -7 \end{pmatrix} \to \begin{pmatrix} 1 & 2 & 3 \\ 0 & -3 & -6 \\ 0 & 0 & 5 \end{pmatrix}.$$

由 $r(\boldsymbol{A})=3$ 知，方程组只有零解.

例 2 求解齐次线性方程组

$$\begin{cases} x_1+x_2+2x_3+x_4=0, \\ 3x_1-x_2-2x_3-x_4=0, \\ x_1+2x_2-x_3-2x_4=0. \end{cases}$$

解 对系数矩阵 $\boldsymbol{A}$ 进行初等行变换：

$$\boldsymbol{A}=\begin{pmatrix} 1 & 1 & 2 & 1 \\ 3 & -1 & -2 & -1 \\ 1 & 2 & -1 & -2 \end{pmatrix} \to \begin{pmatrix} 1 & 1 & 2 & 1 \\ 0 & -4 & -8 & -4 \\ 0 & 1 & -3 & -3 \end{pmatrix} \to \begin{pmatrix} 1 & 1 & 2 & 1 \\ 0 & 1 & -3 & -3 \\ 0 & -4 & -8 & -4 \end{pmatrix}$$

$$\to \begin{pmatrix} 1 & 1 & 2 & 1 \\ 0 & 1 & -3 & -3 \\ 0 & 0 & -20 & -16 \end{pmatrix} \to \begin{pmatrix} 1 & 1 & 2 & 1 \\ 0 & 1 & -3 & -3 \\ 0 & 0 & 1 & \frac{4}{5} \end{pmatrix} \to \begin{pmatrix} 1 & 1 & 0 & -\frac{3}{5} \\ 0 & 1 & 0 & -\frac{3}{5} \\ 0 & 0 & 1 & \frac{4}{5} \end{pmatrix}$$

$$\rightarrow\begin{pmatrix}1&0&0&0\\0&1&0&-\dfrac{3}{5}\\0&0&1&\dfrac{4}{5}\end{pmatrix},$$

即得与原方程组同解的方程组

$$\begin{cases}x_1=0,\\x_2-\dfrac{3}{5}x_4=0,\\x_3+\dfrac{4}{5}x_4=0.\end{cases}$$

取 x_4 为自由未知量，令 $x_4=c\ (c\in\mathbf{R})$，则方程组有解

$$\begin{cases}x_1=0,\\x_2=\dfrac{3}{5}c,\\x_3=-\dfrac{4}{5}c,\\x_4=c.\end{cases}$$

例 3 求解非齐次线性方程组

$$\begin{cases}x_1+2x_2-x_3+x_4=1,\\2x_1+2x_2-5x_3-2x_4=3,\\3x_1+4x_2-6x_3-x_4=6.\end{cases}$$

解 首先写出方程组的增广矩阵 $\widetilde{\mathbf{A}}$，并进行初等行变换：

$$\widetilde{\mathbf{A}}=\begin{pmatrix}1&2&-1&1&1\\2&2&-5&-2&3\\3&4&-6&-1&6\end{pmatrix}\rightarrow\begin{pmatrix}1&2&-1&1&1\\0&-2&-3&-4&1\\0&-2&-3&-4&3\end{pmatrix}\rightarrow\begin{pmatrix}1&2&-1&1&1\\0&-2&-3&-4&1\\0&0&0&0&2\end{pmatrix}.$$

容易看出，$r(\mathbf{A})=2$，$r(\widetilde{\mathbf{A}})=3$，由 $r(\mathbf{A})\neq r(\widetilde{\mathbf{A}})$ 知，方程组无解.

例 4 解线性方程组

$$\begin{cases}x_1+5x_2-2x_3-3x_4=-2,\\2x_1-2x_2+x_3+x_4=2,\\3x_1+3x_2-x_3-2x_4=0,\\x_1-7x_2+3x_3+4x_4=4.\end{cases}$$

解 对增广矩阵 $\widetilde{\mathbf{A}}$ 进行初等行变换：

$$\widetilde{\boldsymbol{A}}=\begin{pmatrix}1&5&-2&-3&-2\\2&-2&1&1&2\\3&3&-1&-2&0\\1&-7&3&4&4\end{pmatrix}\to\begin{pmatrix}1&5&-2&-3&-2\\0&-12&5&7&6\\0&-12&5&7&6\\0&-12&5&7&6\end{pmatrix}$$

$$\to\begin{pmatrix}1&5&-2&-3&-2\\0&-12&5&7&6\\0&0&0&0&0\\0&0&0&0&0\end{pmatrix}\to\begin{pmatrix}1&5&-2&-3&-2\\0&1&-\frac{5}{12}&-\frac{7}{12}&-\frac{1}{2}\\0&0&0&0&0\\0&0&0&0&0\end{pmatrix}$$

$$\to\begin{pmatrix}1&0&\frac{1}{12}&-\frac{1}{12}&\frac{1}{2}\\0&1&-\frac{5}{12}&-\frac{7}{12}&-\frac{1}{2}\\0&0&0&0&0\\0&0&0&0&0\end{pmatrix}.$$

由 $r(\widetilde{\boldsymbol{A}})=r(\boldsymbol{A})=2<4$ 知,方程组有无穷多解.取 x_3 和 x_4 为自由未知量,令 $x_3=c_1$,$x_4=c_2(c_1\in\mathbf{R},\ c_2\in\mathbf{R})$,则方程组有解

$$\begin{cases}x_1=\frac{1}{2}-\frac{1}{12}c_1+\frac{1}{12}c_2,\\x_2=-\frac{1}{2}+\frac{5}{12}c_1+\frac{7}{12}c_2,\\x_3=c_1,\\x_4=c_2.\end{cases}$$

例 5 求解非齐次线性方程组

$$\begin{cases}3x_1-x_2-x_3+x_4=5,\\x_1+2x_2-x_3-2x_4=-9,\\-x_1+2x_2-x_3-3x_4=-14,\\2x_1+3x_2-x_3-x_4=-6.\end{cases}$$

解 对增广矩阵 $\widetilde{\boldsymbol{A}}$ 进行初等行变换:

$$\widetilde{\boldsymbol{A}}=\begin{pmatrix}3&-1&-1&1&5\\1&2&-1&-2&-9\\-1&2&-1&-3&-14\\2&3&-1&-1&-6\end{pmatrix}\to\begin{pmatrix}1&2&-1&-2&-9\\3&-1&-1&1&5\\-1&2&-1&-3&-14\\2&3&-1&-1&-6\end{pmatrix}$$

$$\rightarrow\begin{pmatrix}1&2&-1&-2&-9\\0&-7&2&7&32\\0&4&-2&-5&-23\\0&-1&1&3&12\end{pmatrix}\rightarrow\begin{pmatrix}1&2&-1&-2&-9\\0&-1&1&3&12\\0&4&-2&-5&-23\\0&-7&2&7&32\end{pmatrix}$$

$$\rightarrow\begin{pmatrix}1&2&-1&-2&-9\\0&-1&1&3&12\\0&0&2&7&25\\0&0&-5&-14&-52\end{pmatrix}\rightarrow\begin{pmatrix}1&2&-1&-2&-9\\0&-1&1&3&12\\0&0&2&7&25\\0&0&0&\frac{7}{2}&\frac{21}{2}\end{pmatrix}$$

$$\rightarrow\begin{pmatrix}1&2&-1&-2&-9\\0&-1&1&3&12\\0&0&2&7&25\\0&0&0&\frac{7}{2}&\frac{21}{2}\end{pmatrix}\rightarrow\begin{pmatrix}1&2&-1&0&-3\\0&-1&1&0&3\\0&0&2&0&4\\0&0&0&1&3\end{pmatrix}$$

$$\rightarrow\begin{pmatrix}1&2&0&0&-1\\0&-1&0&0&1\\0&0&1&0&2\\0&0&0&1&3\end{pmatrix}\rightarrow\begin{pmatrix}1&0&0&0&1\\0&1&0&0&-1\\0&0&1&0&2\\0&0&0&1&3\end{pmatrix}.$$

容易看出,方程组有唯一解

$$\begin{cases}x_1=1,\\x_2=-1,\\x_3=2,\\x_4=3.\end{cases}$$

例 6 讨论线性方程组

$$\begin{cases}x_1+x_2+x_3-2x_4=-2,\\2x_1+5x_2+8x_3+2x_4=5,\\x_1+4x_2+7x_3+4x_4=7,\\-3x_1+3x_3+12x_4=t.\end{cases}$$

问 t 取何值时,方程组有解?并求出它的解.

解 $$\tilde{\boldsymbol{A}}=\begin{pmatrix}1&1&1&-2&-2\\2&5&8&2&5\\1&4&7&4&7\\-3&0&3&12&t\end{pmatrix}\rightarrow\begin{pmatrix}1&1&1&-2&-2\\0&3&6&6&9\\0&3&6&6&9\\0&3&6&6&t-6\end{pmatrix}$$

$$\rightarrow\begin{pmatrix}1&1&1&-2&-2\\0&3&6&6&9\\0&0&0&0&0\\0&0&0&0&t-15\end{pmatrix}\rightarrow\begin{pmatrix}1&1&1&-2&-2\\0&3&6&6&9\\0&0&0&0&t-15\\0&0&0&0&0\end{pmatrix}.$$

容易看出，当 $t\neq15$ 时，有 $r(\mathbf{A})=2$，$r(\widetilde{\mathbf{A}})=3$，由 $r(\mathbf{A})\neq r(\widetilde{\mathbf{A}})$ 知，此时方程组无解；当 $t=15$ 时，有 $r(\mathbf{A})=r(\widetilde{\mathbf{A}})=2$，此时方程组有解，且由于小于未知量个数 4 知，方程组有无穷多解.为求方程组的解，继续对矩阵进行初等行变换：

$$\begin{pmatrix}1&1&1&-2&-2\\0&3&6&6&9\\0&0&0&0&0\\0&0&0&0&0\end{pmatrix}\rightarrow\begin{pmatrix}1&1&1&-2&-2\\0&1&2&2&3\\0&0&0&0&0\\0&0&0&0&0\end{pmatrix}\rightarrow\begin{pmatrix}1&0&-1&-4&-5\\0&1&2&2&3\\0&0&0&0&0\\0&0&0&0&0\end{pmatrix}.$$

取 x_3 和 x_4 为自由未知量，令 $x_3=c_1$，$x_4=c_2(c_1\in\mathbf{R},\ c_2\in\mathbf{R})$，则方程组有解

$$\begin{cases}x_1=-5+c_1+4c_2,\\x_2=3-2c_1-2c_2,\\x_3=c_1,\\x_4=c_2.\end{cases}$$

思政案例 3.2:《九章算术》

《九章算术》是一部世界性的数学名著，分为九章，其中“方程”章中，中国古代数学家利用算筹消元求解方程组的方法，相当于今天矩阵理论中对增广矩阵进行初等行变换，转化为行阶梯形矩阵，进而转化为行最简形矩阵进行求解的过程.《九章算术》作为当时世界上最简练有效的应用数学著作，它的出现标志着中国古代数学形成了完整的体系，为世界数学的发展作出了重要的贡献.

习题 3.1

1. 求解下列齐次线性方程组.

(1) $\begin{cases}x_1+x_2-2x_3=0,\\2x_1+3x_2+4x_3=0,\\3x_1+4x_2-5x_3=0;\end{cases}$

(2) $\begin{cases}x_1-2x_2+3x_3-4x_4=0,\\x_2-x_3+x_4=0,\\x_1+3x_2-3x_4=0,\\-7x_2+3x_3+x_4=0;\end{cases}$

(3) $\begin{cases}x_1-x_2-4x_3-3x_4=0,\\x_1+2x_2+2x_3+x_4=0,\\2x_1+x_2-2x_3-2x_4=0;\end{cases}$

(4) $\begin{cases}x_1+x_2+2x_3-x_4=0,\\2x_1+x_2+x_3-x_4=0,\\2x_1+2x_2+x_3+2x_4=0.\end{cases}$

2. 求解下列非齐次线性方程组.

(1) $\begin{cases} x_1+x_2+x_3=1, \\ x_1+2x_2-5x_3=2, \\ 2x_1+3x_2-4x_3=5; \end{cases}$　　(2) $\begin{cases} 2x_1+x_2-x_3+x_4=1, \\ 4x_1+2x_2-2x_3+x_4=2, \\ 2x_1+x_2-x_3-x_4=1; \end{cases}$

(3) $\begin{cases} x_1+5x_2-x_3-x_4=-1, \\ x_1-2x_2+x_3+3x_4=3, \\ 3x_1+8x_2-x_3+x_4=1, \\ x_1-9x_2+3x_3+7x_4=7; \end{cases}$　　(4) $\begin{cases} 2x_1+x_2-x_3+x_4=1, \\ 3x_1-2x_2+x_3-3x_4=4, \\ x_1+4x_2-3x_3+5x_4=-2. \end{cases}$

3. 讨论当 a 取何值时，齐次方程组

$$\begin{cases} ax_1+x_2+x_3=0, \\ x_1+ax_2+x_3=0, \\ x_1+x_2+ax_3=0 \end{cases}$$

有非零解?

4. 讨论 a，b 取何值时，非齐次方程组

$$\begin{cases} x_1+2x_2-2x_3+2x_4=2, \\ x_2-x_3-x_4=1, \\ x_1+x_2-x_3+3x_4=a, \\ x_1-x_2+x_3+5x_4=b \end{cases}$$

有解? 并求其解.

3.2　向量组的线性相关性

向量组的线性相关性 1

3.2.1　n 维向量的概念

向量组的线性相关性 2

定义 1　由 n 个数 $a_1, a_2, \cdots, a_n$ 组成的有序数组称为 **n 维向量**，其中 a_i 为向量 $\boldsymbol{\alpha}$ 的第 i 个**分量**，n 为向量的**维数**.

分量均为实数的向量称为**实向量**，分量均为复数的向量称为**复向量**. 分量均为零的向量称为**零向量**，记为 $\mathbf{0}$.

n 维向量可写成一行，称为**行向量**；也可写成一列，称为**列向量**.

例如，行向量 $\boldsymbol{\alpha}=(a_1, a_2, \cdots, a_n)$，列向量 $\boldsymbol{\beta}=\begin{pmatrix} b_1 \\ b_2 \\ \vdots \\ b_n \end{pmatrix}$.

本书中，常用黑体小写字母 $\boldsymbol{\alpha}$，$\boldsymbol{\beta}$，$\boldsymbol{a}$，$\boldsymbol{b}$ 等表示列向量，用 $\boldsymbol{\alpha}^{\mathrm{T}}$，$\boldsymbol{\beta}^{\mathrm{T}}$，$\boldsymbol{a}^{\mathrm{T}}$，$\boldsymbol{b}^{\mathrm{T}}$ 等表示行向

量，所讨论的向量在没有特别指明的情况下都视为列向量.

我们可以把行向量和列向量看成行矩阵和列矩阵，所以可以利用矩阵的运算来定义向量的运算.

定义 2 两个 n 维向量组 $\boldsymbol{\alpha}=(a_1, a_2, \cdots, a_n)^{\mathrm{T}}$ 与 $\boldsymbol{\beta}=(b_1, b_2, \cdots, b_n)^{\mathrm{T}}$ 的各对应分量之和组成的向量，称为向量 $\boldsymbol{\alpha}$ 与 $\boldsymbol{\beta}$ 的**和**，记为 $\boldsymbol{\alpha}+\boldsymbol{\beta}$，即

$$\boldsymbol{\alpha}+\boldsymbol{\beta}=(a_1+b_1, a_2+b_2, \cdots, a_n+b_n)^{\mathrm{T}}.$$

向量 $\boldsymbol{\alpha}=(a_1, a_2, \cdots, a_n)^{\mathrm{T}}$ 的各对应分量取负得到的向量，称为向量 $\boldsymbol{\alpha}$ 的**负向量**，记为 $-\boldsymbol{\alpha}$，即

$$-\boldsymbol{\alpha}=(-a_1, -a_2, \cdots, -a_n)^{\mathrm{T}}.$$

由向量加法和负向量的定义，可定义向量的**减法**：

$$\boldsymbol{\alpha}-\boldsymbol{\beta}=\boldsymbol{\alpha}+(-\boldsymbol{\beta})=(a_1-b_1, a_2-b_2, \cdots, a_n-b_n)^{\mathrm{T}}.$$

定义 3 n 维向量 $\boldsymbol{\alpha}=(a_1, a_2, \cdots, a_n)^{\mathrm{T}}$ 的各个分量都乘以实数 k 所组成的向量，称为数 k 与向量 $\boldsymbol{\alpha}$ 的**乘积**(简称向量的**数乘**)，记为 $k\boldsymbol{\alpha}$，即

$$k\boldsymbol{\alpha}=(ka_1, ka_2, \cdots, ka_n)^{\mathrm{T}}.$$

向量的加法和数乘运算统称为向量的线性运算.向量的线性运算与行(列)矩阵的运算规律相同，从而也满足下列运算规律(其中 $\boldsymbol{\alpha}, \boldsymbol{\beta}, \boldsymbol{\gamma} \in \mathbf{R}^n$, $k, l \in \mathbf{R}$).

(1) $\boldsymbol{\alpha}+\boldsymbol{\beta}=\boldsymbol{\beta}+\boldsymbol{\alpha}$;

(2) $(\boldsymbol{\alpha}+\boldsymbol{\beta})+\boldsymbol{\gamma}=\boldsymbol{\alpha}+(\boldsymbol{\beta}+\boldsymbol{\gamma})$;

(3) $\boldsymbol{\alpha}+\mathbf{0}=\boldsymbol{\alpha}$;

(4) $\boldsymbol{\alpha}+(-\boldsymbol{\alpha})=\mathbf{0}$;

(5) $1\boldsymbol{\alpha}=\boldsymbol{\alpha}$;

(6) $k(l\boldsymbol{\alpha})=(kl)\boldsymbol{\alpha}$;

(7) $k(\boldsymbol{\alpha}+\boldsymbol{\beta})=k\boldsymbol{\alpha}+k\boldsymbol{\beta}$;

(8) $(k+l)\boldsymbol{\alpha}=k\boldsymbol{\alpha}+l\boldsymbol{\alpha}$.

例 1 设 $\boldsymbol{\alpha}=(2, 1, -2, -5)^{\mathrm{T}}$, $\boldsymbol{\beta}=(-1, 3, 0, -4)^{\mathrm{T}}$, $\boldsymbol{\gamma}=(1, -2, 0, 5)^{\mathrm{T}}$. 求 $\boldsymbol{\alpha}-\boldsymbol{\beta}+2\boldsymbol{\gamma}$，并求向量 $\boldsymbol{x}$，使 $\boldsymbol{\alpha}+2\boldsymbol{\beta}-3\boldsymbol{\gamma}-2\boldsymbol{x}=\mathbf{0}$ 成立.

解

$$\begin{aligned}\boldsymbol{\alpha}-\boldsymbol{\beta}+2\boldsymbol{\gamma}&=(2, 1, -2, -5)^{\mathrm{T}}-(-1, 3, 0, -4)^{\mathrm{T}}+2(1, -2, 0, 5)^{\mathrm{T}}\\&=(5, -6, -2, 9)^{\mathrm{T}}.\end{aligned}$$

由 $\boldsymbol{\alpha}+2\boldsymbol{\beta}-3\boldsymbol{\gamma}-2\boldsymbol{x}=\mathbf{0}$，得

$$\begin{aligned}\boldsymbol{x}&=\frac{1}{2}(\boldsymbol{\alpha}+2\boldsymbol{\beta}-3\boldsymbol{\gamma})\\&=\frac{1}{2}[(2, 1, -2, -5)^{\mathrm{T}}+2(-1, 3, 0, -4)^{\mathrm{T}}-3(1, -2, 0, 5)^{\mathrm{T}}]\\&=\frac{1}{2}(-3, 13, -2, -28)^{\mathrm{T}}.\end{aligned}$$

思政案例 3.3：向量

向量概念的产生与发展是客观世界与科学技术发展的必然产物，向量为客观世界与科学技术的发展提供了强有力的手段.可见，客观事物的驱动是创新与发展的原动力.

3.2.2 向量间的线性关系

由若干个同维数的列向量(或行向量)所组成的集合称为向量组.

例如，一个 $m \times n$ 矩阵 $\boldsymbol{A}=\begin{pmatrix} a_{11} & a_{12} & \cdots & a_{1n} \\ a_{21} & a_{22} & \cdots & a_{2n} \\ \vdots & \vdots & & \vdots \\ a_{m1} & a_{m2} & \cdots & a_{mn} \end{pmatrix}$ 的每一列

$$\boldsymbol{\alpha}_j=\begin{pmatrix} a_{1j} \\ a_{2j} \\ \vdots \\ a_{mj} \end{pmatrix} \quad (j=1, 2, \cdots, n)$$

组成的向量组 $\boldsymbol{\alpha}_1, \boldsymbol{\alpha}_2, \cdots, \boldsymbol{\alpha}_n$，称为矩阵 $\boldsymbol{A}$ 的列向量组，而由矩阵 $\boldsymbol{A}$ 的每一行

$$\boldsymbol{\beta}_i=(a_{i1}, a_{i2}, \cdots, a_{in}) \quad (i=1, 2, \cdots, m)$$

组成的向量组 $\boldsymbol{\beta}_1, \boldsymbol{\beta}_2, \cdots, \boldsymbol{\beta}_m$，称为矩阵 $\boldsymbol{A}$ 的行向量组.

据此，方程组

$$\begin{cases} a_{11}x_1+a_{12}x_2+\cdots+a_{1n}x_n=b_1, \\ a_{21}x_1+a_{22}x_2+\cdots+a_{2n}x_n=b_2, \\ \qquad\qquad\qquad\qquad \vdots \\ a_{m1}x_1+a_{m2}x_2+\cdots+a_{mn}x_n=b_m \end{cases}$$

可以写成向量形式：

$$\boldsymbol{\alpha}_1x_1+\boldsymbol{\alpha}_2x_2+\cdots+\boldsymbol{\alpha}_nx_n=\boldsymbol{b}. \tag{1}$$

其中，$\boldsymbol{b}=\begin{pmatrix} b_1 \\ b_2 \\ \vdots \\ b_m \end{pmatrix}$.

定义 4 给定向量组 A：$\boldsymbol{\alpha}_1, \boldsymbol{\alpha}_2, \cdots, \boldsymbol{\alpha}_s$，对于任何一组实数 $k_1, k_2, \cdots, k_s$，表达式 $k_1\boldsymbol{\alpha}_1+k_2\boldsymbol{\alpha}_2+\cdots+k_s\boldsymbol{\alpha}_s$ 称为向量组 A 的一个线性组合，$k_1, k_2, \cdots, k_s$ 称为这个线性组合的系数，也称为该线性组合的权重.

定义 5 给定向量组 A：$\boldsymbol{\alpha}_1, \boldsymbol{\alpha}_2, \cdots, \boldsymbol{\alpha}_s$ 和 $\boldsymbol{\beta}$，若存在一组数 $k_1, k_2, \cdots, k_s$，使得 $\boldsymbol{\beta}=$

$k_1\boldsymbol{\alpha}_1+k_2\boldsymbol{\alpha}_2+\cdots+k_s\boldsymbol{\alpha}_s$ 成立，则称向量 $\boldsymbol{\beta}$ 是向量组 $\boldsymbol{A}$ 的线性组合，又称向量 $\boldsymbol{\beta}$ 能由向量组 $\boldsymbol{A}$ 线性表示（或线性表出）.

由上面定义，线性方程组 $k_1\boldsymbol{\alpha}_1+k_2\boldsymbol{\alpha}_2+\cdots+k_s\boldsymbol{\alpha}_s=\boldsymbol{\beta}$ 是否有解等价于向量 $\boldsymbol{\beta}$ 是否能由向量组 $\boldsymbol{\alpha}_1,\ \boldsymbol{\alpha}_2,\ \cdots,\ \boldsymbol{\alpha}_s$ 线性表示.例如，根据3.1节的定理2，可得如下定理.

定理1　给定向量组 $\boldsymbol{\alpha}_1,\ \boldsymbol{\alpha}_2,\ \cdots,\ \boldsymbol{\alpha}_s$ 和 $\boldsymbol{\beta}$，则向量 $\boldsymbol{\beta}$ 可由向量组 $\boldsymbol{\alpha}_1,\ \boldsymbol{\alpha}_2,\ \cdots,\ \boldsymbol{\alpha}_s$ 线性表示的充分必要条件是矩阵 $\boldsymbol{A}=(\boldsymbol{\alpha}_1,\ \boldsymbol{\alpha}_2,\ \cdots,\boldsymbol{\alpha}_s)$ 与 $\widetilde{\boldsymbol{A}}=(\boldsymbol{\alpha}_1,\ \boldsymbol{\alpha}_2,\ \cdots,\boldsymbol{\alpha}_s,\ \boldsymbol{\beta})$ 的秩相等，即方程组 $\boldsymbol{Ax}=\boldsymbol{\beta}$ 有解.

例2　任意一个 n 维向量 $\boldsymbol{\alpha}=(a_1,\ a_2,\ \cdots,\ a_n)^{\mathrm{T}}$ 都是 n 维向量组

$$\boldsymbol{\varepsilon}_1=(1,\ 0,\ \cdots,\ 0)^{\mathrm{T}},\ \boldsymbol{\varepsilon}_2=(0,\ 1,\ 0,\ \cdots,\ 0)^{\mathrm{T}},\ \cdots,\ \boldsymbol{\varepsilon}_n=(0,\ \cdots,\ 0,\ 1)^{\mathrm{T}}$$

的线性组合.这是因为

$$\boldsymbol{\alpha}=a_1\boldsymbol{\varepsilon}_1+a_2\boldsymbol{\varepsilon}_2+\cdots+a_n\boldsymbol{\varepsilon}_n.$$

向量组 $\boldsymbol{\varepsilon}_1,\ \boldsymbol{\varepsilon}_2,\ \cdots,\ \boldsymbol{\varepsilon}_n$ 称为 n 维单位向量组.

例3　零向量是任何一组向量的线性组合，这是因为

$$\boldsymbol{0}=0\cdot\boldsymbol{\alpha}_1+0\cdot\boldsymbol{\alpha}_2+\cdots+0\cdot\boldsymbol{\alpha}_s.$$

例4　向量组 $\boldsymbol{\alpha}_1,\ \boldsymbol{\alpha}_2,\ \cdots,\ \boldsymbol{\alpha}_s$ 中任一向量 $\boldsymbol{\alpha}_j\ (1\leqslant j\leqslant s)$ 都是此向量组的线性组合，这是因为

$$\boldsymbol{\alpha}_j=0\cdot\boldsymbol{\alpha}_1+\cdots+1\cdot\boldsymbol{\alpha}_j+\cdots+0\cdot\boldsymbol{\alpha}_s.$$

例5　设 $\boldsymbol{\alpha}_1=(1,\ 2,\ 1,\ 3)^{\mathrm{T}},\ \boldsymbol{\alpha}_2=(2,\ 4,\ 3,\ 4)^{\mathrm{T}},\ \boldsymbol{\beta}=(4,\ 8,\ 5,\ 10)^{\mathrm{T}}$，判断 $\boldsymbol{\beta}$ 可否用向量组 $\boldsymbol{\alpha}_1,\ \boldsymbol{\alpha}_2$ 线性表示.若是，将 $\boldsymbol{\beta}$ 表成 $\boldsymbol{\alpha}_1,\ \boldsymbol{\alpha}_2$ 的线性组合.

解　设 $k_1\boldsymbol{\alpha}_1+k_2\boldsymbol{\alpha}_2=\boldsymbol{\beta}$，将增广矩阵 $(\boldsymbol{\alpha}_1,\ \boldsymbol{\alpha}_2,\ \boldsymbol{\beta})$ 进行初等行变换（这其实是研究此非齐次方程组的解的情况）：

$$\begin{pmatrix}1&2&4\\2&4&8\\1&3&5\\3&4&10\end{pmatrix}\to\begin{pmatrix}1&2&4\\0&0&0\\0&1&1\\0&-2&-2\end{pmatrix}\to\begin{pmatrix}1&2&4\\0&1&1\\0&0&0\\0&0&0\end{pmatrix}\to\begin{pmatrix}1&0&2\\0&1&1\\0&0&0\\0&0&0\end{pmatrix}.$$

容易看出，

$$r(\boldsymbol{\alpha}_1,\ \boldsymbol{\alpha}_2,\ \boldsymbol{\beta})=r(\boldsymbol{\alpha}_1,\ \boldsymbol{\alpha}_2)=2.$$

故 $\boldsymbol{\beta}$ 可由 $\boldsymbol{\alpha}_1,\ \boldsymbol{\alpha}_2$ 线性表示，且由初等行变换的最后一个矩阵知，方程组 $k_1\boldsymbol{\alpha}_1+k_2\boldsymbol{\alpha}_2=\boldsymbol{\beta}$ 有解 $k_1=2,\ k_2=1$，即 $\boldsymbol{\beta}=2\boldsymbol{\alpha}_1+\boldsymbol{\alpha}_2$.

3.2.3　向量组的线性表示

定义6　设两向量组

$$A:\boldsymbol{\alpha}_1,\ \boldsymbol{\alpha}_2,\ \cdots,\ \boldsymbol{\alpha}_s;\qquad B:\boldsymbol{\beta}_1,\ \boldsymbol{\beta}_2,\ \cdots,\ \boldsymbol{\beta}_t,$$

若向量组 B 中的每一个向量都可由向量组 A 线性表示，则称向量组 B 可由向量组 A 线性表示.若向量组 A 和向量组 B 可相互线性表示，则称这两个向量组等价.

定理 2 若向量组 A 可由向量组 B 线性表示，向量组 B 可由向量组 C 线性表示，则向量组 A 可由向量组 C 线性表示.

3.2.4 向量组的线性相关性

定义 7 对于给定向量组 $\boldsymbol{\alpha}_1, \boldsymbol{\alpha}_2, \cdots, \boldsymbol{\alpha}_s$，如果存在一组不全为零的数 $k_1, k_2, \cdots, k_s$，使

$$k_1\boldsymbol{\alpha}_1+k_2\boldsymbol{\alpha}_2+\cdots+k_s\boldsymbol{\alpha}_s=\mathbf{0}, \tag{2}$$

则称向量组 $\boldsymbol{\alpha}_1, \boldsymbol{\alpha}_2, \cdots, \boldsymbol{\alpha}_s$ 线性相关；否则，称该向量组线性无关.

按定义 7，若向量组只含一个非零向量 $\boldsymbol{\alpha}$，则此向量组线性无关；若向量组只含一个零向量 $\mathbf{0}$，则此向量组线性相关；进一步得到，包含零向量的任何向量组都是线性相关的.

仅含两个向量的向量组线性相关的充分必要条件是这两个向量的对应分量成比例.由解析几何的知识知道，两个向量线性相关的几何意义是这两个向量共线，三个向量线性相关的几何意义是这三个向量共面.

由定义 7，如果当且仅当 $k_1=k_2=\cdots=k_s=0$ 时，式(2)成立，则向量组 $\boldsymbol{\alpha}_1, \boldsymbol{\alpha}_2, \cdots, \boldsymbol{\alpha}_s$ 是线性无关的，这是证明向量组线性无关的基本方法.

定理 3 向量组 $\boldsymbol{\alpha}_1, \boldsymbol{\alpha}_2, \cdots, \boldsymbol{\alpha}_s (s\geqslant 2)$ 线性相关的充分必要条件是向量组中至少有一个向量可由其余 $s-1$ 个向量线性表示.

证明 必要性.设 $\boldsymbol{\alpha}_1, \boldsymbol{\alpha}_2, \cdots, \boldsymbol{\alpha}_s$ 线性相关，则存在一组不全为零的数 $k_1, k_2, \cdots, k_s$，使得 $k_1\boldsymbol{\alpha}_1+k_2\boldsymbol{\alpha}_2+\cdots+k_s\boldsymbol{\alpha}_s=\mathbf{0}$ 成立.不妨设 $k_i\neq 0$，于是

$$\boldsymbol{\alpha}_i=-\frac{k_1}{k_i}\boldsymbol{\alpha}_1-\frac{k_2}{k_i}\boldsymbol{\alpha}_2-\cdots-\frac{k_{i-1}}{k_i}\boldsymbol{\alpha}_{i-1}-\frac{k_{i+1}}{k_i}\boldsymbol{\alpha}_{i+1}-\cdots-\frac{k_s}{k_i}\boldsymbol{\alpha}_s,$$

即 $\boldsymbol{\alpha}_i$ 可由其余向量线性表示.

充分性.设 $\boldsymbol{\alpha}_1, \boldsymbol{\alpha}_2, \cdots, \boldsymbol{\alpha}_s$ 中至少有一个向量能由其余向量线性表示.不妨设 $\boldsymbol{\alpha}_i=k_1\boldsymbol{\alpha}_1+\cdots+k_{i-1}\boldsymbol{\alpha}_{i-1}+k_{i+1}\boldsymbol{\alpha}_{i+1}+\cdots+k_s\boldsymbol{\alpha}_s$，即

$$k_1\boldsymbol{\alpha}_1+\cdots+k_{i-1}\boldsymbol{\alpha}_{i-1}-\boldsymbol{\alpha}_i+k_{i+1}\boldsymbol{\alpha}_{i+1}+\cdots+k_s\boldsymbol{\alpha}_s=\mathbf{0},$$

故 $\boldsymbol{\alpha}_1, \boldsymbol{\alpha}_2, \cdots, \boldsymbol{\alpha}_s$ 线性相关.

例 6 任意一个 n 维单位向量组

$$\boldsymbol{\varepsilon}_1=(1, 0, \cdots, 0)^{\mathrm{T}}, \boldsymbol{\varepsilon}_2=(0, 1, 0, \cdots, 0)^{\mathrm{T}}, \cdots, \boldsymbol{\varepsilon}_n=(0, \cdots, 0, 1)^{\mathrm{T}}$$

线性无关.

事实上，由 $k_1\boldsymbol{\varepsilon}_1+k_2\boldsymbol{\varepsilon}_2+\cdots+k_n\boldsymbol{\varepsilon}_n=\mathbf{0}$，得

$$k_1\begin{pmatrix}1\\0\\\vdots\\0\end{pmatrix}+k_2\begin{pmatrix}0\\1\\\vdots\\0\end{pmatrix}+\cdots+k_n\begin{pmatrix}0\\0\\\vdots\\1\end{pmatrix}=\mathbf{0}.$$

容易得出 $k_1=k_2=\cdots=k_n=0$，即单位向量组 $\boldsymbol{\varepsilon}_1, \boldsymbol{\varepsilon}_2, \cdots, \boldsymbol{\varepsilon}_n$ 线性无关.

由例 6 可以看出，对任一向量 $\boldsymbol{\alpha}=(a_1, a_2, \cdots, a_n)$，有

$$\boldsymbol{\alpha}=a_1\boldsymbol{\varepsilon}_1+a_2\boldsymbol{\varepsilon}_2+\cdots+a_n\boldsymbol{\varepsilon}_n.$$

在讨论向量组 $\boldsymbol{\alpha}_1, \boldsymbol{\alpha}_2, \cdots, \boldsymbol{\alpha}_s$ 线性相关性时，需要求解方程组

$$k_1\boldsymbol{\alpha}_1+k_2\boldsymbol{\alpha}_2+\cdots+k_s\boldsymbol{\alpha}_s=\mathbf{0}.$$

若方程组只有零解，即 $k_1=k_2=\cdots=k_s=0$，则向量组 $\boldsymbol{\alpha}_1, \boldsymbol{\alpha}_2, \cdots, \boldsymbol{\alpha}_s$ 线性无关；若方程组有非零解，则向量组 $\boldsymbol{\alpha}_1, \boldsymbol{\alpha}_2, \cdots, \boldsymbol{\alpha}_s$ 线性相关.故由 3.1 节定理 1 可得如下定理.

定理 4 设有向量组 $\boldsymbol{\alpha}_1, \boldsymbol{\alpha}_2, \cdots, \boldsymbol{\alpha}_s$，其中 $\boldsymbol{\alpha}_j=(a_{1j}, a_{2j}, \cdots, a_{nj})^{\mathrm{T}}(j=1, 2, \cdots, s)$，则向量组 $\boldsymbol{\alpha}_1, \boldsymbol{\alpha}_2, \cdots, \boldsymbol{\alpha}_s$ 线性相关的充分必要条件是矩阵 $\boldsymbol{A}=(\boldsymbol{\alpha}_1, \boldsymbol{\alpha}_2, \cdots, \boldsymbol{\alpha}_s)$ 的秩小于向量的个数 s.

推论 1 s 个 n 维向量 $\boldsymbol{\alpha}_1, \boldsymbol{\alpha}_2, \cdots, \boldsymbol{\alpha}_s$ 线性无关的充分必要条件是矩阵 $\boldsymbol{A}=(\boldsymbol{\alpha}_1, \boldsymbol{\alpha}_2, \cdots, \boldsymbol{\alpha}_s)$ 的秩等于向量的个数 s.

推论 2 n 个 n 维向量 $\boldsymbol{\alpha}_1, \boldsymbol{\alpha}_2, \cdots, \boldsymbol{\alpha}_s$ 线性无关(线性相关)的充分必要条件是矩阵 $\boldsymbol{A}=(\boldsymbol{\alpha}_1, \boldsymbol{\alpha}_2, \cdots, \boldsymbol{\alpha}_s)$ 的行列式不等于(等于)零.

再看例 6，由 $|\boldsymbol{\varepsilon}_1 \quad \boldsymbol{\varepsilon}_2 \quad \cdots \quad \boldsymbol{\varepsilon}_n|=1\neq 0$ 知，n 维单位向量组 $\boldsymbol{\varepsilon}_1, \boldsymbol{\varepsilon}_2, \cdots, \boldsymbol{\varepsilon}_n$ 线性无关.

注 上述结论对于矩阵的行向量组也同样成立.

推论 3 $n+1$ 个 n 维向量构成的向量组必线性相关.

例 7 讨论向量组 $\boldsymbol{\alpha}_1=(2, -2, 0, 4)^{\mathrm{T}}$，$\boldsymbol{\alpha}_2=(0, 2, -1, -3)^{\mathrm{T}}$，$\boldsymbol{\alpha}_3=(4, -2, -1, 5)^{\mathrm{T}}$ 的线性相关性.

解 写出矩阵 $\boldsymbol{A}=(\boldsymbol{\alpha}_1, \boldsymbol{\alpha}_2, \boldsymbol{\alpha}_3)$ 并对其进行初等行变换：

$$\boldsymbol{A}=(\boldsymbol{\alpha}_1, \boldsymbol{\alpha}_2, \boldsymbol{\alpha}_3)=\begin{pmatrix}2 & 0 & 4\\ -2 & 2 & -2\\ 0 & -1 & -1\\ 4 & -3 & 5\end{pmatrix}\to\begin{pmatrix}2 & 0 & 4\\ 0 & 2 & 2\\ 0 & -1 & -1\\ 0 & -3 & -3\end{pmatrix}\to\begin{pmatrix}2 & 0 & 4\\ 0 & 2 & 2\\ 0 & 0 & 0\\ 0 & 0 & 0\end{pmatrix},$$

容易看出 $r(\boldsymbol{A})=2<3$，故向量组 $\boldsymbol{\alpha}_1, \boldsymbol{\alpha}_2, \boldsymbol{\alpha}_3$ 线性相关.

例 8 若向量组 $\boldsymbol{\alpha}, \boldsymbol{\beta}, \boldsymbol{\gamma}$ 线性无关，证明向量组 $\boldsymbol{\alpha}+\boldsymbol{\beta}, \boldsymbol{\beta}+\boldsymbol{\gamma}, \boldsymbol{\alpha}+\boldsymbol{\gamma}$ 亦线性无关.

证明 设有一组数 k_1, k_2, k_3，使

$$k_1(\boldsymbol{\alpha}+\boldsymbol{\beta})+k_2(\boldsymbol{\beta}+\boldsymbol{\gamma})+k_3(\boldsymbol{\alpha}+\boldsymbol{\gamma})=\mathbf{0}$$

成立，整理得

$$(k_1+k_3)\boldsymbol{\alpha}+(k_1+k_2)\boldsymbol{\beta}+(k_2+k_3)\boldsymbol{\gamma}=\mathbf{0},$$

因 $\boldsymbol{\alpha}, \boldsymbol{\beta}, \boldsymbol{\gamma}$ 线性无关，故有

$$\begin{cases}k_1+k_3=0,\\k_1+k_2=0,\\k_2+k_3=0.\end{cases}$$

该方程组只有零解，即 $k_1=k_2=k_3=0$，从而 $\boldsymbol{\alpha}+\boldsymbol{\beta}$，$\boldsymbol{\beta}+\boldsymbol{\gamma}$，$\boldsymbol{\alpha}+\boldsymbol{\gamma}$ 线性无关.

定理 5 若向量组中有一部分向量(部分组)线性相关，则整个向量组线性相关.

事实上，若向量组中有部分组线性相关，则存在一组不全为零的数，使其线性组合为零. 在此基础上，再增加若干向量，取新增加向量系数为零，构成新的线性组合亦为零，则新的向量组也线性相关.

推论 4 线性无关的向量组中的任一部分组皆线性无关.

定理 6 若向量组 $\boldsymbol{\alpha}_1, \boldsymbol{\alpha}_2, \cdots, \boldsymbol{\alpha}_s$ 线性无关，而向量组 $\boldsymbol{\alpha}_1, \boldsymbol{\alpha}_2, \cdots, \boldsymbol{\alpha}_s, \boldsymbol{\beta}$ 线性相关，则向量 $\boldsymbol{\beta}$ 可由 $\boldsymbol{\alpha}_1, \boldsymbol{\alpha}_2, \cdots, \boldsymbol{\alpha}_s$ 线性表示，且表示法唯一.

证明 先证 $\boldsymbol{\beta}$ 可由 $\boldsymbol{\alpha}_1, \boldsymbol{\alpha}_2, \cdots, \boldsymbol{\alpha}_s$ 线性表示.

因为 $\boldsymbol{\alpha}_1, \boldsymbol{\alpha}_2, \cdots, \boldsymbol{\alpha}_s, \boldsymbol{\beta}$ 线性相关，故存在一组不全为零的数 $k_1, k_2, \cdots, k_s, k$，使得

$$k_1\boldsymbol{\alpha}_1+\cdots+k_s\boldsymbol{\alpha}_s+k\boldsymbol{\beta}=\mathbf{0}$$

成立.注意到 $\boldsymbol{\alpha}_1, \boldsymbol{\alpha}_2, \cdots, \boldsymbol{\alpha}_s$ 线性无关，易知 $k\neq 0$，所以

$$\boldsymbol{\beta}=\left(-\frac{k_1}{k}\right)\boldsymbol{\alpha}_1+\left(-\frac{k_2}{k}\right)\boldsymbol{\alpha}_2+\cdots+\left(-\frac{k_s}{k}\right)\boldsymbol{\alpha}_s.$$

再证表示法的唯一.设 $\boldsymbol{\beta}=h_1\boldsymbol{\alpha}_1+\cdots+h_s\boldsymbol{\alpha}_s$，$\boldsymbol{\beta}=l_1\boldsymbol{\alpha}_1+\cdots+l_s\boldsymbol{\alpha}_s$ 同时成立，整理得

$$(h_1-l_1)\boldsymbol{\alpha}_1+\cdots+(h_s-l_s)\boldsymbol{\alpha}_s=\mathbf{0},$$

由 $\boldsymbol{\alpha}_1, \boldsymbol{\alpha}_2, \cdots, \boldsymbol{\alpha}_s$ 线性无关，易知 $h_1=l_1, \cdots, h_s=l_s$，故表示法是唯一的.

定理 7 设有向量组

$$A: \boldsymbol{\alpha}_1, \boldsymbol{\alpha}_2, \cdots, \boldsymbol{\alpha}_s; \quad B: \boldsymbol{\beta}_1, \boldsymbol{\beta}_2, \cdots, \boldsymbol{\beta}_t,$$

若向量组 B 可由向量组 A 线性表示，且 $s<t$，则向量组 B 线性相关.

证明 由向量组 B 可由向量组 A 线性表示，故可设

$$(\boldsymbol{\beta}_1, \boldsymbol{\beta}_2, \cdots, \boldsymbol{\beta}_t)=(\boldsymbol{\alpha}_1, \boldsymbol{\alpha}_2, \cdots, \boldsymbol{\alpha}_s)\begin{pmatrix}k_{11} & k_{12} & \cdots & k_{1t}\\ k_{21} & k_{22} & \cdots & k_{2t}\\ \vdots & \vdots & & \vdots\\ k_{s1} & k_{s2} & \cdots & k_{st}\end{pmatrix},$$

欲证向量组 B 线性相关，故设存在一组数 $x_1, x_2, \cdots, x_t$ 使

$$x_1\boldsymbol{\beta}_1+x_2\boldsymbol{\beta}_2+\cdots+x_t\boldsymbol{\beta}_t=(\boldsymbol{\beta}_1, \boldsymbol{\beta}_2, \cdots, \boldsymbol{\beta}_t)\begin{pmatrix}x_1\\ x_2\\ \vdots\\ x_t\end{pmatrix}=\mathbf{0},$$

联系上面两式，再由 $s<t$，齐次线性方程组

$$\begin{pmatrix} k_{11} & k_{12} & \cdots & k_{1t} \\ k_{21} & k_{22} & \cdots & k_{2t} \\ \vdots & \vdots & & \vdots \\ k_{s1} & k_{s2} & \cdots & k_{st} \end{pmatrix} \begin{pmatrix} x_1 \\ x_2 \\ \vdots \\ x_t \end{pmatrix} = \mathbf{0}$$

有非零解，故向量组 B 线性相关.

由定理 7，容易得到下面的推论.

推论 5　设向量组 B 可由向量组 A 线性表示，若向量组 B 线性无关，则 $s \geqslant t$.

推论 6　设向量组 A 与向量组 B 可相互线性表示，若向量组 A 与向量组 B 都线性无关，则 $s=t$.

例 9　设向量组 $\boldsymbol{\alpha}_1, \boldsymbol{\alpha}_2, \boldsymbol{\alpha}_3$ 线性相关，向量组 $\boldsymbol{\alpha}_2, \boldsymbol{\alpha}_3, \boldsymbol{\alpha}_4$ 线性无关，试证明：

(1) $\boldsymbol{\alpha}_1$ 可由 $\boldsymbol{\alpha}_2, \boldsymbol{\alpha}_3$ 线性表示；

(2) $\boldsymbol{\alpha}_4$ 不能由 $\boldsymbol{\alpha}_1, \boldsymbol{\alpha}_2, \boldsymbol{\alpha}_3$ 线性表示.

证明　(1) 因 $\boldsymbol{\alpha}_2, \boldsymbol{\alpha}_3, \boldsymbol{\alpha}_4$ 线性无关，故 $\boldsymbol{\alpha}_2, \boldsymbol{\alpha}_3$ 线性无关，而 $\boldsymbol{\alpha}_1, \boldsymbol{\alpha}_2, \boldsymbol{\alpha}_3$ 线性相关，由定理 6 知，$\boldsymbol{\alpha}_1$ 能由 $\boldsymbol{\alpha}_2, \boldsymbol{\alpha}_3$ 线性表示.

(2) 用反证法.假设 $\boldsymbol{\alpha}_4$ 能由 $\boldsymbol{\alpha}_1, \boldsymbol{\alpha}_2, \boldsymbol{\alpha}_3$ 线性表示，而由(1)知 $\boldsymbol{\alpha}_1$ 能由 $\boldsymbol{\alpha}_2, \boldsymbol{\alpha}_3$ 表示，故 $\boldsymbol{\alpha}_4$ 能由 $\boldsymbol{\alpha}_2, \boldsymbol{\alpha}_3$ 线性表示，这与 $\boldsymbol{\alpha}_2, \boldsymbol{\alpha}_3, \boldsymbol{\alpha}_4$ 线性无关矛盾，故 $\boldsymbol{\alpha}_4$ 不能由 $\boldsymbol{\alpha}_1, \boldsymbol{\alpha}_2, \boldsymbol{\alpha}_3$ 线性表示.

习题 3.2

1. 设 $\boldsymbol{\alpha}=(2,1,-4,-2)^{\mathrm{T}}$，$\boldsymbol{\beta}=(-1,1,0,-4)^{\mathrm{T}}$，$\boldsymbol{\gamma}=(2,-3,0,4)^{\mathrm{T}}$.
求 $2\boldsymbol{\alpha}-\boldsymbol{\beta}+2\boldsymbol{\gamma}$，并求向量 $\boldsymbol{x}$，使 $\boldsymbol{\alpha}+2\boldsymbol{\beta}-\boldsymbol{\gamma}-2\boldsymbol{x}=\mathbf{0}$ 成立.

2. 讨论下列向量组的线性相关性.
(1) $\boldsymbol{\alpha}_1=(1,3,5)^{\mathrm{T}}$，$\boldsymbol{\alpha}_2=(0,1,2)^{\mathrm{T}}$，$\boldsymbol{\alpha}_3=(2,7,12)^{\mathrm{T}}$；
(2) $\boldsymbol{\alpha}_1=(1,1,3,1)^{\mathrm{T}}$，$\boldsymbol{\alpha}_2=(3,-1,2,4)^{\mathrm{T}}$，$\boldsymbol{\alpha}_3=(2,2,7,-1)^{\mathrm{T}}$.

3. 设 $\boldsymbol{\alpha}_1, \boldsymbol{\alpha}_2$ 线性无关，$\boldsymbol{\alpha}_1+\boldsymbol{\beta}$，$\boldsymbol{\alpha}_2+\boldsymbol{\beta}$ 线性相关，试把 $\boldsymbol{\beta}$ 写成 $\boldsymbol{\alpha}_1, \boldsymbol{\alpha}_2$ 的线性组合的形式.

3.3　向量组的秩

向量组的秩

3.3.1　极大线性无关组

定义 1　设有向量组 $\boldsymbol{\alpha}_1, \boldsymbol{\alpha}_2, \cdots, \boldsymbol{\alpha}_s$，其中部分组 $\boldsymbol{\alpha}_{j1}, \boldsymbol{\alpha}_{j2}, \cdots, \boldsymbol{\alpha}_{jr}$ $(r \leqslant s)$ 满足：

(1) $\boldsymbol{\alpha}_{j1}, \boldsymbol{\alpha}_{j2}, \cdots, \boldsymbol{\alpha}_{jr}$ 线性无关；

(2) 向量组 $\boldsymbol{\alpha}_1, \boldsymbol{\alpha}_2, \cdots, \boldsymbol{\alpha}_s$ 中的每一个向量都可由此部分组线性表示，则称部分组 $\boldsymbol{\alpha}_{j1}, \boldsymbol{\alpha}_{j2}, \cdots, \boldsymbol{\alpha}_{jr}$ 是向量组 $\boldsymbol{\alpha}_1, \boldsymbol{\alpha}_2, \cdots, \boldsymbol{\alpha}_s$ 的一个极大线性无关组(简称极大无关组).

由 3.2 节知，向量组的极大无关组可能不止一个，但其向量的个数是相同的.

由定义1,向量组与其极大线性无关组可相互线性表示,即向量组与其极大线性无关组等价.

定义1中的条件(2)可改为:向量组 $\boldsymbol{\alpha}_1, \boldsymbol{\alpha}_2, \cdots, \boldsymbol{\alpha}_s$ 中任意 $r+1$ 个向量构成的部分组线性相关.事实上,若 $\boldsymbol{\alpha}_{j1}, \boldsymbol{\alpha}_{j2}, \cdots, \boldsymbol{\alpha}_{j_r}$ 线性无关,而任意 $r+1$ 个向量构成的部分组线性相关,即在部分组 $\boldsymbol{\alpha}_{j1}, \boldsymbol{\alpha}_{j2}, \cdots, \boldsymbol{\alpha}_{j_r}$ 中再增加一个向量就线性相关,故新增向量可由部分组 $\boldsymbol{\alpha}_{j1}, \boldsymbol{\alpha}_{j2}, \cdots, \boldsymbol{\alpha}_{j_r}$ 线性表示,而 $\boldsymbol{\alpha}_{j1}, \boldsymbol{\alpha}_{j2}, \cdots, \boldsymbol{\alpha}_{j_r}$ 中任一向量也可由其线性表示,故有定义1中条件(2)成立.

例1 求二维向量组 $\boldsymbol{\alpha}_1=(1, 0)^{\mathrm{T}}, \boldsymbol{\alpha}_2=(0, 1)^{\mathrm{T}}, \boldsymbol{\alpha}_3=(1, 1)^{\mathrm{T}}$ 的极大线性无关组.

解 由 $\boldsymbol{\alpha}_1, \boldsymbol{\alpha}_2$ 线性无关,根据3.2节定理4的推论3,任意3个二维向量构成的向量组必定线性相关,故 $\boldsymbol{\alpha}_1, \boldsymbol{\alpha}_2$ 是该向量组的一个极大线性无关组.易知 $\boldsymbol{\alpha}_1, \boldsymbol{\alpha}_3$ 和 $\boldsymbol{\alpha}_2, \boldsymbol{\alpha}_3$ 也都是该向量组的极大线性无关组.

事实上,n 维单位向量组

$$\boldsymbol{\varepsilon}_1=(1, 0, \cdots, 0)^{\mathrm{T}}, \boldsymbol{\varepsilon}_2=(0, 1, 0, \cdots, 0)^{\mathrm{T}}, \cdots, \boldsymbol{\varepsilon}_n=(0, \cdots, 0, 1)^{\mathrm{T}}$$

是全体 n 维向量的集合 $\mathbf{R}^n$ 的一个最简单的极大无关组.

3.3.2 向量组的秩

定义2 向量组 $\boldsymbol{\alpha}_1, \boldsymbol{\alpha}_2, \cdots, \boldsymbol{\alpha}_s$ 的极大线性无关组所含向量的个数称为该**向量组的秩**,记为

$$R(\boldsymbol{\alpha}_1, \boldsymbol{\alpha}_2, \cdots, \boldsymbol{\alpha}_s).$$

规定,由零向量组成的向量组的秩为零.

易知,例1中向量组 $\boldsymbol{\alpha}_1=(1, 0)^{\mathrm{T}}, \boldsymbol{\alpha}_2=(0, 1)^{\mathrm{T}}, \boldsymbol{\alpha}_3=(1, 1)^{\mathrm{T}}$ 的秩为2;而全体 n 维向量构成的向量组 $\mathbf{R}^n$ 的秩为 n;等价的向量组有相同的秩.

3.3.3 矩阵与向量组秩的关系

定义3 矩阵 $\boldsymbol{A}$ 的行向量组的秩称为矩阵 $\boldsymbol{A}$ 的**行秩**,$\boldsymbol{A}$ 的列向量组的秩称为矩阵 $\boldsymbol{A}$ 的**列秩**.

定理1 矩阵 $\boldsymbol{A}$ 的秩等于它的行秩,也等于它的列秩.

证明 设 $\boldsymbol{A}=(\boldsymbol{\alpha}_1, \boldsymbol{\alpha}_2, \cdots, \boldsymbol{\alpha}_n)$, $R(\boldsymbol{A})=s$,则存在 $\boldsymbol{A}$ 的 s 阶子式 $D_s \neq 0$,从而 D_s 所在的 s 个列向量线性无关;又因为 $\boldsymbol{A}$ 中所有 $s+1$ 阶子式全为零,故所有 $s+1$ 个列向量都线性无关.因此,D_s 所在的 s 列就是 $\boldsymbol{A}$ 的列向量组的一个极大无关组,所以 $\boldsymbol{A}$ 的列秩等于 s.同理,矩阵 $\boldsymbol{A}$ 的行秩也等于 s.定理1得证.

由定理1的证明知,若 D_s 是矩阵 $\boldsymbol{A}$ 的一个最高阶非零子式,则 D_s 所在的 s 列是 $\boldsymbol{A}$ 的列向量组的一个极大无关组;D_s 所在的 s 行是 $\boldsymbol{A}$ 的行向量组的一个极大无关组.

定理2 矩阵 $\boldsymbol{A}$ 经过初等行变换得矩阵 $\boldsymbol{B}$,则矩阵 $\boldsymbol{B}$ 的列向量组与矩阵 $\boldsymbol{A}$ 的列向量组间有相同的线性关系.

由定理2知,矩阵行的初等变换保持了列向量间的线性无关性和线性相关性,它提供了

求极大无关组的方法.即以向量组中各向量为列向量组成矩阵后，只进行初等行变换将该矩阵化为行阶梯形矩阵，则可直接写出所求向量组的极大无关组.同理，也可以向量组中各向量为行向量组成矩阵，通过进行初等列变换来求向量组的极大无关组.

例2　设矩阵 $\boldsymbol{A}=\begin{pmatrix}1&1&2&3\\2&3&4&4\\3&3&4&5\end{pmatrix}$，求矩阵 $\boldsymbol{A}$ 的秩，并求其列向量组的一个极大无关组，把其他列向量用此极大无关组线性表示.

解　对矩阵 $\boldsymbol{A}$ 进行初等行变换：

$$\boldsymbol{A}=\begin{pmatrix}1&1&2&3\\2&3&4&4\\3&3&4&5\end{pmatrix}\rightarrow\begin{pmatrix}1&1&2&3\\0&1&0&-2\\0&0&-2&-4\end{pmatrix}.$$

容易看出，$R(\boldsymbol{A})=3$，前三个列向量构成的向量组 $\boldsymbol{\alpha}_1$，$\boldsymbol{\alpha}_2$，$\boldsymbol{\alpha}_3$ 为列向量组的一个极大无关组.

将矩阵继续进行初等行变换：

$$\begin{pmatrix}1&1&2&3\\0&1&0&-2\\0&0&-2&-4\end{pmatrix}\rightarrow\begin{pmatrix}1&1&2&3\\0&1&0&-2\\0&0&1&2\end{pmatrix}\rightarrow\begin{pmatrix}1&1&0&-1\\0&1&0&-2\\0&0&1&2\end{pmatrix}\rightarrow\begin{pmatrix}1&0&0&1\\0&1&0&-2\\0&0&1&2\end{pmatrix}.$$

容易看出，第4个列向量 $\boldsymbol{\alpha}_4=\boldsymbol{\alpha}_1-2\boldsymbol{\alpha}_2+2\boldsymbol{\alpha}_3$.

例3　求向量组 $\boldsymbol{\alpha}_1=(1,\ 2,\ 0,\ 3)^{\mathrm{T}}$，$\boldsymbol{\alpha}_2=(1,\ 3,\ 1,\ 4)^{\mathrm{T}}$，$\boldsymbol{\alpha}_3=(0,\ 1,\ 1,\ 1)^{\mathrm{T}}$ 的秩，并求其向量组的一个极大无关组，把其他向量用此极大无关组线性表示.

解　用向量组中向量作矩阵的列向量，写出矩阵 $\boldsymbol{A}$，并对矩阵 $\boldsymbol{A}$ 进行初等行变换：

$$\boldsymbol{A}=\begin{pmatrix}1&1&0\\2&3&1\\0&1&1\\3&4&1\end{pmatrix}\rightarrow\begin{pmatrix}1&1&0\\0&1&1\\0&1&1\\0&1&1\end{pmatrix}\rightarrow\begin{pmatrix}1&1&0\\0&1&1\\0&0&0\\0&0&0\end{pmatrix}\rightarrow\begin{pmatrix}1&0&-1\\0&1&1\\0&0&0\\0&0&0\end{pmatrix}.$$

容易看出，$R(\boldsymbol{\alpha}_1,\ \boldsymbol{\alpha}_2,\ \boldsymbol{\alpha}_3)=2$，$\boldsymbol{\alpha}_1$，$\boldsymbol{\alpha}_2$ 为向量组的一个极大无关组，且 $\boldsymbol{\alpha}_3=-\boldsymbol{\alpha}_1+\boldsymbol{\alpha}_2$.

例4　求向量组 $\boldsymbol{\alpha}_1=(1,\ 2,\ 3)^{\mathrm{T}}$，$\boldsymbol{\alpha}_2=(2,\ 4,\ 6)^{\mathrm{T}}$，$\boldsymbol{\alpha}_3=(1,\ -1,\ 2)^{\mathrm{T}}$，$\boldsymbol{\alpha}_4=(2,\ -5,\ 3)^{\mathrm{T}}$ 的秩，并求向量组的一个极大无关组，把其他向量用此极大无关组线性表示.

解　用向量组中向量作矩阵的列向量，写出矩阵 $\boldsymbol{A}$，并对矩阵 $\boldsymbol{A}$ 进行初等行变换：

$$\boldsymbol{A}=\begin{pmatrix}1&2&1&2\\2&4&-1&-5\\3&6&2&3\end{pmatrix}\rightarrow\begin{pmatrix}1&2&1&2\\0&0&-3&-9\\0&0&-1&-3\end{pmatrix}\rightarrow\begin{pmatrix}1&2&1&2\\0&0&1&3\\0&0&-1&-3\end{pmatrix}$$

$$\rightarrow\begin{pmatrix}1&2&1&2\\0&0&1&3\\0&0&0&0\end{pmatrix}\rightarrow\begin{pmatrix}1&2&0&-1\\0&0&1&3\\0&0&0&0\end{pmatrix}.$$

容易看出，$R(\boldsymbol{\alpha}_1, \boldsymbol{\alpha}_2, \boldsymbol{\alpha}_3, \boldsymbol{\alpha}_4)=2$，$\boldsymbol{\alpha}_1, \boldsymbol{\alpha}_3$ 为向量组的一个极大无关组，$\boldsymbol{\alpha}_2=2\boldsymbol{\alpha}_1$，$\boldsymbol{\alpha}_4=-\boldsymbol{\alpha}_1+3\boldsymbol{\alpha}_3$.

例 5 求向量组 $\boldsymbol{\alpha}_1=(1,-1,2,1)^{\mathrm{T}}$，$\boldsymbol{\alpha}_2=(-1,0,1,-3)^{\mathrm{T}}$，$\boldsymbol{\alpha}_3=(1,-4,t+7,-5)^{\mathrm{T}}$，$\boldsymbol{\alpha}_4=(2,-2,t,2)^{\mathrm{T}}$ 的秩和一个极大无关组.

解 向量的分量中含参数 t，向量组的秩和极大无关组与 t 的取值有关.对下列矩阵进行初等行变换：

$$(\boldsymbol{\alpha}_1, \boldsymbol{\alpha}_2, \boldsymbol{\alpha}_3, \boldsymbol{\alpha}_4)=\begin{pmatrix}1 & -1 & 1 & 2\\ -1 & 0 & -4 & -2\\ 2 & 1 & t+7 & t\\ 1 & -3 & -5 & 2\end{pmatrix}\rightarrow\begin{pmatrix}1 & -1 & 1 & 2\\ 0 & -1 & -3 & 0\\ 0 & 3 & t+5 & t-4\\ 0 & -2 & -6 & 0\end{pmatrix}$$

$$\rightarrow\begin{pmatrix}1 & -1 & 1 & 2\\ 0 & -1 & -3 & 0\\ 0 & 0 & t-4 & t-4\\ 0 & 0 & 0 & 0\end{pmatrix}.$$

当 $t=4$ 时，$r(\boldsymbol{\alpha}_1, \boldsymbol{\alpha}_2, \boldsymbol{\alpha}_3, \boldsymbol{\alpha}_4)=2$，$\boldsymbol{\alpha}_1, \boldsymbol{\alpha}_2$ 是极大无关组；

当 $t\neq 4$ 时，$r(\boldsymbol{\alpha}_1, \boldsymbol{\alpha}_2, \boldsymbol{\alpha}_3, \boldsymbol{\alpha}_4)=3$，$\boldsymbol{\alpha}_1, \boldsymbol{\alpha}_2, \boldsymbol{\alpha}_3$ 是极大无关组.

还有如下结论：

定理 3 若向量组 B 能由向量组 A 线性表示，则 $r(B)\leqslant r(A)$.

推论 等价的向量组的秩相等.

例 6 设 $\boldsymbol{A}_{m\times n}$ 及 $\boldsymbol{B}_{n\times s}$ 为两个矩阵，试证明：$r(\boldsymbol{AB})\leqslant\min\{r(\boldsymbol{A}), r(\boldsymbol{B})\}$.

证明 设 $\boldsymbol{A}=(a_{ij})_{m\times n}=(\boldsymbol{\alpha}_1, \boldsymbol{\alpha}_2, \cdots, \boldsymbol{\alpha}_n)$，$\boldsymbol{B}=(b_{ij})_{n\times s}$，则

$$\boldsymbol{AB}=\boldsymbol{C}=(c_{ij})_{m\times s}=(\boldsymbol{\gamma}_1, \boldsymbol{\gamma}_2, \cdots, \boldsymbol{\gamma}_s),$$

即
$$(\boldsymbol{\gamma}_1, \boldsymbol{\gamma}_2, \cdots, \boldsymbol{\gamma}_s)=(\boldsymbol{\alpha}_1, \boldsymbol{\alpha}_2, \cdots, \boldsymbol{\alpha}_n)\begin{pmatrix}b_{11} & \cdots & b_{1j} & \cdots & b_{1s}\\ b_{21} & \cdots & b_{2j} & \cdots & b_{2s}\\ \vdots & & \vdots & & \vdots\\ b_{n1} & \cdots & b_{nj} & \cdots & b_{ns}\end{pmatrix},$$

因此有 $\boldsymbol{\gamma}_j=b_{1j}\boldsymbol{\alpha}_1+b_{2j}\boldsymbol{\alpha}_2+\cdots+b_{nj}\boldsymbol{\alpha}_n\ (j=1, 2, \cdots, s)$.

即 $\boldsymbol{AB}$ 的列向量组 $\boldsymbol{\gamma}_1, \boldsymbol{\gamma}_2, \cdots, \boldsymbol{\gamma}_s$ 可由 $\boldsymbol{A}$ 的列向量组 $\boldsymbol{\alpha}_1, \boldsymbol{\alpha}_2, \cdots, \boldsymbol{\alpha}_n$ 线性表示，有 $r(\boldsymbol{AB})\leqslant r(\boldsymbol{A})$.

类似地，可以设

$$\boldsymbol{B}=(b_{ij})=\begin{pmatrix}\boldsymbol{\beta}_1\\ \boldsymbol{\beta}_2\\ \vdots\\ \boldsymbol{\beta}_n\end{pmatrix},\quad \boldsymbol{AB}=(a_{ij})\begin{pmatrix}\boldsymbol{\beta}_1\\ \boldsymbol{\beta}_2\\ \vdots\\ \boldsymbol{\beta}_n\end{pmatrix},$$

进而得到 $r(\boldsymbol{AB})\leqslant r(\boldsymbol{B})$.

综上，有 $r(\boldsymbol{AB}) \leqslant \min\{r(\boldsymbol{A}), r(\boldsymbol{B})\}$.

例 7 设 $\boldsymbol{A}$ 和 $\boldsymbol{B}$ 为同型矩阵，证明 $r(\boldsymbol{A}+\boldsymbol{B}) \leqslant r(\boldsymbol{A})+r(\boldsymbol{B})$.

证明 设 $\boldsymbol{A}=(\boldsymbol{\alpha}_1, \boldsymbol{\alpha}_2, \cdots, \boldsymbol{\alpha}_n)$, $\boldsymbol{B}=(\boldsymbol{\beta}_1, \boldsymbol{\beta}_2, \cdots, \boldsymbol{\beta}_n)$，于是

$$\boldsymbol{A}+\boldsymbol{B}=(\boldsymbol{\alpha}_1+\boldsymbol{\beta}_1, \boldsymbol{\alpha}_2+\boldsymbol{\beta}_2, \cdots, \boldsymbol{\alpha}_n+\boldsymbol{\beta}_n)=(\boldsymbol{\gamma}_1, \boldsymbol{\gamma}_2, \cdots, \boldsymbol{\gamma}_n).$$

设 $\boldsymbol{\alpha}_{i1}, \boldsymbol{\alpha}_{i2}, \cdots, \boldsymbol{\alpha}_{ir_1}$ 和 $\boldsymbol{\beta}_{j1}, \boldsymbol{\beta}_{j2}, \cdots, \boldsymbol{\beta}_{jr_2}$ 分别是 $\boldsymbol{\alpha}_1, \boldsymbol{\alpha}_2, \cdots, \boldsymbol{\alpha}_n$ 和 $\boldsymbol{\beta}_1, \boldsymbol{\beta}_2, \cdots, \boldsymbol{\beta}_n$ 的极大无关组，显然 $\boldsymbol{\gamma}_1, \boldsymbol{\gamma}_2, \cdots, \boldsymbol{\gamma}_n$ 可由向量组 $\boldsymbol{\alpha}_{i1}, \boldsymbol{\alpha}_{i2}, \cdots, \boldsymbol{\alpha}_{ir_1}, \boldsymbol{\beta}_{j1}, \boldsymbol{\beta}_{j2}, \cdots, \boldsymbol{\beta}_{jr_2}$ 线性表示，故

$$r(\boldsymbol{\gamma}_1, \boldsymbol{\gamma}_2, \cdots, \boldsymbol{\gamma}_n) \leqslant r(\boldsymbol{\alpha}_{i1}, \boldsymbol{\alpha}_{i2}, \cdots, \boldsymbol{\alpha}_{ir_1}, \boldsymbol{\beta}_{j1}, \boldsymbol{\beta}_{j2}, \cdots, \boldsymbol{\beta}_{jr_2}) \leqslant r_1+r_2,$$

即 $r(\boldsymbol{A}+\boldsymbol{B}) \leqslant r(\boldsymbol{A})+r(\boldsymbol{B})$.

习题 3.3

1. 设矩阵 $\boldsymbol{A}=\begin{pmatrix}1 & 2 & 3 & -1\\ 2 & 5 & 7 & -2\\ 3 & 7 & 10 & -3\end{pmatrix}$，求矩阵 $\boldsymbol{A}$ 的秩，并求其列向量组的一个极大无关组，把其他列向量用此极大无关组线性表示.

2. 求下列向量组的秩，并求向量组的一个极大无关组，把其他向量用此极大无关组线性表示.

(1) $\boldsymbol{\alpha}_1=(1, 1, 1)^{\mathrm{T}}$, $\boldsymbol{\alpha}_2=(1, 1, 0)^{\mathrm{T}}$, $\boldsymbol{\alpha}_3=(1, 0, 0)^{\mathrm{T}}$, $\boldsymbol{\alpha}_4=(1, 2, -3)^{\mathrm{T}}$;

(2) $\boldsymbol{\alpha}_1=(1, -1, 0, 2)^{\mathrm{T}}$, $\boldsymbol{\alpha}_2=(0, 2, 1, -1)^{\mathrm{T}}$, $\boldsymbol{\alpha}_3=(2, 4, 3, 1)^{\mathrm{T}}$;

(3) $\boldsymbol{\alpha}_1=(1, 2, -1, 1)^{\mathrm{T}}$, $\boldsymbol{\alpha}_2=(2, 0, 3, 0)^{\mathrm{T}}$, $\boldsymbol{\alpha}_3=(0, -4, 5, -2)^{\mathrm{T}}$, $\boldsymbol{\alpha}_4=(3, -2, 7, -1)^{\mathrm{T}}$.

3. 设向量组 $\boldsymbol{\alpha}_1=(a, 3, 1)^{\mathrm{T}}$, $\boldsymbol{\alpha}_2=(2, b, 3)^{\mathrm{T}}$, $\boldsymbol{\alpha}_3=(1, 2, 1)^{\mathrm{T}}$, $\boldsymbol{\alpha}_4=(2, 3, 1)^{\mathrm{T}}$ 的秩为 2，求 a 和 b 的值，并求向量组的一个极大无关组.

3.4 向量空间

3.4.1 向量空间与子空间

向量空间

定义 1 设 V 为 n 维向量的非空集合，若集合 V 对于 n 维向量的加法及数乘两种运算封闭，即

(1) 若 $\boldsymbol{\alpha} \in V$, $\boldsymbol{\beta} \in V$，则 $\boldsymbol{\alpha}+\boldsymbol{\beta} \in V$;

(2) 若 $\boldsymbol{\alpha} \in V$, $\lambda \in \mathbf{R}$，则 $\lambda\boldsymbol{\alpha} \in V$,

则称集合 V 为 $\mathbf{R}$ 上的向量空间.

只含零向量的向量空间称为零空间.

记所有 n 维向量的集合为 $\mathbf{R}^n$，容易验证集合 $\mathbf{R}^n$ 对于加法及数乘两种运算封闭，因而集合 $\mathbf{R}^n$ 构成向量空间，称 $\mathbf{R}^n$ 为 n 维向量空间.一维向量空间 $\mathbf{R}^1$ 表示数轴；二维向量空间 $\mathbf{R}^2$ 表示平面；三维向量空间 $\mathbf{R}^3$ 表示空间；当 $n>3$ 时，$\mathbf{R}^n$ 没有直观的几何形象.

例 1 设集合 $V_1=\{\boldsymbol{x}=(0, x_2, \cdots, x_n)^{\mathrm{T}} \mid x_2, \cdots, x_n \in \mathbf{R}\}$，判别集合是否为向量

空间.

解 因为对于 V_1 的任意两个元素

$$\boldsymbol{\alpha}=(0, a_2, \cdots, a_n)^{\mathrm{T}}, \quad \boldsymbol{\beta}=(0, b_2, \cdots, b_n)^{\mathrm{T}} \in V_1, \quad \lambda \in \mathbf{R},$$

有 $\boldsymbol{\alpha}+\boldsymbol{\beta}=(0, a_2+b_2, \cdots, a_n+b_n)^{\mathrm{T}} \in V_1$，$\lambda\boldsymbol{\alpha}=(0, \lambda a_2, \cdots, \lambda a_n)^{\mathrm{T}} \in V_1$，故 V_1 是向量空间.

例 2 设集合 $V_2=\{\boldsymbol{x}=(1, x_2, \cdots, x_n)^{\mathrm{T}} \mid x_2, \cdots, x_n \in \mathbf{R}\}$，判别集合是否为向量空间.

解 设 $\boldsymbol{\alpha}=(1, a_2, \cdots, a_n)^{\mathrm{T}} \in V_2$，则 $2\boldsymbol{\alpha}=(2, 2a_2, \cdots, 2a_n)^{\mathrm{T}} \notin V_2$，故 V_2 不是向量空间.

例 3 设 $\boldsymbol{\alpha}, \boldsymbol{\beta}$ 为两个已知的 n 维向量，集合 $V_3=\{\boldsymbol{\xi}=\lambda\boldsymbol{\alpha}+\mu\boldsymbol{\beta} \mid \lambda, \mu \in \mathbf{R}\}$，判别集合是否为向量空间.

解 设 $\boldsymbol{\xi}_1=\lambda_1\boldsymbol{\alpha}+\mu_1\boldsymbol{\beta}$，$\boldsymbol{\xi}_2=\lambda_2\boldsymbol{\alpha}+\mu_2\boldsymbol{\beta}$，则有

$$\boldsymbol{\xi}_1+\boldsymbol{\xi}_2=(\lambda_1+\lambda_2)\boldsymbol{\alpha}+(\mu_1+\mu_2)\boldsymbol{\beta} \in V_3, \quad k\boldsymbol{\xi}_1=(k\lambda_1)\boldsymbol{\alpha}+(k\mu_1)\boldsymbol{\beta} \in V_3,$$

故 V_3 是向量空间.这个向量空间称为由向量 $\boldsymbol{\alpha}$ 和向量 $\boldsymbol{\beta}$ 所生成的向量空间，常记为 $\boldsymbol{L}[\boldsymbol{\alpha}, \boldsymbol{\beta}]$.

注 一般地，由向量组 $\boldsymbol{\alpha}_1, \boldsymbol{\alpha}_2, \cdots, \boldsymbol{\alpha}_m$ 所生成的向量空间为

$$\boldsymbol{L}[\boldsymbol{\alpha}_1, \boldsymbol{\alpha}_2, \cdots, \boldsymbol{\alpha}_m]=\{\boldsymbol{\xi}=\lambda_1\boldsymbol{\alpha}_1+\lambda_2\boldsymbol{\alpha}_2+\cdots+\lambda_m\boldsymbol{\alpha}_m \mid \lambda_1, \lambda_2, \cdots, \lambda_m \in \mathbf{R}\}.$$

例 4 设向量组 $\boldsymbol{\alpha}_1, \boldsymbol{\alpha}_2, \cdots, \boldsymbol{\alpha}_m$ 与向量组 $\boldsymbol{\beta}_1, \boldsymbol{\beta}_2, \cdots, \boldsymbol{\beta}_s$ 等价，V_1 和 V_2 分别为它们生成的向量空间，即

$$V_1=\{\boldsymbol{\xi}=\lambda_1\boldsymbol{\alpha}_1+\lambda_2\boldsymbol{\alpha}_2+\cdots+\lambda_m\boldsymbol{\alpha}_m \mid \lambda_1, \lambda_2, \cdots, \lambda_m \in \mathbf{R}\},$$
$$V_2=\{\boldsymbol{\xi}=\mu_1\boldsymbol{\alpha}_1+\mu_2\boldsymbol{\alpha}_2+\cdots+\mu_s\boldsymbol{\alpha}_s \mid \mu_1, \mu_2, \cdots, \mu_s \in \mathbf{R}\},$$

试证明 $V_1=V_2$.

证明 设 $\boldsymbol{x} \in V_1$，则 $\boldsymbol{x}$ 可由 $\boldsymbol{\alpha}_1, \boldsymbol{\alpha}_2, \cdots, \boldsymbol{\alpha}_m$ 线性表示，由向量组 $\boldsymbol{\alpha}_1, \boldsymbol{\alpha}_2, \cdots, \boldsymbol{\alpha}_m$ 与向量组 $\boldsymbol{\beta}_1, \boldsymbol{\beta}_2, \cdots, \boldsymbol{\beta}_s$ 等价，故 $\boldsymbol{\alpha}_1, \boldsymbol{\alpha}_2, \cdots, \boldsymbol{\alpha}_m$ 可由 $\boldsymbol{\beta}_1, \boldsymbol{\beta}_2, \cdots, \boldsymbol{\beta}_s$ 线性表示，所以 $\boldsymbol{x}$ 可由 $\boldsymbol{\beta}_1, \boldsymbol{\beta}_2, \cdots, \boldsymbol{\beta}_s$ 线性表示，从而 $\boldsymbol{x} \in V_2$，即 $V_1 \subset V_2$.

同理可证 $V_2 \subset V_1$，故 $V_1=V_2$.

定义 2 设有向量空间 V_1, V_2，若 $V_1 \subset V_2$，则称 V_1 是 V_2 的**子空间**.

容易看出，例 1 的向量空间 V_1 是向量空间 $\mathbf{R}^n$ 的子空间；零空间是任何向量空间的子空间.

3.4.2 向量空间的基与维数

定义 3 设 V 是向量空间，若有 r 个向量 $\boldsymbol{\alpha}_1, \boldsymbol{\alpha}_2, \cdots, \boldsymbol{\alpha}_r \in V$，满足：

(1) $\boldsymbol{\alpha}_1, \boldsymbol{\alpha}_2, \cdots, \boldsymbol{\alpha}_r$ 线性无关；

(2) V 中任一向量都可由 $\boldsymbol{\alpha}_1, \boldsymbol{\alpha}_2, \cdots, \boldsymbol{\alpha}_r$ 线性表示，

则称向量组 $\boldsymbol{\alpha}_1, \boldsymbol{\alpha}_2, \cdots, \boldsymbol{\alpha}_r$ 为向量空间 V 的一个**基**,数 r 称为向量空间 V 的**维数**,记为 $\dim V=r$,并称 V 为 **r 维向量空间**.

规定,零空间的维数为零.

显然,若把向量空间 V 看作向量组,则 V 的基就是向量组的极大无关组,V 的维数就是向量组的秩.

相反,若向量组 $\boldsymbol{\alpha}_1, \boldsymbol{\alpha}_2, \cdots, \boldsymbol{\alpha}_r$ 是向量空间 V 的基,则 V 可表示为

$$V=\{\boldsymbol{x} \mid \boldsymbol{x}=\lambda_1\boldsymbol{\alpha}_1+\cdots+\lambda_r\boldsymbol{\alpha}_r, \lambda_1, \lambda_2, \cdots, \lambda_r \in \mathbf{R}\}.$$

此时,V 又称为由基 $\boldsymbol{\alpha}_1, \boldsymbol{\alpha}_2, \cdots, \boldsymbol{\alpha}_r$ 所生成的向量空间.由此,如果找到向量空间的一个基,向量空间的结构也就比较清楚了.

例 5 证明:单位向量组

$$\boldsymbol{\varepsilon}_1=(1, 0, 0, \cdots, 0)^{\mathrm{T}}, \boldsymbol{\varepsilon}_2=(0, 1, 0, \cdots, 0)^{\mathrm{T}}, \cdots, \boldsymbol{\varepsilon}_n=(0, 0, 0, \cdots, 1)^{\mathrm{T}}$$

是 n 维向量空间 $\mathbf{R}^n$ 的一个基.

证明 容易看出,n 维向量组 $\boldsymbol{\varepsilon}_1, \boldsymbol{\varepsilon}_2, \cdots, \boldsymbol{\varepsilon}_n$ 线性无关,且对 n 维向量空间 $\mathbf{R}^n$ 中的任意一向量

$$\boldsymbol{\alpha}=(a_1, a_2, \cdots, a_n)^{\mathrm{T}}$$

有

$$\boldsymbol{\alpha}=a_1\boldsymbol{\varepsilon}_1+a_2\boldsymbol{\varepsilon}_2+\cdots+a_n\boldsymbol{\varepsilon}_n,$$

即 $\mathbf{R}^n$ 中任意一向量都可由单位向量组 $\boldsymbol{\varepsilon}_1, \boldsymbol{\varepsilon}_2, \cdots, \boldsymbol{\varepsilon}_n$ 线性表示.因此,单位向量组 $\boldsymbol{\varepsilon}_1, \boldsymbol{\varepsilon}_2, \cdots, \boldsymbol{\varepsilon}_n$ 是 n 维向量空间 $\mathbf{R}^n$ 的一个基.这样的基称为自然基.

定理 1 n 维向量空间 V 中任意 n 个线性无关的向量都是 V 的一个基.

证明 设 $\boldsymbol{\alpha}_1, \boldsymbol{\alpha}_2, \cdots, \boldsymbol{\alpha}_n$ 是向量空间 V 中任意 n 个线性无关的向量,对任意 $\boldsymbol{\alpha} \in V$,由 3.2 节知识知,向量组 $\boldsymbol{\alpha}_1, \boldsymbol{\alpha}_2, \cdots, \boldsymbol{\alpha}_n, \boldsymbol{\alpha}$ 线性相关,则 $\boldsymbol{\alpha}$ 可由向量组 $\boldsymbol{\alpha}_1, \boldsymbol{\alpha}_2, \cdots, \boldsymbol{\alpha}_n$ 线性表示,由基的定义知,$\boldsymbol{\alpha}_1, \boldsymbol{\alpha}_2, \cdots, \boldsymbol{\alpha}_n$ 是向量空间 V 的一个基.

例 6 证明:向量组 $\boldsymbol{\alpha}_1=(-1, 2, 0)^{\mathrm{T}}, \boldsymbol{\alpha}_2=(1, 1, 0)^{\mathrm{T}}, \boldsymbol{\alpha}_3=(0, 2, 1)^{\mathrm{T}}$ 是 $\mathbf{R}^3$ 的一个基.

证明 由于矩阵 $\boldsymbol{A}=(\boldsymbol{\alpha}_1, \boldsymbol{\alpha}_2, \boldsymbol{\alpha}_3)$ 的行列式

$$|\boldsymbol{A}|=\begin{vmatrix} -1 & 1 & 0 \\ 2 & 1 & 2 \\ 0 & 0 & 1 \end{vmatrix}=\begin{vmatrix} -1 & 1 & 0 \\ 0 & 3 & 2 \\ 0 & 0 & 1 \end{vmatrix}=-3 \neq 0,$$

故向量组 $\boldsymbol{\alpha}_1, \boldsymbol{\alpha}_2, \boldsymbol{\alpha}_3$ 线性无关,向量组 $\boldsymbol{\alpha}_1, \boldsymbol{\alpha}_2, \boldsymbol{\alpha}_3$ 是 $\mathbf{R}^3$ 的一个基.

例 7 设有向量组 $\boldsymbol{\alpha}_1=(1, 1, 0)^{\mathrm{T}}, \boldsymbol{\alpha}_2=(2, 1, 1)^{\mathrm{T}}, \boldsymbol{\alpha}_3=(0, 2, -1)^{\mathrm{T}}, \boldsymbol{\beta}=(1, 2, 3)^{\mathrm{T}}$,试证明:向量组 $\boldsymbol{\alpha}_1, \boldsymbol{\alpha}_2, \boldsymbol{\alpha}_3$ 是 $\mathbf{R}^3$ 的一个基,并将向量 $\boldsymbol{\beta}$ 用这个基线性表示.

证明 写出矩阵 $(\boldsymbol{\alpha}_1, \boldsymbol{\alpha}_2, \boldsymbol{\alpha}_3, \boldsymbol{\beta})$,即

$$(\boldsymbol{\alpha}_1, \boldsymbol{\alpha}_2, \boldsymbol{\alpha}_3, \boldsymbol{\beta}) = \begin{pmatrix} 1 & 2 & 0 & 1 \\ 1 & 1 & 2 & 2 \\ 0 & 1 & -1 & 3 \end{pmatrix} \to \begin{pmatrix} 1 & 2 & 0 & 1 \\ 0 & -1 & 2 & 1 \\ 0 & 1 & -1 & 3 \end{pmatrix} \to \begin{pmatrix} 1 & 2 & 0 & 1 \\ 0 & -1 & 2 & 1 \\ 0 & 0 & 1 & 4 \end{pmatrix}$$

$$\to \begin{pmatrix} 1 & 2 & 0 & 1 \\ 0 & 1 & -2 & -1 \\ 0 & 0 & 1 & 4 \end{pmatrix} \to \begin{pmatrix} 1 & 2 & 0 & 1 \\ 0 & 1 & 0 & 7 \\ 0 & 0 & 1 & 4 \end{pmatrix} \to \begin{pmatrix} 1 & 0 & 0 & -13 \\ 0 & 1 & 0 & 7 \\ 0 & 0 & 1 & 4 \end{pmatrix}.$$

容易看出，$\boldsymbol{\alpha}_1, \boldsymbol{\alpha}_2, \boldsymbol{\alpha}_3$ 线性无关，故 $\boldsymbol{\alpha}_1, \boldsymbol{\alpha}_2, \boldsymbol{\alpha}_3$ 是 $\mathbf{R}^3$ 的一个基，且有

$$\boldsymbol{\beta} = -13\boldsymbol{\alpha}_1 + 7\boldsymbol{\alpha}_2 + 4\boldsymbol{\alpha}_3.$$

定义 4 设向量组 $\boldsymbol{\alpha}_1, \boldsymbol{\alpha}_2, \cdots, \boldsymbol{\alpha}_r$ 是向量空间 V 的一个基，向量空间 V 中任一向量 $\boldsymbol{\alpha}$ 可唯一地表示为

$$\boldsymbol{\alpha} = \lambda_1\boldsymbol{\alpha}_1 + \lambda_2\boldsymbol{\alpha}_2 + \cdots + \lambda_r\boldsymbol{\alpha}_r,$$

其中，有序数组 $\lambda_1, \lambda_2, \cdots, \lambda_r$ 称为向量 $\boldsymbol{\alpha}$ 在基 $\boldsymbol{\alpha}_1, \boldsymbol{\alpha}_2, \cdots, \boldsymbol{\alpha}_r$ 下的**坐标**.

特别地，在 n 维向量空间 $\mathbf{R}^n$ 中取单位坐标向量组 $\boldsymbol{\varepsilon}_1, \boldsymbol{\varepsilon}_2, \cdots, \boldsymbol{\varepsilon}_n$ 为基，则以 $x_1, x_2, \cdots, x_n$ 为分量的向量 $\boldsymbol{x}$，可表示为

$$\boldsymbol{x} = x_1\boldsymbol{\varepsilon}_1 + x_2\boldsymbol{\varepsilon}_2 + \cdots + x_n\boldsymbol{\varepsilon}_n,$$

可见，向量 $\boldsymbol{x}$ 在基 $\boldsymbol{\varepsilon}_1, \boldsymbol{\varepsilon}_2, \cdots, \boldsymbol{\varepsilon}_n$ 下的坐标就是该向量的分量.因此，$\boldsymbol{\varepsilon}_1, \boldsymbol{\varepsilon}_2, \cdots, \boldsymbol{\varepsilon}_n$ 称为 $\mathbf{R}^n$ 的自然基.

例 8 设有 $\mathbf{R}^3$ 的一个基 $\boldsymbol{\alpha}_1, \boldsymbol{\alpha}_2, \boldsymbol{\alpha}_3$，其中，$\boldsymbol{\alpha}_1 = (1, -3, 0)^{\mathrm{T}}$，$\boldsymbol{\alpha}_2 = (2, -1, 1)^{\mathrm{T}}$，$\boldsymbol{\alpha}_3 = (-1, 0, 2)^{\mathrm{T}}$，求向量 $\boldsymbol{\alpha} = (2, 4, 3)^{\mathrm{T}}$ 在基 $\boldsymbol{\alpha}_1, \boldsymbol{\alpha}_2, \boldsymbol{\alpha}_3$ 下的坐标.

解 由定义，设 $\boldsymbol{\alpha} = \lambda_1\boldsymbol{\alpha}_1 + \lambda_2\boldsymbol{\alpha}_2 + \lambda_3\boldsymbol{\alpha}_3$，为解此方程组，列出其增广矩阵并进行初等行变换，即

$$(\boldsymbol{\alpha}_1, \boldsymbol{\alpha}_2, \boldsymbol{\alpha}_3, \boldsymbol{\alpha}) = \begin{pmatrix} 1 & 2 & -1 & 2 \\ -3 & -1 & 0 & 4 \\ 0 & 1 & 2 & 3 \end{pmatrix} \to \begin{pmatrix} 1 & 2 & -1 & 2 \\ 0 & 5 & -3 & 10 \\ 0 & 1 & 2 & 3 \end{pmatrix} \to \begin{pmatrix} 1 & 2 & -1 & 2 \\ 0 & 1 & 2 & 3 \\ 0 & 5 & -3 & 10 \end{pmatrix}$$

$$\to \begin{pmatrix} 1 & 2 & -1 & 2 \\ 0 & 1 & 2 & 3 \\ 0 & 0 & -13 & -5 \end{pmatrix} \to \begin{pmatrix} 1 & 2 & 0 & \frac{31}{13} \\ 0 & 1 & 0 & \frac{29}{13} \\ 0 & 0 & 1 & \frac{5}{13} \end{pmatrix} \to \begin{pmatrix} 1 & 0 & 0 & -\frac{27}{13} \\ 0 & 1 & 0 & \frac{29}{13} \\ 0 & 0 & 1 & \frac{5}{13} \end{pmatrix}.$$

解得方程组的解是 $(\lambda_1, \lambda_2, \lambda_3) = \left(-\frac{27}{13}, \frac{29}{13}, \frac{5}{13}\right)$，此即为向量 $\boldsymbol{\alpha} = (2, 4, 3)^{\mathrm{T}}$ 在基 $\boldsymbol{\alpha}_1, \boldsymbol{\alpha}_2, \boldsymbol{\alpha}_3$ 下的坐标.

3.4.3 基变换与坐标变换

在向量空间中，任一向量在指定基下的坐标是唯一的，但在不同基下的坐标一般是不同的.例如，$\boldsymbol{\alpha}=(2,\ 3)^{\mathrm{T}}$ 在自然基 $\boldsymbol{\varepsilon}_1,\ \boldsymbol{\varepsilon}_2$ 下的坐标为 $(2,\ 3)$，但在基 $\boldsymbol{\alpha}_1=(1,\ 0)^{\mathrm{T}},\ \boldsymbol{\alpha}_2=(1,\ 1)^{\mathrm{T}}$ 下，由于 $\boldsymbol{\alpha}=-\boldsymbol{\alpha}_1+3\boldsymbol{\alpha}_2$，故在此基下的坐标为 $(-1,\ 3)$.

定义 5 设向量组 $\boldsymbol{\alpha}_1,\ \boldsymbol{\alpha}_2,\ \cdots,\ \boldsymbol{\alpha}_n$ 和 $\boldsymbol{\beta}_1,\ \boldsymbol{\beta}_2,\ \cdots,\ \boldsymbol{\beta}_n$ 是 n 维向量空间 V 的两个基，若它们之间的关系可表示为

$$(\boldsymbol{\beta}_1,\ \boldsymbol{\beta}_2,\ \cdots,\ \boldsymbol{\beta}_n)=(\boldsymbol{\alpha}_1,\ \boldsymbol{\alpha}_2,\ \cdots,\ \boldsymbol{\alpha}_n)\boldsymbol{C},$$

其中，$\boldsymbol{C}=(c_{ij})_{n\times n}$，则称矩阵 $\boldsymbol{C}$ 为从基 $\boldsymbol{\alpha}_1,\ \boldsymbol{\alpha}_2,\ \cdots,\ \boldsymbol{\alpha}_n$ 到基 $\boldsymbol{\beta}_1,\ \boldsymbol{\beta}_2,\ \cdots,\ \boldsymbol{\beta}_n$ 的过渡矩阵(或基变换矩阵)，此式为基变换公式.

易知，$\boldsymbol{C}$ 是可逆矩阵，否则 $|\boldsymbol{\beta}_1,\ \boldsymbol{\beta}_2,\ \cdots,\ \boldsymbol{\beta}_n|=0$，即 $\boldsymbol{\beta}_1,\ \boldsymbol{\beta}_2,\ \cdots,\ \boldsymbol{\beta}_n$ 不是 n 维向量空间 V 的基.另外，$\boldsymbol{C}^{-1}$ 是从基 $\boldsymbol{\beta}_1,\ \boldsymbol{\beta}_2,\ \cdots,\ \boldsymbol{\beta}_n$ 到基 $\boldsymbol{\alpha}_1,\ \boldsymbol{\alpha}_2,\ \cdots,\ \boldsymbol{\alpha}_n$ 的过渡矩阵，即

$$(\boldsymbol{\alpha}_1,\ \boldsymbol{\alpha}_2,\ \cdots,\ \boldsymbol{\alpha}_n)=(\boldsymbol{\beta}_1,\ \boldsymbol{\beta}_2,\ \cdots,\ \boldsymbol{\beta}_n)\boldsymbol{C}^{-1}.$$

例 9 设向量组 $\boldsymbol{\alpha}_1,\ \boldsymbol{\alpha}_2,\ \boldsymbol{\alpha}_3$ 和 $\boldsymbol{\beta}_1,\ \boldsymbol{\beta}_2,\ \boldsymbol{\beta}_3$ 是 $\mathbf{R}^3$ 的两个基，且有

$$\boldsymbol{\beta}_1=\boldsymbol{\alpha}_1+\boldsymbol{\alpha}_2,\quad \boldsymbol{\beta}_2=\boldsymbol{\alpha}_1+\boldsymbol{\alpha}_3,\quad \boldsymbol{\beta}_3=\boldsymbol{\alpha}_2+\boldsymbol{\alpha}_3,$$

求从基 $\boldsymbol{\alpha}_1,\ \boldsymbol{\alpha}_2,\ \cdots,\ \boldsymbol{\alpha}_n$ 到基 $\boldsymbol{\beta}_1,\ \boldsymbol{\beta}_2,\ \cdots,\ \boldsymbol{\beta}_n$ 的过渡矩阵和从基 $\boldsymbol{\beta}_1,\ \boldsymbol{\beta}_2,\ \cdots,\ \boldsymbol{\beta}_n$ 到基 $\boldsymbol{\alpha}_1,\ \boldsymbol{\alpha}_2,\ \cdots,\ \boldsymbol{\alpha}_n$ 的过渡矩阵.

解 由 $(\boldsymbol{\beta}_1,\ \boldsymbol{\beta}_2,\ \boldsymbol{\beta}_3)=(\boldsymbol{\alpha}_1,\ \boldsymbol{\alpha}_2,\ \boldsymbol{\alpha}_3)\begin{pmatrix}1&1&0\\1&0&1\\0&1&1\end{pmatrix}$，

得从基 $\boldsymbol{\alpha}_1,\ \boldsymbol{\alpha}_2,\ \cdots,\ \boldsymbol{\alpha}_n$ 到基 $\boldsymbol{\beta}_1,\ \boldsymbol{\beta}_2,\ \cdots,\ \boldsymbol{\beta}_n$ 的过渡矩阵为 $\boldsymbol{C}=\begin{pmatrix}1&1&0\\1&0&1\\0&1&1\end{pmatrix}$，

由 $\boldsymbol{C}^{-1}=-\dfrac{1}{2}\begin{pmatrix}-1&-1&1\\-1&1&-1\\1&-1&-1\end{pmatrix}$，得从基 $\boldsymbol{\beta}_1,\ \boldsymbol{\beta}_2,\ \cdots,\ \boldsymbol{\beta}_n$ 到基 $\boldsymbol{\alpha}_1,\ \boldsymbol{\alpha}_2,\ \cdots,\ \boldsymbol{\alpha}_n$ 的过渡矩阵为 $-\dfrac{1}{2}\begin{pmatrix}-1&-1&1\\-1&1&-1\\1&-1&-1\end{pmatrix}$.

定理 2 设向量空间 V 的一组基 $\boldsymbol{\alpha}_1,\ \boldsymbol{\alpha}_2,\ \cdots,\ \boldsymbol{\alpha}_n$ 到另一组基 $\boldsymbol{\beta}_1,\ \boldsymbol{\beta}_2,\ \cdots,\ \boldsymbol{\beta}_n$ 的过渡矩阵为 $\boldsymbol{C}$，V 中一个向量在这两组基下的坐标分别为 $\boldsymbol{X}$ 和 $\boldsymbol{Y}$，则 $\boldsymbol{X}=\boldsymbol{C}\boldsymbol{Y}$.

我们也称 $\boldsymbol{X}=\boldsymbol{C}\boldsymbol{Y}$ 为坐标变换公式，同时也有 $\boldsymbol{Y}=\boldsymbol{C}^{-1}\boldsymbol{X}$.

例 10 在例 9 中，某向量 $\boldsymbol{x}$ 在基 $\boldsymbol{\alpha}_1,\ \boldsymbol{\alpha}_2,\ \boldsymbol{\alpha}_3$ 下的坐标为 $(1,\ 3,\ 2)$，求此向量 $\boldsymbol{x}$ 在基 $\boldsymbol{\beta}_1,\ \boldsymbol{\beta}_2,\ \boldsymbol{\beta}_3$ 下的坐标.

解 由坐标变换公式 $\boldsymbol{Y}=\boldsymbol{C}^{-1}\boldsymbol{X}$，有

$$\boldsymbol{Y}=\boldsymbol{C}^{-1}\boldsymbol{X}=-\frac{1}{2}\begin{pmatrix}-1 & -1 & 1\\-1 & 1 & -1\\1 & -1 & -1\end{pmatrix}\begin{pmatrix}1\\3\\2\end{pmatrix}=\begin{pmatrix}1\\0\\2\end{pmatrix},$$

故向量 $\boldsymbol{x}$ 在基 $\boldsymbol{\beta}_1$，$\boldsymbol{\beta}_2$，$\boldsymbol{\beta}_3$ 下的坐标为 $(1, 0, 2)$.

习题 3.4

1. 验证向量组 $\boldsymbol{\alpha}_1=(-1, -1, 0)^{\mathrm{T}}$，$\boldsymbol{\alpha}_2=(2, 1, 3)^{\mathrm{T}}$，$\boldsymbol{\alpha}_3=(3, 1, 2)^{\mathrm{T}}$ 是 $\mathbf{R}^3$ 的一个基，并将 $\boldsymbol{\beta}_1=(5, 0, 7)^{\mathrm{T}}$ 和 $\boldsymbol{\beta}_2=(-9, -8, -13)^{\mathrm{T}}$ 用此基线性表示.

2. 证明：向量组 $\boldsymbol{\alpha}_1=(1, 0, 2, 1)^{\mathrm{T}}$，$\boldsymbol{\alpha}_2=(0, 1, 0, 1)^{\mathrm{T}}$，$\boldsymbol{\alpha}_3=(-1, 2, 0, 1)^{\mathrm{T}}$，$\boldsymbol{\alpha}_4=(0, 0, 0, 1)^{\mathrm{T}}$ 是 $\mathbf{R}^4$ 的一个基.

3. 设有 $\mathbf{R}^4$ 的一个基 $\boldsymbol{\alpha}_1$，$\boldsymbol{\alpha}_2$，$\boldsymbol{\alpha}_3$，$\boldsymbol{\alpha}_4$，其中，$\boldsymbol{\alpha}_1=(1, 0, 2, 1)^{\mathrm{T}}$，$\boldsymbol{\alpha}_2=(0, 1, 0, 1)^{\mathrm{T}}$，$\boldsymbol{\alpha}_3=(-1, 2, 0, 1)^{\mathrm{T}}$，$\boldsymbol{\alpha}_4=(0, 0, 0, 1)^{\mathrm{T}}$，求向量 $\boldsymbol{\alpha}=(1, -1, 4, 5)^{\mathrm{T}}$ 在基 $\boldsymbol{\alpha}_1$，$\boldsymbol{\alpha}_2$，$\boldsymbol{\alpha}_3$，$\boldsymbol{\alpha}_4$ 下的坐标.

4. 设向量组 $\boldsymbol{\alpha}_1$，$\boldsymbol{\alpha}_2$，$\boldsymbol{\alpha}_3$ 和 $\boldsymbol{\beta}_1$，$\boldsymbol{\beta}_2$，$\boldsymbol{\beta}_3$ 是 $\mathbf{R}^3$ 的两个基，其中，$\boldsymbol{\alpha}_1=(1, 1, 1)^{\mathrm{T}}$，$\boldsymbol{\alpha}_2=(1, 0, -1)^{\mathrm{T}}$，$\boldsymbol{\alpha}_3=(1, 0, 1)^{\mathrm{T}}$，$\boldsymbol{\beta}_1=(1, 2, 1)^{\mathrm{T}}$，$\boldsymbol{\beta}_2=(2, 3, 4)^{\mathrm{T}}$，$\boldsymbol{\beta}_3=(3, 4, 3)^{\mathrm{T}}$，求从基 $\boldsymbol{\alpha}_1$，$\boldsymbol{\alpha}_2$，$\cdots$，$\boldsymbol{\alpha}_n$ 到基 $\boldsymbol{\beta}_1$，$\boldsymbol{\beta}_2$，$\cdots$，$\boldsymbol{\beta}_n$ 的过渡矩阵 $\boldsymbol{P}$.

3.5 线性方程组解的结构

线性方程组解的结构

3.5.1 齐次线性方程组解的结构

设齐次线性方程组

$$\begin{cases}a_{11}x_1+a_{12}x_2+\cdots+a_{1n}x_n=0,\\a_{21}x_1+a_{22}x_2+\cdots+a_{2n}x_n=0,\\\qquad\qquad\vdots\\a_{m1}x_1+a_{m2}x_2+\cdots+a_{mn}x_n=0.\end{cases}\tag{1}$$

其矩阵形式为

$$\boldsymbol{A}\boldsymbol{x}=\boldsymbol{0},$$

其中，$\boldsymbol{A}=\begin{pmatrix}a_{11} & a_{12} & \cdots & a_{1n}\\a_{21} & a_{22} & \cdots & a_{2n}\\\vdots & \vdots & & \vdots\\a_{m1} & a_{m2} & \cdots & a_{mn}\end{pmatrix}$，$\boldsymbol{x}=\begin{pmatrix}x_1\\x_2\\\vdots\\x_n\end{pmatrix}$.

由于方程组的解 $\boldsymbol{x}=\begin{pmatrix}x_1\\x_2\\\vdots\\x_n\end{pmatrix}$ 为向量形式，故称为方程组的**解向量**.

由 3.1 节相关知识知，当且仅当 $r(\boldsymbol{A})=n$ 时，方程组 $\boldsymbol{Ax}=\boldsymbol{0}$ 只有零解；当且仅当 $r(\boldsymbol{A})<n$ 时，方程组 $\boldsymbol{Ax}=\boldsymbol{0}$ 有非零解.为研究方程组解的结构，先讨论齐次方程组解的性质.

性质 1 若 $\boldsymbol{\xi}_1$，$\boldsymbol{\xi}_2$ 是方程组 $\boldsymbol{Ax}=\boldsymbol{0}$ 的解，则 $\boldsymbol{\xi}_1+\boldsymbol{\xi}_2$ 也是方程组 $\boldsymbol{Ax}=\boldsymbol{0}$ 的解.

证明 若 $\boldsymbol{\xi}_1$，$\boldsymbol{\xi}_2$ 是方程组 $\boldsymbol{Ax}=\boldsymbol{0}$ 的解，则有 $\boldsymbol{A\xi}_1=\boldsymbol{0}$，$\boldsymbol{A\xi}_2=\boldsymbol{0}$，从而

$$\boldsymbol{A}(\boldsymbol{\xi}_1+\boldsymbol{\xi}_2)=\boldsymbol{A\xi}_1+\boldsymbol{A\xi}_2=\boldsymbol{0},$$

即 $\boldsymbol{\xi}_1+\boldsymbol{\xi}_2$ 也是方程组 $\boldsymbol{Ax}=\boldsymbol{0}$ 的解.

性质 2 若 $\boldsymbol{\xi}$ 是方程组 $\boldsymbol{Ax}=\boldsymbol{0}$ 的解，k 为任意实数，则 $k\boldsymbol{\xi}$ 也是方程组 $\boldsymbol{Ax}=\boldsymbol{0}$ 的解.

证明 若 $\boldsymbol{\xi}$ 是方程组 $\boldsymbol{Ax}=\boldsymbol{0}$ 的解，则有 $\boldsymbol{A\xi}=\boldsymbol{0}$，从而

$$\boldsymbol{A}(k\boldsymbol{\xi})=k\cdot\boldsymbol{A\xi}=k\cdot\boldsymbol{0}=\boldsymbol{0},$$

即 $k\boldsymbol{\xi}$ 也是方程组 $\boldsymbol{Ax}=\boldsymbol{0}$ 的解.

根据上述性质，容易得到下面的推论.

推论 若 $\boldsymbol{\xi}_1$，$\boldsymbol{\xi}_2$，…，$\boldsymbol{\xi}_n$ 是方程组 $\boldsymbol{Ax}=\boldsymbol{0}$ 的解，k_1，k_2，…，k_n 为任意实数，则 $k_1\boldsymbol{\xi}_1+k_2\boldsymbol{\xi}_2+\cdots+k_n\boldsymbol{\xi}_n$ 也是方程组 $\boldsymbol{Ax}=\boldsymbol{0}$ 的解.

由性质 2 有，若方程组 $\boldsymbol{Ax}=\boldsymbol{0}$ 有非零解，则必有无穷多解.

方程组 $\boldsymbol{Ax}=\boldsymbol{0}$ 的解进行加法和数乘运算后还是它的解，由 3.2 节知识，故方程组 $\boldsymbol{Ax}=\boldsymbol{0}$ 全体解向量所构成的集合构成一个向量空间，称其为齐次线性方程组 $\boldsymbol{Ax}=\boldsymbol{0}$ 的**解空间**.

定义 设方程组 $\boldsymbol{Ax}=\boldsymbol{0}$ 有解 $\boldsymbol{\xi}_1$，$\boldsymbol{\xi}_2$，…，$\boldsymbol{\xi}_n$，且满足：

(1) $\boldsymbol{\xi}_1$，$\boldsymbol{\xi}_2$，…，$\boldsymbol{\xi}_n$ 线性无关；

(2) $\boldsymbol{Ax}=\boldsymbol{0}$ 的任意一个解都可由 $\boldsymbol{\xi}_1$，$\boldsymbol{\xi}_2$，…，$\boldsymbol{\xi}_n$ 线性表示，

则称 $\boldsymbol{\xi}_1$，$\boldsymbol{\xi}_2$，…，$\boldsymbol{\xi}_n$ 为方程组 $\boldsymbol{Ax}=\boldsymbol{0}$ 的一个**基础解系**.

其实，方程组 $\boldsymbol{Ax}=\boldsymbol{0}$ 的基础解系 $\boldsymbol{\xi}_1$，$\boldsymbol{\xi}_2$，…，$\boldsymbol{\xi}_n$ 就是其解空间的一个基.

按定义，若有方程组 $\boldsymbol{Ax}=\boldsymbol{0}$ 的基础解系 $\boldsymbol{\xi}_1$，$\boldsymbol{\xi}_2$，…，$\boldsymbol{\xi}_n$，则方程组 $\boldsymbol{Ax}=\boldsymbol{0}$ 的全部解可表示为

$$\boldsymbol{x}=k_1\boldsymbol{\xi}_1+k_2\boldsymbol{\xi}_2+\cdots+k_n\boldsymbol{\xi}_n,$$

其中，k_1，k_2，…，k_n 为任意实数，而上式又称为方程组 $\boldsymbol{Ax}=\boldsymbol{0}$ 的**通解**.

我们知道，对于方程组 $\boldsymbol{Ax}=\boldsymbol{0}$，当 $r(\boldsymbol{A})=n$ 时，方程组 $\boldsymbol{Ax}=\boldsymbol{0}$ 只有零解；当 $r(\boldsymbol{A})<n$ 时，方程组 $\boldsymbol{Ax}=\boldsymbol{0}$ 有非零解，那么此时一定有基础解系吗？

定理 1 设方程组 $\boldsymbol{Ax}=\boldsymbol{0}$，若 $r(\boldsymbol{A})=r<n$，则该方程组一定存在基础解系，且基础解系中所含向量个数为 $n-r$，其中 n 为方程组所含未知量个数.

证明 由 $r(\boldsymbol{A})=r<n$，故对系数矩阵 $\boldsymbol{A}$ 进行初等行变换，可化为如下形式：

$$\boldsymbol{B}=\begin{pmatrix} 1 & 0 & \cdots & 0 & b_{11} & b_{12} & \cdots & b_{1,n-r} \\ 0 & 1 & \cdots & 0 & b_{21} & b_{22} & \cdots & b_{2,n-r} \\ \vdots & \vdots & & \vdots & \vdots & \vdots & & \vdots \\ 0 & 0 & \cdots & 1 & b_{r1} & b_{r2} & \cdots & b_{r,n-r} \\ 0 & 0 & \cdots & 0 & 0 & 0 & \cdots & 0 \\ \vdots & \vdots & & \vdots & \vdots & \vdots & & \vdots \\ 0 & 0 & \cdots & 0 & 0 & 0 & \cdots & 0 \end{pmatrix},$$

这样，可得到与方程组 $\boldsymbol{A}\boldsymbol{x}=\boldsymbol{0}$ 同解的方程组为

$$\begin{cases}x_1=-b_{11}x_{r+1}-b_{12}x_{r+2}-\cdots-b_{1,n-r}x_n,\\ x_2=-b_{21}x_{r+1}-b_{22}x_{r+2}-\cdots-b_{2,n-r}x_n,\\ \quad\vdots\\ x_r=-b_{r1}x_{r+1}-b_{r2}x_{r+2}-\cdots-b_{r,n-r}x_n.\end{cases}\tag{2}$$

设 $x_{r+1}, x_{r+2}, \cdots, x_n$ 为自由未知量，并分别取

$$\begin{pmatrix}x_{r+1}\\x_{r+2}\\\vdots\\x_n\end{pmatrix}=\begin{pmatrix}1\\0\\\vdots\\0\end{pmatrix},\begin{pmatrix}0\\1\\\vdots\\0\end{pmatrix},\cdots,\begin{pmatrix}0\\0\\\vdots\\1\end{pmatrix},$$

这样可得到方程组 $\boldsymbol{A}\boldsymbol{x}=\boldsymbol{0}$ 的一组解 $\boldsymbol{\xi}_1, \boldsymbol{\xi}_2, \cdots, \boldsymbol{\xi}_{n-r}$，其中

$$\boldsymbol{\xi}_1=\begin{pmatrix}-b_{11}\\\vdots\\-b_{r1}\\1\\0\\\vdots\\0\end{pmatrix},\boldsymbol{\xi}_2=\begin{pmatrix}-b_{12}\\\vdots\\-b_{r2}\\0\\1\\\vdots\\0\end{pmatrix},\cdots,\boldsymbol{\xi}_{n-r}=\begin{pmatrix}-b_{1,n-r}\\\vdots\\-b_{r,n-r}\\0\\0\\\vdots\\1\end{pmatrix}.$$

下面证明 $\boldsymbol{\xi}_1, \boldsymbol{\xi}_2, \cdots, \boldsymbol{\xi}_{n-r}$ 是方程组 $\boldsymbol{A}\boldsymbol{x}=\boldsymbol{0}$ 的基础解系.

证明 (1) $\boldsymbol{\xi}_1, \boldsymbol{\xi}_2, \cdots, \boldsymbol{\xi}_{n-r}$ 是线性无关的.

事实上，由于向量组 $\begin{pmatrix}1\\0\\\vdots\\0\end{pmatrix},\begin{pmatrix}0\\1\\\vdots\\0\end{pmatrix},\cdots,\begin{pmatrix}0\\0\\\vdots\\1\end{pmatrix}$ 是线性无关的，故向量组 $\boldsymbol{\xi}_1, \boldsymbol{\xi}_2, \cdots, \boldsymbol{\xi}_{n-r}$ 亦线性无关.

(2) 方程组 $\boldsymbol{A}\boldsymbol{x}=\boldsymbol{0}$ 的任意一个解都可由 $\boldsymbol{\xi}_1, \boldsymbol{\xi}_2, \cdots, \boldsymbol{\xi}_{n-r}$ 线性表示.

事实上，由式(2)有

$$\boldsymbol{x}=\begin{pmatrix}x_1\\\vdots\\x_r\\x_{r+1}\\\vdots\\x_n\end{pmatrix}=\begin{pmatrix}-b_{11}x_{r+1} & -b_{12}x_{r+2} & \cdots & -b_{1,n-r}x_n\\ \vdots & \vdots & \vdots & \vdots\\ -b_{r1}x_{r+1} & -b_{r2}x_{r+2} & \cdots & -b_{r,n-r}x_n\\ x_{r+1} & & & \\ \vdots & \vdots & \vdots & \vdots\\ & & & x_n\end{pmatrix}$$

$$=x_{r+1}\begin{pmatrix}-b_{11}\\ \vdots\\ -b_{r1}\\ 1\\ 0\\ \vdots\\ 0\end{pmatrix}+x_{r+2}\begin{pmatrix}-b_{12}\\ \vdots\\ -b_{r2}\\ 0\\ 1\\ \vdots\\ 0\end{pmatrix}+\cdots+x_n\begin{pmatrix}-b_{1,n-r}\\ \vdots\\ -b_{r,n-r}\\ 0\\ 0\\ \vdots\\ 1\end{pmatrix}$$

$$=x_{r+1}\boldsymbol{\xi}_1+x_{r+2}\boldsymbol{\xi}_2+\cdots+x_n\boldsymbol{\xi}_{n-r},$$

即方程组 $\boldsymbol{Ax}=\boldsymbol{0}$ 的任意一个解 x 都可由 $\boldsymbol{\xi}_1, \boldsymbol{\xi}_2, \cdots, \boldsymbol{\xi}_{n-r}$ 线性表示.

由方程组(1)和方程组(2)知，$\boldsymbol{\xi}_1, \boldsymbol{\xi}_2, \cdots, \boldsymbol{\xi}_{n-r}$ 是方程组 $\boldsymbol{Ax}=\boldsymbol{0}$ 的基础解系.

定理的证明实际上已给出了求解方程组 $\boldsymbol{Ax}=\boldsymbol{0}$ 的基础解系的方法.

例 1 求齐次方程组

$$\begin{cases} x_1-3x_2-2x_3=0,\\ -x_1+x_2+x_3=0\end{cases}$$

的基础解系和通解.

解 对系数矩阵进行初等行变换：

$$\begin{pmatrix}1&-3&-2\\-1&1&1\end{pmatrix}\to\begin{pmatrix}1&-3&-2\\0&-2&-1\end{pmatrix}\to\begin{pmatrix}1&-3&-2\\0&1&\frac{1}{2}\end{pmatrix}\to\begin{pmatrix}1&0&-\frac{1}{2}\\0&1&\frac{1}{2}\end{pmatrix},$$

由 $n=3$，$r=2$，$n-r=1$，故方程组的基础解系含一个向量 $\boldsymbol{\xi}=\begin{pmatrix}\frac{1}{2}\\-\frac{1}{2}\\1\end{pmatrix}$，当然也可取基础解系为 $\begin{pmatrix}1\\-1\\2\end{pmatrix}$，方程组的通解为 $x=k\begin{pmatrix}1\\-1\\2\end{pmatrix}$，$k\in\mathbf{R}$.

例 2 求齐次方程组

$$\begin{cases} x_1-x_2+3x_3+3x_4+10x_5-4x_6=0,\\ -x_1+2x_2-4x_3-4x_4-13x_5+7x_6=0,\\ x_1-3x_2+5x_3+6x_4+18x_5-11x_6=0,\\ x_2-x_3+x_4+x_5+x_6=0\end{cases}$$

的基础解系和通解.

解 对系数矩阵进行初等行变换：

$$\begin{pmatrix}1&-1&3&3&10&-4\\-1&2&-4&-4&-13&7\\1&-3&5&6&18&-11\\0&1&-1&1&1&1\end{pmatrix}\to\begin{pmatrix}1&-1&3&3&10&-4\\0&1&-1&-1&-3&3\\0&-2&2&3&8&-7\\0&1&-1&1&1&1\end{pmatrix}$$

$$\to\begin{pmatrix}1&-1&3&3&10&-4\\0&1&-1&-1&-3&3\\0&0&0&1&2&-1\\0&0&0&2&4&-2\end{pmatrix}\to\begin{pmatrix}1&0&2&0&3&1\\0&1&-1&0&-1&2\\0&0&0&1&2&-1\\0&0&0&0&0&0\end{pmatrix},$$

由 $n=6$，$r=3$，$n-r=3$，故方程组的基础解系含 3 个向量：

$$\boldsymbol{\xi}_1=\begin{pmatrix}-2\\1\\1\\0\\0\\0\end{pmatrix},\quad \boldsymbol{\xi}_2=\begin{pmatrix}-3\\1\\0\\-2\\1\\0\end{pmatrix},\quad \boldsymbol{\xi}_3=\begin{pmatrix}-1\\-2\\0\\1\\0\\1\end{pmatrix}.$$

方程组的通解为

$$\boldsymbol{x}=k_1\boldsymbol{\xi}_1+k_2\boldsymbol{\xi}_2+k_3\boldsymbol{\xi}_3=k_1\begin{pmatrix}-2\\1\\1\\0\\0\\0\end{pmatrix}+k_2\begin{pmatrix}-3\\1\\0\\-2\\1\\0\end{pmatrix}+k_3\begin{pmatrix}-1\\-2\\0\\1\\0\\1\end{pmatrix},\quad k_1,k_2,k_3\in\mathbf{R}.$$

例 3 试写出一个齐次线性方程组，使它的基础解系由下列向量组成：

$$\boldsymbol{\xi}_1=\begin{pmatrix}1\\-1\\0\\2\end{pmatrix},\quad \boldsymbol{\xi}_2=\begin{pmatrix}2\\0\\1\\-3\end{pmatrix}.$$

解 设所求齐次线性方程组为 $\boldsymbol{Ax}=\boldsymbol{0}$，系数矩阵 $\boldsymbol{A}$ 的某行向量形如 $\boldsymbol{\alpha}^{\mathrm{T}}=(a_1, a_2, a_3, a_4)$，由方程组有基础解系 $\boldsymbol{\xi}_1$，$\boldsymbol{\xi}_2$，故 $\boldsymbol{\alpha}^{\mathrm{T}}\boldsymbol{\xi}_1=\boldsymbol{0}$，$\boldsymbol{\alpha}^{\mathrm{T}}\boldsymbol{\xi}_2=\boldsymbol{0}$，即

$$\begin{cases}a_1-a_2\qquad\ +2a_4=0,\\2a_1\qquad\ +a_3-3a_4=0.\end{cases}$$

为解此方程组，对其系数矩阵进行初等行变换：

$$\begin{pmatrix}1&-1&0&2\\2&0&1&-3\end{pmatrix}\to\begin{pmatrix}1&-1&0&2\\0&2&1&-7\end{pmatrix}\to\begin{pmatrix}1&-1&0&2\\0&1&\frac{1}{2}&-\frac{7}{2}\end{pmatrix}$$

$$\to\begin{pmatrix}1&0&\frac{1}{2}&-\frac{3}{2}\\0&1&\frac{1}{2}&-\frac{7}{2}\end{pmatrix}.$$

其基础解系为

$$\begin{pmatrix}-1\\-1\\2\\0\end{pmatrix},\quad\begin{pmatrix}3\\7\\0\\2\end{pmatrix}.$$

故矩阵 $\boldsymbol{A}$ 的行向量可取 $\boldsymbol{\alpha}_1=(-1,-1,2,0)$，$\boldsymbol{\alpha}_2=(3,7,0,2)$，那么所求方程组即可写为

$$\begin{cases}-x_1-x_2+2x_3=0,\\3x_1+7x_2+2x_4=0.\end{cases}$$

3.5.2 非齐次线性方程组解的结构

设非齐次线性方程组

$$\begin{cases}a_{11}x_1+a_{12}x_2+\cdots+a_{1n}x_n=b_1,\\a_{21}x_1+a_{22}x_2+\cdots+a_{2n}x_n=b_2,\\\qquad\vdots\\a_{m1}x_1+a_{m2}x_2+\cdots+a_{mn}x_n=b_m.\end{cases}\tag{3}$$

其矩阵形式为

$$\boldsymbol{Ax}=\boldsymbol{b},$$

其中，$\boldsymbol{A}=\begin{pmatrix}a_{11}&a_{12}&\cdots&a_{1n}\\a_{21}&a_{22}&\cdots&a_{2n}\\\vdots&\vdots&&\vdots\\a_{m1}&a_{m2}&\cdots&a_{mn}\end{pmatrix}$，$\boldsymbol{x}=\begin{pmatrix}x_1\\x_2\\\vdots\\x_n\end{pmatrix}$，$\boldsymbol{b}=\begin{pmatrix}b_1\\b_2\\\vdots\\b_m\end{pmatrix}$.

称 $\boldsymbol{Ax}=\boldsymbol{0}$ 为 $\boldsymbol{Ax}=\boldsymbol{b}$ 对应的齐次线性方程组，又称导出组.

性质3 若 $\boldsymbol{\xi}_1$，$\boldsymbol{\xi}_2$ 是方程组 $\boldsymbol{Ax}=\boldsymbol{b}$ 的解，则 $\boldsymbol{\xi}_1-\boldsymbol{\xi}_2$ 是其对应的齐次方程组 $\boldsymbol{Ax}=\boldsymbol{0}$ 的解.

证明 若 $\boldsymbol{\xi}_1$，$\boldsymbol{\xi}_2$ 是方程组 $\boldsymbol{Ax}=\boldsymbol{b}$ 的解，则有 $\boldsymbol{A\xi}_1=\boldsymbol{A\xi}_2=\boldsymbol{b}$，那么

$$A(\xi_1-\xi_2)=A\xi_1-A\xi_2=b-b=0,$$

即 $\xi_1-\xi_2$ 是其对应的齐次方程组 $Ax=0$ 的解.

性质 4 若 η 是方程组 $Ax=b$ 的解，ξ 是其对应的齐次方程组 $Ax=0$ 的解，则 $\xi+\eta$ 是方程组 $Ax=b$ 的解.

证明 若 η 是方程组 $Ax=b$ 的解，则有 $A\eta=b$，又由 ξ 是其对应的齐次方程组 $Ax=0$ 的解，则有 $A\xi=0$，故

$$A(\xi+\eta)=A\xi+A\eta=0+b=b,$$

即 $\xi+\eta$ 是方程组 $Ax=b$ 的解.

定理 2 若 η^* 是方程组 $Ax=b$ 的一个解，ξ 是其对应的齐次方程组 $Ax=0$ 的通解，则 $x=\xi+\eta^*$ 是方程组 $Ax=b$ 的通解.

证明 首先由性质 4 知，$x=\xi+\eta^*$ 是方程组 $Ax=b$ 的解，为证明其是方程组 $Ax=b$ 的通解，只需证明方程组 $Ax=b$ 的任一解 η 可表示为方程组 $Ax=0$ 的某一解 ξ_1 和 η^* 的和.为此取 $\xi_1=\eta-\eta^*$，由性质 3 有，ξ_1 是方程组 $Ax=0$ 的一个解，故

$$\eta=\xi_1+\eta^*.$$

即方程组 $Ax=b$ 的任一解 η 可表示为方程组 $Ax=0$ 的某一解 ξ_1 和 η^* 的和，故 $x=\xi+\eta^*$ 是方程组 $Ax=b$ 的通解.

若 η^* 是方程组 $Ax=b$ 的一个解，$\xi_1, \xi_2, \cdots, \xi_{n-r}$ 是方程组 $Ax=0$ 的基础解系，根据定理 2，方程组 $Ax=b$ 的通解可表示为

$$x=k_1\xi_1+k_2\xi_2+\cdots+k_{n-r}\xi_{n-r}+\eta^*,$$

其中，$k_1, k_2, \cdots, k_n$ 为任意实数.

例 4 求解非齐次方程组

$$\begin{cases} x_1+2x_2-x_3-x_4=0, \\ 2x_1-x_2+x_3+2x_4=5, \\ -x_1+x_2-2x_3-3x_4=-5 \end{cases}$$

的通解.

解

$$\widetilde{A}=\begin{pmatrix} 1 & 2 & -1 & -1 & 0 \\ 2 & -1 & 1 & 2 & 5 \\ -1 & 1 & -2 & -3 & -5 \end{pmatrix} \to \begin{pmatrix} 1 & 2 & -1 & -1 & 0 \\ 0 & -5 & 3 & 4 & 5 \\ 0 & 3 & -3 & -4 & -5 \end{pmatrix}$$

$$\to \begin{pmatrix} 1 & 2 & -1 & -1 & 0 \\ 0 & -5 & 3 & 4 & 5 \\ 0 & 0 & -\frac{6}{5} & -\frac{8}{5} & -2 \end{pmatrix} \to \begin{pmatrix} 1 & 2 & -1 & -1 & 0 \\ 0 & -5 & 3 & 4 & 5 \\ 0 & 0 & 3 & 4 & 5 \end{pmatrix}$$

$$\rightarrow\begin{pmatrix}1 & 0 & 0 & \frac{1}{3} & \frac{5}{3}\\0 & -5 & 0 & 0 & 0\\0 & 0 & 3 & 4 & 5\end{pmatrix}\rightarrow\begin{pmatrix}1 & 0 & 0 & \frac{1}{3} & \frac{5}{3}\\0 & 1 & 0 & 0 & 0\\0 & 0 & 1 & \frac{4}{3} & \frac{5}{3}\end{pmatrix}.$$

故所求方程组的通解为

$$\boldsymbol{x}=k\begin{pmatrix}-\frac{1}{3}\\0\\-\frac{4}{3}\\1\end{pmatrix}+\begin{pmatrix}\frac{5}{3}\\0\\\frac{5}{3}\\0\end{pmatrix},\quad k\in\mathbf{R}.$$

例 5 已知 $\boldsymbol{\xi}_1=\begin{pmatrix}1\\2\\3\\4\end{pmatrix},\boldsymbol{\xi}_2=\begin{pmatrix}1\\1\\1\\1\end{pmatrix},\boldsymbol{\xi}_3=\begin{pmatrix}-1\\0\\1\\3\end{pmatrix}$ 是四元非齐次方程组 $\boldsymbol{A}\boldsymbol{x}=\boldsymbol{b}$ 的三个解，且 $r(\boldsymbol{A})=2$，求该方程组的通解.

解 由 $\boldsymbol{\xi}_1=\begin{pmatrix}1\\2\\3\\4\end{pmatrix},\boldsymbol{\xi}_2=\begin{pmatrix}1\\1\\1\\1\end{pmatrix},\boldsymbol{\xi}_3=\begin{pmatrix}-1\\0\\1\\3\end{pmatrix}$ 是方程组 $\boldsymbol{A}\boldsymbol{x}=\boldsymbol{b}$ 的三个解，知

$$\boldsymbol{\xi}_2-\boldsymbol{\xi}_1=\begin{pmatrix}0\\-1\\-2\\-3\end{pmatrix},\quad \boldsymbol{\xi}_3-\boldsymbol{\xi}_1=\begin{pmatrix}-2\\-2\\-2\\-1\end{pmatrix}$$

是对应齐次方程组 $\boldsymbol{A}\boldsymbol{x}=\boldsymbol{0}$ 的解，易见 $\boldsymbol{\xi}_2-\boldsymbol{\xi}_1$ 与 $\boldsymbol{\xi}_3-\boldsymbol{\xi}_1$ 线性无关.再由 $n=4$，$r(\boldsymbol{A})=2$ 知，方程组 $\boldsymbol{A}\boldsymbol{x}=\boldsymbol{0}$ 的基础解系应该含有两个线性无关向量，故 $\boldsymbol{\xi}_2-\boldsymbol{\xi}_1$ 与 $\boldsymbol{\xi}_3-\boldsymbol{\xi}_1$ 可作为方程组 $\boldsymbol{A}\boldsymbol{x}=\boldsymbol{0}$ 的基础解系.进一步，可以写出方程组 $\boldsymbol{A}\boldsymbol{x}=\boldsymbol{b}$ 的通解为

$$\boldsymbol{x}=k_1(\boldsymbol{\xi}_2-\boldsymbol{\xi}_1)+k_2(\boldsymbol{\xi}_3-\boldsymbol{\xi}_1)+\boldsymbol{\xi}_1=k_1\begin{pmatrix}0\\-1\\-2\\-3\end{pmatrix}+k_2\begin{pmatrix}-2\\-2\\-2\\-1\end{pmatrix}+\begin{pmatrix}1\\2\\3\\4\end{pmatrix},\quad k_1,k_2\in\mathbf{R}.$$

习题 3.5

1. 求下列齐次方程组的基础解系和通解.

(1) $\begin{cases} x_1+x_2-x_3-x_4=0, \\ 2x_1-5x_2+3x_3+2x_4=0, \\ 7x_1-7x_2+3x_3+x_4=0; \end{cases}$ (2) $\begin{cases} x_1-x_2+2x_4+x_5=0, \\ 3x_1-3x_2+7x_4=0, \\ x_1-x_2+2x_3+3x_4+2x_5=0, \\ 2x_1-2x_2+2x_3+7x_4-3x_5=0; \end{cases}$

(3) $\begin{cases} x_1+x_2+x_3-x_4=0, \\ x_1-x_2+x_3-3x_4=0, \\ x_1+3x_2+x_3+x_4=0; \end{cases}$ (4) $\begin{cases} 2x_1-3x_2-2x_3+x_4=0, \\ 3x_1+5x_2+4x_3-2x_4=0, \\ 8x_1+7x_2+6x_3-3x_4=0. \end{cases}$

2. 求下列非齐次方程组的通解.

(1) $\begin{cases} x_1+x_2-2x_3-x_4=1, \\ 3x_1-x_2+x_3+4x_4=4, \\ x_1+5x_2-9x_3-8x_4=0; \end{cases}$ (2) $\begin{cases} x_1+x_2+x_3+x_4+x_5=7, \\ 3x_1+x_2+2x_3+x_4-3x_5=-2, \\ 2x_2+x_3+2x_4+6x_5=23; \end{cases}$

(3) $\begin{cases} x_1+x_2=5, \\ 2x_1+x_2+x_3+2x_4=1, \\ 5x_1+3x_2+2x_3+2x_4=3; \end{cases}$ (4) $\begin{cases} x_1+3x_3+x_4=2, \\ x_1-3x_2+x_4=-1, \\ 2x_1+x_2+7x_3+2x_4=5, \\ 4x_1+2x_2+14x_3=6. \end{cases}$

3. 当 a, b 为何值时,方程组 $\begin{cases} x_1+x_2+x_3+x_4+x_5=1, \\ 3x_1+2x_2+x_3+x_4-3x_5=a, \\ x_2+2x_3+2x_4+6x_5=1, \\ 5x_1+4x_2+3x_3+3x_4-x_5=b \end{cases}$ 有无穷多解? 并求其通解.

4. 设四元非齐次线性方程组的系数矩阵的秩为 3,已知 $\boldsymbol{\xi}_1$, $\boldsymbol{\xi}_2$, $\boldsymbol{\xi}_3$ 是它的 3 个解向量,且 $\boldsymbol{\xi}_1=(2, 3, 4, 5)^{\mathrm{T}}$, $\boldsymbol{\xi}_2+\boldsymbol{\xi}_3=(1, 2, 3, 4)^{\mathrm{T}}$,求方程组的通解.

3.6 数学建模案例

3.6.1 交通网络流量分析问题①

城市道路网中对每条道路、每个交叉路口的车流量调查是分析、评价及改善城市交通状况的基础.根据实际车流量信息可以设计流量控制方案,必要时设置单行线,以免大量车辆长时间拥堵.

某城市单行线如图 3.1 所示,图中的数字表示该路段每小时按箭头方向行驶的车流量(单位:辆).

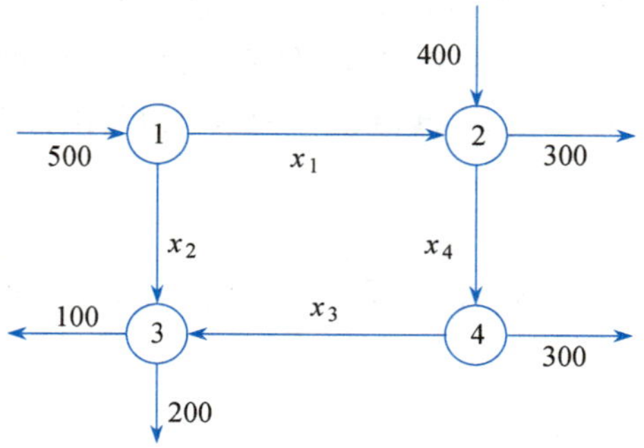

图 3.1 某城市单行线车流量

(1) 建立确定每条道路流量的线性方程组.

(2) 为了唯一确定未知流量,还需要增添哪

① 陈怀琛,高淑萍,杨威.工程线性代数[M].北京:电子工业出版社,2007:16-17.

几条道路的流量统计?

(3) 当 $x_4=350$ 时,确定 x_1, x_2, x_3 的值.

(4) 若 $x_4=200$, 则单行线应该如何改动才合理?

【模型假设】 (1) 每条道路都是单行线.

(2) 每个交叉路口进入和离开的车辆数目相等.

【模型建立】 根据图 3.1 和上述假设,在①,②,③,④四个路口进出车辆数目分别满足:

$$500=x_1+x_2,$$
$$400+x_1=x_4+300,$$
$$x_2+x_3=100+200,$$
$$x_4=x_3+300.$$

【模型求解】 根据上述等式可得线性方程组:

$$\begin{cases} x_1+x_2 & =500, \\ x_1 \quad\quad -x_4 & =-100, \\ x_2+x_3 & =300, \\ -x_3+x_4 & =300. \end{cases}$$

其增广矩阵为

$$(\boldsymbol{A}, \boldsymbol{b})=\begin{pmatrix} 1 & 1 & 0 & 0 & 500 \\ 1 & 0 & 0 & -1 & -100 \\ 0 & 1 & 1 & 0 & 300 \\ 0 & 0 & -1 & 1 & 300 \end{pmatrix} \xrightarrow{\text{初等行变换}} \begin{pmatrix} 1 & 0 & 0 & -1 & -100 \\ 0 & 1 & 0 & 1 & 600 \\ 0 & 0 & 1 & -1 & -300 \\ 0 & 0 & 0 & 0 & 0 \end{pmatrix}.$$

由此可得

$$\begin{cases} x_1-x_4=-100, \\ x_2+x_4=600, \\ x_3-x_4=-300. \end{cases}$$

即

$$\begin{cases} x_1=x_4-100, \\ x_2=-x_4+600, \\ x_3=x_4-300. \end{cases}$$

为了唯一确定未知流量,只要增添 x_4 统计的值即可.

当 $x_4=350$ 时,确定 $x_1=250$, $x_2=250$, $x_3=50$.

若 $x_4=200$ 时,则 $x_1=100$, $x_2=400$, $x_3=-100<0$.

这表明单行线"③←④"应该改为"③→④"才合理.

【模型分析】 (1) 由 $(\boldsymbol{A}, \boldsymbol{b})$ 的行最简形可见，上述方程组中的最后一个方程是多余的. 这意味着最后一个方程中的数据“300”可以不用统计.

(2) 由 $\begin{cases} x_1 = x_4 - 100, \\ x_2 = -x_4 + 600, \\ x_3 = x_4 - 300. \end{cases}$ 可得

$$\begin{cases} x_2 = -x_1 + 500, \\ x_3 = x_1 - 200, \\ x_4 = x_1 + 100; \end{cases} \quad \begin{cases} x_1 = -x_2 + 500, \\ x_3 = -x_2 + 300, \\ x_4 = -x_2 + 600; \end{cases} \quad \begin{cases} x_1 = x_3 + 200, \\ x_2 = -x_3 + 300, \\ x_4 = x_3 + 300. \end{cases}$$

这就是说，x_1, x_2, x_3, x_4 这四个未知量中，任意一个未知量的值统计出来之后都可以确定其他三个未知量的值.

3.6.2 配方问题

在化工、医药、日常膳食等方面都经常涉及配方问题. 在不考虑各种成分之间可能发生某些化学反应时，配方问题可以用向量和线性方程组来建模.

一种佐料由四种原料 A, B, C, D 混合而成. 这种佐料现有两种规格，这两种规格的佐料中，四种原料的比例分别为 $2:3:1:1$ 和 $1:2:1:2$. 现在需要四种原料的比例为 $4:7:3:5$ 的第三种规格的佐料. 问：第三种规格的佐料能否由前两种规格的佐料按一定比例配制而成？

【模型假设】 (1) 假设四种原料混合在一起时不发生化学变化.

(2) 假设四种原料的比例是按重量计算的.

(3) 假设前两种规格的佐料分装成袋，比如说第一种规格的佐料每袋净重 7 g(其中 A, B, C, D 四种原料分别为 2 g, 3 g, 1 g, 1 g)，第二种规格的佐料每袋净重 6 g(其中 A, B, C, D 四种原料分别为 1 g, 2 g, 1 g, 2 g).

【模型建立】 根据已知数据和上述假设，可以进一步假设将 x 袋第一种规格的佐料与 y 袋第二种规格的佐料混合在一起，得到的混合物中 A, B, C, D 四种原料分别为 4 g, 7 g, 3 g, 5 g，则有线性方程组：

$$\begin{cases} 2x + y = 4, \\ 3x + 2y = 7, \\ x + y = 3, \\ x + 2y = 5. \end{cases}$$

【模型求解】 上述线性方程组的增广矩阵为

$$(\boldsymbol{A}, \boldsymbol{b}) = \begin{pmatrix} 2 & 1 & 4 \\ 3 & 2 & 7 \\ 1 & 1 & 3 \\ 1 & 2 & 5 \end{pmatrix} \xrightarrow{\text{初等行变换}} \begin{pmatrix} 1 & 0 & 1 \\ 0 & 1 & 2 \\ 0 & 0 & 0 \\ 0 & 0 & 0 \end{pmatrix},$$

可见 $\begin{cases} x=1, \\ y=2. \end{cases}$

又因为第一种规格的佐料每袋净重 7 g,第二种规格的佐料每袋净重 6 g,所以第三种规格的佐料能由前两种规格的佐料按 7 : 12 的比例配制而成.

【模型分析】 (1) 若令 $\boldsymbol{\alpha}_1=(2,3,1,1)^{\mathrm{T}}$, $\boldsymbol{\alpha}_2=(1,2,1,2)^{\mathrm{T}}$, $\boldsymbol{\beta}=(4,7,3,5)^{\mathrm{T}}$,则原问题等价于"线性方程组 $\boldsymbol{Ax}=\boldsymbol{b}$ 是否有解",也等价于"$\boldsymbol{\beta}$ 能否由 $\boldsymbol{\alpha}_1$, $\boldsymbol{\alpha}_2$ 线性表示".

(2) 若四种原料的比例是按体积计算的,则还要考虑混合前后体积的关系(未必是简单的叠加),因而最好还是先根据具体情况将体积比转换为质量比,然后再按上述方法处理.

(3) 上面的模型假设中的第三个假设只是起到简化运算的作用. 如果直接设 x g 第一种规格的佐料与 y g 第二种规格的佐料混合得第三种规格的佐料,则混合后四种原料的含量见表 3.1.

表 3.1 混合后四种原料的含量

佐料规格	原料			
	A	B	C	D
第一种	$\frac{2}{7}x$	$\frac{3}{7}x$	$\frac{1}{7}x$	$\frac{1}{7}x$
第二种	$\frac{1}{6}y$	$\frac{2}{6}y$	$\frac{1}{6}y$	$\frac{2}{6}y$
第三种	$\frac{4}{19}(x+y)$	$\frac{7}{19}(x+y)$	$\frac{3}{19}(x+y)$	$\frac{5}{19}(x+y)$

因而有线性方程组:

$$\begin{cases} \frac{2}{7}x+\frac{1}{6}y=\frac{4}{19}(x+y), \\ \frac{3}{7}x+\frac{2}{6}y=\frac{7}{19}(x+y), \\ \frac{1}{7}x+\frac{1}{6}y=\frac{3}{19}(x+y), \\ \frac{1}{7}x+\frac{2}{6}y=\frac{5}{19}(x+y). \end{cases}$$

【模型检验】 把 $x=7$, $y=12$ 代入上述方程组,则各等式都成立. 可见模型假设中的第三个假设不影响解的正确性.

3.6.3 化学方程式配平问题[①]

在用化学方法处理污水过程中,有时会涉及复杂的化学反应. 这些反应的化学方程式是分析计算和工艺设计的重要依据. 在定性检测出反应物和生成物之后，可以通过求解线

① 陈怀琛,高淑萍,杨威.工程线性代数[M].北京:电子工业出版社,2007:84-85.

性方程组配平化学方程式.

某厂废水中含 KCN,其浓度为 650 mg/L.现用氯氧化法处理,发生如下反应:

$$KCN+2KOH+Cl_2=KOCN+2KCl+H_2O$$

投入过量液氯,可将氰酸盐进一步氧化为氮气.请配平下列化学方程式:

$$\_\_\_KOCN+\_\_\_KOH+\_\_\_Cl_2=\_\_\_CO_2+\_\_\_N_2+\_\_\_KCl+\_\_\_H_2O$$

【模型建立】 设

$$x_1KOCN+x_2KOH+x_3Cl_2=x_4CO_2+x_5N_2+x_6KCl+x_7H_2O$$

则

$$\begin{cases}x_1+x_2=x_6,\\x_1+x_2=2x_4+x_7,\\x_1=x_4,\\x_1=2x_5,\\x_2=2x_7,\\2x_3=x_6,\end{cases}\quad 即\begin{cases}x_1+x_2-x_6=0,\\x_1+x_2-2x_4-x_7=0,\\x_1-x_4=0,\\x_1-2x_5=0,\\x_2-2x_7=0,\\2x_3-x_6=0.\end{cases}$$

【模型求解】 在 MATLAB 命令窗口输入

```
>> A = [1, 1, 0, 0, 0, -1, 0;1, 1, 0, -2, 0, 0, -1;1, 0, 0, -1, 0, 0, 0;
        1, 0, 0, 0, -2, 0, 0;0, 1, 0, 0, 0, 0, -2;0, 0, 2, 0, 0, -1, 0];
>> x = null(A, 'r'); format rat, x'
```

运行结果如下.

```
ans =
     1        2       3/2       1      1/2       3        1
```

可见上述齐次线性方程组的通解为

$$\boldsymbol{x}=k\left(1,\ 2,\ \frac{3}{2},\ 1,\ \frac{1}{2},\ 3,\ 1\right)^{\mathrm{T}}$$

取 $k=2$,得 $\boldsymbol{x}=(2,\ 4,\ 3,\ 2,\ 1,\ 6,\ 2)^{\mathrm{T}}$. 可见配平后的化学方程式为

$$2KOCN+4KOH+3Cl_2=2CO_2+N_2+6KCl+2H_2O$$

【模型分析】 利用线性方程组配平化学方程式是一种待定系数法. 关键是根据化学方程式两边所涉及的各种元素的量相等的原则列出方程. 所得到的齐次线性方程组 $\boldsymbol{Ax}=\boldsymbol{0}$ 中所含方程的个数等于化学方程式中元素的种数 s,未知数的个数就是化学方程式中的项数 n.

当 $R(\boldsymbol{A})=n-1$ 时,$\boldsymbol{Ax}=\boldsymbol{0}$ 的基础解系中含有 1 个(线性无关的)解向量. 这时在通解中取常数 k 为各分量分母的最小公倍数即可. 例如本例中

$$1,\quad 2,\quad \frac{3}{2},\quad 1,\quad \frac{1}{2},\quad 3,\quad 1$$

分母的最小公倍数为 2，故取 $k=2$.

当 $R(\boldsymbol{A}) \leqslant n-2$ 时，$\boldsymbol{Ax}=\boldsymbol{0}$ 的基础解系中含有 2 个以上的线性无关的解向量.这时可以根据化学方程式中元素的化合价的上升与下降的情况，在原线性方程组中添加新的方程.

3.7 机算实验

3.7.1 实验目的

熟悉用 MATLAB 软件处理和解决下列问题的程序和方法：

(1) 判定向量组的线性相关性；

(2) 求向量组的秩、最大无关组，进而将其余向量表示成最大无关组的线性组合；

(3) 验证给定向量组是相应空间的一组基，进而求某给定向量在该基下的坐标；

(4) 求解二维非齐次线性方程组，进而指出解的几何意义；

(5) 求非齐次线性方程组的通解；

(6) 求齐次线性方程组的基础解系及通解；

(7) 应用线性方程组理论求解工程中的问题.

3.7.2 与实验相关的 MATLAB 命令或函数

表 3.2 给出了与本实验相关的 MATLAB 命令或函数.

表 3.2　　与本实验相关的 MATLAB 命令或函数

命令	功能说明
[R, S]=rref(A)	把矩阵 $\boldsymbol{A}$ 的最简行阶梯形矩阵赋给 R.s 是一个行向量，它的元素由 R 的基准元素所在的列号构成
length(s)	计算向量 $\boldsymbol{s}$ 的长度，即向量 $\boldsymbol{s}$ 的维数
end	矩阵的最大下标，即最后一行或最后一列
null(A,' r')	计算齐次线性方程组 $\boldsymbol{Ax}=\boldsymbol{0}$ 的基础解系
X0=A\b	求非齐次线性方程组 $\boldsymbol{Ax}=\boldsymbol{b}$ 的一个特解 x_0
fpr int f	按指定格式写文件，和 C 语言的功能类似
find(s)	计算向量 $\boldsymbol{s}$ 中非零元素的下标
subs(A, k, n)	将 $\boldsymbol{A}$ 中的所有符号变量 k 用数值 n 来替代
U=rref(A)	对矩阵进行初等变换，$\boldsymbol{U}$ 为 $\boldsymbol{A}$ 的最简行阶梯形矩阵
clear	清除工作空间中的各种变量

（续表）

命令	功能说明
syms x	定义 x 为符号变量
n=input ('…')	数据输入函数，引号内的字符串起说明作用
disp('...')	显示引号中的字符串
det(A)	计算矩阵 **A** 的行列式
length(s)	计算向量 **s** 的长度，即向量的维数
null(A,'r')	计算齐次线性方程组的基础解系
x0=A\b	求非齐次线性方程组的基础解系
hold on	保留当前的图形
ezplot ('x1-x2=1')	绘制符号变量构成的直线方程
title('方程组 1')	把引号内的字符作为标题在图上方显示
subplot(2, 2, 1)	准备画 2×2 个图形中的第一个图形
hold off	关闭图形绘制

3.7.3 实验内容

例 1 判定向量组 $\boldsymbol{\alpha}_1=(3,1,2,-4)^{\mathrm{T}}$，$\boldsymbol{\alpha}_2=(1,0,5,2)^{\mathrm{T}}$，$\boldsymbol{\alpha}_3=(-1,2,0,3)^{\mathrm{T}}$ 的线性相关性.

解法 1 计算的思路和主要步骤如下.

解相应的齐次线性方程组：

$$\begin{cases}3x_1+x_2-x_3=0,\\ x_1+2x_3=0,\\ 2x_1+5x_2=0,\\ -4x_1+2x_2+2x_3=0,\end{cases}$$

得 $x_1=0$，$x_2=0$，$x_3=0$，该向量组线性无关.

也可以由 $\boldsymbol{\alpha}_1$，$\boldsymbol{\alpha}_2$，$\boldsymbol{\alpha}_3$ 构造矩阵 $\boldsymbol{A}=(\boldsymbol{\alpha}_1,\boldsymbol{\alpha}_2,\boldsymbol{\alpha}_3)$，用初等行变换将其化为行阶梯形矩阵，得其有 3 个非零行，从而矩阵 **A** 的秩为 3，所以该向量组线性无关.

解法 2 用 MATLAB 软件计算如下.

在 MATLAB 命令窗口输入

```
clear  all
A=[3, 1, 2, -4; 1, 0, 5, 2; -1, 2, 0, 3];
[R, s]=rref([A])  %把系数矩阵的行最简矩阵赋给 R
```

运行结果如下.

```
R=
    1.0000    0         0         -2.0323
    0         1.0000    0          0.4839
    0         0         1.0000     0.8065
```

从而矩阵 $\boldsymbol{A}$ 的秩为 3，所以向量组线性无关.

例 2 已知 $\boldsymbol{\alpha}_1=\begin{pmatrix}1\\0\\2\\1\end{pmatrix}$，$\boldsymbol{\alpha}_2=\begin{pmatrix}1\\2\\0\\1\end{pmatrix}$，$\boldsymbol{\alpha}_3=\begin{pmatrix}2\\1\\3\\0\end{pmatrix}$，$\boldsymbol{\alpha}_4=\begin{pmatrix}2\\5\\-1\\4\end{pmatrix}$，求出该向量组的秩与一个最大无关组，并将其余向量表示成最大无关组的线性组合.

解法 1 计算的思路和主要步骤如下.

对矩阵

$$\boldsymbol{A}=(\boldsymbol{\alpha}_1,\boldsymbol{\alpha}_2,\boldsymbol{\alpha}_3,\boldsymbol{\alpha}_4)=\begin{pmatrix}1&1&2&2\\0&2&1&5\\2&0&3&-1\\1&1&0&4\end{pmatrix}$$

进行初等行变换，化为行最简形矩阵：

$$\begin{pmatrix}1&0&0&1\\0&1&0&3\\0&0&1&-1\\0&0&0&0\end{pmatrix}.$$

由于行最简形矩阵有 3 个非零行，因此该向量组的秩为 3.

主元所在的列号为 1，2，3，则原向量组的一个最大无关组为

$$\boldsymbol{\alpha}_1,\boldsymbol{\alpha}_2,\boldsymbol{\alpha}_3.$$

根据该矩阵的第 4 列，可以得到

$$\boldsymbol{\alpha}_4=\boldsymbol{\alpha}_1+3\boldsymbol{\alpha}_2-\boldsymbol{\alpha}_3.$$

解法 2 用 MATLAB 软件计算如下.

在 MATLAB 命令窗口输入

```
%找向量组的最大无关组，并用它线性表示其他向量
clear
a1=[1; 0; 2; 1];              %输入 4 个列向量
a2=[1; 2; 0; 1];
a3=[2; 1; 3; 0];
```

```
a4=[2; 5; -1; 4];
A=[a1, a2, a3, a4];              %由 4 个列向量构造矩阵 A
[R, s]=rref([A]);                %把矩阵 A 的行最简阶梯形矩阵赋给 R
                                 %R 的所有主元在矩阵中的列号构成行向量 s
                                 %向量 s 中的元素即为最大无关组向量的下标
r=length(s);                     %将最大无关组所含向量个数赋给 r
fprintf('最大线性无关组为:')     %输出字符串
for i=1: r
    fprintf('a%d',s(i))          %分别输出最大无关组的向量 α1, α2, …
end
for i=1: r                       %从矩阵 A 中取出最大无关组赋给 A0
    A0(:, i)=A(:, s(i))
end
A0                               %显示最大无关组矩阵 A0
s0=[1, 2, 3, 4];                 %构造行向量 s0
for i=1: r
    s0(s(i))=0;                  % s(i) 是最大无关组的列号
end                              %若 s0 的某元素不为 0,则表示该元素为矩阵
                                 %A 中除最大无关组以外其他列向量的列号
s0=find(s0);                     %删除 s0 中的零元素
                                 %此时 s0 中元素为其他向量的列号
for i=1: 4-r                     %用最大无关组来线性表示其他向量
    fprintf('a%d=',s0(i))
for j=1: r
    fprintf('%3d*a%d+',R(j,s0(i)),s(j));
end
fprintf('\b\b\n');               %去掉最后一个"+"
end
```

运行结果如下.

```
最大线性无关组为: a1 a2 a3
A0=
    1  1  2
    0  2  1
    2  0  3
    1  1  0
a4=1*a1+3*a2+ -1*a3
```

例 3 设 $\boldsymbol{\alpha}_1=(2,2,-4)^{\mathrm{T}}$, $\boldsymbol{\alpha}_2=(2,-1,2)^{\mathrm{T}}$, $\boldsymbol{\alpha}_3=(-1,2,2)^{\mathrm{T}}$; $\boldsymbol{\beta}_1=(1,0,-4)^{\mathrm{T}}$, $\boldsymbol{\beta}_2=(4,3,2)^{\mathrm{T}}$. 验证 $\boldsymbol{\alpha}_1,\boldsymbol{\alpha}_2,\boldsymbol{\alpha}_3$ 是 $\mathbf{R}^3$ 的一个基,并求 $\boldsymbol{\beta}_1,\boldsymbol{\beta}_2$ 在这个基中的坐标.

解法1 计算的思路和主要步骤如下.

构造增广矩阵 $\boldsymbol{H}=(\boldsymbol{\alpha}_1,\boldsymbol{\alpha}_2,\boldsymbol{\alpha}_3;\boldsymbol{\beta}_1,\boldsymbol{\beta}_2)$，用初等行变换将其化为行最简形矩阵：

$$\boldsymbol{H}\to\boldsymbol{J}=\begin{pmatrix}1&0&0&\frac{2}{3}&\frac{4}{3}\\0&1&0&-\frac{2}{3}&1\\0&0&1&-1&\frac{2}{3}\end{pmatrix},$$

故 $\boldsymbol{\alpha}_1,\boldsymbol{\alpha}_2,\boldsymbol{\alpha}_3$ 是 $\mathbf{R}^3$ 的一个基，$\boldsymbol{\beta}_1,\boldsymbol{\beta}_2$ 在这个基中的坐标分别为 $\left(\frac{2}{3},-\frac{2}{3},-1\right)$ 和 $\left(\frac{4}{3},1,\frac{2}{3}\right)$.

解法2 用MATLAB软件计算如下.

该问题相当于论证向量组 $\boldsymbol{\alpha}_1,\boldsymbol{\alpha}_2,\boldsymbol{\alpha}_3$ 是向量组 $\boldsymbol{\alpha}_1,\boldsymbol{\alpha}_2,\boldsymbol{\alpha}_3,\boldsymbol{\beta}_1,\boldsymbol{\beta}_2$ 的一个最大无关组，同时计算将 $\boldsymbol{\beta}_1,\boldsymbol{\beta}_2$ 用 $\boldsymbol{\alpha}_1,\boldsymbol{\alpha}_2,\boldsymbol{\alpha}_3$ 线性表示的系数.

在MATLAB命令窗口输入

```
%论证向量组α1，α2，α3 是向量组α1，α2，α3，β1，β2 的最大无关组，并用它线性表示向量β1，β2
clear
a1=[2; 2; -1];                %输入5个列向量
a2=[2; -1; 2];
a3=[-1; 2; 2];
b1=[1; 0; -4];
b2=[4; 3; 2];
H=[a1, a2, a3, b1, b2];       %由5个列向量构造矩阵H
[R, s]=rref(H);               %把矩阵H的行最简阶梯形矩阵赋给R
                              %R的所有主元在矩阵中的列号构成行向量s
                              %向量s中的元素即为最大无关组向量的下标
r=length(s);                  %将最大无关组所含向量个数赋给r
fpr int f('最大线性无关组为:')  %输出字符串
for i=1: r
        fpr int f('a%d',s(i))   %分别输出最大无关组的向量α1,α2,…
end
for i=1: r                    %从矩阵H中取出最大无关组赋给H0
    H0(:, i)=H(:, sa(i));
end
H0                            %显示最大无关组矩阵H0
s0=[1, 2, 3, 4, 5];           %构造行向量的s0
for i=1: r
```

```
        s0(s(i))=0;                     % s(i) 是最大无关组的列号
    end                                 %若 s0 的某元素不为 0,则表示该元素为矩阵
                                        %H 中除最大无关组以外其他列向量的列号
    s0=find(s0);                        %删除 s0 中的零元素
                                        %此时的 s0 中元素为其他向量的列号
    for i=1:5-r                         %用最大无关组来线性表示其他向量
        fpr int f('a%d=',s0(i))
        for j=1:r
        fpr int f('%3d * a%d+',R(j,s0(i)),s(j));
    end
    fpr int f('\b\b\n');
end
```

运行结果如下.

```
最大线性无关组为：a1 a2 a3
  2   2  -1
  2  -1   2
 -1   2   2

b1=6.666667e-001 * a1+ -6.666667e-001 * a2+ -1 * a3
b2=1.333333e+000 * a1+1 * a2+6.666667e-001 * 3
```

例 4 求解下面的非齐次线性方程组,并用二维图形表示解的情况.

(1) $\begin{cases} x_1+2x_2=4, \\ x_1-\ \ x_2=1; \end{cases}$ (2) $\begin{cases} x_1+2x_2=4, \\ 3x_1+6x_2=12; \end{cases}$

(3) $\begin{cases} x_1+2x_2=5, \\ 2x_1+4x_2=6; \end{cases}$ (4) $\begin{cases} x_1-2x_2=3, \\ 2x_1+\ \ x_2=2, \\ x_1+3x_2=5. \end{cases}$

解法 1 计算的思路和主要步骤如下.

(1) 用消元法求解,可得方程组的解为(2, 1).

(2) 对方程组的增广矩阵进行初等行变换,可得

$$\begin{pmatrix} 1 & 2 & 4 \\ 3 & 6 & 12 \end{pmatrix} \to \begin{pmatrix} 1 & 2 & 4 \\ 0 & 0 & 0 \end{pmatrix}.$$

进而由可解性定理得出该方程组有无穷多个解,通解为

$$k\begin{pmatrix} -2 \\ 1 \end{pmatrix} + \begin{pmatrix} 4 \\ 0 \end{pmatrix}.$$

(3) 对方程组进行恒等变形得 $\begin{cases}2x_1+4x_2=10,\\2x_1+4x_2=6,\end{cases}$ 第二个方程和第一个方程进行相减，可得 $\begin{cases}2x_1+4x_2=10,\\0=4,\end{cases}$ 这是一个矛盾方程，故该方程组无解.

(4) 对方程组的增广矩阵进行初等行变换，可得

$$\begin{pmatrix}1&-2&3\\2&1&2\\1&3&5\end{pmatrix}\rightarrow\begin{pmatrix}1&-2&3\\0&5&-4\\0&0&6\end{pmatrix}.$$

由于增广矩阵的秩和系数矩阵的秩不相等，因此该方程组无解.

解法 2　用 MATLAB 软件计算如下.

在 MATLAB 命令窗口输入

```
clear
close all
syms x1 x2
  U1=rref[1 2 4; 1 -1 1])
subplot(2, 2, 1)
ezplot('x1+2 * x2=4')
hold on
ezplot('x1-x2=1')
title(' 方程组 1')
grid on
U2=rref([1 2 4; 3 6 12])
subplot(2, 2, 2)
ezplot('x1+2 * x2=4')
hold on
ezplot t('3 * x1+6 * x2=12')
title(' 方程组 2')
grid on
U3=rref f([1 2 5; 2 4 6])
subplot(2,2,3)
ezplot t('x1+2 * x2=5')
hold on
ezplot t('2 * x1+4 * x2=6')
title(' 方程组 3')
grid on
U4=rref ([1 -2 3; 2 1 2; 1 3 5])
subplot(2, 2, 4)
ezplot 'x1-2 * x2=3')
```

```
hold on
ezplot t('2 * x1+x2=2')
hold on
ezplot t('x1+3 * x2=5')
title(' 方程组 4')
grid on
hold off
```

运行结果如下.

```
U1=
    1  0  2
    0  1  1
U2=
    1  2  4
    0  0  0
U3=
    0  2  0
    0  0  1
U4=
    0  0  0
    0  1  0
    0  0  1
```

从运行结果可以看出,方程组(1)的解为(2, 1);方程组(2)有无穷多个解,通解为$k+$;方程组(3)和(4)的最简形都是矛盾方程,故无解.

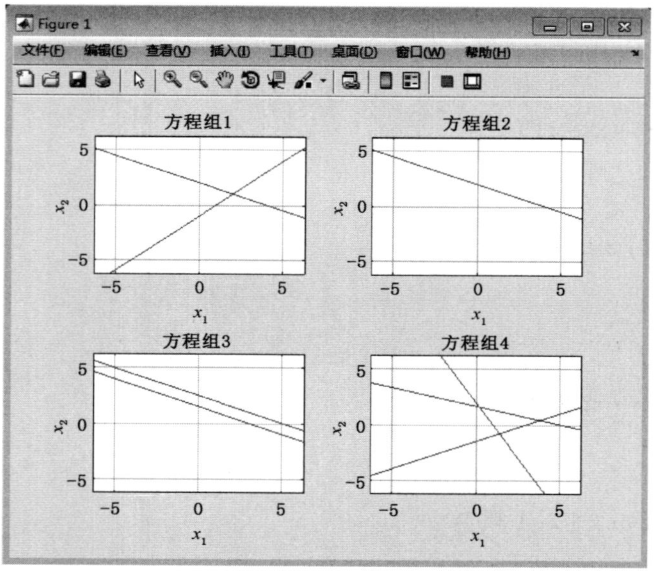

图 3.2　例 4 的方程组解用几何表示

由图 3.2 可以形象地看出，方程组(1)的两条直线只有一个交点，故有唯一解；方程组(2)的两条直线重合，则有无穷多个解；方程组(3)的两条直线平行，没有交点，故无解；方程组(4)的三条直线没有公共交点，也无解.

说明 (1)方程组(1)称为适定方程组.其方程组的个数等于未知数个数，方程组有唯一解.几何上，方程组(1)表示的两条直线有唯一交点.

(2) 方程组(2)称为欠定方程组.该方程组的同解方程组中，独立方程的个数小于未知数的个数，方程组有无穷多个解.几何上，方程组(2)表示的两条直线重合，有无穷多个交点.

(3) 方程组(4)称为超定方程组.该方程组的同解方程组中，独立方程的个数大于未知数的个数，方程组不相容，无解.方程组(4)有三个方程，两个未知数，几何上表示三条直线，这三条直线没有公共交点.

(4) 超定方程组在数学的精确解意义下没有解.在工程等实际应用中，实际问题有解，但在解决过程中，通过问题简化、测量、计算、建立数学模型，产生了超定方程组.实际问题要求求出在一定精度下的近似解，通常采用误差平方和最小的准则，求出最小二乘解(近似解).

例 5 求解非齐次线性方程组

$$\begin{cases}-23x_1-13x_2+14x_3+14x_4-7x_5=-104,\\-2x_1-2x_2+x_3+6x_4-14x_5=-114,\\-4x_1-5x_2-9x_3+2x_4-9x_5=-212,\\-4x_1-7x_2+x_3=-56,\\9x_1-x_2+x_3-9x_4+10x_5=120.\end{cases}$$

解法 1 计算的思路和主要步骤如下.

对方程组的增广矩阵进行初等行变换，可得

$$\begin{pmatrix}-23&-13&14&14&-7&-104\\-2&-2&1&6&-14&-114\\-4&-5&-9&2&-9&-212\\-4&-7&1&0&0&-56\\9&-1&1&-9&10&120\end{pmatrix}\rightarrow\begin{pmatrix}1&0&0&0&0&6\\0&1&0&0&0&6\\0&0&1&0&0&10\\0&0&0&1&0&2\\0&0&0&0&1&8\end{pmatrix}.$$

由于系数矩阵的秩与增广矩阵的秩相等且等于变量的个数，因此方程有唯一解 $(6,6,10,2,8)^{\mathrm{T}}$.

解法 2 用 MATLAB 软件计算如下.

在 MATLAB 命令窗口输入

```
%用克拉默法则求解方程组
clear
n=input('方程的个数');
A=input('系数矩阵 A=');
```

```
b=input('常数列向量 b=')
if(size)(A)~=[n,n])|(size(b)~=[n, 1])
disp('维数不符,输入不正确,不能用克拉默法则求解方程组')
elseif det(A) = =0
  disp('系数行列式为零,不能用克拉默法则求解方程组');
else
  for i=1: n
    B=A;
    B(:, i)=b;
    X(i)=det(B)/det(A);
  end
  disp('方程组的解为 X')
end
```

运行结果如下.

```
方程的个数 5
系数矩阵 A=[-23 -13 14 14 -7; -2 -2 1 6 -14; -4 -5 -9 2 -9; -4 -7 10 0; 9 -1 110]
常数列向量 b=[-104; -114; -212; -56; 120]
方程的解为 X
>>X
X=
    6   6   10   2   8
```

例 6 已知齐次线性方程组:

$$\begin{cases}(1-2k)x_1+3x_2+3x_3+3x_4=0,\\3x_1+(2-k)x_2+3x_3+3x_4=0,\\3x_1+3x_2+(2-k)x_3+3x_4=0,\\3x_1+3x_2+3x_3+(11-k)x_4=0.\end{cases}$$

当 k 为何值时方程组有非零解?并求出其基础解系.

解法 1 计算的思路和主要步骤如下.

由于方程的个数等于未知数的个数,因此由克拉默法则可得:

当系数行列式不等于零时,只有零解;当系数行列式等于零时,有非零解.系数行列式为

$$\begin{vmatrix}1-2k & 3 & 3 & 3\\3 & 2-k & 3 & 3\\3 & 3 & 2-k & 3\\3 & 3 & 3 & 11-k\end{vmatrix}=98+116k+30k^2-31k^{32}+2k^4.$$

令系数行列式等于零,得 $k_1=\dfrac{7}{2}$, $k_2=14$, $k_3=-1$.

当 $k_1=\frac{7}{2}$ 时，系数矩阵为

$$\begin{pmatrix} -6 & 3 & 3 & 3 \\ 3 & -\frac{3}{2} & 3 & 3 \\ 3 & 3 & -\frac{3}{2} & 3 \\ 3 & 3 & 3 & \frac{15}{2} \end{pmatrix},$$

方程的基础解系为 $(1, 2, 2, -2)^{\mathrm{T}}$.

当 $k_2=14$ 时，系数矩阵为

$$\begin{pmatrix} -27 & 3 & 3 & 3 \\ 3 & -12 & 3 & 3 \\ 3 & 3 & -12 & 3 \\ 3 & 3 & 3 & -3 \end{pmatrix},$$

方程的基础解系为 $(1, 2, 2, 5)^{\mathrm{T}}$.

当 $k_3=-1$ 时，系数矩阵为

$$\begin{pmatrix} 3 & 3 & 3 & 3 \\ 3 & 3 & 3 & 3 \\ 3 & 3 & 3 & 3 \\ 3 & 3 & 3 & 12 \end{pmatrix},$$

方程的基础解系为 $(-1, 1, 0, 0)^{\mathrm{T}}$，$(-1, 0, 1, 0)^{\mathrm{T}}$.

解法2 用 MATLAB 软件计算如下.

在 MATLAB 命令窗口输入

```
clear
syms k                       %定义符号变量
A=[1-2*k 3 3 3; 3 2-k 3 3; 3 3 2-k 3; 3 3 11-k];
                             %给系数矩阵赋值
D=det(A);                    %计算系数矩阵的行列式
kk=solve(D);                 %求初使系数行列式等于零的k
for i=1: 4
  AA=subs(A, k, kk(i));     %将k值代入系数矩阵
  fprintf('当k=');
  disp(kk(i));               %显示k的取值
  fprintf('基础解系为\n');
  disp(null(AA))             %计算基础解系
end
```

运行结果如下.

```
当 k=7/2          当 k=14        当 k=-1
基础解系为        基础解系为     基础解系为
 1        1         -1             -1
 2        2          1              0
 2        2          0              1
-2        5          0              0
```

例 7 求下述方程组的通解:

$$\begin{cases} x_1+2x_2+2x_3 \qquad\quad =5, \\ x_1+3x_2+4x_3-2x_4=6, \\ x_1+\ x_2 \qquad\quad +2x_4=4. \end{cases}$$

解法 1 计算的思路和主要步骤如下.

对方程组的增广矩阵进行初等行变换,可得

$$\begin{pmatrix} 1 & 2 & 2 & 0 & 5 \\ 1 & 3 & 4 & -2 & 6 \\ 1 & 1 & 0 & 2 & 4 \end{pmatrix} \to \begin{pmatrix} 1 & 2 & 2 & 0 & 5 \\ 0 & 1 & 2 & -2 & 1 \\ 0 & 0 & 0 & 0 & 0 \end{pmatrix},$$

从而可得与原方程组等价的方程组为

$$\begin{cases} x_1+2x_2+2x_3 \qquad\quad =5, \\ \qquad\quad x_2+2x_3-2x_4=1. \end{cases}$$

令 $x_3=x_4=0$, 得特解为 $(3, 1, 0, 0)^{\mathrm{T}}$.

令 $x_3=1$, $x_4=0$, 得基础解系为 $(2, -2, 1, 0)^{\mathrm{T}}$.

令 $x_3=0$, $x_4=1$, 得基础解系为 $(-4, 2, 0, 1)^{\mathrm{T}}$.

故得方程的通解为

$$(3, 1, 0, 0)^{\mathrm{T}}+k_1(2, -2, 1, 0)^{\mathrm{T}}+k_2(-4, 2, 0, 1)^{\mathrm{T}}.$$

解法 2 用 MATLAB 软件计算如下.

在 MATLAB 命令窗口输入

```
clear
A=input('系数矩阵 A=')
b=input('常数列向量 b=');
[R, s]=rref([A, b]);
[m, n]=size(A);
x0=zeros(n, 1);
r=length(s);
x0(s, :)=R(1:r, end);
```

```
disp('非齐次线性方程组的特解为')
x0
disp('非齐次线性方程组基础解系')
x=null(A,'r')
```

运行结果如下.

```
系数矩阵 A=[1 2 2 0; 1 3 4 -2; 1 1 0 2]
A=
    1  2  2   0
    1  3  4  -2
    1  1  0   2
常数列向量 b=[5; 6; 4]
非齐次线性方程组的特解为

x0=
    3
    1
    0
    0
非齐次线性方程组基础解系

x=
     2  -4
    -2   2
     1   0
     0   1
```

例 8 化学反应方程式的配平.化学方程描述了被消耗和新生成的物质之间的定量关系.例如,化学实验的结果表明,丙烷燃烧时将消耗氧气并产生二氧化碳和水,其化学反应的方程为

$$(x_1)C_3H_8+(x_2)O_2 \longrightarrow (x_3)CO_2+(x_4)H_2O$$

要配平这个方程式,必须找到适当的 x_1, x_2, x_3, x_4,使得反应式左右两边的碳、氢、氧个数相等.

配平化学方程式的标准方法是建立一个向量方程组,每个方程分别描述一种原子在反应前后的数目.在上面的方程中,有碳、氢、氧三种元素需要配平,构成了三个方程,而有四种物质,其数量用四个变量 x_1, x_2, x_3, x_4 来表示,将每种物质分子中的元素原子数按碳、氢、氧的次序排成列,可以写出

$$C_3H_8:\begin{pmatrix}3\\8\\0\end{pmatrix},\quad O_2:\begin{pmatrix}0\\0\\2\end{pmatrix},\quad CO_2:\begin{pmatrix}1\\0\\2\end{pmatrix},\quad H_2O:\begin{pmatrix}0\\2\\1\end{pmatrix}.$$

要配平方程式，x_1，x_2，x_3，x_4 必须满足：

$$x_1\begin{pmatrix}3\\8\\0\end{pmatrix}+x_2\begin{pmatrix}0\\0\\2\end{pmatrix}=x_3\begin{pmatrix}1\\0\\2\end{pmatrix}+x_4\begin{pmatrix}0\\2\\1\end{pmatrix}.$$

将所有项移到左端，并写成矩阵相乘的形式，就有

$$\begin{pmatrix}3&0&-1&0\\8&0&0&-2\\0&2&-2&-1\end{pmatrix}\begin{pmatrix}x_1\\x_2\\x_3\\x_4\end{pmatrix}=\begin{pmatrix}0\\0\\0\end{pmatrix}.$$

对矩阵 $\boldsymbol{A}$ 进行行阶梯变换，在 MATLAB 命令窗口输入

```
A=[3, 0, -1, 0; 8, 0, 0, -2; 0, 2, -2, -1]
U0=rref(A)
```

得到

$$\boldsymbol{U}_0=\begin{pmatrix}1.0000&0&0&-0.2500\\0&1.0000&0&-1.2500\\0&0&1.0000&-0.7500\end{pmatrix}.$$

注意　这四个列对应于四个变量的系数，即 x_4 是自由变量.因为化学家们习惯把方程的系数化为最小整数，所以此处取 $x_4=4$，则 x_1，x_2，x_3 均有整数解 $x_1=1$，$x_2=5$，$x_3=3$，因而配平后的化学方程式为

$$C_3H_8+5O_2\longrightarrow 3CO_2+4H_2O.$$

可见，要配平比较复杂的有多种物质参与反应的化学反应方程式，需要解相当复杂的线性代数方程组.对于比较复杂的反应过程，为了便于得到最小整数的解，在解化学配平的线性方程组时，应该在 MATLAB 中先规定取有理分式格式，即先输入“format rat”，然后输入程序，结果为

$$\boldsymbol{U}_0=\begin{pmatrix}1&0&0&-\frac{1}{4}\\0&1&0&-\frac{5}{4}\\0&0&1&-\frac{3}{4}\end{pmatrix}.$$

这样就很容易看出，令 $x_4=4$，几个整数的取值也就一目了然了.

例 9　西式香肠配方实例和计算.这里运用线性代数学中的行列式原理来阐述西式香肠的配方计算方法，以西式香肠中的熏煮香肠为例演示其基本运算过程.首先，掌握所用原料肉和辅料的主要营养成分含量.现有牛瘦肉、猪前肩肉、猪肋条肉和水，配制含盐量为

2.5%，磷酸盐含量为0.5%，亚硝酸盐含量为0.003%的熏煮香肠.各种原料肉及其主要营养成分的百分含量见表3.3，这些营养成分含量可以直接测定，也可以查表.

表3.3　原料肉和辅料的主要营养成分的含量

营养成分	牛瘦肉	猪前肩肉	猪肋条肉	水或冰
水分	70%	60%	25%	100%
脂肪	10%	24%	65%	—
蛋白质	18%	15%	8%	—
其他	2%	1%	2%	—

其次，查找熏煮香肠制品的国家标准，根据标准确定熏煮香肠中主要营养成分的含量的目标值.现在根据国家标准确定该熏煮香肠的水分含量为60%，脂肪含量为23%，蛋白质含量为12.5%，其他成分含量为1.5%.

再次，根据目标值和原料的主要营养成分含量列出方程组.假设牛瘦肉、猪前肩肉、猪肋条肉和水的配比分别为x_1，x_2，x_3，x_4，可列出方程组：

$$\begin{pmatrix} 70 & 60 & 25 & 100 \\ 10 & 24 & 65 & 0 \\ 18 & 15 & 8 & 0 \\ 2 & 1 & 2 & 0 \end{pmatrix} \begin{pmatrix} x_1 \\ x_2 \\ x_3 \\ x_4 \end{pmatrix} = \begin{pmatrix} 60 \\ 23 \\ 12.5 \\ 1.5 \end{pmatrix}.$$

对矩阵$\boldsymbol{A}$进行行阶梯变换，在MATLAB命令窗口输入

```
A=[70, 60, 25, 100, 60; 10, 24, 65, 0, 23; 18, 15, 8, 0, 12.5; 2, 1, 2, 0, 1.5]
U0=rref(A)
```

运行结果如下.

```
U0=
    1.0000         0         0         0    0.4385
         0    1.0000         0         0    0.1923
         0         0    1.0000         0    0.2154
         0         0         0    1.0000    0.1238
```

即$x_1=43.85\%$，$x_2=19.23\%$，$x_3=21.54\%$，$x_4=12.38\%$.所以，该香肠制品的配方配比见表3.4.

表3.4　西式香肠制品的配方配比

牛瘦肉	猪前肩肉	猪肋条肉	水	盐	磷酸盐	亚硝酸盐
43.85%	19.23%	21.54%	12.38%	2.5%	0.5%	0.003%

习题 3.7

1. 判定向量组 $\boldsymbol{\alpha}_1=\begin{pmatrix}1\\1\\0\\2\\2\end{pmatrix}$，$\boldsymbol{\alpha}_2=\begin{pmatrix}3\\4\\0\\8\\3\end{pmatrix}$，$\boldsymbol{\alpha}_3=\begin{pmatrix}2\\3\\0\\6\\1\end{pmatrix}$，$\boldsymbol{\alpha}_4=\begin{pmatrix}9\\3\\2\\1\\2\end{pmatrix}$ 的线性相关性.

2. 求向量组 $\boldsymbol{\alpha}_1=\begin{pmatrix}-1\\-1\\0\\0\end{pmatrix}$，$\boldsymbol{\alpha}_2=\begin{pmatrix}1\\2\\1\\-1\end{pmatrix}$，$\boldsymbol{\alpha}_3=\begin{pmatrix}0\\1\\1\\-1\end{pmatrix}$，$\boldsymbol{\alpha}_4=\begin{pmatrix}1\\3\\2\\1\end{pmatrix}$，$\boldsymbol{\alpha}_5=\begin{pmatrix}2\\6\\4\\-1\end{pmatrix}$ 的秩和一个最大无关组,并把其余向量用此最大无关组进行线性表示.

3. 设 $\boldsymbol{\alpha}_1=(1,-1,0)^{\mathrm{T}}$，$\boldsymbol{\alpha}_2=(2,1,3)^{\mathrm{T}}$，$\boldsymbol{\alpha}_3=(3,1,2)^{\mathrm{T}}$，$\boldsymbol{\beta}_1=(5,0,7)^{\mathrm{T}}$，$\boldsymbol{\beta}_2=(-9,-8,-13)^{\mathrm{T}}$. 验证 $\boldsymbol{\alpha}_1$，$\boldsymbol{\alpha}_2$，$\boldsymbol{\alpha}_3$ 是 $\mathbf{R}^3$ 的一个基,并求 $\boldsymbol{\beta}_1$，$\boldsymbol{\beta}_2$ 在这个基中的坐标.

4. 求线性方程组：$\begin{cases}2x_1-x_2+x_4=-1,\\ x_1+3x_2-7x_3+4x_4=3,\\ 3x_1-2x_2+x_3+x_4=-2\end{cases}$ 的通解.

5. 求线性方程组：$\begin{cases}3x_1-2x_2-5x_3+x_4=3,\\ 2x_1-3x_2+x_3+5x_4=-3,\\ x_1+2x_2-4x_4=-3,\\ x_1-x_2-4x_3+9x_4=22\end{cases}$ 的通解.

6. 已知齐次方程组：$\begin{cases}(2-k)x_1+2x_2+4x_3+4x_4=0,\\ 2x_1+(3-k)x_2-x_3+x_4=0,\\ -3x_1+2x_2+(5-k)x_3+4x_4=0,\\ x_1+x_2+7x_3+(8-2k)x_4=0.\end{cases}$

当 k 取何值时方程组有非零解？并求出其基础解系.

7. 设某经济体有三个部门：化工、动力和机械制造,化工部门把它产出的 30%卖给动力部门,50%卖给机械部门,其余自己留用；动力部门把它产出的 80%卖给化工部门,10%卖给机械部门,其余自己留用；机械部门把它产出的 40%卖给动力部门,50%卖给化工部门,其余自己留用.

(1) 列出此经济体的交换表；

(2) 求出经济体的平衡交换价格.

8. 设某线性系统的信号流如图 3.3 所示,输入信号为 u，输出信号为 y,请自行在四个中间节点上标注信号 x_1，x_2，x_3，x_4.

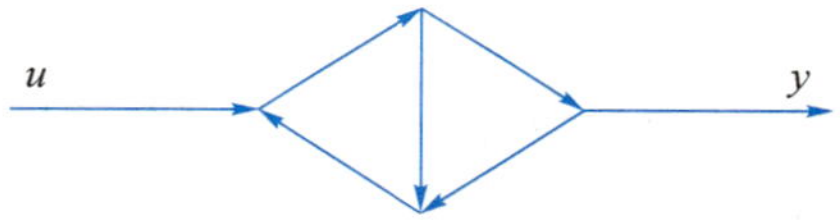

图 3.3 某线性系统的信号流

(1) 列出此系统的线性方程组；

(2) 将此线性方程组写成 $\boldsymbol{AX}=\boldsymbol{b}$ 的标准矩阵形式；

(3) 用 $\boldsymbol{X}=\boldsymbol{A}^{-1}\boldsymbol{b}$ 解出此方程,求出输出与输入之比,即系统传递函数.

思政元素:刘徽与《九章算术》

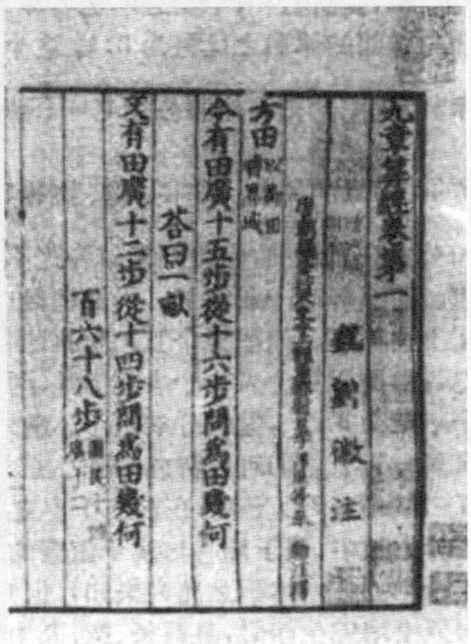
九章算經卷第一
劉徽注
方田
今有田廣十五步從十六步問爲田幾何
荅曰一畝
又有田廣十二步從十四步問爲田幾何
百六十八步

刘徽(约225—约295),我国古代卓越的数学家.关于他的生平没有可靠的记载.《隋书》是二十四史之一,其中《律历志》出自李淳风(602—670)之手,上面记载:“魏陈留王景元四年(263),刘徽注《九章》……”.由此知道他给《九章算术》作注的确切年份.如果那时他40岁,那么应当生于东汉末年或三国魏初,之后又在西晋生活一段时间.

《汉书·艺文志》(班固根据刘歆《七略》写成)中著录的数学书仅有《许商算术》《杜忠算术》两种,并无《九章算术》,可见《九章算术》的出现要晚于《七略》.《后汉书·马援传》载其侄孙马续“博览群书,善《九章算术》”,马续是公元1世纪最后二三十年时人.再根据《九章算术》中可供判定年代的官名、地名等来推断,现传本《九章算术》的成书年代大约是公元1世纪的下半叶.后世的数学家,大都是从《九章算术》开始学习和研究数学的,许多人曾为它作过注释.其中最著名的有刘徽(263)、李淳风(656)等人.刘、李等人的注释和《九章算术》一起流传至今.

《九章算术》是中国古代流传下来最早也是最重要的数学著作.它几乎集中了当时的全部数学知识,将246个问题分为九章,所以叫做《九章算术》.它不是出自某一个人的手笔,也不是一个年代的作品,而是经过历代各家的修订和增补,才逐渐形成的.263年,刘徽给它作注,加上自己的心得,使其易于了解,因而流传下来.刘徽注文的内容非常丰富,有很多独到的见解,从中可以看出刘徽本人对数学的理论造诣很深.他不但纠正了原书流传下来的一些错误,而且指出正确的解法,刘徽可以说是中国古代数学理论的奠基者.

刘徽的贡献主要有:创造了割圆术,运用朴素的极限思想计算圆面积及圆周率;建立了重差术;重视逻辑推理(“析理以辞”),同时又注意几何直观的作用(“解体用图”).他指出《九章算术》原来定圆周率$\pi=3$过于粗略,于是创设割圆术.他通过极限的方法(虽然不是很严格)证明了圆面积等于“半圆乘半径”,再推出圆周率$\pi=3.14$(有些学者认为已求得$\pi=3.1416$).他的方法比古希腊的阿基米德更加巧妙,只用到内接多边形,就确定了圆面积的上、下界,而阿基米德却用到内接和外切多边形.在求体积问题上的创见,为日后祖暅原理的建立指明了方向.刘徽熟练地运用直角三角形的性质,推广了古代的重差术,撰写的《海岛算经》,虽然只有9题,但足以表明刘徽已掌握相当复杂的测量方法.此外,他还改进许多原书的方法,如给出等差级数求和公式等.

《九章算术》把246个问题及202个“术”分为九章:

第一章“方田”:田亩面积计算.

第二章“粟米”:谷物粮食等按比例折算.

第三章“衰分”:比例分配问题.

第四章“少广”:由面积求边长或径长.

第五章“商功”:土石工程、体积计算.

第六章“均输”：合理摊派赋税徭役.

第七章“盈不足”：用双设法解的问题.

第八章“方程”：用一次方程组解的问题.

第九章“勾股”：用勾股定理解的问题.

《九章算术·方程》共 18 问，全都是一次方程组问题，未知数最多时可达 5 个.其解法，首先以竖行用算筹列出各方程的系数，如“方程”章第一题，它相当于求解：

$$3x+2y+z=39, \qquad (1)$$
$$2x+3y+z=34, \qquad (2)$$
$$x+2y+3z=26. \qquad (3)$$

列出的筹式如

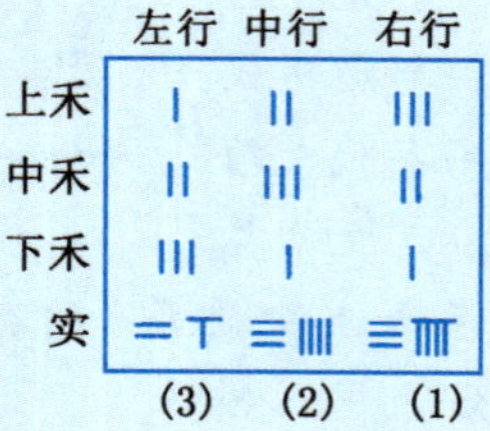

1	2	3
2	3	2
3	1	1
26	34	39
[3]	[2]	[1]

竖行[1]、[2]、[3]，即相当于上面的式(1)、式(2)、式(3).其消元方法就是令左右行连续相减(如以 3 乘[2]再连续减[1]即可消去 x 项系数).书中第八章“方程”采用分离系数的方法表示线性方程组，相当于现在的矩阵；解线性方程组时使用的直除法，与矩阵的初等变换一致.“程”是指“计算”，“方”是指这样列出的筹式是方形的，这才是“方程”这一数学术语的原意.《九章算术》中的这项成果，是世界上最早的、完整的线性方程组的解法，比西方早 1 000 多年.《九章算术》的思想方法对中国古代数学产生了巨大的影响，并成为现代数学思想方法的重要源泉之一.中华民族的智慧结晶应被新时代的青年学子所铭记，不断弘扬中华优秀传统文化，增强民族自豪感、文化自信和爱国情怀.

经过刘徽注释的《九章算术》，影响我国数学的发展 1 000 多年，是东方数学的代表作，和古希腊欧几里得的《几何原本》交相辉映.

总习题 3

(A)

1. 用消元法求解下列齐次方程组.

(1) $\begin{cases} 2x_1+x_2+3x_3=0, \\ 4x_1+2x_2-x_3=0; \end{cases}$

(2) $\begin{cases} 2x_1+5x_2+2x_3=0, \\ 3x_1-x_2-4x_3=0, \\ x_1+2x_2-3x_3=0; \end{cases}$

(3) $\begin{cases} x_1-x_2+x_3=0, \\ 3x_1-x_2+5x_3=0, \\ 2x_1+3x_2+7x_3=0; \end{cases}$

(4) $\begin{cases} 2x_1+x_2-x_3+3x_4=0, \\ 3x_1-x_2+2x_3+5x_4=0, \\ x_1-2x_2+2x_3-x_4=0. \end{cases}$

2. 用消元法求解下列非齐次方程组.

(1) $\begin{cases} x_1+3x_2-x_3=6, \\ 2x_1-x_2+3x_3=3, \\ 4x_1-2x_2+x_3=1; \end{cases}$ (2) $\begin{cases} 2x_1+x_2-x_3+2x_4=2, \\ 3x_1-x_2+x_3+x_4=5, \\ x_1-2x_2+2x_3-x_4=1; \end{cases}$

(3) $\begin{cases} x_1-x_2+x_3=1, \\ 3x_1-x_2+5x_3=7, \\ 2x_1+3x_2+7x_3=12; \end{cases}$ (4) $\begin{cases} x_1+5x_2-x_3-x_4=-1, \\ x_1-2x_2+x_3+3x_4=3, \\ x_1-9x_2+3x_3+7x_4=7, \\ 2x_1+3x_2+2x_4=2. \end{cases}$

3. 设 $\boldsymbol{\alpha}=(-1, 2, 1, -4)^{\mathrm{T}}$, $\boldsymbol{\beta}=(2, 3, 0, -3)^{\mathrm{T}}$, $\boldsymbol{\gamma}=(-2, -1, -1, 1)^{\mathrm{T}}$. 求 $\boldsymbol{\alpha}-2\boldsymbol{\beta}-\boldsymbol{\gamma}$,并求向量 $\boldsymbol{x}$,使 $2\boldsymbol{\alpha}-\boldsymbol{\beta}-\boldsymbol{x}=3\boldsymbol{\gamma}$ 成立.

4. 讨论下列向量组的线性相关性.

(1) $\boldsymbol{\alpha}_1=(-1, 1, -4)^{\mathrm{T}}$, $\boldsymbol{\alpha}_2=(2, 0, -2)^{\mathrm{T}}$, $\boldsymbol{\alpha}_3=(-2, -1, 1)^{\mathrm{T}}$;

(2) $\boldsymbol{\beta}_1=(1, 2, 1, -4)^{\mathrm{T}}$, $\boldsymbol{\beta}_2=(2, 3, 0, -3)^{\mathrm{T}}$, $\boldsymbol{\beta}_3=(-1, -1, 1, -1)^{\mathrm{T}}$.

5. 求下列向量组的秩,并求向量组的一个极大无关组,把其他向量用此极大无关组线性表示.

(1) $\boldsymbol{\alpha}_1=(1, 1, 1)^{\mathrm{T}}$, $\boldsymbol{\alpha}_2=(0, 2, 6)^{\mathrm{T}}$, $\boldsymbol{\alpha}_3=(2, 4, 8)^{\mathrm{T}}$;

(2) $\boldsymbol{\beta}_1=(1, 0, 1, -2)^{\mathrm{T}}$, $\boldsymbol{\beta}_2=(2, 1, 0, -3)^{\mathrm{T}}$, $\boldsymbol{\beta}_3=(-1, -1, 1, 1)^{\mathrm{T}}$, $\boldsymbol{\beta}_4=(0, -1, 0, -1)^{\mathrm{T}}$.

6. 设向量组 $\boldsymbol{\alpha}_1=(1, 2, 1)^{\mathrm{T}}$, $\boldsymbol{\alpha}_2=(2, b, 5)^{\mathrm{T}}$, $\boldsymbol{\alpha}_3=(2, 3, 1)^{\mathrm{T}}$, $\boldsymbol{\alpha}_4=(a, 3, 2)^{\mathrm{T}}$ 的秩为 2,求 a, b 的值.

7. 设 $V_1=\{\boldsymbol{x}=(x_1, x_2, \cdots, x_n)^{\mathrm{T}} \mid x_1, x_2, \cdots, x_n \in \mathbf{R}, x_1+x_2+\cdots+x_n=0\}$, $V_2=\{\boldsymbol{x}=(x_1, x_2, \cdots, x_n)^{\mathrm{T}} \mid x_1, x_2, \cdots, x_n \in \mathbf{R}, x_1+x_2+\cdots+x_n=1\}$. 问 V_1 和 V_2 是不是向量空间,为什么?

8. 设有向量组 $\boldsymbol{\alpha}_1=(1, -1, 0)^{\mathrm{T}}$, $\boldsymbol{\alpha}_2=(2, 1, 2)^{\mathrm{T}}$, $\boldsymbol{\alpha}_3=(1, 2, -1)^{\mathrm{T}}$, $\boldsymbol{\beta}=(1, 2, 3)^{\mathrm{T}}$,试证明向量组 $\boldsymbol{\alpha}_1$, $\boldsymbol{\alpha}_2$, $\boldsymbol{\alpha}_3$ 是 $\mathbf{R}^3$ 的一个基,并将向量 $\boldsymbol{\beta}$ 用这个基线性表示.

9. 已知 $\mathbf{R}^3$ 的两个基 $\boldsymbol{\alpha}_1=(1, 0, 1)^{\mathrm{T}}$, $\boldsymbol{\alpha}_2=(1, 1, 0)^{\mathrm{T}}$, $\boldsymbol{\alpha}_3=(0, 1, 1)^{\mathrm{T}}$ 和 $\boldsymbol{\beta}_1=(1, 1, 1)^{\mathrm{T}}$, $\boldsymbol{\beta}_2=(1, 1, 0)^{\mathrm{T}}$, $\boldsymbol{\beta}_3=(1, 0, 0)^{\mathrm{T}}$,求由基 $\boldsymbol{\alpha}_1$, $\boldsymbol{\alpha}_2$, $\boldsymbol{\alpha}_3$ 到基 $\boldsymbol{\beta}_1$, $\boldsymbol{\beta}_2$, $\boldsymbol{\beta}_3$ 的过渡矩阵.

10. 求下列齐次方程组的基础解系和通解.

(1) $\begin{cases} x_1-x_2+3x_3-x_4=0, \\ -x_1+2x_2-4x_3-4x_4=0, \\ 2x_1+x_2+x_4=0; \end{cases}$ (2) $\begin{cases} x_1+x_2-x_3-x_4=0, \\ -x_1+2x_2-2x_3-5x_4=0, \\ 2x_1+5x_2-5x_3-8x_4=0. \end{cases}$

11. 求下列非齐次方程组的通解.

(1) $\begin{cases} x_1-x_2-2x_3-x_4=-5, \\ 2x_1-x_2+x_3+2x_4=-7, \\ x_1+3x_3+3x_4=-2; \end{cases}$ (2) $\begin{cases} x_1-x_2-2x_3=-1, \\ -2x_1+x_2+x_3=4, \\ x_1+3x_2-2x_3=3. \end{cases}$

12. 求一个齐次线性方程组,使它的基础解系为

$$\boldsymbol{\xi}_1=\begin{pmatrix}2\\2\\1\\0\end{pmatrix}, \quad \boldsymbol{\xi}_2=\begin{pmatrix}0\\1\\2\\1\end{pmatrix}.$$

13. 设有四元非齐次方程组 $\boldsymbol{A}\boldsymbol{x}=\boldsymbol{b}$, $r(\boldsymbol{A})=3$, 已知它的三个解为 $\boldsymbol{\xi}_1$, $\boldsymbol{\xi}_2$, $\boldsymbol{\xi}_3$, 其中

$$\boldsymbol{\xi}_1=\begin{pmatrix}4\\2\\3\\1\end{pmatrix},\quad \boldsymbol{\xi}_2+\boldsymbol{\xi}_3=\begin{pmatrix}2\\-2\\0\\4\end{pmatrix},$$

求该方程组的通解.

(B)

1. 已知三维线性空间的一组基底为 $\boldsymbol{a}_1=(1,1,0)$，$\boldsymbol{a}_2=(1,0,1)$，$\boldsymbol{a}_3=(0,1,1)$，则向量 $\boldsymbol{u}=(2,0,0)$ 在上述基底下的坐标是________.

2. 设 n 维向量 $\boldsymbol{\alpha}=(a,0,\cdots,0,a)^{\mathrm{T}}$，$a<0$，矩阵 $\boldsymbol{A}=\boldsymbol{E}-\boldsymbol{\alpha}\boldsymbol{\alpha}^{\mathrm{T}}$，$\boldsymbol{B}=\boldsymbol{E}+\dfrac{1}{a}\boldsymbol{\alpha}\boldsymbol{\alpha}^{\mathrm{T}}$，其中 $\boldsymbol{A}$ 的逆矩阵为 $\boldsymbol{B}$，则 $a=$ ________.

3. 设 $\boldsymbol{\alpha}_1=(1,2,-1,0)^{\mathrm{T}}$，$\boldsymbol{\alpha}_2=(1,1,0,2)^{\mathrm{T}}$，$\boldsymbol{\alpha}_3=(2,1,1,a)^{\mathrm{T}}$，若由向量 $\boldsymbol{\alpha}_1,\boldsymbol{\alpha}_2,\boldsymbol{\alpha}_3$ 形成的向量空间维数是 2，则 $a=$ ________.

4. 齐次线性方程组 $\begin{cases}\lambda x_1+x_2+x_3=0,\\ x_1+\lambda x_2+x_3=0,\\ x_1+x_2+x_3=0\end{cases}$ 只有零解，则 λ 应满足的条件是________.

5. 若线性方程组 $\begin{cases}x_1+x_2=-a_1,\\ x_2+x_3=a_2,\\ x_3+x_4=-a_3,\\ x_4+x_1=a_4\end{cases}$ 有解，则常数 a_1,a_2,a_3,a_4 应满足________.

6. 设 n 阶矩阵 $\boldsymbol{A}$ 的各行元素之和均为零，且 $\boldsymbol{A}$ 的秩为 $n-1$，则线性方程组 $\boldsymbol{Ax}=\boldsymbol{0}$ 的通解为________.

7. 设

$$\boldsymbol{A}=\begin{pmatrix}1&1&1&\cdots&1\\ a_1&a_2&a_3&\cdots&a_n\\ a_1^2&a_2^2&a_3^2&\cdots&a_n^2\\ \vdots&\vdots&\vdots&&\vdots\\ a_1^{n-1}&a_2^{n-1}&a_3^{n-1}&\cdots&a_n^{n-1}\end{pmatrix},\quad \boldsymbol{X}=\begin{pmatrix}x_1\\x_2\\x_3\\ \vdots\\ x\end{pmatrix},\quad \boldsymbol{B}=\begin{pmatrix}1\\1\\1\\ \vdots\\1\end{pmatrix},$$

其中 $a_i\neq a_j$ $(i\neq j;\ i,j=1,2,\cdots,n)$，则线性方程组 $\boldsymbol{A}^{\mathrm{T}}\boldsymbol{X}=\boldsymbol{B}$ 的解是 $\boldsymbol{X}=$ ________.

8. 已知方程组 $\begin{pmatrix}1&2&1\\2&3&a+2\\1&a&-2\end{pmatrix}\begin{pmatrix}x_1\\x_2\\x_3\end{pmatrix}=\begin{pmatrix}1\\3\\0\end{pmatrix}$ 无解，则 $a=$ ________.

9. 设方程组 $\begin{pmatrix}a&1&1\\1&a&1\\1&1&a\end{pmatrix}\begin{pmatrix}x_1\\x_2\\x_3\end{pmatrix}=\begin{pmatrix}1\\1\\-2\end{pmatrix}$ 有无穷多个解，则 $a=$ ________.

10. 设向量组 $\boldsymbol{\alpha}_1=(a,0,c)$，$\boldsymbol{\alpha}_2=(b,c,0)$，$\boldsymbol{\alpha}_3=(0,a,b)$ 线性无关，则 a,b,c 必满足关系式

________.

11. 设 $\boldsymbol{A}=(a_{ij})_{3\times3}$ 是实正交矩阵，且 $a_{11}=1$，$\boldsymbol{b}=(1,\ 0,\ 0)^{\mathrm{T}}$，则线性方程组 $\boldsymbol{Ax}=\boldsymbol{b}$ 的解是________.

12. 已知 $\boldsymbol{\alpha}=(1,\ 2,\ 3)$，$\boldsymbol{\beta}=\left(1,\ \frac{1}{2},\ \frac{1}{3}\right)$，设 $\boldsymbol{A}=\boldsymbol{\alpha}^{\mathrm{T}}\boldsymbol{\beta}$，其中 $\boldsymbol{\alpha}^{\mathrm{T}}$ 是 $\boldsymbol{\alpha}$ 的转置，则 $\boldsymbol{A}^{n}=$ ________.

13. 已知 $\boldsymbol{\beta}_1$，$\boldsymbol{\beta}_2$ 是非齐次线性方程组 $\boldsymbol{Ax}=\boldsymbol{b}$ 的两个不同的解，$\boldsymbol{\alpha}_1$，$\boldsymbol{\alpha}_2$ 是对应齐次线性方程组 $\boldsymbol{Ax}=\boldsymbol{0}$ 的基础解系，k_1，k_2 为任意常数，则方程组 $\boldsymbol{Ax}=\boldsymbol{b}$ 的通解(一般解)必是(　　).

A. $k_1\boldsymbol{\alpha}_1+k_2(\boldsymbol{\alpha}_1+\boldsymbol{\alpha}_2)+\frac{\boldsymbol{\beta}_1-\boldsymbol{\beta}_2}{2}$　　B. $k_1\boldsymbol{\alpha}_1+k_2(\boldsymbol{\alpha}_1-\boldsymbol{\alpha}_2)+\frac{\boldsymbol{\beta}_1+\boldsymbol{\beta}_2}{2}$

C. $k_1\boldsymbol{\alpha}_1+k_2(\boldsymbol{\beta}_1+\boldsymbol{\beta}_2)+\frac{\boldsymbol{\beta}_1-\boldsymbol{\beta}_2}{2}$　　D. $k_1\boldsymbol{\alpha}_1+k_2(\boldsymbol{\beta}_1-\boldsymbol{\beta}_2)+\frac{\boldsymbol{\beta}_1+\boldsymbol{\beta}_2}{2}$

14. 设 $\boldsymbol{A}$ 是 n 阶矩阵，$\boldsymbol{\alpha}$ 是 n 维列向量.若 $R\left(\begin{pmatrix}\boldsymbol{A} & \boldsymbol{\alpha}\\ \boldsymbol{\alpha}^{\mathrm{T}} & 0\end{pmatrix}\right)=R(\boldsymbol{A})$，则线性方程组(　　).

A. $\boldsymbol{Ax}=\boldsymbol{\alpha}$ 必有无穷多解　　B. $\boldsymbol{Ax}=\boldsymbol{\alpha}$ 必有唯一解

C. $\begin{pmatrix}\boldsymbol{A} & \boldsymbol{\alpha}\\ \boldsymbol{\alpha}^{\mathrm{T}} & 0\end{pmatrix}\begin{pmatrix}x\\ y\end{pmatrix}=0$ 仅有零解　　D. $\begin{pmatrix}\boldsymbol{A} & \boldsymbol{\alpha}\\ \boldsymbol{\alpha}^{\mathrm{T}} & 0\end{pmatrix}\begin{pmatrix}x\\ y\end{pmatrix}=0$ 必有非零解

15. 设 $\boldsymbol{A}=(\boldsymbol{\alpha}_1,\ \boldsymbol{\alpha}_2,\ \boldsymbol{\alpha}_3,\ \boldsymbol{\alpha}_4)$ 是四阶矩阵，$\boldsymbol{A}^*$ 为 $\boldsymbol{A}$ 的伴随矩阵，若 $\begin{pmatrix}1\\0\\1\\0\end{pmatrix}$ 是方程组 $\boldsymbol{Ax}=\boldsymbol{0}$ 的一个基础解系，则 $\boldsymbol{A}^*\boldsymbol{x}=\boldsymbol{0}$ 的基础解系为(　　).

A. $\boldsymbol{\alpha}_1$，$\boldsymbol{\alpha}_2$　　B. $\boldsymbol{\alpha}_1$，$\boldsymbol{\alpha}_3$　　C. $\boldsymbol{\alpha}_1$，$\boldsymbol{\alpha}_2$，$\boldsymbol{\alpha}_3$　　D. $\boldsymbol{\alpha}_2$，$\boldsymbol{\alpha}_3$，$\boldsymbol{\alpha}_4$

16. 设 n 阶矩阵 $\boldsymbol{A}$ 的伴随矩阵 $\boldsymbol{A}^*\neq\boldsymbol{0}$，若 $\boldsymbol{\xi}_1$，$\boldsymbol{\xi}_2$，$\boldsymbol{\xi}_3$，$\boldsymbol{\xi}_4$ 是非齐次线性方程组 $\boldsymbol{Ax}=\boldsymbol{b}$ 的互不相等的解，则对应的齐次线性方程组 $\boldsymbol{Ax}=\boldsymbol{0}$ 的基础解系(　　).

A. 不存在　　B. 仅含一个非零解向量

C. 含有两个线性无关的解向量　　D. 含有三个线性无关的解向量

17. 设 $\boldsymbol{A}$，$\boldsymbol{B}$ 为满足 $\boldsymbol{AB}=\boldsymbol{0}$ 的任意两个非零矩阵，则必有(　　).

A. $\boldsymbol{A}$ 的列向量组线性相关，$\boldsymbol{B}$ 的行向量组线性相关

B. $\boldsymbol{A}$ 的列向量组线性相关，$\boldsymbol{B}$ 的列向量组线性相关

C. $\boldsymbol{A}$ 的行向量组线性相关，$\boldsymbol{B}$ 的行向量组线性相关

D. $\boldsymbol{A}$ 的行向量组线性相关，$\boldsymbol{B}$ 的列向量组线性相关

18. 设 $\boldsymbol{A}$，$\boldsymbol{B}$，$\boldsymbol{C}$ 均为 n 阶矩阵，若 $\boldsymbol{AB}=\boldsymbol{C}$，且 $\boldsymbol{B}$ 可逆，则(　　).

A. 矩阵 $\boldsymbol{C}$ 的行向量组与矩阵 $\boldsymbol{A}$ 的行向量组等价

B. 矩阵 $\boldsymbol{C}$ 的列向量组与矩阵 $\boldsymbol{A}$ 的列向量组等价

C. 矩阵 $\boldsymbol{C}$ 的行向量组与矩阵 $\boldsymbol{A}$ 的列向量组等价

D. 矩阵 $\boldsymbol{C}$ 的列向量组与矩阵 $\boldsymbol{A}$ 的行向量组等价

19. 设 $\boldsymbol{\alpha}_1,\boldsymbol{\alpha}_2,\boldsymbol{\alpha}_3$ 是三维向量，则对任意常数 k，l，向量 $\boldsymbol{\alpha}_1+k\boldsymbol{\alpha}_3$，$\boldsymbol{\alpha}_2+l\boldsymbol{\alpha}_3$ 线性无关是向量组 $\boldsymbol{\alpha}_1$，$\boldsymbol{\alpha}_2,\boldsymbol{\alpha}_3$ 线性无关的(　　).

A. 必要非充分条件　　　　B. 充分非必要条件

C. 充分必要条件　　　　D. 既非充分也非必要条件

20. 设 $\boldsymbol{A}=\begin{pmatrix}1 & a & 0 & 0\\0 & 1 & a & 0\\0 & 0 & 1 & a\\a & 0 & 0 & 1\end{pmatrix}$，$\boldsymbol{\beta}=\begin{pmatrix}1\\-1\\0\\0\end{pmatrix}$.

(1) 计算行列式 $|\boldsymbol{A}|$；

(2) 当实数 a 为何值时，方程组 $\boldsymbol{Ax}=\boldsymbol{\beta}$ 有无穷多解？并求其通解.

第 4 章

特征值与特征向量

秩是矩阵的一个特征，至此已用“秩”刻画了矩阵的许多性质，诸如可逆性，行(列)向量组的线性相关性及线性方程组的一些性质等. 而矩阵的特征值和特征向量则是矩阵的又一特征.

本章将应用在第 3 章中建立的线性方程组的解的理论和求解方法，给出方阵的特征值和特征向量的具体求法，研讨方阵化成对角矩阵的问题，并具体应用到实对角矩阵的对角化问题上.

4.1 方阵的特征值与特征向量

方阵的特征值与特征向量 1

4.1.1 特征值与特征向量的概念

方阵的特征值与特征向量 2

定义 1 设矩阵 $\boldsymbol{A}$ 为 n 阶方阵，若存在数 λ 及 n 维非零向量 $\boldsymbol{x}$ 使得

$$\boldsymbol{A}\boldsymbol{x}=\lambda\boldsymbol{x}, \tag{1}$$

则称数 λ 为方阵 $\boldsymbol{A}$ 的**特征值**，非零向量 $\boldsymbol{x}$ 称为矩阵 $\boldsymbol{A}$ 的对应于(或属于)特征值 λ 的**特征向量**.

思政案例 4.1：特征值的定义

用乐器演奏乐曲时，需要对乐器进行调音，使得各种乐器的频率相匹配，这样才能演奏出和谐动听的乐曲，这里的频率就是特征值.和谐的东西是美的，和谐的社会是稳定的，我们要争当社会和谐稳定的贡献者.

例如，设

$$\boldsymbol{A}=\begin{pmatrix}1&1\\1&1\end{pmatrix} \quad 及 \quad \boldsymbol{x}=\begin{pmatrix}1\\1\end{pmatrix},$$

由于

$$\boldsymbol{A}\boldsymbol{x}=\begin{pmatrix}1&1\\1&1\end{pmatrix}\begin{pmatrix}1\\1\end{pmatrix}=\begin{pmatrix}2\\2\end{pmatrix}=2\begin{pmatrix}1\\1\end{pmatrix}=2\boldsymbol{x},$$

所以 $\lambda=2$ 为 $\boldsymbol{A}$ 的一个特征值，并且

$$x=\begin{pmatrix}1\\1\end{pmatrix}$$

为矩阵 A 的对应于特征值 2 的特征向量.

因为对于任意非零的数 k，都有

$$A(kx)=kAx=k(Ax)=k(\lambda x)=\lambda(kx),$$

所以，任何非零向量 kx 都是矩阵 A 的对应于特征值 λ 的特征向量.

因此，$\begin{pmatrix}3\\3\end{pmatrix}$ 也是 $\lambda=2$ 的一个特征向量，即

$$\begin{pmatrix}1&1\\1&1\end{pmatrix}\begin{pmatrix}3\\3\end{pmatrix}=\begin{pmatrix}6\\6\end{pmatrix}=2\begin{pmatrix}3\\3\end{pmatrix}.$$

由此可见，一个特征值所对应的特征向量并不唯一. 相反地，一个特征向量只能属于一个特征值.

为了求得已知矩阵的特征值和特征值所对应的特征向量，我们将式(1)移项，整理得

$$(\lambda E-A)x=0. \tag{2}$$

将特征向量 x 视为未知量，那么上述式子即为一个 n 元齐次线性方程组. 因特征向量非零，那么方阵 A 的特征值 λ，就是使方程(2)有非零解的值. 齐次线性方程组有非零解的充分必要条件是系数行列式等于零，即

$$|\lambda E-A|=0, \tag{3}$$

则满足式子(3)的 λ 都是矩阵 A 的特征值. 为此，给出下面的定义：

定义 2 设 $A=(a_{ij})_{n\times n}$，则矩阵 $\lambda E-A$ 的行列式

$$|\lambda E-A|=\begin{vmatrix}\lambda-a_{11}&-a_{12}&\cdots&-a_{1n}\\-a_{21}&\lambda-a_{22}&\cdots&-a_{2n}\\\vdots&\vdots&&\vdots\\-a_{n1}&-a_{n2}&\cdots&\lambda-a_{nn}\end{vmatrix} \tag{4}$$

为 λ 的 n 次多项式，称之为矩阵 A 的**特征多项式**，称 $|\lambda E-A|=0$ 为矩阵 A 的**特征方程**.

4.1.2 计算特征值和特征向量

根据以上所述，给出特征值及特征向量的求法：

第一步，写出特征多项式 $f(\lambda)=|\lambda E-A|$.

第二步，求出特征方程 $|\lambda E-A|=0$ 的全部根 $\lambda_1,\lambda_2,\cdots,\lambda_n$（重根按重数计算），则 $\lambda_1,\lambda_2,\cdots,\lambda_n$ 为方阵 A 的全部特征值.

第三步，把所得的特征值 λ_i 逐一代入齐次线性方程组

$$(\lambda_i E-A)x=0,$$

分别求得相应的基础解系 $\boldsymbol{p}_{i1}, \boldsymbol{p}_{i2}, \cdots, \boldsymbol{p}_{i(n-r_i)}$（这里的 r_i 为矩阵 $\lambda_i \boldsymbol{E}-\boldsymbol{A}$ 的秩），则方阵 $\boldsymbol{A}$ 的对应于特征值 λ_i 的全部特征向量为

$$k_1\boldsymbol{p}_{i1}+k_2\boldsymbol{p}_{i2}+\cdots+k_{n-r_i}\boldsymbol{p}_{i(n-r_i)},$$

其中，$k_1, k_2, \cdots, k_{n-r_i}$ 是不同时为零的任意常数.

注　(1) n 阶方阵 $\boldsymbol{A}$ 共有 n 个特征值(重根按重数计算)，它们就是关于 λ 的 n 次方程 $|\lambda\boldsymbol{E}-\boldsymbol{A}|=0$ 在复数范围的全部解.

(2) 特征向量是非零向量.

(3) 方阵 $\boldsymbol{A}$ 的对应于某个特征值 λ_i 的特征向量有无穷多个，它们可以由齐次线性方程组 $(\lambda_i\boldsymbol{E}-\boldsymbol{A})\boldsymbol{x}=\boldsymbol{0}$ 的基础解系线性表出(只需要表出系数不全为零).

(4) 方阵的特征值有实数，也会有虚数.对于 $\boldsymbol{A}$ 的特征值 λ_0，如果矩阵 $\lambda_0\boldsymbol{E}-\boldsymbol{A}$ 是实矩阵，则齐次线性方程组 $(\lambda_0\boldsymbol{E}-\boldsymbol{A})\boldsymbol{x}=\boldsymbol{0}$ 的系数阵为实数阵，其解为实向量，因而属于 λ_0 特征向量为实向量；如果矩阵 $\lambda_0\boldsymbol{E}-\boldsymbol{A}$ 的元素中有虚数，那么属于 λ_0 特征向量的分量中可能有虚数. 本书中所讨论的均为实数的情形.

思政案例 4.2：特征值与特征向量

特征值与特征向量是针对同一个矩阵 $\boldsymbol{A}$ 的一个整体.这两部分作为一个整体无法同时由方程 $\boldsymbol{A}\boldsymbol{x}=\lambda\boldsymbol{x}$ 确定，只能先看作是两个单独的部分逐一确定，再结合构成矩阵 $\boldsymbol{A}$ 的全部特征值和特征向量.这正体现了马克思主义辩证唯物主义的部分与整体的辩证统一关系.

例 1　求矩阵

$$\boldsymbol{A}=\begin{pmatrix}1 & 1\\ 1 & 1\end{pmatrix}$$

的特征值和相应的特征向量.

解　特征多项式为

$$f(\lambda)=|\lambda\boldsymbol{E}-\boldsymbol{A}|=\begin{vmatrix}\lambda-1 & -1\\ -1 & \lambda-1\end{vmatrix}=(\lambda-1)^2-1=\lambda^2-2\lambda.$$

解特征方程 $\lambda^2-2\lambda=0$，得 $\boldsymbol{A}$ 的特征值为 $\lambda_1=0, \lambda_2=2$.

当 $\lambda_1=0$ 时，解方程 $-\boldsymbol{A}\boldsymbol{x}=\boldsymbol{0}$，得基础解系 $\boldsymbol{p}_1=(-1, 1)^{\mathrm{T}}$，则方阵 $\boldsymbol{A}$ 的对应于特征值 0 的全部特征向量为 $k_1\boldsymbol{p}_1$，k_1 取不为零的常数.

当 $\lambda_2=2$ 时，解方程 $(2\boldsymbol{E}-\boldsymbol{A})\boldsymbol{x}=\boldsymbol{0}$，得基础解系 $\boldsymbol{p}_2=(1, 1)^{\mathrm{T}}$，则方阵 $\boldsymbol{A}$ 的对应于特征值 2 的全部特征向量为 $k_2\boldsymbol{p}_2$，k_2 取不为零的常数.

例 2　求矩阵

$$\boldsymbol{A}=\begin{pmatrix}-1 & 2 & 2\\ 2 & -1 & -2\\ 2 & -2 & -1\end{pmatrix}$$

的特征值和相应的特征向量.

解 特征多项式为

$$f(\lambda)=|\lambda \boldsymbol{E}-\boldsymbol{A}|=\begin{vmatrix}\lambda+1 & -2 & -2\\ -2 & \lambda+1 & 2\\ -2 & 2 & \lambda+1\end{vmatrix}=\begin{vmatrix}\lambda+1 & -2 & -2\\ -2 & \lambda+1 & 2\\ 0 & 1-\lambda & \lambda-1\end{vmatrix}$$

$$=\begin{vmatrix}\lambda+1 & -4 & -2\\ -2 & \lambda+3 & 2\\ 0 & 0 & \lambda-1\end{vmatrix}=(\lambda-1)\begin{vmatrix}\lambda+1 & -4\\ -2 & \lambda+3\end{vmatrix}=(\lambda-1)^2(\lambda+5),$$

解特征方程 $(\lambda-1)^2(\lambda+5)=0$，得 $\boldsymbol{A}$ 的特征值为 $\lambda_1=\lambda_2=1$，$\lambda_3=-5$.

当 $\lambda_1=\lambda_2=1$ 时，相应的齐次线性方程组 $(\boldsymbol{E}-\boldsymbol{A})\boldsymbol{x}=\boldsymbol{0}$ 的系数矩阵进行初等行变换，即

$$\boldsymbol{E}-\boldsymbol{A}=\begin{pmatrix}2 & -2 & -2\\ -2 & 2 & 2\\ -2 & 2 & 2\end{pmatrix}\rightarrow\begin{pmatrix}2 & -2 & -2\\ 0 & 0 & 0\\ 0 & 0 & 0\end{pmatrix}\rightarrow\begin{pmatrix}1 & -1 & -1\\ 0 & 0 & 0\\ 0 & 0 & 0\end{pmatrix},$$

得基础解系 $\boldsymbol{p}_1=(1,\ 1,\ 0)^{\mathrm{T}}$，$\boldsymbol{p}_2=(1,\ 0,\ 1)^{\mathrm{T}}$. 则方阵 $\boldsymbol{A}$ 的对应于特征值 $\lambda_1=\lambda_2=1$ 的全部特征向量为方程组的全部非零解，即

$$k_1\begin{pmatrix}1\\1\\0\end{pmatrix}+k_2\begin{pmatrix}1\\0\\1\end{pmatrix},$$

其中，k_1，k_2 为不全为零的常数.

当 $\lambda_3=-5$ 时，相应的齐次线性方程组 $(-5\boldsymbol{E}-\boldsymbol{A})\boldsymbol{x}=\boldsymbol{0}$ 的系数矩阵作初等行变换，即

$$-5\boldsymbol{E}-\boldsymbol{A}=\begin{pmatrix}-4 & -2 & -2\\ -2 & -4 & 2\\ -2 & 2 & -4\end{pmatrix}\rightarrow\begin{pmatrix}1 & 0 & 1\\ 0 & 1 & -1\\ 0 & 0 & 0\end{pmatrix},$$

得基础解系 $\boldsymbol{p}_3=(-1,\ 1,\ 1)^{\mathrm{T}}$，则方阵 $\boldsymbol{A}$ 的对应于特征值 $\lambda_3=0$ 的全部特征向量为

$$k_3\begin{pmatrix}-1\\1\\1\end{pmatrix},$$

其中，k_3 为不等于零的常数.

例 3 求矩阵

$$\boldsymbol{A}=\begin{pmatrix}-1 & 1 & 0\\ -4 & 3 & 0\\ 1 & 0 & 2\end{pmatrix}$$

的特征值和相应的特征向量.

解　特征多项式为

$$f(\lambda)=|\lambda \boldsymbol{E}-\boldsymbol{A}|=\begin{vmatrix}\lambda+1 & -1 & 0\\ 4 & \lambda-3 & 0\\ -1 & 0 & \lambda-2\end{vmatrix}=(\lambda-2)(\lambda-1)^2.$$

解特征方程 $(\lambda-2)(\lambda-1)^2=0$，得 $\boldsymbol{A}$ 的特征值为 $\lambda_1=2$，$\lambda_2=\lambda_3=1$.

当 $\lambda_1=2$ 时，对应的齐次线性方程组 $(2\boldsymbol{E}-\boldsymbol{A})\boldsymbol{x}=\boldsymbol{0}$ 的系数矩阵 $2\boldsymbol{E}-\boldsymbol{A}$ 进行初等行变换，即

$$2\boldsymbol{E}-\boldsymbol{A}=\begin{pmatrix}3 & -1 & 0\\ 4 & -1 & 0\\ -1 & 0 & 0\end{pmatrix}\rightarrow\begin{pmatrix}1 & 0 & 0\\ 0 & 1 & 0\\ 0 & 0 & 0\end{pmatrix},$$

得基础解系 $\boldsymbol{p}_1=(0,\ 0,\ 1)^{\mathrm{T}}$，则方阵 $\boldsymbol{A}$ 的对应于特征值 $\lambda_1=2$ 的全部特征向量为

$$k_1\begin{pmatrix}0\\ 0\\ 1\end{pmatrix},$$

其中，k_1 是不为零的常数.

当 $\lambda_2=\lambda_3=1$ 时，对应的齐次线性方程组 $(\boldsymbol{E}-\boldsymbol{A})\boldsymbol{x}=\boldsymbol{0}$ 的系数矩阵 $\boldsymbol{E}-\boldsymbol{A}$ 作初等行变换，即

$$\boldsymbol{E}-\boldsymbol{A}=\begin{pmatrix}2 & -1 & 0\\ 4 & -2 & 0\\ -1 & 0 & -1\end{pmatrix}\rightarrow\begin{pmatrix}1 & 0 & 1\\ 0 & 1 & 2\\ 0 & 0 & 0\end{pmatrix},$$

得基础解系 $\boldsymbol{p}_2=(-1,\ -2,\ 1)^{\mathrm{T}}$，则方阵 $\boldsymbol{A}$ 的对应于特征值 $\lambda_2=\lambda_3=1$ 的全部特征向量为

$$k_2\begin{pmatrix}-1\\ -2\\ 1\end{pmatrix},$$

其中，k_2 取不为零的常数.

例 4　试证三角形矩阵的特征值就是它的全体对角元.

证明　设方阵 $\boldsymbol{A}$ 是上三角形矩阵

$$\boldsymbol{A}=\begin{pmatrix}a_1 & * & \cdots & *\\ 0 & a_2 & \cdots & *\\ \vdots & \vdots & & \vdots\\ 0 & 0 & \cdots & a_n\end{pmatrix},$$

则

$$|\lambda \boldsymbol{E}-\boldsymbol{A}|=\begin{vmatrix}\lambda-a_1 & -* & \cdots & -* \\ 0 & \lambda-a_2 & \cdots & -* \\ \vdots & \vdots & & \vdots \\ 0 & 0 & \cdots & \lambda-a_n\end{vmatrix}=\prod_{i=1}^{n}(\lambda-a_i).$$

它的 n 个根就是 $\boldsymbol{A}$ 的 n 个对角元，得证.

4.1.3　特征值与特征向量的性质

性质 1　若 $\boldsymbol{x}$ 为矩阵 $\boldsymbol{A}$ 的属于特征值 λ 的特征向量，即 $\boldsymbol{Ax}=\lambda\boldsymbol{x}$，则

(1) $(k\boldsymbol{A})\boldsymbol{x}=(k\lambda)\boldsymbol{x}$，即 $\boldsymbol{x}$ 为矩阵 $k\boldsymbol{A}$ $(k\neq 0)$ 的属于特征值 $k\lambda$ 的特征向量；

(2) $\boldsymbol{A}^m\boldsymbol{x}=\lambda^m\boldsymbol{x}$，即 $\boldsymbol{x}$ 为矩阵 $\boldsymbol{A}^m$ 的属于特征值 λ^m 的特征向量；

(3) 矩阵 $\boldsymbol{A}$ 可逆时，有 $\boldsymbol{A}^{-1}\boldsymbol{x}=\lambda^{-1}\boldsymbol{x}$，即 $\boldsymbol{x}$ 为矩阵 $\boldsymbol{A}^{-1}$ 的属于特征值 λ^{-1} 的特征向量；

(4) 矩阵 $\boldsymbol{A}$ 可逆时，有 $\boldsymbol{A}^*\boldsymbol{x}=\dfrac{|\boldsymbol{A}|}{\lambda}\boldsymbol{x}$，即 $\boldsymbol{x}$ 为 $\boldsymbol{A}$ 的伴随矩阵 $\boldsymbol{A}^*$ 的属于特征值 $\dfrac{|\boldsymbol{A}|}{\lambda}$ 的特征向量；

(5) 矩阵 $\boldsymbol{A}$ 与它的转置矩阵 $\boldsymbol{A}^{\mathrm{T}}$ 有相同的特征方程和特征值，但二者的特征向量一般是不相同的；

(6) 设 $f(x)=a_nx^n+a_{n-1}x^{n-1}+\cdots+a_1x+a_0$ 为 n 次多项式（x 为变量），则

$$f(\boldsymbol{A})\boldsymbol{x}=f(\lambda)\boldsymbol{x}\quad(\boldsymbol{x}\text{ 为向量}),$$

其中，

$$f(\lambda)=a_n\lambda^n+a_{n-1}\lambda^{n-1}+\cdots+a_1\lambda+a_0,$$
$$f(\boldsymbol{A})=a_n\boldsymbol{A}^n+a_{n-1}\boldsymbol{A}^{n-1}+\cdots+a_1\boldsymbol{A}+a_0\boldsymbol{E},$$

即向量 $\boldsymbol{x}$ 为矩阵多项式 $f(\boldsymbol{A})$ 的属于特征值 $f(\lambda)$ 的特征向量.

证明　(1) $(k\boldsymbol{A})\boldsymbol{x}=k(\boldsymbol{Ax})=k(\lambda\boldsymbol{x})=(k\lambda)\boldsymbol{x}$.

(2) $\boldsymbol{A}^m\boldsymbol{x}=\boldsymbol{A}^{m-1}(\boldsymbol{Ax})=\boldsymbol{A}^{m-1}(\lambda\boldsymbol{x})=\lambda(\boldsymbol{A}^{m-1}\boldsymbol{x})=\cdots=\lambda^m\boldsymbol{x}$.

(3) 当矩阵 $\boldsymbol{A}$ 可逆时，对式子 $\boldsymbol{Ax}=\lambda\boldsymbol{x}$，两边同时乘 $\boldsymbol{A}^{-1}$，得 $\boldsymbol{x}=\lambda\boldsymbol{A}^{-1}\boldsymbol{x}$，由 $\boldsymbol{x}\neq 0$ 知，$\lambda\neq 0$，即 $\boldsymbol{A}^{-1}\boldsymbol{x}=\lambda^{-1}\boldsymbol{x}$.

(4) 当矩阵 $\boldsymbol{A}$ 可逆时，由 $\boldsymbol{A}^*\boldsymbol{A}=|\boldsymbol{A}|\boldsymbol{E}$，得 $\boldsymbol{A}^*=|\boldsymbol{A}|\boldsymbol{A}^{-1}$，即

$$\boldsymbol{A}^*\boldsymbol{x}=|\boldsymbol{A}|\boldsymbol{A}^{-1}\boldsymbol{x}=|\boldsymbol{A}|\lambda^{-1}\boldsymbol{x}=\frac{|\boldsymbol{A}|}{\lambda}\boldsymbol{x}.$$

(5) 由行列式的性质有 $|\lambda\boldsymbol{E}-\boldsymbol{A}^{\mathrm{T}}|=|(\lambda\boldsymbol{E}-\boldsymbol{A})^{\mathrm{T}}|=|\lambda\boldsymbol{E}-\boldsymbol{A}|$，可见，矩阵 $\boldsymbol{A}$ 与它的转置矩阵 $\boldsymbol{A}^{\mathrm{T}}$ 有相同的特征方程和特征值.

(6)
$$\begin{aligned}f(\boldsymbol{A})\boldsymbol{x}&=(a_n\boldsymbol{A}^n+a_{n-1}\boldsymbol{A}^{n-1}+\cdots+a_1\boldsymbol{A}+a_0\boldsymbol{E})\boldsymbol{x}\\&=a_n\boldsymbol{A}^n\boldsymbol{x}+a_{n-1}\boldsymbol{A}^{n-1}\boldsymbol{x}+\cdots+a_1\boldsymbol{Ax}+a_0\boldsymbol{x}\\&=a_n\lambda^n\boldsymbol{x}+a_{n-1}\lambda^{n-1}\boldsymbol{x}+\cdots+a_1\lambda\boldsymbol{x}+a_0\boldsymbol{x}\end{aligned}$$

$$=(a_n\lambda^n+a_{n-1}\lambda^{n-1}+\cdots+a_1\lambda+a_0)\boldsymbol{x}=f(\lambda)\boldsymbol{x}.$$

例 5　设方阵 $\boldsymbol{A}=\begin{pmatrix}1 & 2\\0 & 3\end{pmatrix}$，求 $\boldsymbol{B}=\boldsymbol{A}^2-2\boldsymbol{A}+3\boldsymbol{E}$ 的所有特征值.

解　因为上三角形矩阵的特征值就是它的对角元，即 1 和 3 为 $\boldsymbol{A}$ 的特征值.而由 $\boldsymbol{B}=\boldsymbol{A}^2-2\boldsymbol{A}+3\boldsymbol{E}$ 知，对应的多项式为

$$f(x)=x^2-2x+3.$$

所以，矩阵 $\boldsymbol{B}$ 的特征值为 $f(1)=2,\ f(3)=6$.

性质 2　n 阶矩阵 $\boldsymbol{A}$ 的互不相等的特征值 $\lambda_1,\ \lambda_2,\ \cdots,\ \lambda_m$ 对应的特征向量 $\boldsymbol{p}_1,\ \boldsymbol{p}_2,\ \cdots,\ \boldsymbol{p}_m$ 是线性无关的.

证明　设有常数 $k_1,\ k_2,\ \cdots,\ k_m$，使 $k_1\boldsymbol{p}_1+k_2\boldsymbol{p}_2+\cdots+k_m\boldsymbol{p}_m=\boldsymbol{0}$，则有

$$\boldsymbol{A}(k_1\boldsymbol{p}_1+k_2\boldsymbol{p}_2+\cdots+k_m\boldsymbol{p}_m)=\boldsymbol{0},$$

因为 $\boldsymbol{A}\boldsymbol{p}_i=\lambda_i\boldsymbol{p}_i(i=1,\ 2,\ \cdots,\ m)$，所以上式变为

$$k_1\lambda_1\boldsymbol{p}_1+k_2\lambda_2\boldsymbol{p}_2+\cdots+k_m\lambda_m\boldsymbol{p}_m=\boldsymbol{0}.$$

反复使用上述做法，得

$$k_1\lambda_1^t\boldsymbol{p}_1+k_2\lambda_2^t\boldsymbol{p}_2+\cdots+k_m\lambda_m^t\boldsymbol{p}_m=\boldsymbol{0}\quad(t=1,\ 2,\ \cdots,\ m-1).$$

将上述各式用矩阵形式表示，得

$$(k_1\boldsymbol{p}_1,\ k_2\boldsymbol{p}_2,\ \cdots,\ k_m\boldsymbol{p}_m)\begin{pmatrix}1 & \lambda_1 & \cdots & \lambda_1^t\\1 & \lambda_2 & \cdots & \lambda_2^t\\\vdots & \vdots & & \vdots\\1 & \lambda_m & \cdots & \lambda_m^t\end{pmatrix}=(0,\ 0,\ \cdots,\ 0).$$

上式左端第二个矩阵的行列式为范德蒙行列式，由于各 λ_i 均不相等，所以该行列式不为零，从而该矩阵可逆.于是有

$$(k_1\boldsymbol{p}_1,\ k_2\boldsymbol{p}_2,\ \cdots,\ k_m\boldsymbol{p}_m)=(0,\ 0,\ \cdots,\ 0),$$

即

$$k_i\boldsymbol{p}_i=0\quad(i=1,\ 2,\ \cdots,\ m).$$

又因为 $\boldsymbol{p}_i\neq 0\ (i=1,\ 2,\ \cdots,\ m)$，故 $k_i=0\ (i=1,\ 2,\ \cdots,\ m)$，即 $\boldsymbol{p}_1,\ \boldsymbol{p}_2,\ \cdots,\ \boldsymbol{p}_m$ 线性无关.

由性质 2 可以得到性质 3.

性质 3　如果 n 阶矩阵 $\boldsymbol{A}$ 有 n 个不同的特征值，则 $\boldsymbol{A}$ 有 n 个线性无关的特征向量.

类似于性质 2，有下面的性质 4.

性质 4　设 $\lambda_1,\ \lambda_2,\ \cdots,\ \lambda_m$ 是矩阵 $\boldsymbol{A}$ 的 m 个互不相同的特征值，而 $\boldsymbol{p}_{i1},\ \boldsymbol{p}_{i2},\ \cdots,\ \boldsymbol{p}_{is_i}$ 是 $\boldsymbol{A}$ 的属于特征值 $\lambda_i(i=1,\ 2,\ \cdots,\ m)$ 的线性无关的特征向量，则向量组

$$\boldsymbol{p}_{11},\ \boldsymbol{p}_{12},\ \cdots,\ \boldsymbol{p}_{1s_1},\ \boldsymbol{p}_{21},\ \boldsymbol{p}_{22},\ \cdots,\ \boldsymbol{p}_{2s_2},\ \cdots,\ \boldsymbol{p}_{m1},\ \boldsymbol{p}_{m2},\ \cdots,\ \boldsymbol{p}_{ms_m}$$

线性无关.

从前面的例 3 可见,不是每个 n 阶矩阵都有 n 个线性无关的特征向量的. 因此,对于一般的 n 阶矩阵,有以下性质.

性质 5 设 λ 是矩阵 $\boldsymbol{A}$ 的 k 重特征值,则 $\boldsymbol{A}$ 的属于 λ 的线性无关的特征向量的个数不大于 k.

性质 6 设 $\boldsymbol{A}=(a_{ij})$ 是 n 阶矩阵,其特征值为 $\lambda_1, \lambda_2, \cdots, \lambda_n$,则

(1) $\lambda_1+\lambda_2+\cdots+\lambda_n=a_{11}+a_{22}+\cdots+a_{nn}$;

(2) $\lambda_1\lambda_2\cdots\lambda_n=|\boldsymbol{A}|$.

其中 $\boldsymbol{A}$ 的主对角线上元素之和 $a_{11}+a_{22}+\cdots+a_{nn}$,称为矩阵 $\boldsymbol{A}$ 的**迹**,记为

$$\operatorname{tr}(\boldsymbol{A})=a_{11}+a_{22}+\cdots+a_{nn}.$$

证明 一方面,由行列式的定义知

$$\begin{aligned}f(\lambda)=|\lambda\boldsymbol{E}-\boldsymbol{A}|&=\begin{vmatrix}\lambda-a_{11} & -a_{12} & \cdots & -a_{1n}\\ -a_{21} & \lambda-a_{22} & \cdots & -a_{2n}\\ \vdots & \vdots & & \vdots\\ -a_{n1} & -a_{n2} & \cdots & \lambda-a_{nn}\end{vmatrix}\\ &=(\lambda-a_{11})(\lambda-a_{22})\cdots(\lambda-a_{nn})+\cdots,\end{aligned}$$

展开式中的第一项是主对角线上 n 个元素的乘积,而省略的各项至多含有主对角线上的 $n-2$ 个元素,因而第一项完全决定了特征多项式中 λ^n 和 λ^{n-1} 的系数, 显然 λ^n 的系数为 1,λ^{n-1} 的系数为 $-(a_{11}+a_{22}+\cdots+a_{nn})$. 另外,展开式中的常数项为 $f(0)=-|\boldsymbol{A}|=(-1)^n|\boldsymbol{A}|$,所以有

$$f(\lambda)=\lambda^n-(a_{11}+a_{22}+\cdots+a_{nn})\lambda^{n-1}+\cdots+(-1)^n|\boldsymbol{A}|. \tag{5}$$

另一方面,由于 $\lambda_1, \lambda_2, \cdots, \lambda_n$ 是 $\boldsymbol{A}$ 的 n 个特征值,所以

$$\begin{aligned}f(\lambda)&=(\lambda-\lambda_1)(\lambda-\lambda_2)\cdots(\lambda-\lambda_n)\\ &=\lambda^n-(\lambda_1+\lambda_2+\cdots+\lambda_n)\lambda^{n-1}+\cdots+\lambda_1\lambda_2\cdots\lambda_n.\end{aligned} \tag{6}$$

比较式(5), 式(6)中 λ^{n-1} 的系数和常数项,得到

$$\lambda_1+\lambda_2+\cdots+\lambda_n=a_{11}+a_{22}+\cdots+a_{nn},\ \lambda_1\lambda_2\cdots\lambda_n=|\boldsymbol{A}|.$$

推论 n 阶方阵 $\boldsymbol{A}$ 可逆的充分必要条件是 $\boldsymbol{A}$ 的特征值均不为零.

例 6 已知三阶方阵 $\boldsymbol{A}$ 的两个特征值为 3 和 -2, 且 $\operatorname{tr}(\boldsymbol{A})=1$, 求 $|3\boldsymbol{A}-\boldsymbol{E}|$.

解 由性质 6 的(1)知,$\boldsymbol{A}$ 的第三个特征值为 $\operatorname{tr}(\boldsymbol{A})-3-(-2)=0$, 故三阶方阵 $\boldsymbol{A}$ 的全部特征值为 $-2, 3, 0$.

又由性质 1 的(6)得到 $3\boldsymbol{A}-\boldsymbol{E}$ 的特征值为 $-7, 8, -1$.

再利用性质 6 的(2),得 $|3\boldsymbol{A}-\boldsymbol{E}|=56$.

4.1.4　矩阵的谱半径

定义 3　设 $\lambda_i(i=1, 2, \cdots, n)$(实数或复数)为 n 阶方阵 $\boldsymbol{A}$ 的全部特征值,则 λ_i 的模的最大者称为 $\boldsymbol{A}$ 的**谱半径**,记作 $\rho(\boldsymbol{A})$,即

$$\rho(\boldsymbol{A})=\max_{1\leqslant i\leqslant n}\{|\lambda_i|\}.$$

例如,本节例 1 中矩阵 $\boldsymbol{A}$ 的谱半径为 2,例 2 中矩阵 $\boldsymbol{A}$ 的谱半径为 5.

习题 4.1

1. 求矩阵 $\boldsymbol{A}=\begin{pmatrix}1&2\\2&4\end{pmatrix}$ 的特征值和特征向量.

2. 求矩阵 $\boldsymbol{A}=\begin{pmatrix}1&2&2\\2&1&2\\2&2&1\end{pmatrix}$ 的特征值与特征向量.

3. 求矩阵 $\boldsymbol{A}=\begin{pmatrix}-1&1&0\\0&-1&0\\1&0&2\end{pmatrix}$ 的特征值与特征向量.

4. 求矩阵 $\boldsymbol{A}=\begin{pmatrix}0&0&1\\0&1&0\\1&0&0\end{pmatrix}$ 的特征值与特征向量.

5. 已知 $\boldsymbol{A}\in\mathbf{R}^{n\times n}$ 有一个特征值为 λ,求 $\boldsymbol{A}^3$, $\boldsymbol{A}^2+4\boldsymbol{A}+\boldsymbol{E}$ 的一个特征值.

6. 与可逆矩阵 $\boldsymbol{A}$ 必有相同特征值的矩阵是(　　).

A. $\boldsymbol{A}^{-1}$　　B. $\boldsymbol{A}^2$　　C. $\boldsymbol{A}^{\mathrm{T}}$　　D. $\boldsymbol{A}^*$

7. 设 λ_1, λ_2 是方阵 $\boldsymbol{A}$ 的特征值, $\boldsymbol{\alpha}_1$, $\boldsymbol{\alpha}_2$ 分别是对应于 λ_1, λ_2 的特征向量,则(　　).

A. 当 $\lambda_1=\lambda_2$ 时, $\boldsymbol{\alpha}_1$, $\boldsymbol{\alpha}_2$ 一定成比例

B. 当 $\lambda_1\neq\lambda_2$ 时,若 $\lambda_3=\lambda_1+\lambda_2$ 亦是特征值,则对应的特征向量是 $\boldsymbol{\alpha}_1+\boldsymbol{\alpha}_2$

C. 当 $\lambda_1\neq\lambda_2$ 时, $\boldsymbol{\alpha}_1+\boldsymbol{\alpha}_2$ 不可能是 $\boldsymbol{A}$ 的特征向量

D. 当 $\lambda_1=0$ 时,应有 $\boldsymbol{\alpha}_1=\mathbf{0}$

8. 已知三阶方阵 $\boldsymbol{A}$ 的特征值为 1, −1, 3,求 $|\boldsymbol{A}^3-5\boldsymbol{A}^2+7\boldsymbol{A}|$.

9. 设 $\boldsymbol{A}$ 为 n 阶幂等阵(即 $\boldsymbol{A}^2=\boldsymbol{A}$),证明: $\boldsymbol{A}$ 的特征值为 0 或 1.

相似矩阵 1

4.2　相似矩阵

下面继续讨论 4.1 节的例 1.

对于方阵 $\boldsymbol{A}=\begin{pmatrix}1&1\\1&1\end{pmatrix}$,已经求出它的两个特征值 $\lambda_1=0$, $\lambda_2=2$ 及对应的两个线性无关的特征向量 $\boldsymbol{p}_1=(-1, 1)^{\mathrm{T}}$, $\boldsymbol{p}_2=(1, 1)^{\mathrm{T}}$. 自然满足

相似矩阵 2

$$\boldsymbol{A}\boldsymbol{p}_1=\lambda_1\boldsymbol{p}_1=0\cdot\boldsymbol{p}_1,\quad \boldsymbol{A}\boldsymbol{p}_2=\lambda_2\boldsymbol{p}_2=2\cdot\boldsymbol{p}_2.$$

只要令 $\boldsymbol{P}=(\boldsymbol{p}_1,\boldsymbol{p}_2)=\begin{pmatrix}-1&1\\1&1\end{pmatrix}$，根据分块矩阵的乘法，就可以得到等式：

$$\begin{aligned}\boldsymbol{AP}&=\boldsymbol{A}(\boldsymbol{p}_1,\boldsymbol{p}_2)=(\boldsymbol{Ap}_1,\boldsymbol{Ap}_2)=(\lambda_1\boldsymbol{p}_1,\lambda_2\boldsymbol{p}_2)=(0\cdot\boldsymbol{p}_1,2\cdot\boldsymbol{p}_2)\\&=(\boldsymbol{p}_1,\boldsymbol{p}_2)\begin{pmatrix}0&\\&2\end{pmatrix}=\boldsymbol{P\Lambda},\end{aligned}$$

其中，$\boldsymbol{\Lambda}=\begin{pmatrix}0&\\&2\end{pmatrix}$ 是以 $\boldsymbol{A}$ 的特征值为对角元的对角矩阵.

进而得到等式

$$\boldsymbol{P}^{-1}\boldsymbol{AP}=\boldsymbol{\Lambda}\quad 和 \quad \boldsymbol{A}=\boldsymbol{P\Lambda P}^{-1}.$$

据此可求 $\boldsymbol{A}$ 的 k 次方：

$$\begin{aligned}\boldsymbol{A}^k&=(\boldsymbol{P\Lambda P}^{-1})^k=\boldsymbol{P\Lambda}^k\boldsymbol{P}^{-1}=\begin{pmatrix}-1&1\\1&1\end{pmatrix}\begin{pmatrix}0&\\&2\end{pmatrix}^k\begin{pmatrix}-1&1\\1&1\end{pmatrix}^{-1}\\&=\begin{pmatrix}-1&1\\1&1\end{pmatrix}\begin{pmatrix}0&\\&2^k\end{pmatrix}\begin{pmatrix}1&-1\\-1&-1\end{pmatrix}\cdot\left(-\frac{1}{2}\right)\\&=\begin{pmatrix}0&-2^{k-1}\\0&-2^{k-1}\end{pmatrix}\begin{pmatrix}1&-1\\-1&-1\end{pmatrix}=2^{k-1}\begin{pmatrix}1&1\\1&1\end{pmatrix}.\end{aligned}$$

从上述讨论中发现，对于方阵 $\boldsymbol{A}$，可以找到一个可逆矩阵 $\boldsymbol{P}$，使得

$$\boldsymbol{P}^{-1}\boldsymbol{AP}=\boldsymbol{\Lambda}$$

为对角矩阵，并且 $\boldsymbol{\Lambda}$ 的对角元就是 $\boldsymbol{A}$ 的特征值. 进一步地可以利用上式的变形 $\boldsymbol{A}=\boldsymbol{P\Lambda P}^{-1}$ 方便地计算方阵 $\boldsymbol{A}$ 的高次幂.

这一节中，我们将细致深入地研究什么条件下可以作出式子 $\boldsymbol{P}^{-1}\boldsymbol{AP}=\boldsymbol{\Lambda}$ 的分解，以及如何作这样的分解，即如何求 $\boldsymbol{P}$ 和 $\boldsymbol{\Lambda}$.

4.2.1 相似矩阵的概念与性质

定义 1 设 $\boldsymbol{A}$，$\boldsymbol{B}$ 都是 n 阶矩阵，若存在 n 阶可逆矩阵 $\boldsymbol{P}$，使

$$\boldsymbol{P}^{-1}\boldsymbol{AP}=\boldsymbol{B},$$

则称 $\boldsymbol{B}$ 是 $\boldsymbol{A}$ 的**相似矩阵**，并称矩阵 $\boldsymbol{A}$ 与 $\boldsymbol{B}$ **相似**，记为 $\boldsymbol{A}\sim\boldsymbol{B}$.

矩阵的相似关系是一种等价关系，易证它具有以下性质.

(1) **反身性** 对任意 n 阶矩阵 $\boldsymbol{A}$，有 $\boldsymbol{A}$ 与 $\boldsymbol{A}$ 相似；

(2) **对称性** 若 $\boldsymbol{A}$ 与 $\boldsymbol{B}$ 相似，则 $\boldsymbol{B}$ 与 $\boldsymbol{A}$ 相似；

(3) **传递性** 若 $\boldsymbol{A}$ 与 $\boldsymbol{B}$ 相似，且 $\boldsymbol{B}$ 与 $\boldsymbol{C}$ 相似，则 $\boldsymbol{A}$ 与 $\boldsymbol{C}$ 相似.

相似矩阵还具有的性质：

定理 1 若 n 阶矩阵 $\boldsymbol{A}\sim\boldsymbol{B}$，则

(1) 有相同的特征多项式，进而有相同的特征值；

(2) $|\boldsymbol{A}|=|\boldsymbol{B}|$, $\operatorname{tr}(\boldsymbol{A})=\operatorname{tr}(\boldsymbol{B})$;

(3) $R(\boldsymbol{A})=R(\boldsymbol{B})$;

(4) $\boldsymbol{A}^{\mathrm{T}} \sim \boldsymbol{B}^{\mathrm{T}}$, 且若 $\boldsymbol{A}$, $\boldsymbol{B}$ 可逆,则 $\boldsymbol{A}^{-1} \sim \boldsymbol{B}^{-1}$;

(5) 设 $f(x)=a_0+a_1x+\cdots+a_mx^m$ 是任一多项式,则 $f(\boldsymbol{A}) \sim f(\boldsymbol{B})$.

证明　这里只证(1)和(5),其余请读者自行验证.

(1) 若 $\boldsymbol{A} \sim \boldsymbol{B}$, 则存在可逆矩阵 $\boldsymbol{P}$, 使得

$$\boldsymbol{P}^{-1}\boldsymbol{A}\boldsymbol{P}=\boldsymbol{B}.$$

由此可得

$$\lambda\boldsymbol{E}-\boldsymbol{B}=\lambda\boldsymbol{E}-\boldsymbol{P}^{-1}\boldsymbol{A}\boldsymbol{P}=\boldsymbol{P}^{-1}\lambda\boldsymbol{P}-\boldsymbol{P}^{-1}\boldsymbol{A}\boldsymbol{P}=\boldsymbol{P}^{-1}(\lambda\boldsymbol{E}-\boldsymbol{A})\boldsymbol{P},$$

于是

$$|\lambda\boldsymbol{E}-\boldsymbol{B}|=|\boldsymbol{P}^{-1}(\lambda\boldsymbol{E}-\boldsymbol{A})\boldsymbol{P}|=|\boldsymbol{P}^{-1}|\cdot|\lambda\boldsymbol{E}-\boldsymbol{A}|\cdot|\boldsymbol{P}|=|\lambda\boldsymbol{E}-\boldsymbol{A}|,$$

所以 $\boldsymbol{A}$ 与 $\boldsymbol{B}$ 有相同的特征多项式,进而有相同的特征值.

(5) 因 $f(x)=a_0+a_1x+\cdots+a_mx^m$, 则

$$f(\boldsymbol{A})=a_0\boldsymbol{E}+a_1\boldsymbol{A}+\cdots+a_m\boldsymbol{A}^m.$$

由 $\boldsymbol{A} \sim \boldsymbol{B}$ 知,存在可逆矩阵 $\boldsymbol{P}$, 使得 $\boldsymbol{P}^{-1}\boldsymbol{A}\boldsymbol{P}=\boldsymbol{B}$, 于是

$$\begin{aligned}
f(\boldsymbol{B})&=a_0\boldsymbol{E}+a_1\boldsymbol{B}+\cdots+a_m\boldsymbol{B}^m\\
&=a_0\boldsymbol{P}^{-1}\boldsymbol{E}\boldsymbol{P}+a_1\boldsymbol{P}^{-1}\boldsymbol{A}\boldsymbol{P}+\cdots+a_m(\boldsymbol{P}^{-1}\boldsymbol{A}\boldsymbol{P})^m\\
&=\boldsymbol{P}^{-1}(a_0\boldsymbol{E}+a_1\boldsymbol{A}+\cdots+a_m\boldsymbol{A}^m)\boldsymbol{P}=\boldsymbol{P}^{-1}f(\boldsymbol{A})\boldsymbol{P},
\end{aligned}$$

故 $f(\boldsymbol{A}) \sim f(\boldsymbol{B})$.

注　结论中的(1)其逆命题不成立. 若 $\boldsymbol{A}$, $\boldsymbol{B}$ 的特征多项式相同或者所有的特征值相同,但 $\boldsymbol{A}$ 与 $\boldsymbol{B}$ 不一定相似.

4.2.2　矩阵与对角矩阵相似的条件

由于矩阵 $\boldsymbol{A}$ 可以和无穷多个 $\boldsymbol{B}$ 相似,只要选取恰当的 $\boldsymbol{P}$ 矩阵即可,那么读者自然要问:是不是每个方阵都与对角矩阵相似?

下面讨论方阵与对角阵相似的问题,即**矩阵的对角化**.

定义 2　若 n 阶方阵 $\boldsymbol{A}$ 与 n 阶对角矩阵 $\boldsymbol{\Lambda}$ 相似,则称 $\boldsymbol{A}$ 可以对角化,即存在可逆矩阵 $\boldsymbol{P}$, 使得

$$\boldsymbol{P}^{-1}\boldsymbol{A}\boldsymbol{P}=\boldsymbol{\Lambda}=\begin{pmatrix}\lambda_1 & & & \\ & \lambda_2 & & \\ & & \ddots & \\ & & & \lambda_n\end{pmatrix}.$$

显然对角阵 $\boldsymbol{\Lambda}$ 的特征值就是其主对角线上的各元素.下面从特征值、特征向量的角度

来讨论矩阵可对角化的条件.

定理 2 n 阶矩阵 $\boldsymbol{A}$ 与对角矩阵 $\boldsymbol{\Lambda}=\begin{pmatrix}\lambda_1 & & & \\ & \lambda_2 & & \\ & & \ddots & \\ & & & \lambda_n\end{pmatrix}$ 相似的充分必要条件是矩阵 $\boldsymbol{A}$ 有 n 个线性无关的特征向量.

证明 必要性.设 $\boldsymbol{A}$ 可对角化,则存在可逆矩阵 $\boldsymbol{P}$, 使得 $\boldsymbol{P}^{-1}\boldsymbol{AP}$ 为某对角矩阵 $\boldsymbol{\Lambda}$, 即

$$\boldsymbol{P}^{-1}\boldsymbol{AP}=\boldsymbol{\Lambda}=\begin{pmatrix}\lambda_1 & & & \\ & \lambda_2 & & \\ & & \ddots & \\ & & & \lambda_n\end{pmatrix}.$$

于是 $\boldsymbol{AP}=\boldsymbol{P\Lambda}$. 利用矩阵分块将 $\boldsymbol{P}$ 阵表示成 $\boldsymbol{P}=(\boldsymbol{p}_1, \boldsymbol{p}_2, \cdots, \boldsymbol{p}_n)$, 则有

$$\boldsymbol{A}(\boldsymbol{p}_1, \boldsymbol{p}_2, \cdots, \boldsymbol{p}_n)=(\boldsymbol{p}_1, \boldsymbol{p}_2, \cdots, \boldsymbol{p}_n)\begin{pmatrix}\lambda_1 & & & \\ & \lambda_2 & & \\ & & \ddots & \\ & & & \lambda_n\end{pmatrix},$$

进而

$$(\boldsymbol{Ap}_1, \boldsymbol{Ap}_2, \cdots, \boldsymbol{Ap}_n)=(\lambda_1\boldsymbol{p}_1, \lambda_2\boldsymbol{p}_2, \cdots, \lambda_n\boldsymbol{p}_n),$$

即

$$\boldsymbol{Ap}_i=\lambda_i\boldsymbol{p}_i \quad (i=1, 2, \cdots, n).$$

因为 $\boldsymbol{P}$ 为可逆矩阵,所以它的列向量组 $\boldsymbol{p}_1, \boldsymbol{p}_2, \cdots, \boldsymbol{p}_n$ 是线性无关的,故上式表明, $\boldsymbol{p}_1, \boldsymbol{p}_2, \cdots, \boldsymbol{p}_n$ 是方阵 $\boldsymbol{A}$ 的 n 个线性无关的特征向量,而 $\lambda_1, \lambda_2, \cdots, \lambda_n$ 分别是它们所对应的特征值.

充分性.设 $\boldsymbol{A}$ 有 n 个线性无关的特征向量 $\boldsymbol{p}_1, \boldsymbol{p}_2, \cdots, \boldsymbol{p}_n$, $\lambda_1, \lambda_2, \cdots, \lambda_n$ 分别是它们对应的特征值,即有 $\boldsymbol{Ap}_i=\lambda_i\boldsymbol{p}_i(i=1, 2, \cdots, n)$. 令 $\boldsymbol{P}=(\boldsymbol{p}_1, \boldsymbol{p}_2, \cdots, \boldsymbol{p}_n)$, 则 $\boldsymbol{P}$ 为可逆矩阵,且有

$$\boldsymbol{AP}=\boldsymbol{P\Lambda}, \quad 其中\ \boldsymbol{\Lambda}=\begin{pmatrix}\lambda_1 & & & \\ & \lambda_2 & & \\ & & \ddots & \\ & & & \lambda_n\end{pmatrix},$$

即 $\boldsymbol{P}^{-1}\boldsymbol{AP}=\boldsymbol{\Lambda}$, 故 $\boldsymbol{A}$ 可对角化.

上面的证明过程同时提供了求可逆矩阵 $\boldsymbol{P}$ 及与 $\boldsymbol{A}$ 相似的对角矩阵 $\boldsymbol{\Lambda}$ 的方法,即当取 $\boldsymbol{P}$ 是 $\boldsymbol{A}$ 的对应于特征值 $\lambda_1, \lambda_2, \cdots, \lambda_n$ 的 n 个特征向量 $\boldsymbol{p}_1, \boldsymbol{p}_2, \cdots, \boldsymbol{p}_n$ 作为列所构成的可逆

矩阵时,即 $\boldsymbol{P}=(\boldsymbol{p}_1,\ \boldsymbol{p}_2,\ \cdots,\ \boldsymbol{p}_n)$,那么就有 $\boldsymbol{P}^{-1}\boldsymbol{AP}$ 为对角矩阵 $\boldsymbol{\Lambda}$,其主对角线上元素恰好是 $\boldsymbol{A}$ 的 n 个特征值 $\lambda_1,\ \lambda_2,\ \cdots,\ \lambda_n$.

结合特征值与特征向量的性质及上面的定理,可得如下定理.

定理 3 若矩阵 $\boldsymbol{A}$ 有 n 个互不相等的特征值,则 $\boldsymbol{A}$ 一定可对角化.

注 上述定理的逆命题不成立.

例 1 下列矩阵中,哪些可对角化,哪些不可对角化? 如可对角化,求出可逆阵 $\boldsymbol{P}$,使得 $\boldsymbol{P}^{-1}\boldsymbol{AP}=\boldsymbol{\Lambda}$.

(1) $\boldsymbol{A}=\begin{pmatrix}-1 & 2 & 2\\ 2 & -1 & -2\\ 2 & -2 & -1\end{pmatrix}$; (2) $\boldsymbol{A}=\begin{pmatrix}-1 & 1 & 0\\ -4 & 3 & 0\\ 1 & 0 & 2\end{pmatrix}$.

解 这两个矩阵分别是 4.1 节的例 2,例 3.

(1) 三阶方阵 $\boldsymbol{A}$ 有 2 个不相等的特征值 $\lambda_1=\lambda_2=1,\ \lambda_3=-5$,对于 1 这个特征值对应两个线性无关的特征向量 $\boldsymbol{p}_1=(1,\ 1,\ 0)^{\mathrm{T}},\ \boldsymbol{p}_2=(1,\ 0,\ 1)^{\mathrm{T}}$;特征值 -5 对应一个特征向量 $\boldsymbol{p}_3=(-1,\ 1,\ 1)^{\mathrm{T}}$,由属于不同特征值的特征向量必线性无关知,$\boldsymbol{p}_1,\ \boldsymbol{p}_2,\ \boldsymbol{p}_3$ 线性无关,故由定理 2 知,$\boldsymbol{A}$ 可对角化.

于是令

$$\boldsymbol{P}=(\boldsymbol{p}_1,\ \boldsymbol{p}_2,\ \boldsymbol{p}_3)=\begin{pmatrix}1 & 1 & -1\\ 1 & 0 & 1\\ 0 & 1 & 1\end{pmatrix},$$

有

$$\boldsymbol{P}^{-1}\boldsymbol{AP}=\boldsymbol{\Lambda}=\begin{pmatrix}1 & & \\ & 1 & \\ & & -5\end{pmatrix}.$$

(2) 因 $\boldsymbol{A}$ 有 2 个不相等的特征值 $\lambda_1=2,\ \lambda_2=\lambda_3=1$,对应于二重根 1 的线性无关的特征向量只有一个,为 $\boldsymbol{p}_1=(-1,\ -2,\ 1)^{\mathrm{T}}$,对应于特征值 2 的特征向量为 $\boldsymbol{p}_2=(0,\ 0,\ 1)^{\mathrm{T}}$,由于三阶阵 $\boldsymbol{A}$ 只有两个线性无关的特征向量,故由定理 2 知,$\boldsymbol{A}$ 不可对角化.

需要注意的是,相似对角矩阵 $\boldsymbol{\Lambda}$ 并不唯一.

事实上,随着 $\boldsymbol{P}=(\boldsymbol{p}_1,\ \boldsymbol{p}_2,\ \cdots,\ \boldsymbol{p}_n)$ 的列向量先后顺序的变化,对角矩阵 $\boldsymbol{\Lambda}$ 主对角线上的元素也作相应变化. 例如,例 1 中的(1),如果令

$$\boldsymbol{P}=(\boldsymbol{p}_1,\ \boldsymbol{p}_3,\ \boldsymbol{p}_2)=\begin{pmatrix}1 & -1 & 1\\ 1 & 1 & 0\\ 0 & 1 & 1\end{pmatrix},$$

那么对角矩阵 $\boldsymbol{\Lambda}$ 为 $\begin{pmatrix}1 & & \\ & -5 & \\ & & 1\end{pmatrix}$,有 $\boldsymbol{P}^{-1}\boldsymbol{AP}=\boldsymbol{\Lambda}$ 成立.

综上可知，n 阶阵 $\boldsymbol{A}$ 是否可对角化取决于 $\boldsymbol{A}$ 是否有 n 个线性无关的特征向量. 换言之，在特征值有重根时，$\boldsymbol{A}$ 可对角化的条件是 $\boldsymbol{A}$ 的 k 重特征值必须有 k 个线性无关的特征向量. 于是，得出下面的结论.

定理 4　n 阶矩阵 $\boldsymbol{A}$ 可对角化的充分必要条件是 $\boldsymbol{A}$ 的 k 重特征值必须有 k 个线性无关的特征向量.

通过上面的讨论，可以归纳出矩阵可对角化步骤如下.

(1) 求出 n 阶方阵 $\boldsymbol{A}$ 的所有不同的特征值 $\lambda_1, \lambda_2, \cdots, \lambda_s$，它们的重数分别设为 $t_1, t_2, \cdots, t_s$.

(2) 分别求 $\boldsymbol{A}$ 的对应于不同特征值的线性无关的特征向量.

(3) 判断是否可对角化：

如果 $\boldsymbol{A}$ 的 n 个特征值互不相同，则 $\boldsymbol{A}$ 可对角化；

若对于 $\boldsymbol{A}$ 的任意特征值 λ，属于 λ 的线性无关的特征向量个数恰等于 λ 的重数，即 $(\lambda\boldsymbol{E}-\boldsymbol{A})\boldsymbol{x}=\boldsymbol{0}$ 的基础解系所含解向量的个数等于 λ 的重数时，$\boldsymbol{A}$ 可对角化；否则，$\boldsymbol{A}$ 不可对角化.

(4) 当 $\boldsymbol{A}$ 可对角化时，记每一个特征值 λ_i 对应的特征向量为 $\boldsymbol{\xi}_{i1}, \boldsymbol{\xi}_{i2}, \cdots, \boldsymbol{\xi}_{it_i}$ $(i=1, 2, \cdots, s)$.

(5) 取可逆矩阵 $\boldsymbol{P}=(\boldsymbol{\xi}_{11}, \boldsymbol{\xi}_{12}, \cdots, \boldsymbol{\xi}_{1t_1}, \boldsymbol{\xi}_{21}, \boldsymbol{\xi}_{22}, \cdots, \boldsymbol{\xi}_{2t_2}, \cdots, \boldsymbol{\xi}_{s1}, \boldsymbol{\xi}_{s2}, \cdots, \boldsymbol{\xi}_{st_s})$，则

$$\boldsymbol{P}^{-1}\boldsymbol{A}\boldsymbol{P}=\boldsymbol{\Lambda}=\operatorname{diag}(\underbrace{\lambda_1, \cdots, \lambda_1}_{t_1\text{个}}, \underbrace{\lambda_2, \cdots, \lambda_2}_{t_2\text{个}}, \cdots, \underbrace{\lambda_s, \cdots, \lambda_s}_{t_s\text{个}}).$$

可对角化的矩阵可求其高次幂.

设 $\boldsymbol{A}\sim\boldsymbol{\Lambda}$，即存在可逆矩阵 $\boldsymbol{P}$，使 $\boldsymbol{P}^{-1}\boldsymbol{A}\boldsymbol{P}=\boldsymbol{\Lambda}$，则

$$\boldsymbol{A}=\boldsymbol{P}\boldsymbol{\Lambda}\boldsymbol{P}^{-1},$$

于是

$$\boldsymbol{A}^n=\boldsymbol{A}\cdot\boldsymbol{A}\cdot\cdots\cdot\boldsymbol{A}=\boldsymbol{P}\boldsymbol{\Lambda}\boldsymbol{P}^{-1}\cdot\boldsymbol{P}\boldsymbol{\Lambda}\boldsymbol{P}^{-1}\cdot\cdots\cdot\boldsymbol{P}\boldsymbol{\Lambda}\boldsymbol{P}^{-1}=\boldsymbol{P}\boldsymbol{\Lambda}^n\boldsymbol{P}^{-1}.$$

例 2　问 $\boldsymbol{A}=\begin{pmatrix}3&-1&-2\\2&0&-2\\2&-1&-1\end{pmatrix}$ 是否相似于对角矩阵？若是，求出其对角矩阵.

解　令 $|\lambda\boldsymbol{E}-\boldsymbol{A}|=\begin{vmatrix}\lambda-3&1&2\\-2&\lambda&2\\-2&1&\lambda+1\end{vmatrix}=\begin{vmatrix}\lambda&1&2\\\lambda&\lambda&2\\\lambda&1&\lambda+1\end{vmatrix}=\lambda(\lambda-1)^2=0.$

解特征方程得特征值为 $\lambda_1=\lambda_2=1, \lambda_3=0$.

经计算，对应于 $\lambda_1=\lambda_2=1$ 的线性无关的特征向量为

$$\boldsymbol{p}_1=\begin{pmatrix}1\\2\\0\end{pmatrix},\quad \boldsymbol{p}_2=\begin{pmatrix}1\\0\\1\end{pmatrix},$$

对应于 $\lambda_3=0$ 的线性无关的特征向量为

$$\boldsymbol{p}_3=\begin{pmatrix}1\\1\\1\end{pmatrix}.$$

可见，$\boldsymbol{A}$ 可对角化.于是，令

$$\boldsymbol{P}=\begin{pmatrix}1&1&1\\2&0&1\\0&1&1\end{pmatrix},$$

则 $\boldsymbol{P}^{-1}\boldsymbol{A}\boldsymbol{P}=\begin{pmatrix}1&&\\&1&\\&&0\end{pmatrix}$ 成立.

例 3　设 $\boldsymbol{A}=\begin{pmatrix}2&0&0\\0&0&1\\0&1&x\end{pmatrix}$，$\boldsymbol{B}=\begin{pmatrix}2&&\\&y&\\&&-1\end{pmatrix}$，

(1) 已知 $\boldsymbol{A}$，$\boldsymbol{B}$ 相似，求 x，y；(2)求可逆矩阵 $\boldsymbol{P}$，使 $\boldsymbol{P}^{-1}\boldsymbol{A}\boldsymbol{P}=\boldsymbol{B}$；(3)求 $\boldsymbol{A}^4$.

解　(1)由于 $\boldsymbol{B}$ 是对角矩阵，且与 $\boldsymbol{A}$ 相似，所以 2，y，-1 就是 $\boldsymbol{A}$ 的特征值，因此

$$2+y+(-1)=2+0+x,$$
$$2\cdot y\cdot(-1)=|\boldsymbol{A}|=-2,$$

由此得 $y=1$，$x=0$.

(2) 对应于特征值 2，解方程组 $(2\boldsymbol{E}-\boldsymbol{A})\boldsymbol{x}=\boldsymbol{0}$，得基础解系为 $\boldsymbol{p}_1=(1,\ 0,\ 0)^{\mathrm{T}}$；对应于特征值 1，解方程组 $(\boldsymbol{E}-\boldsymbol{A})\boldsymbol{x}=\boldsymbol{0}$，得基础解系为 $\boldsymbol{p}_2=(0,\ 1,\ 1)^{\mathrm{T}}$；对应于特征值 -1，解方程组 $(-\boldsymbol{E}-\boldsymbol{A})\boldsymbol{x}=\boldsymbol{0}$，得基础解系为 $\boldsymbol{p}_3=(0,\ -1,\ 1)^{\mathrm{T}}$.

因此，所求可逆矩阵为

$$\boldsymbol{P}=\begin{pmatrix}1&0&0\\0&1&-1\\0&1&1\end{pmatrix}.$$

注　$\boldsymbol{P}$ 不唯一.

(3) 由 $\boldsymbol{P}^{-1}\boldsymbol{A}\boldsymbol{P}=\boldsymbol{B}$，得 $\boldsymbol{A}=\boldsymbol{P}\boldsymbol{B}\boldsymbol{P}^{-1}$，故

$$\boldsymbol{A}^4=\boldsymbol{P}\boldsymbol{B}^4\boldsymbol{P}^{-1}=\boldsymbol{P}\begin{pmatrix}2&&\\&1&\\&&-1\end{pmatrix}^4\boldsymbol{P}^{-1}.$$

容易求得

$$P^{-1}=\begin{pmatrix}1 & 0 & 0\\ 0 & \frac{1}{2} & \frac{1}{2}\\ 0 & -\frac{1}{2} & \frac{1}{2}\end{pmatrix}.$$

于是

$$A^4=\begin{pmatrix}1 & 0 & 0\\ 0 & 1 & -1\\ 0 & 1 & 1\end{pmatrix}\begin{pmatrix}2 & & \\ & 1 & \\ & & -1\end{pmatrix}^4\begin{pmatrix}1 & 0 & 0\\ 0 & \frac{1}{2} & \frac{1}{2}\\ 0 & -\frac{1}{2} & \frac{1}{2}\end{pmatrix}=\begin{pmatrix}16 & & \\ & 1 & \\ & & 1\end{pmatrix}.$$

习题 4.2

1. 设 $\boldsymbol{A}$, $\boldsymbol{B}$ 均为 n 阶矩阵,若 $\boldsymbol{A}$ 与 $\boldsymbol{B}$ 相似,下列结论中不正确的是(　　).

A. 则 $\boldsymbol{A}^{\mathrm{T}}$ 与 $\boldsymbol{B}^{\mathrm{T}}$ 相似

B. 且 $\boldsymbol{A}$ 可逆,则 $\boldsymbol{A}^{-1}$ 与 $\boldsymbol{B}^{-1}$ 相似

C. 且 $\boldsymbol{A}$ 可逆,则 $\boldsymbol{A}^*$ 与 $\boldsymbol{B}^*$ 相似

D. 且 $\boldsymbol{A}$ 可逆,则 $\boldsymbol{A}$ 与 $\boldsymbol{B}$ 均相似于单位矩阵 $\boldsymbol{E}$

2. 判断下列矩阵能否与对角矩阵相似,为什么?

(1) $\begin{pmatrix}1 & 0 & 1\\ 0 & 1 & 0\\ 1 & 0 & 1\end{pmatrix}$;　(2) $\begin{pmatrix}-2 & 0 & -4\\ 1 & 2 & 1\\ 1 & 0 & 3\end{pmatrix}$;　(3) $\begin{pmatrix}3 & 1 & 0\\ -4 & -1 & 0\\ 4 & -8 & -2\end{pmatrix}$.

3. 若 $\boldsymbol{A}=\begin{pmatrix}1 & -1 & 0\\ -1 & 0 & 0\\ 0 & 0 & 1\end{pmatrix}$ 与 $\boldsymbol{B}=\begin{pmatrix}1 & a & 0\\ -1 & 0 & -1\\ 0 & a & 1\end{pmatrix}$ 相似,则 a 必为何值?

4. 参数 x 为何值时,矩阵 $\boldsymbol{A}=\begin{pmatrix}-2 & 0 & 0\\ 2 & x & 2\\ 3 & 1 & 1\end{pmatrix}$ 的特征值为 -2, -1, 2? 并求出可逆矩阵 $\boldsymbol{P}$,使 $\boldsymbol{P}^{-1}\boldsymbol{A}\boldsymbol{P}$ 为对角矩阵.

5. 求出三阶方阵 $\boldsymbol{A}$,使其特征值为下列给定的 λ_1, λ_2, λ_3 和对应的特征向量 $\boldsymbol{p}_1$, $\boldsymbol{p}_2$, $\boldsymbol{p}_3$.

(1) $\lambda_1=1$, $\lambda_2=0$, $\lambda_3=-1$; $\boldsymbol{p}_1=\begin{pmatrix}1\\2\\2\end{pmatrix}$, $\boldsymbol{p}_2=\begin{pmatrix}2\\-2\\1\end{pmatrix}$, $\boldsymbol{p}_3=\begin{pmatrix}-2\\-1\\2\end{pmatrix}$;

(2) $\lambda_1=1$, $\lambda_2=1$, $\lambda_3=2$; $\boldsymbol{p}_1=\begin{pmatrix}1\\2\\1\end{pmatrix}$, $\boldsymbol{p}_2=\begin{pmatrix}1\\1\\0\end{pmatrix}$, $\boldsymbol{p}_3=\begin{pmatrix}2\\0\\-1\end{pmatrix}$.

6. 利用矩阵的对角化,求 $\boldsymbol{A}=\begin{pmatrix}1 & 2\\ 2 & 4\end{pmatrix}$ 的 20 次幂.

向量的内积与向量组的正交化 1

向量的内积与向量组的正交化 2

4.3　向量的内积与向量组的正交化

在 n 维向量空间 $\mathbf{R}^n$ 中，向量之间的基本运算只有加法和数量乘法，统称为线性运算.不难发现，向量的度量性质如长度、夹角等，在向量空间的理论中没有得到反映，但是向量的度量性质在许多问题中(其中包括几何问题)有着特殊的地位.因此有必要在向量空间中引入度量的概念.

4.3.1　向量的内积

在空间解析几何中，向量的长度与夹角等度量性质都可以通过向量的数量积来表示.因此将此种运算类推到 n 维向量的运算中.

定义 1　设有两个 n 维向量

$$\boldsymbol{x}=\begin{pmatrix} x_1 \\ x_2 \\ \vdots \\ x_n \end{pmatrix},\quad \boldsymbol{y}=\begin{pmatrix} y_1 \\ y_2 \\ \vdots \\ y_n \end{pmatrix},$$

称 $[\boldsymbol{x}, \boldsymbol{y}]=x_1y_1+x_2y_2+\cdots+x_ny_n$ 为向量 $\boldsymbol{x}$ 与向量 $\boldsymbol{y}$ 的内积.

注　(1) 内积 $[\boldsymbol{x}, \boldsymbol{y}]$ 有时也记作 $(\boldsymbol{x}, \boldsymbol{y})$ 或 $\langle \boldsymbol{x}, \boldsymbol{y}\rangle$.

(2) 内积是向量间的一种运算，其结果是一个数值. 利用矩阵的乘法运算，内积又可表示为

$$[\boldsymbol{x}, \boldsymbol{y}]=\boldsymbol{x}^{\mathrm{T}}\boldsymbol{y}=(x_1, x_2, \cdots, x_n)\begin{pmatrix} y_1 \\ y_2 \\ \vdots \\ y_n \end{pmatrix}.$$

例 1　$\boldsymbol{x}=(-1, 3, -2, 5)^{\mathrm{T}}$，$\boldsymbol{y}=(4, 2, -1, 0)^{\mathrm{T}}$，则

$$[\boldsymbol{x}, \boldsymbol{y}]=(-1)\times 4+3\times 2+(-2)(-1)+5\times 0=4.$$

容易得到内积的下述基本性质(其中 $\boldsymbol{x}, \boldsymbol{y}, \boldsymbol{z}$ 为 n 维向量，$k\in\mathbf{R}$).

(1) $[\boldsymbol{x}, \boldsymbol{y}]=[\boldsymbol{y}, \boldsymbol{x}]$；

(2) $[k\boldsymbol{x}, \boldsymbol{y}]=k[\boldsymbol{x}, \boldsymbol{y}]$；

(3) $[\boldsymbol{x}+\boldsymbol{y}, \boldsymbol{z}]=[\boldsymbol{x}, \boldsymbol{z}]+[\boldsymbol{y}, \boldsymbol{z}]$；

(4) $[\boldsymbol{x}, \boldsymbol{x}]\geqslant 0$，当且仅当 $\boldsymbol{x}=\mathbf{0}$ 时，$[\boldsymbol{x}, \boldsymbol{x}]=0$.

定义 2　令

$$\|\boldsymbol{x}\| = \sqrt{[\boldsymbol{x}, \boldsymbol{x}]}=\sqrt{\boldsymbol{x}^{\mathrm{T}}\boldsymbol{x}}=\sqrt{x_1^2+x_2^2+\cdots+x_n^2},$$

称 $\|\boldsymbol{x}\|$ 为 n 维向量 $\boldsymbol{x}$ 的**长度**(又称**范数**或**模**).

显然,这样定义的长度符合我们熟知的性质:

(1) **非负性** $\|\boldsymbol{x}\| \geqslant 0$,当且仅当 $\boldsymbol{x}=\boldsymbol{0}$ 时,$\|\boldsymbol{x}\|=0$;

(2) **齐次性** $\|k\boldsymbol{x}\|=|k|\|\boldsymbol{x}\|$,$k \in \mathbf{R}$;

(3) 对任意 n 维向量 $\boldsymbol{x}, \boldsymbol{y}$,有 $|[\boldsymbol{x}, \boldsymbol{y}]| \leqslant \|\boldsymbol{x}\| \cdot \|\boldsymbol{y}\|$,当且仅当 $\boldsymbol{x}, \boldsymbol{y}$ 线性相关时,等号成立;

(4) **三角不等式** $\|\boldsymbol{x}+\boldsymbol{y}\| \leqslant \|\boldsymbol{x}\|+\|\boldsymbol{y}\|$.

证明 (3)当 $\boldsymbol{y}=\boldsymbol{0}$ 时,上述不等式显然成立.

当 $\boldsymbol{y} \neq \boldsymbol{0}$ 时,令 t 是一个是变数,作向量

$$\boldsymbol{z}=\boldsymbol{x}+t\boldsymbol{y},$$

则必有

$$[\boldsymbol{z}, \boldsymbol{z}]=[\boldsymbol{x}+t\boldsymbol{y}, \boldsymbol{x}+t\boldsymbol{y}]=[\boldsymbol{x}, \boldsymbol{x}]+2t[\boldsymbol{x}, \boldsymbol{y}]+t^2[\boldsymbol{y}, \boldsymbol{y}] \geqslant 0.$$

取 $t=-\dfrac{[\boldsymbol{x}, \boldsymbol{y}]}{[\boldsymbol{y}, \boldsymbol{y}]}$,代入上式,得

$$[\boldsymbol{x}, \boldsymbol{x}]-2\frac{[\boldsymbol{x}, \boldsymbol{y}]^2}{[\boldsymbol{y}, \boldsymbol{y}]}+\frac{[\boldsymbol{x}, \boldsymbol{y}]^2}{[\boldsymbol{y}, \boldsymbol{y}]}[\boldsymbol{y}, \boldsymbol{y}]=[\boldsymbol{x}, \boldsymbol{x}]-\frac{[\boldsymbol{x}, \boldsymbol{y}]^2}{[\boldsymbol{y}, \boldsymbol{y}]} \geqslant 0,$$

即

$$[\boldsymbol{x}, \boldsymbol{y}]^2 \leqslant [\boldsymbol{x}, \boldsymbol{x}][\boldsymbol{y}, \boldsymbol{y}],$$

两边开方得

$$\|[\boldsymbol{x}, \boldsymbol{y}]\| \leqslant \|\boldsymbol{x}\| \cdot \|\boldsymbol{y}\|.$$

其中等号成立当且仅当 $\boldsymbol{z}=\boldsymbol{x}+t\boldsymbol{y}=0$,即 $\boldsymbol{x}, \boldsymbol{y}$ 线性相关.

(4) $$\begin{aligned}\|\boldsymbol{x}+\boldsymbol{y}\|^2 &=[\boldsymbol{x}+\boldsymbol{y}, \boldsymbol{x}+\boldsymbol{y}]=[\boldsymbol{x}, \boldsymbol{x}]+2[\boldsymbol{x}, \boldsymbol{y}]+[\boldsymbol{y}, \boldsymbol{y}] \\ &\leqslant \|\boldsymbol{x}\|^2+2\|\boldsymbol{x}\| \cdot \|\boldsymbol{y}\|+\|\boldsymbol{y}\|^2=(\|\boldsymbol{x}\|+\|\boldsymbol{y}\|)^2.\end{aligned}$$

两边开方,得

$$\|\boldsymbol{x}+\boldsymbol{y}\| \leqslant \|\boldsymbol{x}\|+\|\boldsymbol{y}\|.$$

注 若令 $\boldsymbol{x}=(x_1, x_2, \cdots, x_n)^{\mathrm{T}}$,$\boldsymbol{y}=(y_1, y_2, \cdots, y_n)^{\mathrm{T}}$,则性质(3)可表示为

$$|x_1y_1+x_2y_2+\cdots+x_ny_n| \leqslant \sqrt{x_1^2+x_2^2+\cdots+x_n^2} \cdot \sqrt{y_1^2+y_2^2+\cdots+y_n^2}.$$

上述不等式称为柯西-施瓦茨(Cauchy-Schwarz)不等式,它说明了 $\mathbf{R}^n$ 中任意两个向量的内积与它们长度之间的关系.

如果一个向量的长度为 1,则称其为**单位向量**.将非零向量化成单位向量的过程称为**向量的单位化**.

对 $\mathbf{R}^n$ 中的任一向量 $\boldsymbol{\alpha} \neq \boldsymbol{0}$,都有向量 $\dfrac{\boldsymbol{\alpha}}{\|\boldsymbol{\alpha}\|}$ 是一个单位向量. 事实上,

$$\left\| \frac{\boldsymbol{\alpha}}{\|\boldsymbol{\alpha}\|} \right\| = \frac{1}{\|\boldsymbol{\alpha}\|} \cdot \|\boldsymbol{\alpha}\| = 1.$$

例 2 对于 $\boldsymbol{\alpha}=(1, -1, 2)^{\mathrm{T}}$，有 $\|\boldsymbol{\alpha}\|=\sqrt{6}$，则其单位化向量为 $\frac{1}{\sqrt{6}}(1, -1, 2)^{\mathrm{T}}$. 对于 $\boldsymbol{\beta}=(3, -3, 6)^{\mathrm{T}}=3(1, -1, 2)^{\mathrm{T}}=3\boldsymbol{\alpha}$，有 $\|\boldsymbol{\beta}\|=\|3\boldsymbol{\alpha}\|=3\|\boldsymbol{\alpha}\|=3\sqrt{6}$，则其单位化向量仍为 $\frac{1}{\sqrt{6}}(1, -1, 2)^{\mathrm{T}}$.

由此例可见，在求 $\boldsymbol{\beta}=k\boldsymbol{\alpha}\neq\mathbf{0}\ (k>0)$ 的单位化向量时，可把正倍数 k 去掉，直接求 $\boldsymbol{\alpha}$ 的单位化向量.

定义 3 当 $\|\boldsymbol{\alpha}\|\neq 0$，$\|\boldsymbol{\beta}\|\neq 0$ 时，称

$$\theta=\arccos\frac{[\boldsymbol{\alpha}, \boldsymbol{\beta}]}{\|\boldsymbol{\alpha}\|\cdot\|\boldsymbol{\beta}\|} \quad (0\leqslant\theta\leqslant\pi)$$

为 n 维向量 $\boldsymbol{\alpha}$ 与 $\boldsymbol{\beta}$ 的夹角.

例 3 已知 $\boldsymbol{\alpha}_1=(-4, -1, -1)^{\mathrm{T}}$，$\boldsymbol{\alpha}_2=(1, -2, -2)^{\mathrm{T}}$，则

$$\|\boldsymbol{\alpha}_1\| = \sqrt{(-4)^2+(-1)^2+(-1)^2}=3\sqrt{2},$$
$$\|\boldsymbol{\alpha}_2\| = \sqrt{1^2+(-2)^2+(-2)^2}=3,$$
$$[\boldsymbol{\alpha}_1, \boldsymbol{\alpha}_2]=(-4)\times 1+(-1)(-2)+(-1)\times(-2)=0,$$

所以

$$\theta=\arccos\frac{[\boldsymbol{\alpha}_1, \boldsymbol{\alpha}_2]}{\|\boldsymbol{\alpha}_1\|\cdot\|\boldsymbol{\alpha}_2\|}=\frac{\pi}{2}.$$

4.3.2 向量组的正交化

定义 4 若两向量 $\boldsymbol{\alpha}$ 与 $\boldsymbol{\beta}$ 的内积等于零，即

$$[\boldsymbol{\alpha}, \boldsymbol{\beta}]=0,$$

则称向量 $\boldsymbol{\alpha}$ 与 $\boldsymbol{\beta}$ **正交**，记作 $\boldsymbol{\alpha}\perp\boldsymbol{\beta}$.

显然，零向量与任何向量都正交.

定义 5 若 n 维向量 $\boldsymbol{\alpha}_1, \boldsymbol{\alpha}_2, \cdots, \boldsymbol{\alpha}_r$ 是一个非零向量组，且 $\boldsymbol{\alpha}_1, \boldsymbol{\alpha}_2, \cdots, \boldsymbol{\alpha}_r$ 中的向量两两正交，即

$$[\boldsymbol{\alpha}_i, \boldsymbol{\alpha}_j]=0 \quad (i\neq j;\ i, j=1, 2, \cdots, r),$$

则称该向量组为**正交向量组**.

应该指出，按定义，由单个非零向量所组成的向量组也是正交向量组.

若一个正交向量组中的每个向量都是单位向量，则称该向量组为一个**标准正交向量组**.

若向量空间的一组基向量间两两正交，则称其为**正交基**；若基向量间两两正交且都单

位长，则称其为标准正交基.

对一组正交基中的每个向量进行单位化就可以得到一组标准正交基.

例如，$\boldsymbol{\varepsilon}_1=(1, 0, \cdots, 0)^{\mathrm{T}}$，$\boldsymbol{\varepsilon}_2=(0, 1, \cdots, 0)^{\mathrm{T}}$，…，$\boldsymbol{\varepsilon}_n=(0, 0, \cdots, 1)^{\mathrm{T}}$ 就是一个标准正交向量组，且是 $\mathbf{R}^n$ 空间的一组标准正交基.

又如，不难验证 $\boldsymbol{\varepsilon}_1=(1, 0, 0)^{\mathrm{T}}$，$\boldsymbol{\varepsilon}_2=(0, 1, 1)^{\mathrm{T}}$，$\boldsymbol{\varepsilon}_3=(0, 1, -1)^{\mathrm{T}}$ 是 $\mathbf{R}^3$ 空间的一组正交基，则

$$\boldsymbol{\alpha}_1=\boldsymbol{\varepsilon}_1,\quad \boldsymbol{\alpha}_2=\frac{\boldsymbol{\varepsilon}_2}{\|\boldsymbol{\varepsilon}_2\|}=\left(0, \frac{1}{\sqrt{2}}, \frac{1}{\sqrt{2}}\right)^{\mathrm{T}},\quad \boldsymbol{\alpha}_3=\frac{\boldsymbol{\varepsilon}_3}{\|\boldsymbol{\varepsilon}_3\|}=\left(0, \frac{1}{\sqrt{2}}, -\frac{1}{\sqrt{2}}\right)^{\mathrm{T}}$$

即为 $\mathbf{R}^3$ 空间的一组标准正交基.

定理 1 若 n 维向量 $\boldsymbol{\alpha}_1, \boldsymbol{\alpha}_2, \cdots, \boldsymbol{\alpha}_r$ 是一正交向量组，则 $\boldsymbol{\alpha}_1, \boldsymbol{\alpha}_2, \cdots, \boldsymbol{\alpha}_r$ 一定线性无关.

证明 设存在 $k_1, k_2, \cdots, k_r$，使得

$$k_1\boldsymbol{\alpha}_1+k_2\boldsymbol{\alpha}_2+\cdots+k_r\boldsymbol{\alpha}_r=\mathbf{0}.$$

上式两边同时与向量组的任意向量 $\boldsymbol{\alpha}_i$ $(i=1, 2, \cdots, r)$ 作内积，得

$$[k_1\boldsymbol{\alpha}_1+k_2\boldsymbol{\alpha}_2+\cdots+k_r\boldsymbol{\alpha}_r, \boldsymbol{\alpha}_i]=0,$$

即

$$k_1[\boldsymbol{\alpha}_1, \boldsymbol{\alpha}_i]+\cdots+k_{i-1}[\boldsymbol{\alpha}_{i-1}, \boldsymbol{\alpha}_i]+k_i[\boldsymbol{\alpha}_i, \boldsymbol{\alpha}_i]+\cdots+k_r[\boldsymbol{\alpha}_r, \boldsymbol{\alpha}_i]=0.$$

由于

$$[\boldsymbol{\alpha}_i, \boldsymbol{\alpha}_j]=0\quad (i\neq j),$$

所以上式变为

$$k_i[\boldsymbol{\alpha}_i, \boldsymbol{\alpha}_i]=k_i\|\boldsymbol{\alpha}_i\|^2=0.$$

而 $\boldsymbol{\alpha}_i\neq\mathbf{0}$，因此 $\|\boldsymbol{\alpha}_i\|^2\neq 0$，从而 $k_i=0$ $(i=1, 2, \cdots, r)$. 故 $\boldsymbol{\alpha}_1, \boldsymbol{\alpha}_2, \cdots, \boldsymbol{\alpha}_r$ 线性无关.

由定理 1 知，正交向量组必线性无关，但容易验证线性无关的向量组不一定是正交向量组.

例 4 在 $\mathbf{R}^3$ 空间中求出与 $\boldsymbol{\alpha}=(1, -1, 1)^{\mathrm{T}}$，$\boldsymbol{\beta}=(-1, 1, 2)^{\mathrm{T}}$ 都正交的向量.

解 设所求向量为 $\boldsymbol{\gamma}=(x_1, x_2, x_3)^{\mathrm{T}}$，由 $\boldsymbol{\gamma}$ 与 $\boldsymbol{\alpha}$，$\boldsymbol{\beta}$ 都正交，得

$$\begin{cases} x_1-x_2+x_3=0, \\ -x_1+x_2+2x_3=0, \end{cases}$$

这里

$$\boldsymbol{A}=\begin{pmatrix} 1 & -1 & 1 \\ -1 & 1 & 2 \end{pmatrix}\rightarrow\begin{pmatrix} 1 & -1 & 1 \\ 0 & 0 & 3 \end{pmatrix}\rightarrow\begin{pmatrix} 1 & -1 & 0 \\ 0 & 0 & 1 \end{pmatrix},$$

即方程等价于 $\begin{cases} x_1 = x_2, \\ x_3 = 0, \end{cases}$ 于是 $\boldsymbol{\gamma} = (a,\ a,\ 0)^{\mathrm{T}}$，$a$ 为任意实数，即为所求.

对于任意一个线性无关的向量组，可以通过下面定理介绍的**施密特(Schimidt)正交化**的方法求得一组与之等价的正交向量组.

定理 2　向量组 $\boldsymbol{\alpha}_1, \boldsymbol{\alpha}_2, \cdots, \boldsymbol{\alpha}_r$ 线性无关，取向量组

$$\begin{cases} \boldsymbol{\beta}_1 = \boldsymbol{\alpha}_1, \\ \boldsymbol{\beta}_2 = \boldsymbol{\alpha}_2 - \dfrac{[\boldsymbol{\beta}_1, \boldsymbol{\alpha}_2]}{[\boldsymbol{\beta}_1, \boldsymbol{\beta}_1]}\boldsymbol{\beta}_1, \\ \quad \vdots \\ \boldsymbol{\beta}_r = \boldsymbol{\alpha}_r - \dfrac{[\boldsymbol{\beta}_1, \boldsymbol{\alpha}_r]}{[\boldsymbol{\beta}_1, \boldsymbol{\beta}_1]}\boldsymbol{\beta}_1 - \dfrac{[\boldsymbol{\beta}_2, \boldsymbol{\alpha}_r]}{[\boldsymbol{\beta}_2, \boldsymbol{\beta}_2]}\boldsymbol{\beta}_2 - \dfrac{[\boldsymbol{\beta}_{r-1}, \boldsymbol{\alpha}_r]}{[\boldsymbol{\beta}_{r-1}, \boldsymbol{\beta}_{r-1}]}\boldsymbol{\beta}_{r-1}, \end{cases}$$

并令 $\boldsymbol{e}_1 = \dfrac{\boldsymbol{\beta}_1}{\|\boldsymbol{\beta}_1\|}$，$\boldsymbol{e}_2 = \dfrac{\boldsymbol{\beta}_2}{\|\boldsymbol{\beta}_2\|}$，$\cdots$，$\boldsymbol{e}_r = \dfrac{\boldsymbol{\beta}_r}{\|\boldsymbol{\beta}_r\|}$，则

(1) $\boldsymbol{\beta}_1, \boldsymbol{\beta}_2, \cdots, \boldsymbol{\beta}_r$ 是正交向量组，且与 $\boldsymbol{\alpha}_1, \boldsymbol{\alpha}_2, \cdots, \boldsymbol{\alpha}_r$ 等价.

(2) $\boldsymbol{e}_1, \boldsymbol{e}_2, \cdots, \boldsymbol{e}_r$ 是与 $\boldsymbol{\alpha}_1, \boldsymbol{\alpha}_2, \cdots, \boldsymbol{\alpha}_r$ 等价的标准正交向量组.

(证明略.)

注　$\boldsymbol{\beta}_1, \boldsymbol{\beta}_2, \cdots, \boldsymbol{\beta}_r$ 的取得过程称为施密特正交化过程. 它不仅满足 $\boldsymbol{\beta}_1, \boldsymbol{\beta}_2, \cdots, \boldsymbol{\beta}_r$ 与 $\boldsymbol{\alpha}_1, \boldsymbol{\alpha}_2, \cdots, \boldsymbol{\alpha}_r$ 等价，还满足：对任何 $k\ (1 \leqslant k \leqslant r)$，向量组 $\boldsymbol{\beta}_1, \boldsymbol{\beta}_2, \cdots, \boldsymbol{\beta}_k$ 与 $\boldsymbol{\alpha}_1, \boldsymbol{\alpha}_2, \cdots, \boldsymbol{\alpha}_k$ 等价.

(3) 向量空间中的任何一组基都可以通过施密特正交化过程化成正交基，再经过单位化过程化成标准正交基.

例 5　试将下列线性无关的向量组标准正交化.

$$\boldsymbol{\alpha}_1 = \begin{pmatrix} 0 \\ 1 \\ 1 \end{pmatrix}, \quad \boldsymbol{\alpha}_2 = \begin{pmatrix} 0 \\ -1 \\ 2 \end{pmatrix}, \quad \boldsymbol{\alpha}_3 = \begin{pmatrix} 1 \\ -1 \\ -1 \end{pmatrix}.$$

解　正交化：

$$\boldsymbol{\beta}_1 = \boldsymbol{\alpha}_1 = \begin{pmatrix} 0 \\ 1 \\ 1 \end{pmatrix},$$

$$\boldsymbol{\beta}_2 = \boldsymbol{\alpha}_2 - \frac{[\boldsymbol{\beta}_1, \boldsymbol{\alpha}_2]}{[\boldsymbol{\beta}_1, \boldsymbol{\beta}_1]}\boldsymbol{\beta}_1 = \begin{pmatrix} 0 \\ -1 \\ 2 \end{pmatrix} - \frac{1}{2}\begin{pmatrix} 0 \\ 1 \\ 1 \end{pmatrix} = \frac{3}{2}\begin{pmatrix} 0 \\ -1 \\ 1 \end{pmatrix},$$

$$\boldsymbol{\beta}_3 = \boldsymbol{\alpha}_3 - \frac{[\boldsymbol{\beta}_1, \boldsymbol{\alpha}_3]}{[\boldsymbol{\beta}_1, \boldsymbol{\beta}_1]}\boldsymbol{\beta}_1 - \frac{[\boldsymbol{\beta}_2, \boldsymbol{\alpha}_3]}{[\boldsymbol{\beta}_2, \boldsymbol{\beta}_2]}\boldsymbol{\beta}_2 = \begin{pmatrix} 1 \\ -1 \\ -1 \end{pmatrix} + \begin{pmatrix} 0 \\ 1 \\ 1 \end{pmatrix} - \frac{0}{[\boldsymbol{\beta}_2, \boldsymbol{\beta}_2]}\boldsymbol{\beta}_2 = \begin{pmatrix} 1 \\ 0 \\ 0 \end{pmatrix}.$$

单位化：

$$e_1=\frac{\boldsymbol{\beta}_1}{\|\boldsymbol{\beta}_1\|}=\frac{1}{\sqrt{2}}\begin{pmatrix}0\\1\\1\end{pmatrix},\quad e_2=\frac{\boldsymbol{\beta}_2}{\|\boldsymbol{\beta}_2\|}=\frac{1}{\sqrt{2}}\begin{pmatrix}0\\-1\\1\end{pmatrix},\quad e_3=\boldsymbol{\beta}_3=\begin{pmatrix}1\\0\\0\end{pmatrix}.$$

所以 e_1, e_2, e_3 为所求.

4.3.3 正交矩阵

定义 6 若 n 阶方阵 $\boldsymbol{A}$ 满足

$$\boldsymbol{A}^{\mathrm{T}}\boldsymbol{A}=\boldsymbol{E},$$

则称 $\boldsymbol{A}$ 为**正交矩阵**,简称**正交阵**.

例如,$\boldsymbol{A}=\begin{pmatrix}1&0\\0&-1\end{pmatrix}$ 为正交矩阵.

定理 3 方阵 $\boldsymbol{A}$ 为正交矩阵的充分必要条件是其列向量构成标准正交向量组.

证明 将 $\boldsymbol{A}$ 按列分块,即 $\boldsymbol{A}=(\boldsymbol{a}_1, \boldsymbol{a}_2, \cdots, \boldsymbol{a}_n)$,于是,由定义得

$$\begin{pmatrix}\boldsymbol{a}_1^{\mathrm{T}}\\\boldsymbol{a}_2^{\mathrm{T}}\\\vdots\\\boldsymbol{a}_n^{\mathrm{T}}\end{pmatrix}(\boldsymbol{a}_1\quad \boldsymbol{a}_2\quad \cdots\quad \boldsymbol{a}_n)=\boldsymbol{E}=\begin{pmatrix}1&&&\\&1&&\\&&\ddots&\\&&&1\end{pmatrix},$$

即

$$\boldsymbol{a}_i^{\mathrm{T}}\boldsymbol{a}_j=\begin{cases}1, & i=j,\\0, & i\neq j\end{cases}\quad (i, j=1, 2, \cdots, n).$$

注 由 $\boldsymbol{A}^{\mathrm{T}}\boldsymbol{A}=\boldsymbol{E}$ 与 $\boldsymbol{A}\boldsymbol{A}^{\mathrm{T}}=\boldsymbol{E}$ 等价,定理的结论对行向量也成立,即 $\boldsymbol{A}$ 为正交矩阵的充分必要条件是 $\boldsymbol{A}$ 的行向量构成标准正交向量组.

例如,将例 2 中得到的正交单位向量组 e_1, e_2, e_3 作为矩阵的列(也可作为行),则构成三阶正交矩阵:

$$\boldsymbol{B}=\begin{pmatrix}0&0&1\\\frac{1}{\sqrt{2}}&-\frac{1}{\sqrt{2}}&0\\\frac{1}{\sqrt{2}}&\frac{1}{\sqrt{2}}&0\end{pmatrix}.$$

正交矩阵具有下述性质.

(1) 若 $\boldsymbol{A}$ 为正交矩阵,则 $|\boldsymbol{A}|=1$ 或 $|\boldsymbol{A}|=-1$.

(2) 若 $\boldsymbol{A}$ 为正交矩阵,则 $\boldsymbol{A}^{-1}=\boldsymbol{A}^{\mathrm{T}}$,且都是正交矩阵.

(3) 若 $\boldsymbol{A}$ 为正交矩阵,则 $\boldsymbol{A}^*$ 也是正交矩阵.

事实上,由 $\boldsymbol{A}$ 为正交矩阵及 $\boldsymbol{A}\boldsymbol{A}^*=|\boldsymbol{A}|\boldsymbol{E}$,有 $\boldsymbol{A}^*=|\boldsymbol{A}|\boldsymbol{A}^{-1}=|\boldsymbol{A}|\boldsymbol{A}^{\mathrm{T}}$. 于是

$$(\boldsymbol{A}^*)^{\mathrm{T}}\boldsymbol{A}^*=(|\boldsymbol{A}|\boldsymbol{A}^{\mathrm{T}})^{\mathrm{T}}(|\boldsymbol{A}|\boldsymbol{A}^{\mathrm{T}})=|\boldsymbol{A}|^2\boldsymbol{A}\boldsymbol{A}^{\mathrm{T}}=\boldsymbol{E},$$

所以正交矩阵 $\boldsymbol{A}$ 的伴随矩阵 $\boldsymbol{A}^*$ 也是正交矩阵.

(4) 若 $\boldsymbol{A}$ 与 $\boldsymbol{B}$ 为同阶正交矩阵,则 $\boldsymbol{AB}$ 也为正交矩阵.

(5) 若 $\boldsymbol{A}$ 为正交矩阵,对于任意 n 维列向量 $\boldsymbol{\alpha}$, $\boldsymbol{\beta}$, 都有内积等式

$$[\boldsymbol{A\alpha},\boldsymbol{A\beta}]=[\boldsymbol{\alpha},\boldsymbol{\beta}]$$

成立.

事实上,注意到 $\boldsymbol{A\alpha}$ 是列向量,必有

$$[\boldsymbol{A\alpha},\boldsymbol{A\beta}]=(\boldsymbol{A\alpha})^{\mathrm{T}}(\boldsymbol{A\beta})=\boldsymbol{\alpha}^{\mathrm{T}}\boldsymbol{A}^{\mathrm{T}}\boldsymbol{A\beta}=\boldsymbol{\alpha}^{\mathrm{T}}\boldsymbol{\beta}=[\boldsymbol{\alpha},\boldsymbol{\beta}].$$

进而,有 $\|\boldsymbol{A\alpha}\|=\|\boldsymbol{\alpha}\|$.

习题 4.3

1. 设 $\boldsymbol{\alpha}=(-2,1)^{\mathrm{T}}$, $\boldsymbol{\beta}=(5,3)^{\mathrm{T}}$, 求 $\left[\left([\boldsymbol{\alpha},\boldsymbol{\alpha}]\boldsymbol{\beta}-\dfrac{1}{3}[\boldsymbol{\alpha},\boldsymbol{\beta}]\boldsymbol{\alpha}\right),3\boldsymbol{\alpha}\right]$.

2. $\boldsymbol{\alpha}$, $\boldsymbol{\beta}$, $\boldsymbol{\gamma}$ 是 $n(n>1)$ 维实向量,判断下列表达式有无意义.

(1) $[\boldsymbol{\alpha},\boldsymbol{\beta}]\boldsymbol{\gamma}=[\boldsymbol{\alpha},\boldsymbol{\alpha}][\boldsymbol{\beta},\boldsymbol{\gamma}]$;

(2) $[[\boldsymbol{\alpha},\boldsymbol{\beta}],\boldsymbol{\gamma}]+6\boldsymbol{\alpha}$.

3. 求向量 $\boldsymbol{\alpha}=(3,0,-4)^{\mathrm{T}}$, $\boldsymbol{\beta}=(1,-7,2)^{\mathrm{T}}$ 之间的夹角 θ.

4. 已知 $\boldsymbol{\alpha}_1=(1,1,-1)^{\mathrm{T}}$ 与 $\boldsymbol{\alpha}_2=(-1,2,1)^{\mathrm{T}}$ 正交,求 $\boldsymbol{\alpha}_3$ 使得三者两两正交.

5. 验证向量组 $\boldsymbol{\alpha}_1=(1,1,1)^{\mathrm{T}}$, $\boldsymbol{\alpha}_2=(0,1,2)^{\mathrm{T}}$, $\boldsymbol{\alpha}_3=(2,0,3)^{\mathrm{T}}$ 为 $\mathbf{R}^3$ 空间的一组基,并求其标准正交基.

6. 将线性无关向量组 $\boldsymbol{\alpha}_1=(0,1,1)^{\mathrm{T}}$, $\boldsymbol{\alpha}_2=(1,1,0)^{\mathrm{T}}$, $\boldsymbol{\alpha}_3=(1,0,1)^{\mathrm{T}}$ 正交化、单位化.

7. 把 $\boldsymbol{\alpha}_1=(1,1,0,0)^{\mathrm{T}}$, $\boldsymbol{\alpha}_2=(1,0,1,0)^{\mathrm{T}}$, $\boldsymbol{\alpha}_3=(-1,0,0,1)^{\mathrm{T}}$, $\boldsymbol{\alpha}_4=(1,-1,-1,1)^{\mathrm{T}}$ 变成标准正交的向量组.

8. 判别下列矩阵是否为正交阵.

(1) $\begin{pmatrix} 1 & -\dfrac{1}{2} & \dfrac{1}{3} \\ -\dfrac{1}{2} & 1 & \dfrac{1}{2} \\ \dfrac{1}{3} & \dfrac{1}{2} & 1 \end{pmatrix}$;　　(2) $\begin{pmatrix} \dfrac{1}{9} & -\dfrac{8}{9} & -\dfrac{4}{9} \\ -\dfrac{8}{9} & \dfrac{1}{9} & -\dfrac{4}{9} \\ -\dfrac{4}{9} & -\dfrac{4}{9} & \dfrac{7}{9} \end{pmatrix}$;

(3) $\begin{pmatrix} \dfrac{1}{2} & -\dfrac{1}{2} & \dfrac{1}{2} & -\dfrac{1}{2} \\ \dfrac{1}{2} & -\dfrac{1}{2} & -\dfrac{1}{2} & \dfrac{1}{2} \\ \dfrac{1}{\sqrt{2}} & \dfrac{1}{\sqrt{2}} & 0 & 0 \\ 0 & 0 & \dfrac{1}{\sqrt{2}} & \dfrac{1}{\sqrt{2}} \end{pmatrix}$.

4.4 实对称矩阵的对角化

实对称矩阵的对角化 1

实对称矩阵的对角化 2

实数域上的对称矩阵称为实对称阵. 从前面的讨论可知,不是所有的方阵都可以对角化. 然而实对称矩阵却一定可对角化. 本节将作详细论述.

4.4.1 实对称矩阵的特征值与特征向量

对于实对称矩阵来说,其特征值和特征向量具有一些特殊的性质,它们本身在今后也是非常有用的.

定理 1 实对称矩阵的特征值都为实数.

证明 设 $\boldsymbol{A}$ 为实对称矩阵,λ 为其特征值,$\boldsymbol{x}=(x_1, x_2, \cdots, x_n)^{\mathrm{T}} \neq \boldsymbol{0}$ 是对应的特征向量,即有

$$\boldsymbol{A}\boldsymbol{x}=\lambda\boldsymbol{x}.$$

两端取共轭,有 $\overline{\boldsymbol{A}\boldsymbol{x}}=\overline{\lambda\boldsymbol{x}}$,由共轭复数的运算性质知 $\overline{\boldsymbol{A}}\,\overline{\boldsymbol{x}}=\bar{\lambda}\,\overline{\boldsymbol{x}}$. 两端再取转置,得

$$\overline{\boldsymbol{x}}^{\mathrm{T}}\,\overline{\boldsymbol{A}}^{\mathrm{T}}=\bar{\lambda}\,\overline{\boldsymbol{x}}^{\mathrm{T}},$$

注意到 $\overline{\boldsymbol{A}}=\boldsymbol{A}$, $\boldsymbol{A}^{\mathrm{T}}=\boldsymbol{A}$, 故上式变为

$$\overline{\boldsymbol{x}}^{\mathrm{T}}\boldsymbol{A}=\bar{\lambda}\,\overline{\boldsymbol{x}}^{\mathrm{T}},$$

两端右乘 $\boldsymbol{x}$, 得

$$\overline{\boldsymbol{x}}^{\mathrm{T}}\boldsymbol{A}\boldsymbol{x}=\bar{\lambda}\,\overline{\boldsymbol{x}}^{\mathrm{T}}\boldsymbol{x},$$

即

$$\overline{\boldsymbol{x}}^{\mathrm{T}}\lambda\boldsymbol{x}=\bar{\lambda}\,\overline{\boldsymbol{x}}^{\mathrm{T}}\boldsymbol{x},$$

所以

$$(\lambda-\bar{\lambda})\,\overline{\boldsymbol{x}}^{\mathrm{T}}\boldsymbol{x}=\boldsymbol{0}.$$

由于 $\boldsymbol{x}=(x_1, x_2, \cdots, x_n)^{\mathrm{T}} \neq \boldsymbol{0}$, 故有

$$\overline{\boldsymbol{x}}^{\mathrm{T}}\boldsymbol{x}=(\overline{x_1}, \overline{x_2}, \cdots, \overline{x_n})\begin{pmatrix} x_1 \\ x_2 \\ \vdots \\ x_n \end{pmatrix}=|x_1|^2+|x_2|^2+\cdots+|x_n|^2>0,$$

从而有 $\bar{\lambda}=\lambda$, 即 λ 是实数.

注 对实对称矩阵 $\boldsymbol{A}$, 因其特征值 λ_i 为实数, 故方程组

$$(\lambda_i \boldsymbol{E} - \boldsymbol{A})\boldsymbol{x} = \boldsymbol{0}$$

是实系数方程组，从而必有实的基础解系，所以 $\boldsymbol{A}$ 的特征向量必为实向量.

定理 2 实对称矩阵的不同特征值对应的特征向量是正交的.

证明 设 λ_1，λ_2 为实对称矩阵 $\boldsymbol{A}$ 的两个不同的特征值，$\boldsymbol{p}_1$，$\boldsymbol{p}_2$ 分别是对应于 λ_1，λ_2 的实特征向量，即

$$\boldsymbol{A}\boldsymbol{p}_1 = \lambda_1 \boldsymbol{p}_1, \quad \boldsymbol{A}\boldsymbol{p}_2 = \lambda_2 \boldsymbol{p}_2,$$

因

$$\begin{aligned}[\lambda_1 \boldsymbol{p}_1, \boldsymbol{p}_2] &= [\boldsymbol{A}\boldsymbol{p}_1, \boldsymbol{p}_2] = (\boldsymbol{A}\boldsymbol{p}_1)^{\mathrm{T}} \boldsymbol{p}_2 = \boldsymbol{p}_1^{\mathrm{T}} \boldsymbol{A}^{\mathrm{T}} \boldsymbol{p}_2 = \boldsymbol{p}_1^{\mathrm{T}} \boldsymbol{A} \boldsymbol{p}_2 = [\boldsymbol{p}_1, \boldsymbol{A}\boldsymbol{p}_2] \\ &= [\boldsymbol{p}_1, \lambda_2 \boldsymbol{p}_2],\end{aligned}$$

即

$$\lambda_1 [\boldsymbol{p}_1, \boldsymbol{p}_2] = \lambda_2 [\boldsymbol{p}_1, \boldsymbol{p}_2].$$

由于 $\lambda_1 \neq \lambda_2$，所以 $[\boldsymbol{p}_1, \boldsymbol{p}_2] = 0$，即 $\boldsymbol{p}_1$ 与 $\boldsymbol{p}_2$ 正交.

定理 3 λ 是 n 阶实对称矩阵 $\boldsymbol{A}$ 的 k 重特征根，则齐次线性方程组 $(\lambda \boldsymbol{E} - \boldsymbol{A})\boldsymbol{x} = \boldsymbol{0}$ 的一个基础解系中恰有 k 个解向量.

（证明略.）

4.4.2 实对称矩阵的对角化

定理 4 设 $\boldsymbol{A}$ 为 n 阶实对称矩阵，则必有正交矩阵 $\boldsymbol{Q}$，使

$$\boldsymbol{Q}^{-1}\boldsymbol{A}\boldsymbol{Q} = \boldsymbol{Q}^{\mathrm{T}}\boldsymbol{A}\boldsymbol{Q} = \boldsymbol{\Lambda} = \begin{pmatrix} \lambda_1 & & & \\ & \lambda_2 & & \\ & & \ddots & \\ & & & \lambda_n \end{pmatrix},$$

其中，λ_1，λ_2，…，λ_n 是 $\boldsymbol{A}$ 的全部特征值.

证明 设 $\boldsymbol{A}$ 的互不相等的特征值为 λ_1，λ_2，…，λ_s，它们的重数分别为 r_1，r_2，…，r_s，显然满足 $r_1 + r_2 + \cdots + r_s = n$.

由定理 1 和定理 3 知，与特征值 $\lambda_i\,(i=1, 2, \cdots, s)$ 对应的线性无关的特征向量恰有 r_i 个，利用施密特正交单位化的方法即得 r_i 个单位正交特征向量，由 $r_1 + r_2 + \cdots + r_s = n$ 知，这样的特征向量共有 n 个.

再由定理 2 知，这 n 个单位特征向量两两正交，从而以它们为列构成的矩阵 $\boldsymbol{Q}$ 即为所求正交矩阵，且满足

$$\boldsymbol{Q}^{-1}\boldsymbol{A}\boldsymbol{Q} = \boldsymbol{Q}^{\mathrm{T}}\boldsymbol{A}\boldsymbol{Q} = \boldsymbol{\Lambda} = \begin{pmatrix} \lambda_1 & & & \\ & \lambda_2 & & \\ & & \ddots & \\ & & & \lambda_n \end{pmatrix}.$$

根据上述讨论，得到求正交矩阵 $\boldsymbol{Q}$ 使实对称矩阵 $\boldsymbol{A}$ 对角化的步骤.

(1) 求出 $\boldsymbol{A}$ 的特征值，设 $\lambda_1, \lambda_2, \cdots, \lambda_s$ 是 $\boldsymbol{A}$ 的全部不同的特征值；

(2) 对每一个特征值 λ_i，由线性方程组 $(\lambda_i\boldsymbol{E}-\boldsymbol{A})\boldsymbol{x}=\boldsymbol{0}$ 求出基础解系(特征向量)；

(3) 将每一组基础解系(特征向量)分别正交化、单位化；

(4) 以这些两两正交且单位长度为 1 的向量作为列向量构成一个正交矩阵 $\boldsymbol{Q}$，使

$$\boldsymbol{Q}^{-1}\boldsymbol{A}\boldsymbol{Q}=\boldsymbol{Q}^{\mathrm{T}}\boldsymbol{A}\boldsymbol{Q}=\boldsymbol{\Lambda}.$$

注 $\boldsymbol{Q}$ 中列向量的次序与矩阵 $\boldsymbol{\Lambda}$ 对角线上的特征值的次序相对应.

例 1 设实对称矩阵 $\boldsymbol{A}=\begin{pmatrix}2&0&0\\0&3&2\\0&2&3\end{pmatrix}$，试求出正交矩阵 $\boldsymbol{Q}$，使 $\boldsymbol{Q}^{-1}\boldsymbol{A}\boldsymbol{Q}$ 为对角矩阵.

解 令 $|\lambda\boldsymbol{E}-\boldsymbol{A}|=\begin{vmatrix}\lambda-2&0&0\\0&\lambda-3&-2\\0&-2&\lambda-3\end{vmatrix}=(\lambda-2)(\lambda-1)(\lambda-5)=0$，得 $\boldsymbol{A}$ 的特征值为 $\lambda_1=1, \lambda_2=2, \lambda_3=5$.

分别求解方程组 $(\lambda_i\boldsymbol{E}-\boldsymbol{A})\boldsymbol{x}=\boldsymbol{0}$，得到对应于 $\lambda_1, \lambda_2, \lambda_3$ 的特征向量分别为

$$\boldsymbol{p}_1=(0,\ -1,\ 1)^{\mathrm{T}},\quad \boldsymbol{p}_2=(1,\ 0,\ 0)^{\mathrm{T}},\quad \boldsymbol{p}_3=(0,\ 1,\ 1)^{\mathrm{T}}.$$

由于实对称矩阵的属于不同特征值的特征向量必两两正交，于是只需对 $\boldsymbol{p}_1, \boldsymbol{p}_2, \boldsymbol{p}_3$ 进行单位化即可，即

$$\boldsymbol{\eta}_1=\frac{\boldsymbol{p}_1}{\|\boldsymbol{p}_1\|}=\left(0,\ -\frac{1}{\sqrt{2}},\ \frac{1}{\sqrt{2}}\right)^{\mathrm{T}},\quad \boldsymbol{\eta}_2=\frac{\boldsymbol{p}_2}{\|\boldsymbol{p}_2\|}=(1,\ 0,\ 0)^{\mathrm{T}},$$

$$\boldsymbol{\eta}_3=\frac{\boldsymbol{p}_3}{\|\boldsymbol{p}_3\|}=\left(0,\ \frac{1}{\sqrt{2}},\ \frac{1}{\sqrt{2}}\right)^{\mathrm{T}}.$$

若令 $\boldsymbol{Q}=(\boldsymbol{\eta}_1, \boldsymbol{\eta}_2, \boldsymbol{\eta}_3)=\begin{pmatrix}0&1&0\\-\frac{1}{\sqrt{2}}&0&\frac{1}{\sqrt{2}}\\\frac{1}{\sqrt{2}}&0&\frac{1}{\sqrt{2}}\end{pmatrix}$，则必有 $\boldsymbol{Q}$ 为正交矩阵，且

$$\boldsymbol{Q}^{-1}\boldsymbol{A}\boldsymbol{Q}=\boldsymbol{Q}^{\mathrm{T}}\boldsymbol{A}\boldsymbol{Q}=\begin{pmatrix}1&&\\&2&\\&&5\end{pmatrix}.$$

例 2 设实对称矩阵 $\boldsymbol{A}=\begin{pmatrix}4&2&2\\2&4&2\\2&2&4\end{pmatrix}$，求正交矩阵 $\boldsymbol{Q}$，使 $\boldsymbol{A}$ 对角化.

解 令

$$|\lambda E - A| = \begin{vmatrix} \lambda - 4 & -2 & -2 \\ -2 & \lambda - 4 & -2 \\ -2 & -2 & \lambda - 4 \end{vmatrix} = (\lambda - 2)^2(\lambda - 8) = 0,$$

得 A 的特征值为 $\lambda_1 = \lambda_2 = 2$，$\lambda_3 = 8$.

当 $\lambda_1 = \lambda_2 = 2$ 时，方程组 $(2E - A)x = 0$ 的等价方程为

$$x_1 + x_2 + x_3 = 0,$$

得基础解系

$$p_1 = \begin{pmatrix} -1 \\ 1 \\ 0 \end{pmatrix}, \quad p_2 = \begin{pmatrix} -1 \\ 0 \\ 1 \end{pmatrix},$$

将它们进行施密特正交化，得

$$\beta_1 = p_1 = \begin{pmatrix} -1 \\ 1 \\ 0 \end{pmatrix}, \quad \beta_2 = p_2 - \frac{[\beta_1, p_2]}{[\beta_1, \beta_1]}\beta_1 = \begin{pmatrix} -\frac{1}{2} \\ -\frac{1}{2} \\ 1 \end{pmatrix},$$

再单位化，得

$$e_1 = \frac{1}{\sqrt{2}}\begin{pmatrix} -1 \\ 1 \\ 0 \end{pmatrix}, \quad e_2 = \frac{1}{\sqrt{6}}\begin{pmatrix} -1 \\ -1 \\ 2 \end{pmatrix}.$$

当 $\lambda_3 = 8$ 时，解方程组 $(8E - A)x = 0$，得基础解系

$$p_3 = \begin{pmatrix} 1 \\ 1 \\ 1 \end{pmatrix},$$

单位化，得

$$e_3 = \frac{1}{\sqrt{3}}\begin{pmatrix} 1 \\ 1 \\ 1 \end{pmatrix}.$$

令 $Q = \begin{pmatrix} -\frac{1}{\sqrt{2}} & -\frac{1}{\sqrt{6}} & \frac{1}{\sqrt{3}} \\ \frac{1}{\sqrt{2}} & -\frac{1}{\sqrt{6}} & \frac{1}{\sqrt{3}} \\ 0 & \frac{2}{\sqrt{6}} & \frac{1}{\sqrt{3}} \end{pmatrix}$ 即为正交矩阵，且有 $Q^{-1}AQ = Q^{T}AQ = \begin{pmatrix} 2 & & \\ & 2 & \\ & & 8 \end{pmatrix}$.

注 本题中，在求特征值 $\lambda_1=\lambda_2=2$ 的特征向量时，可用直观法取正交基：

$$\boldsymbol{p}_1=\begin{pmatrix}-1\\1\\0\end{pmatrix},\quad \boldsymbol{p}_2=\begin{pmatrix}1\\1\\-2\end{pmatrix}.$$

取法如下：原则是两个特征向量满足方程 $x_1+x_2+x_3=0$. 可先在 $\boldsymbol{p}_1$ 中任意取定一个分量为 0，比如取 $x_3=0$，再根据 $x_1+x_2+x_3=0$ 可以取 $x_1=-1$，$x_2=1$. 然后求 $\boldsymbol{p}_2=(x_1', x_2', x_3')^{\mathrm{T}}$，为了满足 $\boldsymbol{p}_2$ 与 $\boldsymbol{p}_1$ 正交，那么 $x_1'=1$，$x_2'=1$ 即可，再根据 $x_1'+x_2'+x_3'=0$ 就可取定 $x_3'=-2$.

现在的 $\boldsymbol{p}_1$，$\boldsymbol{p}_2$ 已是正交向量，只需单位化即可. 即

$$\boldsymbol{e}_1=\frac{1}{\sqrt{2}}\begin{pmatrix}-1\\1\\0\end{pmatrix},\quad \boldsymbol{e}_2=\frac{1}{\sqrt{6}}\begin{pmatrix}1\\1\\-2\end{pmatrix}.$$

此时，令 $\boldsymbol{Q}=\begin{pmatrix}-\frac{1}{\sqrt{2}} & \frac{1}{\sqrt{6}} & \frac{1}{\sqrt{3}}\\ \frac{1}{\sqrt{2}} & \frac{1}{\sqrt{6}} & \frac{1}{\sqrt{3}}\\ 0 & -\frac{2}{\sqrt{6}} & \frac{1}{\sqrt{3}}\end{pmatrix}$，则 $\boldsymbol{Q}^{-1}\boldsymbol{A}\boldsymbol{Q}=\boldsymbol{Q}^{\mathrm{T}}\boldsymbol{A}\boldsymbol{Q}=\begin{pmatrix}2 & & \\ & 2 & \\ & & 8\end{pmatrix}$.

例 3 已知 4，-2，-2 是实对称矩阵 $\boldsymbol{A}$ 的三个特征值，向量 $\boldsymbol{\eta}_1=(1,\ 2,\ -1)^{\mathrm{T}}$ 是属于特征值 4 的特征向量.求：

(1) 属于特征值 -2 的两个相互正交的特征向量；

(2) 矩阵 $\boldsymbol{A}$.

解 (1) 设属于特征值 -2 的特征向量为 $(x_1,\ x_2,\ x_3)^{\mathrm{T}}$. 因为实对称矩阵的属于不同特征值的特征向量必正交，所以

$$(1,\ 2,\ -1)\begin{pmatrix}x_1\\x_2\\x_3\end{pmatrix}=0.$$

解上述方程得基础解系

$$\boldsymbol{\xi}_1=\begin{pmatrix}1\\0\\1\end{pmatrix},\quad \boldsymbol{\xi}_2=\begin{pmatrix}-2\\1\\0\end{pmatrix}.$$

正交化，得

$$\boldsymbol{\eta}_2=\boldsymbol{\xi}_1=\begin{pmatrix}1\\0\\1\end{pmatrix},\quad \boldsymbol{\eta}_3=\boldsymbol{\xi}_2-\frac{[\boldsymbol{\xi}_2,\ \boldsymbol{\eta}_2]}{[\boldsymbol{\eta}_2,\ \boldsymbol{\eta}_2]}\boldsymbol{\eta}_2=\begin{pmatrix}-1\\1\\1\end{pmatrix},$$

即为属于特征值 -2 的两个相互正交的特征向量.

(2) 令

$$\boldsymbol{\varepsilon}_1=\frac{\boldsymbol{\eta}_1}{\|\boldsymbol{\eta}_1\|}=\frac{1}{\sqrt{6}}\begin{pmatrix}1\\2\\-1\end{pmatrix},\quad \boldsymbol{\varepsilon}_2=\frac{\boldsymbol{\eta}_2}{\|\boldsymbol{\eta}_2\|}=\frac{1}{\sqrt{2}}\begin{pmatrix}1\\0\\1\end{pmatrix},\quad \boldsymbol{\varepsilon}_3=\frac{\boldsymbol{\eta}_3}{\|\boldsymbol{\eta}_3\|}=\frac{1}{\sqrt{3}}\begin{pmatrix}-1\\1\\1\end{pmatrix},$$

则矩阵 $\boldsymbol{Q}=(\boldsymbol{\varepsilon}_1,\boldsymbol{\varepsilon}_2,\boldsymbol{\varepsilon}_3)=\begin{pmatrix}\frac{1}{\sqrt{6}}&\frac{1}{\sqrt{2}}&-\frac{1}{\sqrt{3}}\\\frac{2}{\sqrt{6}}&0&\frac{1}{\sqrt{3}}\\-\frac{1}{\sqrt{6}}&\frac{1}{\sqrt{2}}&\frac{1}{\sqrt{3}}\end{pmatrix}$ 是正交矩阵,进而有

$$\boldsymbol{A}=\boldsymbol{Q}\begin{pmatrix}4&&\\&-2&\\&&-2\end{pmatrix}\boldsymbol{Q}^{-1}=\boldsymbol{Q}\begin{pmatrix}4&&\\&-2&\\&&-2\end{pmatrix}\boldsymbol{Q}^{\mathrm{T}}=\begin{pmatrix}-1&2&-1\\2&2&-2\\-1&-2&-1\end{pmatrix}.$$

注 本题的(2),也可用 $\boldsymbol{P}^{-1}\boldsymbol{A}\boldsymbol{P}=\boldsymbol{\Lambda}$,即 $\boldsymbol{A}=\boldsymbol{P}\boldsymbol{\Lambda}\boldsymbol{P}^{-1}$ 求得. 其中

$$\boldsymbol{P}=(\boldsymbol{\eta}_1,\boldsymbol{\eta}_2,\boldsymbol{\eta}_3)=\begin{pmatrix}1&1&-1\\2&0&1\\-1&1&1\end{pmatrix},\quad \boldsymbol{\Lambda}=\begin{pmatrix}4&&\\&-2&\\&&-2\end{pmatrix}.$$

习题 4.4

1. $\boldsymbol{M}$ 为正交矩阵,$\boldsymbol{A}$ 为对称矩阵,则矩阵 $\boldsymbol{M}^{-1}\boldsymbol{A}\boldsymbol{M}$ 为(　　).

A. 正交矩阵　　B. 对称矩阵

C. 不一定为对称矩阵　　D. 以上均不对

2. 对下列实对称矩阵 $\boldsymbol{A}$,求正交矩阵 $\boldsymbol{Q}$,使 $\boldsymbol{Q}^{-1}\boldsymbol{A}\boldsymbol{Q}$ 为对角矩阵.

(1) $\boldsymbol{A}=\begin{pmatrix}1&1\\1&1\end{pmatrix}$;　(2) $\boldsymbol{A}=\begin{pmatrix}\frac{3}{2}&-\frac{1}{2}&0\\-\frac{1}{2}&\frac{3}{2}&0\\0&0&3\end{pmatrix}$;　(3) $\boldsymbol{A}=\begin{pmatrix}2&-1&-1\\-1&2&-1\\-1&-1&2\end{pmatrix}$.

3. 设三阶实对称矩阵 $\boldsymbol{A}$ 的特征值为 $\lambda_1=1$, $\lambda_2=2$, $\lambda_3=3$,属于 λ_1 和 λ_2 的特征向量分别为 $\boldsymbol{p}_1=\begin{pmatrix}-1\\-1\\1\end{pmatrix}$, $\boldsymbol{p}_2=\begin{pmatrix}1\\-2\\-1\end{pmatrix}$,求 $\boldsymbol{A}$ 的属于 λ_3 的特征向量.

4. 设 $\boldsymbol{A}$ 为三阶实对称矩阵,其特征值为 $\lambda_1=\lambda_2=2$, $\lambda_3=1$,属于 $\lambda_1=\lambda_2=2$ 的特征向量为 $\boldsymbol{p}_1=\begin{pmatrix}1\\-1\\1\end{pmatrix}$, $\boldsymbol{p}_2=\begin{pmatrix}1\\1\\1\end{pmatrix}$,求属于 $\lambda_3=1$ 的特征向量和矩阵 $\boldsymbol{A}$.

5. 证明：两个有相同特征值的同阶实对称矩阵一定是正交相似的.

4.5 数学建模案例

4.5.1 人员流动问题①

某试验性生产线每年一月份进行熟练工与非熟练工的人数统计，然后将 $\frac{1}{6}$ 熟练工支援其他生产部门，其缺额由招收新的非熟练工补齐. 新、老非熟练工经过培训及实践至年终考核有 $\frac{2}{5}$ 成为熟练工. 假设第 1 年一月份统计的熟练工和非熟练工各占一半，求以后每年一月份统计的熟练工和非熟练工所占百分比.

【模型建立】 设第 n 年一月份统计的熟练工和非熟练工所占百分比分别为 x_n 和 y_n，记为 $\begin{pmatrix} x_n \\ y_n \end{pmatrix}$. 由于第 1 年统计的熟练工和非熟练工各占一半，所以 $\begin{pmatrix} x_1 \\ y_1 \end{pmatrix} = \begin{pmatrix} \frac{1}{2} \\ \frac{1}{2} \end{pmatrix}$. 为了求以后每年一月份统计的熟练工和非熟练工所占百分比，先求从第 2 年起每年一月份统计的熟练工和非熟练工所占百分比与上一年度统计的百分比之间的关系，即求 $\begin{pmatrix} x_{n+1} \\ y_{n+1} \end{pmatrix}$ 与 $\begin{pmatrix} x_n \\ y_n \end{pmatrix}$ 的关系式，然后再根据这个关系式求 $\begin{pmatrix} x_{n+1} \\ y_{n+1} \end{pmatrix}$.

【模型求解】 根据已知条件可得

$$x_{n+1} = \left(1 - \frac{1}{6}\right)x_n + \frac{2}{5}\left(\frac{1}{6}x_n + y_n\right) = \frac{9}{10}x_n + \frac{2}{5}y_n,$$

$$y_{n+1} = \left(1 - \frac{2}{5}\right)\left(\frac{1}{6}x_n + y_n\right) = \frac{1}{10}x_n + \frac{3}{5}y_n,$$

即

$$\begin{pmatrix} x_{n+1} \\ y_{n+1} \end{pmatrix} = \begin{pmatrix} \frac{9}{10} & \frac{2}{5} \\ \frac{1}{10} & \frac{3}{5} \end{pmatrix} \begin{pmatrix} x_n \\ y_n \end{pmatrix}.$$

令 $\boldsymbol{A} = \begin{pmatrix} \frac{9}{10} & \frac{2}{5} \\ \frac{1}{10} & \frac{3}{5} \end{pmatrix}$，则

① 张小向，陈建龙.线性代数学习指导[M].北京：科学出版社，2008.

$$\begin{pmatrix}x_{n+1}\\y_{n+1}\end{pmatrix}=\boldsymbol{A}\begin{pmatrix}x_n\\y_n\end{pmatrix}=\boldsymbol{A}^2\begin{pmatrix}x_{n-1}\\y_{n-1}\end{pmatrix}=\cdots=\boldsymbol{A}^n\begin{pmatrix}x_1\\y_1\end{pmatrix}.$$

由 $|\lambda\boldsymbol{E}-\boldsymbol{A}|=\begin{vmatrix}\lambda-\frac{9}{10} & -\frac{2}{5}\\ -\frac{1}{10} & \lambda-\frac{3}{5}\end{vmatrix}=(\lambda-1)(2\lambda-1)=0,$

可得 $\boldsymbol{A}$ 的两个特征值分别为 $\lambda_1=1$, $\lambda_2=\frac{1}{2}$.

解 $(\boldsymbol{E}-\boldsymbol{A})\boldsymbol{x}=\boldsymbol{0}$，得对应于 $\lambda_1=1$ 的一个特征向量 $\boldsymbol{\xi}_1=(4,\ 1)^{\mathrm{T}}$；

解 $\left(\frac{1}{2}\boldsymbol{E}-\boldsymbol{A}\right)\boldsymbol{x}=\boldsymbol{0}$，得对应于 $\lambda_2=\frac{1}{2}$ 的一个特征向量 $\boldsymbol{\xi}_2=(-1,\ 1)^{\mathrm{T}}$.

令 $\boldsymbol{P}=\begin{pmatrix}4 & -1\\1 & 1\end{pmatrix}$，则 $\boldsymbol{P}^{-1}\boldsymbol{A}\boldsymbol{P}=\boldsymbol{\Lambda}=\begin{pmatrix}1 & 0\\0 & \frac{1}{2}\end{pmatrix}$，$\boldsymbol{A}=\boldsymbol{P}\boldsymbol{\Lambda}\boldsymbol{P}^{-1}$，$\boldsymbol{A}^n=\boldsymbol{P}\boldsymbol{\Lambda}^n\boldsymbol{P}$，

$$\begin{pmatrix}x_{n+1}\\y_{n+1}\end{pmatrix}=\boldsymbol{A}^n\begin{pmatrix}x_1\\y_1\end{pmatrix}=\boldsymbol{P}\boldsymbol{\Lambda}^n\boldsymbol{P}^{-1}\begin{pmatrix}x_1\\y_1\end{pmatrix}=\begin{pmatrix}4 & -1\\1 & 1\end{pmatrix}\begin{pmatrix}1 & 0\\0 & \frac{1}{2^n}\end{pmatrix}\begin{pmatrix}\frac{1}{5} & \frac{1}{5}\\-\frac{1}{5} & \frac{4}{5}\end{pmatrix}\begin{pmatrix}\frac{1}{2}\\\frac{1}{2}\end{pmatrix}$$

$$=\left(\frac{4-3\times2^{-n-1}}{5},\ \frac{1+3\times2^{-n-1}}{5}\right)^{\mathrm{T}}.$$

【模型分析】 当 $n\to\infty$ 时，$\frac{4-3\times2^{-n-1}}{5}\to\frac{4}{5}$，$\frac{1+3\times2^{-n-1}}{5}\to\frac{1}{5}$. 这意味着，随着 n 增加，熟练工和非熟练工所占百分比趋于稳定，分别趋向于 80%和 20%.

4.5.2　简单的种群增长问题①

经统计，某地区猫头鹰和森林鼠的数量具有如下规律：如果没有森林鼠作食物，每个月只有一半的猫头鹰可以存活；如果没有猫头鹰作为捕食者，老鼠的数量每个月会增加 10%. 如果老鼠充足（数量为 R），则下个月猫头鹰的数量将会增加 $0.4R$. 平均每个月每只猫头鹰的捕食会导致的 104 只老鼠的死亡数. 试确定该系统的演化情况.

【模型假设】 不考虑其他因素对猫头鹰和森林鼠的数量的影响.

【模型建立】 设猫头鹰和森林鼠在时刻 k 的数量为 $\boldsymbol{x}_k=\begin{pmatrix}O_k\\R_k\end{pmatrix}$，其中，$k$ 是以月份为单位的时间，O_k 表示研究区域中猫头鹰的数量，R_k 表示老鼠的数量（单位：千只），则

$$O_{k+1}=0.5O_k+0.4R_k,$$
$$R_{k+1}=-0.104O_k+1.1R_k.$$

① David C. Lay. 线性代数及其应用[M]. 沈复兴，傅莺莺，等，译. 北京：人民邮电出版社，2009：305.

分析 x_k 的变化趋势.

【模型求解】 令 $\boldsymbol{A}=\begin{pmatrix}0.5 & 0.4\\ -0.104 & 1.1\end{pmatrix}$,

由 $|\lambda\boldsymbol{E}-\boldsymbol{A}|=\begin{vmatrix}\lambda-0.5 & -0.4\\ 0.104 & \lambda-1.1\end{vmatrix}=(\lambda-1.02)(\lambda-0.58)=0$,

可得矩阵 $\boldsymbol{A}$ 的特征值分别为 $\lambda_1=1.02$, $\lambda_2=0.58$. 对应的特征向量分别为

$$\boldsymbol{\xi}_1=\begin{pmatrix}10\\13\end{pmatrix},\quad \boldsymbol{\xi}_2=\begin{pmatrix}5\\1\end{pmatrix}.$$

初始向量 $\boldsymbol{x}_0$ 可以写成 $\boldsymbol{x}_0=b_1\boldsymbol{\xi}_1+b_2\boldsymbol{\xi}_2$. 于是,对于 $k\geqslant 0$, 有

$$\boldsymbol{x}_k=b_1(1.02)^k\boldsymbol{\xi}_1+b_2(0.58)^k\boldsymbol{\xi}_2=b_1(1.02)^k\begin{pmatrix}10\\13\end{pmatrix}+b_2(0.58)^k\begin{pmatrix}5\\1\end{pmatrix}.$$

当 $k\to\infty$ 时, $(0.58)^k$ 迅速趋向于零. 假定 $b_1>0$, 则对于所有足够大的 k, $\boldsymbol{x}_k$ 近似地等于 $b_1(1.02)^k\boldsymbol{\xi}_1$, 写为

$$\boldsymbol{x}_k\approx b_1(1.02)^k\begin{pmatrix}10\\13\end{pmatrix}.$$

k 越大,近似程度越高,所以对于充分大的 k, 有

$$\boldsymbol{x}_{k+1}\approx b_1(1.02)^{k+1}\begin{pmatrix}10\\13\end{pmatrix}=10.2\boldsymbol{x}_k.$$

【模型分析】 上式表明,最后猫头鹰和老鼠的数量几乎每个月都近似增加到原来的1.02倍,即有2%的月增长率. 而且 O_k 与 R_k 的比值约为 10∶13,即每 10 只猫头鹰对应约13 000只老鼠.

4.5.3 常染色体遗传模型

某植物园中植物的基因型为 AA, Aa, aa. 人们计划用 AA 型植物与每种基因型植物相结合的方案培育植物后代. 经过若干年后, 这种植物后代的三种基因型分布将出现什么情形?

【模型假设】 假设 a_n, b_n, c_n $(n=0, 1, 2, \cdots)$ 分别代表第 n 代植物中, 基因型为AA, Aa 和 aa 的植物占植物总数的百分率, 令 $\boldsymbol{x}^{(n)}=(a_n, b_n, c_n)^{\mathrm{T}}$ 为第 n 代植物的基因分布, $\boldsymbol{x}^{(0)}=(a_0, b_0, c_0)^{\mathrm{T}}$ 表示植物基因型的初始分布,显然

$$a_0+b_0+c_0=1. \tag{1}$$

【模型建立】 先考虑第 n 代中的 AA 型,第 $n-1$ 代 AA 型与 AA 型相结合,后代全部是 AA 型;第 $n-1$ 代的 Aa 型与和与 AA 型相结合,后代是 AA 型的可能性为 $\frac{1}{2}$; $n-1$ 代的 aa 型与 AA 型相结合,后代不可能是 AA 型.因此

$$a_n = 1 \cdot a_{n-1} + \frac{1}{2} b_{n-1} + 0 \cdot c_{n-1}. \tag{2}$$

同理

$$b_n = \frac{1}{2} b_{n-1} + c_{n-1}, \tag{3}$$

$$c_n = 0. \tag{4}$$

将式(2)—式(4)相加，得

$$a_n + b_n + c_n = a_{n-1} + b_{n-1} + c_{n-1}. \tag{5}$$

将式(5)递推,并利用式(1),易得

$$a_n + b_n + c_n = 1.$$

利用矩阵表示式(2),式(3)及式(4),即

$$\boldsymbol{x}^{(n)} = \boldsymbol{M}\boldsymbol{x}^{(n-1)} \quad (n = 1, 2, \cdots). \tag{6}$$

其中

$$\boldsymbol{M} = \begin{pmatrix} 1 & \frac{1}{2} & 0 \\ 0 & \frac{1}{2} & 1 \\ 0 & 0 & 0 \end{pmatrix}, \quad \boldsymbol{x}^{(n)} = \begin{pmatrix} a_n \\ b_n \\ c_n \end{pmatrix}.$$

这样,由式(6)递推得到

$$\boldsymbol{x}^{(n)} = \boldsymbol{M}\boldsymbol{x}^{(n-1)} = \boldsymbol{M}^2 \boldsymbol{x}^{(n-1)} = \cdots = \boldsymbol{M}^n \boldsymbol{x}^{(0)}. \tag{7}$$

式(7)即为第 n 代基因分布与初始分布的关系.

【模型求解】 对矩阵 $\boldsymbol{M}$ 作相似变换,可找到非奇异矩阵 $\boldsymbol{P}$ 和对角矩阵 $\boldsymbol{D}$，使

$$\boldsymbol{M} = \boldsymbol{P}\boldsymbol{D}\boldsymbol{P}^{-1},$$

其中

$$\boldsymbol{D} = \begin{pmatrix} 1 & 0 & 0 \\ 0 & \frac{1}{2} & 1 \\ 0 & 0 & 0 \end{pmatrix}, \quad \boldsymbol{P} = \boldsymbol{P}^{-1} = \begin{pmatrix} 1 & 1 & 1 \\ 0 & -1 & -2 \\ 0 & 0 & 1 \end{pmatrix}.$$

由式(7)得到

$$\begin{aligned} \boldsymbol{x}^{(n)} &= (\boldsymbol{P}\boldsymbol{D}\boldsymbol{P}^{-1})^n \boldsymbol{x}^{(0)} = \boldsymbol{P}\boldsymbol{D}^n \boldsymbol{P}^{-1} \boldsymbol{x}^{(0)} \\ &= \begin{pmatrix} 1 & 1 & 1 \\ 0 & -1 & -2 \\ 0 & 0 & 1 \end{pmatrix} \begin{pmatrix} 1 & 0 & 0 \\ 0 & \left(\frac{1}{2}\right)^n & 0 \\ 0 & 0 & 0 \end{pmatrix} \begin{pmatrix} 1 & 1 & 1 \\ 0 & -1 & -2 \\ 0 & 0 & 1 \end{pmatrix} \begin{pmatrix} a_0 \\ b_0 \\ c_0 \end{pmatrix} \end{aligned}$$

$$=\begin{pmatrix} a_0+b_0+c_0-\frac{1}{2^n}b_0-\frac{1}{2^{n-1}}c_0 \\ \frac{1}{2^n}b_0+\frac{1}{2^{n-1}}c_0 \\ 0 \end{pmatrix}.$$

从而有

$$\begin{cases} a_n=1-\frac{1}{2^n}b_0-\frac{1}{2^{n-1}}c_0, \\ b_n=\frac{1}{2^n}b_0+\frac{1}{2^{n-1}}c_0, \\ c_n=0. \end{cases}$$

【模型分析】 当 $n\to+\infty$ 时，由上述三式，得到

$$a_n\to 1,\quad b_n\to 0,\quad c_n\to 0.$$

即在足够长的时间后，培育出的植物基本上呈现 AA 型.

通过本问题的讨论，可以对许多植物(动物)遗传分布有一个具体的了解，同时这个结果也验证了生物学中的一个重要结论:显性基因多次遗传后占主导因素，这也是称它为显性的原因.

4.5.4 一阶常系数线性齐次微分方程组的求解

如图 4.1 所示，一只虫子在平面直角坐标系内爬行. 开始时位于点 $P_0(1, 0)$ 处. 如果知道虫子在点 $P(x, y)$ 处沿 x 轴正向的速率为 $4x-5y$，沿 y 轴正向的速率为 $2x-3y$. 如何确定虫子爬行的轨迹的参数方程?

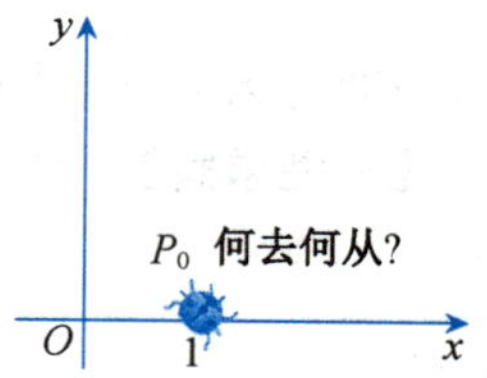

图 4.1　虫子爬行的轨迹

【模型假设】 设 t 时刻虫子所处位置的坐标为 $(x(t), y(t))$.

【模型构成】 由已知条件和上述假设可知

$$\begin{cases} \frac{\mathrm{d}x}{\mathrm{d}t}=4x-5y, \\ \frac{\mathrm{d}y}{\mathrm{d}t}=2x-3y, \end{cases} \quad 且\ (x(0), y(0))=(1, 0),$$

现要由此得出虫子爬行的轨迹的参数方程.

【模型求解】 令 $\boldsymbol{A}=\begin{pmatrix} 4 & -5 \\ 2 & -3 \end{pmatrix}$，则

$$|\lambda\boldsymbol{E}-\boldsymbol{A}|=\begin{vmatrix} \lambda-4 & 5 \\ -2 & \lambda+3 \end{vmatrix}=(\lambda+1)(\lambda-2).$$

可见 $\boldsymbol{A}$ 的特征值为 $\lambda_1=-1, \lambda_2=2$.

$(-\boldsymbol{E}-\boldsymbol{A})\boldsymbol{x}=\boldsymbol{0}$ 的一个基础解系为 $\boldsymbol{\xi}_1=(1,1)^{\mathrm{T}}$；

$(2\boldsymbol{E}-\boldsymbol{A})\boldsymbol{x}=\boldsymbol{0}$ 的一个基础解系为 $\boldsymbol{\xi}_2=(5,2)^{\mathrm{T}}$.

令 $\boldsymbol{P}=(\xi_1,\xi_2)$，则 $\boldsymbol{P}^{-1}\boldsymbol{AP}=\begin{pmatrix}-1 & 0\\ 0 & 2\end{pmatrix}$.

记 $\boldsymbol{X}=\begin{pmatrix}x\\ y\end{pmatrix}$，$\boldsymbol{Y}=\begin{pmatrix}u\\ v\end{pmatrix}$，并且作线性变换 $\boldsymbol{X}=\boldsymbol{PY}$，则 $\boldsymbol{Y}=\boldsymbol{P}^{-1}\boldsymbol{X}$，

$$\frac{\mathrm{d}\boldsymbol{Y}}{\mathrm{d}t}=\boldsymbol{P}^{-1}\frac{\mathrm{d}\boldsymbol{X}}{\mathrm{d}t}=\boldsymbol{P}^{-1}\boldsymbol{APY}=\begin{pmatrix}-1 & 0\\ 0 & 2\end{pmatrix}\boldsymbol{Y},$$

即

$$\begin{pmatrix}\dfrac{\mathrm{d}u}{\mathrm{d}t}\\ \dfrac{\mathrm{d}v}{\mathrm{d}t}\end{pmatrix}=\begin{pmatrix}-1 & 0\\ 0 & 2\end{pmatrix}\begin{pmatrix}u\\ v\end{pmatrix},$$

故 $u=k_1\mathrm{e}^{-t}$，$v=k_2\mathrm{e}^{2t}$，即 $\boldsymbol{Y}=\begin{pmatrix}k_1\mathrm{e}^{-t}\\ k_2\mathrm{e}^{2t}\end{pmatrix}$. 因而

$$\begin{pmatrix}k_1\\ k_2\end{pmatrix}=\boldsymbol{Y}\big|_{t=0}=\boldsymbol{P}^{-1}\boldsymbol{X}\big|_{t=0}=\begin{pmatrix}-\dfrac{2}{3} & \dfrac{5}{3}\\ \dfrac{1}{3} & -\dfrac{1}{3}\end{pmatrix}\begin{pmatrix}1\\ 0\end{pmatrix}=\begin{pmatrix}-\dfrac{2}{3}\\ \dfrac{1}{3}\end{pmatrix}.$$

于是

$$\boldsymbol{Y}=\begin{pmatrix}-\dfrac{2}{3}\mathrm{e}^{-t}\\ \dfrac{1}{3}\mathrm{e}^{2t}\end{pmatrix},\quad \boldsymbol{X}=\boldsymbol{PY}=\begin{pmatrix}1 & 5\\ 1 & 2\end{pmatrix}\begin{pmatrix}-\dfrac{2}{3}\mathrm{e}^{-t}\\ \dfrac{1}{3}\mathrm{e}^{2t}\end{pmatrix}=\begin{pmatrix}-\dfrac{2}{3}\mathrm{e}^{-t}+\dfrac{5}{3}\mathrm{e}^{2t}\\ -\dfrac{2}{3}\mathrm{e}^{-t}+\dfrac{2}{3}\mathrm{e}^{2t}\end{pmatrix}.$$

这就是说，虫子爬行的轨迹的参数方程为 $\begin{cases}x=-\dfrac{2}{3}\mathrm{e}^{-t}+\dfrac{5}{3}\mathrm{e}^{2t},\\ y=-\dfrac{2}{3}\mathrm{e}^{-t}+\dfrac{2}{3}\mathrm{e}^{2t}.\end{cases}$

如果在 MATLAB 命令窗口输入

```
>>ezplot('-2/3*exp(-t)+5/3*exp(2*t)', '-2/3*exp(-t)+2/3*exp(2*t)', [0, 1])
>> grid on;
>> axis([0, 12, 0, 5])
```

运行结果如图 4.2 所示.

【模型分析】 从图 4.2 可以看出，虫子爬行的轨迹接近一条直线.

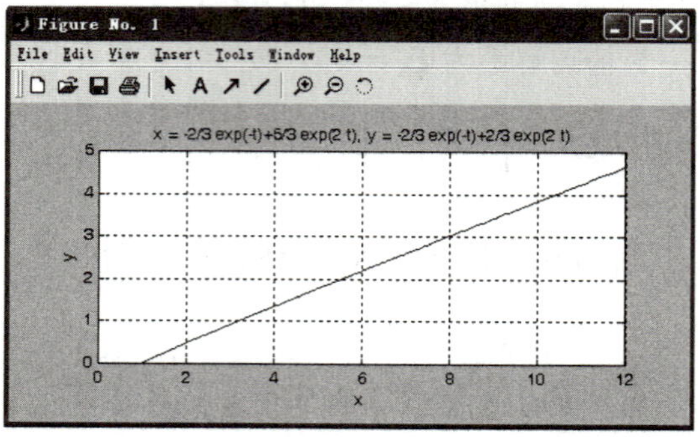

图 4.2　MATLAB 绘制的虫子爬行轨迹

4.6　机算实验

4.6.1　实验目的

熟悉用 MATLAB 软件处理和解决下列问题的程序和方法.

(1) 特征值与特征向量的计算;

(2) 方阵相似的充分必要条件;

(3) 实对称矩阵的相似对角化.

4.6.2　与实验相关的 MATLAB 命令或函数

表 4.1 给出了与本实验相关的 MATLAB 命令或函数.

表 4.1　与本实验相关的 MATLAB 命令或函数

命令	功能说明
r=eig(A)	$\boldsymbol{r}$ 为一列向量,其元素为矩阵 $\boldsymbol{A}$ 的特征值
[V, D]=eig(A)	矩阵 $\boldsymbol{D}$ 为矩阵 $\boldsymbol{A}$ 的特征值所构成的对角阵,矩阵 $\boldsymbol{V}$ 的列为矩阵 $\boldsymbol{A}$ 的单位特征向量,它与 $\boldsymbol{D}$ 中的特征值一一对应
[V, D]=schur(A)	矩阵 $\boldsymbol{D}$ 为对称矩阵 $\boldsymbol{A}$ 的特征值所构成的对角阵,矩阵 $\boldsymbol{V}$ 的列为矩阵 $\boldsymbol{A}$ 的单位特征向量,它与 $\boldsymbol{D}$ 中的特征值一一对应
[U, S, V]=svd(A)	$\boldsymbol{U}$, $\boldsymbol{V}$ 都是正交矩阵,$\boldsymbol{S}$ 是矩阵 $\boldsymbol{A}$ 的奇异值构成的对交矩阵,满足 $\boldsymbol{A}=\boldsymbol{USV}^{\mathrm{T}}$
eigshow(A_1)	显示矩阵 $\boldsymbol{A}_1$ 的特征值和特征向量

4.6.3　实验内容

例 1　特征值与特征向量的定义及几何演示.设 λ 是方阵 $\boldsymbol{A}$ 的特征值,ζ 是对应于特征值 λ 的特征向量,则 $\boldsymbol{A}\xi=\lambda\xi(\lambda\neq 0)$.

试对如下矩阵,给出其特征值与特征向量的几何演示:

(1) $\boldsymbol{A}_1=\begin{pmatrix}1 & 2\\2 & 1\end{pmatrix}$；　(2) $\boldsymbol{A}_2=\begin{pmatrix}0.5 & 1.2\\0.1 & 1.5\end{pmatrix}$；　(3) $\boldsymbol{A}_3=\begin{pmatrix}1 & 1\\1 & 1\end{pmatrix}$.

解　计算的思路和主要步骤如下.

依次取单位圆周 $x=\cos\theta$，$y=\sin\theta(0\leqslant\theta\leqslant 2\pi)$ 上的向量，$\boldsymbol{r}=\boldsymbol{r}(\partial)=\begin{pmatrix}\cos\theta\\\sin\theta\end{pmatrix}$，分别描绘向量 $\boldsymbol{r}$，$\boldsymbol{Ar}$，当它们共线时绘制一条直线.

例 2　计算下列方阵的特征值与特征向量.

(1) $\boldsymbol{A}_1=\begin{pmatrix}1 & 6\\5 & 2\end{pmatrix}$；　(2) $\boldsymbol{A}_2=\begin{pmatrix}-3 & 2 & 3\\-1 & 1 & 1\\-4 & 1 & 4\end{pmatrix}$；　(3) $\boldsymbol{A}_3=\begin{pmatrix}1 & \frac{1}{2} & \frac{1}{3}\\\frac{1}{4} & \frac{1}{5} & \frac{1}{6}\\\frac{1}{7} & \frac{1}{8} & \frac{1}{9}\end{pmatrix}$.

解法 1　计算的思路和主要步骤如下.

(1) 解方程 $\begin{vmatrix}\lambda-1 & -6\\-5 & \lambda-2\end{vmatrix}=0$，得方程的根 $\lambda_1=-4$，$\lambda_2=7$，即为其特征值.对于每一个特征值，解齐次线性方程组 $\begin{pmatrix}\lambda_i-1 & -6\\-5 & \lambda_i-2\end{pmatrix}\begin{pmatrix}x_1\\x_2\end{pmatrix}=0(i=1,\ 2)$，求出基础解系，即得属于特征值 $\lambda_i(i=1,\ 2)$ 的特征向量.

(2)，(3)的计算思路和主要步骤与(1)类似.

解法 2　MATLAB 软件计算如下.

在 MATLAB 命令窗口输入

```
clear; clc;
%第一小题
A1=[1, 6; 5, 2];
[V1, D1]=eig(A1)
%第二小题
A2=[-3, 2, 3; -1, 1, 1; -4, 1, 4];
[V2, D2]=eig(A2)
%第三小题
A3=[1, 1/2, 1/3; 1/4, 1/5, 1/6; 1/7, 1/8, 1/9];
[V3, D3]=eig(A3)
```

运行结果如下.

```
V1=
    -0.7071   -0.6402
     0.7071   -0.7682
```

```
D1=
    -4    0
     0    7

V2=
    0.6002-0.2144i  0.6002+0.2144i    0.7071
    0.2144-0.1286i  0.2144+0.1286i   -0.0000
    0.7289          0.7289            0.7071


D2=
    1.0000+1.0000i  0                 0
    0               1.0000-1.0000i    0
    0               0                -0.0000

V3=
    0.9514    0.5607    0.1560
    0.2654   -0.6556   -0.7443
    0.1561   -0.5058    0.6494

D3=
    1.1942         0         0
         0    0.1148         0
         0         0    0.0022
```

即 $\boldsymbol{A}_1=\begin{pmatrix}1 & 6\\5 & 2\end{pmatrix}$ 的特征值为 -4 和 7，属于 -4 的特征向量为 $a\begin{pmatrix}-0.7071\\0.7071\end{pmatrix}$，属于 7 的特征向量为 $b\begin{pmatrix}-0.6402\\0.7682\end{pmatrix}$，$a$，$b$ 为任意非零常数；$\boldsymbol{A}_2=\begin{pmatrix}-3 & 2 & 3\\-1 & 1 & 1\\-4 & 1 & 4\end{pmatrix}$ 的特征值为 1，1 和 0，属于 1 的特征向量为 $a\begin{pmatrix}0.6002\\0.2144\\0.7289\end{pmatrix}$，属于 0 的特征向量为 $b\begin{pmatrix}0.7071\\0\\0.7071\end{pmatrix}$，$a$，$b$ 为任意非零常数；

$\boldsymbol{A}_3=\begin{pmatrix}1 & \frac{1}{2} & \frac{1}{3}\\ \frac{1}{4} & \frac{1}{5} & \frac{1}{6}\\ \frac{1}{7} & \frac{1}{8} & \frac{1}{9}\end{pmatrix}$ 的特征值为 1.1942，0.1148和 0.0022，属于 1.1942 的特征向量为

$a\begin{pmatrix}0.9514\\0.2654\\0.1561\end{pmatrix}$，属于 0.1148 的特征向量为 $b\begin{pmatrix}0.5607\\-0.6556\\-0.5058\end{pmatrix}$，属于 0.0022 的特征向量为

$c\begin{pmatrix}0.1560\\-0.7443\\0.6494\end{pmatrix}$，$a$，$b$，$c$ 为任意非零常数.

例 3　特征值的性质验证.

(1) 构造一个 4×4 随机矩阵 $\boldsymbol{A}$，验证 $\boldsymbol{A}$ 和 $\boldsymbol{A}^{\mathrm{T}}$ 有相同的特征多项式，它们有相同的特征向量吗？验证 $\boldsymbol{A}^k$ 的特征值及特征向量与 $\boldsymbol{A}$ 的特征值及特征向量之间的关系.

(2) 构造一个 4×4 随机矩阵 $\boldsymbol{A}$，验证特征值的两条重要性质：

① $\sum_{i=1}^{n}\lambda_i=\sum_{i=1}^{n}a_{ii}$；　② $\prod_{i=1}^{n}\lambda_i=\det\boldsymbol{A}$.

解法 1　计算的思路和主要步骤如下.

(1) 计算 $\det\boldsymbol{A}$ 和 $\det(\boldsymbol{A}^{\mathrm{T}})$ 所得的结果数值相同.

(2) 计算 $\boldsymbol{A}$ 和 $\boldsymbol{A}^{\mathrm{T}}$ 的特征值及特征向量.由于 $\boldsymbol{A}$ 和 $\boldsymbol{A}^{\mathrm{T}}$ 的特征空间一般不相同，因此特征向量不等价.

(3) 计算可得 $\boldsymbol{A}^k$ 的特征值等于 $\boldsymbol{A}$ 的特征值的 k 次幂.

解法 2　用 MATLAB 软件计算如下.

在 MATLAB 命令窗口输入

```
clear; clc; syms t;
A=floor(10 * rand(4));              %随机产生一个四阶的整数矩阵式
B=A'; E=eye(4);
                                    %验证特征值多项式是否相等
PA=det(A-t * E);PB=det(B-t * E);
RES=PA- PB
                                    %验证特征向量是否相等
[VA, DA]=eig(A)
[VB, DB]=eig(B)
                                    %验证 A 的幂的特征值与 A 的特征值之间的关系
A2=A * A;A5=A2 * A2 * A;
[VA2, DA2]=eig(A2); DA * DA
[VA5, DA5]=eig(A5); DA * DA * DA * DA * DA
                                    %验证特征值的性质
A=rand(4);
tr A=trace(A); det A=det (A);
[VA,DA]=eig(A);
sunEig=trace(DA); det DA=det (DA);
tr A-sunEig
det A-det DA
```

运行结果如下.

```
RES=
      0

VA=
     -0.7543   0.2437+0.1991i  0.2437-0.1991i  -0.5547
     -0.3821   0.2241+0.4505i  0.2241-0.4505i   0.5493
     -0.4132   0.1132-0.5091i  0.1132+0.5091i   0.4280
     -0.3382  -0.6131         -0.6131          -0.4554

DA=
     21.4707         0                0           0
           0  1.1178+4.5139i          0           0
           0         0        1.1178-4.5139i      0
           0         0                0      2.2938

VB=
     0.5005  -0.6009  -0.3635+0.0483i  -0.3635-0.0483i
     0.4379   0.6970   0.2109+0.4205i   0.2109-0.4205i
     0.5831   0.3817  -0.0577-0.4771i  -0.0577+0.4771i
     0.4666   0.0863   0.6428           0.6428

DB=
     21.4707     0           0                 0
        0     2.293 8        0                 0
        0        0    1.1178+4.5139i           0
        0        0           0          1.1178-4.5139i

ans=
     1.0e+002*
       4.6099          0                    0              0
          0     -0.1913+0.1009i             0              0
          0            0           -0.1913-0.1009i         0
          0            0                    0          0.0526

ans=
     1.0e+006*
         4.5628          0                 0               0
            0    0.0020+0.0008i            0               0
            0            0         0.0020-0.0008i          0
            0            0                 0          0.0001

ans=
     8.8818e-016

ans=
     1.7347e-017  -8.6736e-019i
```

从运行结果可以看出，所产生的随机矩阵和其转置矩阵的行列式的差为 0，即 $|\boldsymbol{A}|=|\boldsymbol{A}^{\mathrm{T}}|$，且 $\boldsymbol{A}$ 和 $|\boldsymbol{A}^{\mathrm{T}}|$ 的特征值均为 21.4707，1.1178＋4.5139i，1.1178－4.5139i，2.2938，但属于相同的特征值的特征向量却并不相同.

例 4　判断方阵 $\boldsymbol{A}=\begin{pmatrix}19 & -9 & -6\\ 25 & -11 & -9\\ 17 & -9 & -4\end{pmatrix}$ 是否可以对角化.若可以，请找出相似变换矩阵 $\boldsymbol{P}$ 及对角矩阵 $\boldsymbol{D}$.

解法 1　计算的思路和主要步骤如下.

解特征方程：

$$|\boldsymbol{A}-\lambda\boldsymbol{E}|=\begin{vmatrix}19-\lambda & -9 & -6\\ 25 & -11-\lambda & -9\\ 17 & -9 & -4-\lambda\end{vmatrix}=0,$$

得方阵 $\boldsymbol{A}$ 的特征值为 $\lambda_1=1, \lambda_2=2$.

分别解齐次线性方程组：

$$\begin{pmatrix}19-\lambda_i & -9 & -6\\ 25 & -11-\lambda_i & -9\\ 17 & -9 & -4-\lambda_i\end{pmatrix}\begin{pmatrix}x_1\\ x_2\\ x_3\end{pmatrix}=0 \quad (i=1,\ 2).$$

求出基础解系，即得属于每一个特征值的特征向量.若特征值 $\lambda_1=1$ 对应的基础解系有两个特征向量，则 $\boldsymbol{A}$ 可以相似对角化.若 $\boldsymbol{A}$ 可相似对角化，则相似变换矩阵 $\boldsymbol{P}$ 的列向量由方阵 $\boldsymbol{A}$ 的特征向量构成，对角矩阵 $\boldsymbol{D}$ 取为与特征向量对应的特征值即可.

解法 2　用 MATLAB 软件计算如下.

在 MATLAB 命令窗口输入

```
Clear; clc;
A=[19 -9 -6; 25 -11 -9; 17 -9 -4];
[VA, DA]=eig(A)
r=rank(VA)
[m, n]=size(A)
If r==n
  P=VA
  D=DA
A-P*D*inv(P)
End
```

运行结果如下.

```
VA=
      0.5145   0.5145   0.5145
```

```
    0.6860    0.6860    0.5145
    0.5145    0.5145    0.6860

DA=

    1.0000         0         0
         0    1.0000         0
         0         0    2.0000

r=

  3
```

从输出结果来看,方阵的秩为3,故可以对角化,相似变换矩阵 $\boldsymbol{P}$ 为 $\boldsymbol{VA}$,对角矩阵 $\boldsymbol{D}$ 为 $\boldsymbol{DA}$.

例5 用正交变换法将实对称矩阵

$$\boldsymbol{A}=\begin{pmatrix}2&-1&-1\\-1&2&-1\\-1&-1&2\end{pmatrix}$$

正交相似对角化,并求出相应的相似变换矩阵 $\boldsymbol{P}$ 及对角矩阵 $\boldsymbol{D}$.

解法1 计算的思路和主要步骤如下.

解特征方程:

$$|\boldsymbol{A}-\lambda\boldsymbol{E}|=\begin{vmatrix}2-\lambda&-1&-1\\-1&2-\lambda&-1\\-1&-1&2-\lambda\end{vmatrix}=0,$$

得方阵 $\boldsymbol{A}$ 的特征值为 $\lambda_1=0$, $\lambda_2=3$, $\lambda_3=3$.

分解齐次线性方程组:

$$\begin{pmatrix}2-\lambda_i&-1&-1\\-1&2-\lambda_i&-1\\-1&-1&2-\lambda_i\end{pmatrix}\begin{pmatrix}x_1\\x_2\\x_3\end{pmatrix}=0\quad(i=1,\ 2,\ 3).$$

求出基础解系,即得属于每一个特征值的特征向量,用施密特正交化方法把所有的特征向量正交化、单位化,则相似变换矩阵 $\boldsymbol{P}$ 的列向量由方阵 $\boldsymbol{A}$ 的正交化、单位化后的特征向量构成,对角矩阵 $\boldsymbol{D}$ 的主对角线上的元素取为与特征向量对应的特征值.

解法2 用 MATLAB 软件计算如下.

在 MATLAB 命令窗口输入

```
Clear; clc;
A=[2 -1 -1;-1 2 -1;-1 -1 2];
[VA, DA]=schur(A)  %VA 即为所求的相似变换矩阵,DA 为 A 的特征值构成的对角矩阵
```

运行结果如下.

```
VA=
      0.5774    0.2673    0.7715
      0.5774   -0.8018   -0.1543
      0.5774    0.5345   -0.6172
DA=
     -0.0000         0         0
           0    3.0000         0
           0         0    3.0000
```

从输出结果来看,方阵的秩为 3,故可以对角化,相似变换矩阵 $\boldsymbol{P}$ 为 $\boldsymbol{VA}$,对角矩阵 $\boldsymbol{D}$ 为 $\boldsymbol{DA}$.

例 6 已知 $\boldsymbol{A}=\begin{pmatrix}4 & 6 & 0\\ -3 & 5 & 0\\ -3 & -6 & 1\end{pmatrix}$,求 $\boldsymbol{A}^{100}$.

解法 1 计算的思路和主要步骤如下.

(1) 解方程:

$$|\boldsymbol{A}-\lambda\boldsymbol{E}|=\begin{vmatrix}4-\lambda & 6 & 0\\ -3 & -5-\lambda & 0\\ -3 & -6 & 1-\lambda\end{vmatrix}=0,$$

得 $\boldsymbol{A}$ 的特征值为 $\lambda_1=\lambda_2=1$, $\lambda_3=-2$.

(2) 求出 $\lambda_1=\lambda_2=1$ 的特征向量为 $\begin{pmatrix}2\\ -1\\ 0\end{pmatrix}$, $\begin{pmatrix}2\\ -1\\ -1\end{pmatrix}$,属于 $\lambda_3=-2$ 的特征向量为 $\begin{pmatrix}-1\\ 1\\ 1\end{pmatrix}$.

(3) $$\boldsymbol{A}^{100}=\begin{pmatrix}2 & 2 & -1\\ -1 & -1 & 1\\ 0 & 1 & 1\end{pmatrix}\begin{pmatrix}1 & 0 & 0\\ 0 & 1 & 0\\ 0 & 0 & -2^{100}\end{pmatrix}\begin{pmatrix}2 & 2 & -1\\ -1 & -1 & 1\\ 0 & 1 & 1\end{pmatrix}^{-1}$$

$$=\begin{pmatrix}2 & 2 & -1\\ -1 & -1 & 1\\ 0 & 1 & 1\end{pmatrix}\begin{pmatrix}1 & 0 & 0\\ 0 & 1 & 0\\ 0 & 0 & (-2)^{100}\end{pmatrix}\begin{pmatrix}2 & 3 & -1\\ -1 & -2 & 1\\ 1 & 2 & 0\end{pmatrix}$$

$$=\begin{pmatrix}2-2^{100} & 2-0^{101} & 0\\ -1+2^{100} & -1+2^{101} & 0\\ -1+2^{100} & -2+2^{101} & 1\end{pmatrix}.$$

解法 2 用 MATLAB 软件计算如下.

在 MATLAB 命令窗口输入

```
clear; clc;
A=[4, 6, 0; -3, -5, 0; -3, -6, 1];
```

```
A^100
```

运行结果如下.

```
1.0e+030*
-1.2677   -2.5353   0
 1.2677    2.5353   0
 1.2677    2.5353   0.000
```

习题 4.6

1. 计算下列矩阵的特征值和特征向量.

(1) $\boldsymbol{A}=\begin{pmatrix}5&4&2\\4&5&2\\2&2&2\end{pmatrix}$;　　(2) $\boldsymbol{A}=\begin{pmatrix}3&5&-5&5\\3&1&3&-3\\-2&2&0&2\\0&4&-6&8\end{pmatrix}$.

2. 构造四阶随机矩阵 $\boldsymbol{A}$,验证特征值与特征向量的下列性质.

(1) 若 λ 为 $\boldsymbol{A}$ 的特征值且可逆,则 λ^{-1} 为 $\boldsymbol{A}^{-1}$ 的特征值;

(2) 若 λ 为 $\boldsymbol{A}$ 的特征值且 $\lambda\neq 0$,则 $\dfrac{|\boldsymbol{A}|}{\lambda}$ 为伴随方阵 $\boldsymbol{A}^*$ 的特征值.

3. 确定矩阵 $\boldsymbol{A}=\begin{pmatrix}-1&4&-2\\-3&4&0\\-3&1&3\end{pmatrix}$ 能否相似于对角矩阵?若能,求出这个对角矩阵 $\boldsymbol{D}$ 和相似变换矩阵 $\boldsymbol{P}$.

4. 求正交相似变换矩阵 $\boldsymbol{P}$,将下列矩阵相似对角化,并求出对角化后所得的对角矩阵.

(1) $\boldsymbol{A}_1=\begin{pmatrix}2&-1&-1&1\\-1&2&1&-1\\-1&1&2&-1\\1&-1&-1&2\end{pmatrix}$;　　(2) $\boldsymbol{A}_2=\begin{pmatrix}1&-2&2\\-2&-2&4\\2&4&-2\end{pmatrix}$.

思政元素:陈景润

陈景润(1933—1996),中国现代数学家,1933 年 5 月 22 日生于福建省福州市.高中时,偏爱数学的他记住了他的数学老师沈元讲过的一段话:“自然科学的皇后是数学,数学的皇冠是数论,‘哥德巴赫猜想’则是皇冠上的明珠.”这个在世界数学史上鲜少有人能够挑战的课题深深地吸引了陈景润,他受任课教师影响立志学数学.1950 年,陈景润考入厦门大学数学系,1953 年因成绩优异提前毕业,分配到北京当中学教师.1954 年回厦门大学任资料员.在这期间,他写出数论方面的论文,其中《塔利问题》改进了时任中国科学院数学所所长华罗庚的某些研究结果.华罗庚听说后很高兴,将他调入中国科学院数学研究所工作.

陈景润主要从事解析数论的研究，是世界著名的解析数论学家之一，20 世纪 50 年代就对高斯圆内格点问题、球内格点问题、塔利问题与华林问题的以往结果，作出了重要推进.20 世纪 60 年代又对筛法及有关的问题进行了深入研究.1966 年证明了“每一个充分大的偶数都能够表示为一个素数及一个不超过二个素数的乘积之和”，这个命题简记作“1＋2”.在哥德巴赫(Goldbach)猜想的研究上处于世界领先地位.证明过程经过几年的补充修改，1973 年在《中国科学》上以“大偶数表为一个素数及一个不超过二个素数的乘积之和”为题正式发表，受到世界数学界的瞩目，得出的定理称为“陈氏定理”.1965 年，布赫斯塔勃等证明“1＋3”用的是大型高速计算机.而陈景润证明“1＋2”是独自一个人完全靠自己的手和笔.六麻袋，不，还有被烧毁的稿纸，加起来足有十多个麻袋.这薄薄的纸堆积起来的演算稿纸，是一笔一笔写出来的，一道道算出来的.陈景润凭着不懈的追求和惊人的毅力书写了数学史上的传奇，也为中国青少年树立了勤奋好学、勇攀科学高峰的典范.

一石激起千层浪，陈景润攻克“1＋2”的消息使他名扬海内外.1979 年 1 月，陈景润应美国新泽西州普林斯顿高等研究院院长沃尔夫博士的盛情邀请，首次出访美国.那里丰富的数学研究资料和信息，使精通英语的陈景润犹如进入神话中的“太阳岛”，他恨不得节约每一分钟每一秒用于学习和研究.他没有去任何地方游玩，整天泡在书房、办公室、图书馆.为了节省时间，陈景润买了一大桶牛奶、整箱面条和鸡蛋.他每天的伙食就是牛奶煮面条加鸡蛋.

四个月之后，陈景润回到北京.面对到机场采访的中外记者，陈景润宣布:“把在美国做研究工作节省下来的 7500 美元，全部捐献给国家.”

陈景润是认真的，回到数学所，他就把一本存折交给了领导.钱以活期形式存在美国的花旗银行，随时可以取用.7500 美元，在当时可不是一个小数目，它是陈景润靠吃面条节省下来的！它凝聚着陈景润的一腔心血，更凝聚着陈景润对祖国的赤子情怀.

作为蜚声世界的数学家，陈景润始终怀着对老师的感恩之情，他明白，如果没有恩师的指导和提携，就没有他的今天.无论何时何地，他都念念不忘老师们的恩情:沈元教授把他引入数学的天堂，厦门大学王亚南校长曾挽救他于街头，华罗庚教授给了他太多的支持与鼓励，等等.

陈景润的恩师华罗庚也一直致力于“哥德巴赫猜想”的研究，遗憾的是，1985 年华老倒在了工作岗位上.当重病的陈景润得知这一消息时，要求把自己背下楼，坐着轮椅参加了华老的追悼会.

在追悼会现场，生活已无法自理的陈景润以惊人的毅力站了起来，借助别人的搀扶，整整站了 40 分钟.他感念华罗庚无私的提携之恩和真挚之情，他希望能完成老师一生未了的心愿.

每个人都是一页历史，只是这页历史的光彩程度有所差异.陈景润用自己的人格写下了一段光彩的历史，用一生成就了“哥德巴赫猜想”研究史上的里程碑.

总习题 4

(A)

一、填空题

1. $\boldsymbol{A}$ 满足 $\boldsymbol{A}^2+2\boldsymbol{A}+\boldsymbol{E}=\boldsymbol{0}$，则 $\boldsymbol{A}$ 的特征值为________.

2. $\boldsymbol{A}$ 相似于单位矩阵，则 $\boldsymbol{A}=$________.

3. 已知 $\boldsymbol{A}=\begin{pmatrix}1&2&2\\2&1&2\\2&2&1\end{pmatrix}$，$\boldsymbol{B}=\begin{pmatrix}-1&&\\&5&\\&&a\end{pmatrix}$，且 $\boldsymbol{A}\sim\boldsymbol{B}$，则 $a=$________.

4. 三阶方阵 $\boldsymbol{A}$ 的特征值为 $\frac{1}{2}$，$\frac{1}{3}$，$\frac{1}{4}$，则 $\boldsymbol{A}^{-1}$ 的特征值为______，______，______.

5. 若三阶方阵 $\boldsymbol{A}$ 与 $\boldsymbol{B}$ 相似，矩阵 $\boldsymbol{A}$ 的特征值为 $\frac{1}{2}$，$\frac{1}{3}$，$\frac{1}{4}$，则行列式 $\begin{vmatrix}\boldsymbol{B}^{-1}-\boldsymbol{E}&\boldsymbol{E}\\\boldsymbol{O}&\boldsymbol{A}\end{vmatrix}=$________.

6. 若 $\boldsymbol{A}=\begin{pmatrix}1&-2&-4\\-2&x&-2\\-4&-2&1\end{pmatrix}$ 与 $\boldsymbol{\Lambda}=\begin{pmatrix}y&&\\&z&\\&&-4\end{pmatrix}$ 相似，则 $x=$________，$y=$________，$z=$________.

7. 矩阵 $\boldsymbol{A}=\begin{pmatrix}3&2&1\\0&2&1\\0&0&3\end{pmatrix}$ 有________个线性无关的特征向量.

8. 已知 n 阶方阵 $\boldsymbol{A}$ 满足 $\boldsymbol{A}^2=\boldsymbol{E}$，则 $\boldsymbol{A}$ 的特征值 λ 只可能是________.

9. 已知 $\boldsymbol{A}=\begin{pmatrix}1&2&3\\0&0&x\\0&0&0\end{pmatrix}$ 可以对角化，则 $x=$________.

10. 已知 n 阶矩阵 $\boldsymbol{A}$ 的元素全是 1，则 $\boldsymbol{A}$ 的 n 个特征值是________.

二、选择题

1. 下列结论哪些正确？（此题为多项选择）（　　）.

A. 若 λ 是 $\boldsymbol{A}$，$\boldsymbol{B}$ 的特征值，则必是 $\boldsymbol{A}+\boldsymbol{B}$ 的特征值

B. 若 λ 是 $\boldsymbol{A}$，$\boldsymbol{B}$ 的特征值，则必是 $\boldsymbol{AB}$ 的特征值

C. 若 $\boldsymbol{\alpha}$ 是 $\boldsymbol{A}$，$\boldsymbol{B}$ 的特征向量，则必是 $\boldsymbol{A}+\boldsymbol{B}$ 的特征向量

D. 若 $\boldsymbol{\alpha}$ 是 $\boldsymbol{A}$，$\boldsymbol{B}$ 的特征向量，则必是 $\boldsymbol{AB}$ 的特征向量

2. 设 $\boldsymbol{A}$ 为 n 阶矩阵，$|\boldsymbol{A}|=a\ (a\neq 0)$，$\lambda$ 是 $\boldsymbol{A}$ 的一个特征值，$\boldsymbol{A}^*$ 为 $\boldsymbol{A}$ 的伴随矩阵，则矩阵 $\left(\frac{1}{4}\boldsymbol{A}^*\right)^{-1}$ 的特征值之一是（　　）.

A. $\frac{4\lambda}{a}$　　B. $\frac{4\lambda^n}{a}$　　C. $\frac{\lambda}{4a}$　　D. $\frac{\lambda^n}{4a}$

3. 设 $\boldsymbol{A}$ 为 n 阶矩阵，$|\boldsymbol{A}|=a\ (a\neq 0)$，$\lambda$ 是 $\boldsymbol{A}$ 的一个特征值，$\boldsymbol{A}^*$ 为 $\boldsymbol{A}$ 的伴随矩阵，则矩阵 $(\boldsymbol{A}^*)^*$ 的一个特征值是（　　）.

A. $\lambda^{-1}a^{n-1}$　　B. $\lambda^{-1}a^{n-2}$　　C. λa^{n-2}　　D. λa^{n-1}

4. 设 $\boldsymbol{A}$ 为三阶矩阵，其特征值为 2，-2，$-\frac{1}{2}$，则在下列矩阵中必为可逆矩阵的是（　　）.

A. $\boldsymbol{E}+2\boldsymbol{A}$　　B. $3\boldsymbol{E}+2\boldsymbol{A}$　　C. $2\boldsymbol{E}+\boldsymbol{A}$　　D. $\boldsymbol{A}-2\boldsymbol{E}$

5. $\boldsymbol{A}$ 为 n 阶矩阵，$\boldsymbol{\xi}$ 是 $\boldsymbol{A}$ 的属于特征值 λ 的特征向量，下列说法中不正确的是（　　）.

A. $\boldsymbol{\xi}$ 必是矩阵 $(\boldsymbol{A}+\boldsymbol{E})^2$ 的特征向量　　B. $\boldsymbol{\xi}$ 必是矩阵 $-3\boldsymbol{A}$ 的特征向量

C. $\boldsymbol{\xi}$ 必是矩阵 $\boldsymbol{A}^*$ 的特征向量　　D. $\boldsymbol{\xi}$ 必是矩阵 $\boldsymbol{A}^{\mathrm{T}}$ 的特征向量

6. 若 $\boldsymbol{A}$ 相似于 $\boldsymbol{B}$，则下列结论中不正确的是（　　）.

A. $\boldsymbol{A}$ 与 $\boldsymbol{B}$ 有相同的特征多项式　　B. $|\boldsymbol{A}|=|\boldsymbol{B}|$

C. $\boldsymbol{A}$ 与 $\boldsymbol{B}$ 有相同的特征值和特征向量　　D. $\mathrm{tr}(\boldsymbol{A})=\mathrm{tr}(\boldsymbol{B})$

7. 已知 $\boldsymbol{A}$ 是四阶方阵，且 $R(3\boldsymbol{E}-\boldsymbol{A})=2$，则 $\lambda=3$ 是 $\boldsymbol{A}$ 的(　　).

A. 一重特征值　　B. 二重特征值

C. 至少是二重特征值　　D. 至多是二重特征值

8. 下列二阶矩阵可对角化的是(　　).

A. $\begin{pmatrix} 1 & 1 \\ -4 & 5 \end{pmatrix}$　　B. $\begin{pmatrix} 1 & -4 \\ 1 & 5 \end{pmatrix}$　　C. $\begin{pmatrix} 1 & 1 \\ 0 & 0 \end{pmatrix}$　　D. $\begin{pmatrix} 0 & 1 \\ -1 & 2 \end{pmatrix}$

9. 设 λ_1, λ_2 为 n 阶矩阵$\boldsymbol{A}$ 的两个特征值，其对应的特征向量分别是 $\boldsymbol{\alpha}_1, \boldsymbol{\alpha}_2$，且已知 $\lambda_1 = -\lambda_2 \neq 0$，则(　　).

A. $\boldsymbol{\alpha}_1+\boldsymbol{\alpha}_2$ 是 $\boldsymbol{A}$ 的特征向量　　B. $\boldsymbol{\alpha}_1-\boldsymbol{\alpha}_2$ 是 $\boldsymbol{A}$ 的特征向量

C. $\boldsymbol{\alpha}_1+\boldsymbol{\alpha}_2$ 是 $\boldsymbol{A}^2$ 的特征向量　　D. $\boldsymbol{\alpha}_1+\boldsymbol{\alpha}_2$ 不是 $\boldsymbol{A}^2$ 的特征向量

10. 设 $\boldsymbol{A}$ 为 n 阶矩阵，且 $\boldsymbol{A}^k=\boldsymbol{O}$（$k$ 为正整数)，则(　　).

A. $\boldsymbol{A}=\boldsymbol{O}$　　B. $\boldsymbol{A}$ 有一个不为零的特征值

C. $\boldsymbol{A}$ 的特征值全为零　　D. $\boldsymbol{A}$ 有 n 个线性无关的特征向量

11. 设 $\boldsymbol{A}$ 为 n 阶矩阵，$\boldsymbol{A}$ 相似于对角矩阵的充分必要条件是(　　).

A. $\boldsymbol{A}$ 有 n 个不同的特征值

B. $\boldsymbol{A}$ 有 n 个不同的特征向量

C. $\boldsymbol{A}$ 是实对称矩阵

D. $\boldsymbol{A}$ 的每个 n_i 重特征值值λ_i，满足 $R(\lambda_i\boldsymbol{E}-\boldsymbol{A})=n-n_i$

三、计算题

1. 求下列矩阵的特征值和特征向量.

(1) $\boldsymbol{A}=\begin{pmatrix} 2 & 0 & 0 \\ 1 & 2 & 1 \\ 0 & 0 & 2 \end{pmatrix}$；　(2) $\boldsymbol{A}=\begin{pmatrix} -1 & 1 & 0 \\ -2 & 2 & 0 \\ 6 & -3 & 1 \end{pmatrix}$；　(3) $\boldsymbol{A}=\begin{pmatrix} 0 & 1 & 1 & -1 \\ 1 & 0 & -1 & 1 \\ 1 & -1 & 0 & 1 \\ -1 & 1 & 1 & 0 \end{pmatrix}$.

2. 计算内积.

(1) $\boldsymbol{\alpha}=(-1, 0, 3, -9)^{\mathrm{T}}, \boldsymbol{\beta}=(-2, 6, 0, 1)^{\mathrm{T}}$；

(2) $\boldsymbol{\alpha}=\left(-\frac{1}{2}, \frac{\sqrt{3}}{2}, 0, \frac{\sqrt{3}}{4}\right)^{\mathrm{T}}, \boldsymbol{\beta}=\left(3, -\frac{\sqrt{3}}{2}, \sqrt{5}, \sqrt{3}\right)^{\mathrm{T}}$.

3. 求向量 $\boldsymbol{\alpha}=(-1, 0, 1, 0, 3)^{\mathrm{T}}$ 与 $\boldsymbol{\beta}=(2, 7, -1, 10, 1)^{\mathrm{T}}$ 的夹角.

4. 已知矩阵 $\boldsymbol{A}=\begin{pmatrix} 3 & -2 \\ -2 & 3 \end{pmatrix}$，求

(1) 可逆矩阵 $\boldsymbol{P}$，使 $\boldsymbol{P}^{-1}\boldsymbol{AP}$ 为对角矩阵；

(2) 正交矩阵 $\boldsymbol{Q}$，使 $\boldsymbol{Q}^{-1}\boldsymbol{AQ}=\boldsymbol{Q}^{\mathrm{T}}\boldsymbol{AQ}$ 为对角矩阵.

5. 已知矩阵 $\boldsymbol{A}=\begin{pmatrix} 2 & 2 & -2 \\ 2 & 5 & -4 \\ -2 & -4 & 5 \end{pmatrix}$，求

(1) 可逆矩阵 $\boldsymbol{P}$，使 $\boldsymbol{P}^{-1}\boldsymbol{AP}$ 为对角矩阵；

(2) 正交矩阵 $\boldsymbol{Q}$，使 $\boldsymbol{Q}^{-1}\boldsymbol{AQ}=\boldsymbol{Q}^{\mathrm{T}}\boldsymbol{AQ}$ 为对角矩阵.

6. 设$\boldsymbol{A}=\begin{pmatrix}1&2&2\\2&x&-2\\-2&-2&1\end{pmatrix}$，$\boldsymbol{B}=\begin{pmatrix}-1&&\\&1&\\&&y\end{pmatrix}$，已知$\boldsymbol{A}\sim\boldsymbol{B}$，求

(1) x，y的值；

(2) 可逆矩阵$\boldsymbol{P}$，使得$\boldsymbol{P}^{-1}\boldsymbol{AP}=\boldsymbol{B}$；(3) $\boldsymbol{A}^3$.

7. 已知$\boldsymbol{A}=\begin{pmatrix}-2&0&0\\2&a&2\\3&1&1\end{pmatrix}$，$\boldsymbol{B}=\begin{pmatrix}-1&&\\&2&\\&&b\end{pmatrix}$相似，试求$a$，$b$的值及矩阵$\boldsymbol{P}$，使得$\boldsymbol{P}^{-1}\boldsymbol{AP}=\boldsymbol{B}$.

8. 已知$\boldsymbol{\xi}=(1,\ 1,\ -1)^{\mathrm{T}}$是矩阵$\boldsymbol{A}=\begin{pmatrix}2&-1&2\\5&a&3\\-1&b&-2\end{pmatrix}$的一个特征向量.

(1) 确定参数a，b及特征向量$\boldsymbol{\xi}$所对应的特征值；

(2) $\boldsymbol{A}$能否相似于对角矩阵？为什么？

9. 设$\boldsymbol{A}$为正交矩阵，$|\boldsymbol{A}|=-1$，证明：$\boldsymbol{A}$有特征值-1.

10. 若$\boldsymbol{A}$与$\boldsymbol{B}$是相似的两个方阵，证明：$\boldsymbol{A}^k$与$\boldsymbol{B}^k$一定是相似的两个方阵.

11. 设实向量$\boldsymbol{\alpha}$为方阵$\boldsymbol{A}$的属于特征值λ_1的特征向量，实向量$\boldsymbol{\beta}$为方阵$\boldsymbol{A}^{\mathrm{T}}$的属于特征值$\lambda_2$的特征向量，且$\lambda_1\neq\lambda_2$，证明：$\boldsymbol{\alpha}$与$\boldsymbol{\beta}$正交.

(B)

1. 已知四阶矩阵$\boldsymbol{A}$相似于$\boldsymbol{B}$，$\boldsymbol{A}$的特征值为2，3，4，5，$\boldsymbol{E}$为四阶单位矩阵，则$|\boldsymbol{B}-\boldsymbol{E}|=$________.

2. 设三阶矩阵$\boldsymbol{A}$的特征值为1，2，2，$\boldsymbol{E}$为三阶单位矩阵，则$|4\boldsymbol{A}^{-1}-\boldsymbol{E}|=$________.

3. 设$\boldsymbol{A}$为n阶矩阵，$|\boldsymbol{A}|\neq 0$，$\boldsymbol{A}^*$为$\boldsymbol{A}$的伴随矩阵，$\boldsymbol{E}$为n阶单位矩阵.若$\boldsymbol{A}$有特征值λ，则$(\boldsymbol{A}^*)^2+\boldsymbol{E}$必有特征值________.

4. 若四阶矩阵$\boldsymbol{A}$与$\boldsymbol{B}$相似，$\boldsymbol{A}$的特征值为$\frac{1}{2}$，$\frac{1}{3}$，$\frac{1}{4}$，$\frac{1}{5}$，则行列式$|\boldsymbol{B}^{-1}-\boldsymbol{E}|=$________.

5. 矩阵$\begin{pmatrix}0&-2&-2\\2&2&-2\\-2&-2&2\end{pmatrix}$的非零特征值是________.

6. 设$\boldsymbol{A}$为二阶矩阵，$\boldsymbol{\alpha}_1$，$\boldsymbol{\alpha}_2$是二个线性无关的列向量，$\boldsymbol{A\alpha}_1=\boldsymbol{0}$，$\boldsymbol{A\alpha}_2=2\boldsymbol{\alpha}_1+\boldsymbol{\alpha}_2$，则$\boldsymbol{A}$的非零特征值为________.

7. 设三阶矩阵$\boldsymbol{A}$的特征值互不相同，且$|\boldsymbol{A}|=0$，则$R(\boldsymbol{A})=$________.

8. 设$\boldsymbol{A}$为n阶可逆矩阵，λ是$\boldsymbol{A}$的一个特征值，则$\boldsymbol{A}$的伴随矩阵$\boldsymbol{A}^*$的特征值之一是(   ).

A. $\lambda^{-1}|\boldsymbol{A}|^n$　　B. $\lambda^{-1}|\boldsymbol{A}|$　　C. $\lambda|\boldsymbol{A}|$　　D. $\lambda|\boldsymbol{A}|^n$

9. 设$\lambda=2$是非奇异矩阵$\boldsymbol{A}$的一个特征值，则矩阵$\left(\frac{1}{3}\boldsymbol{A}^2\right)^{-1}$有一特征值等于(   ).

A. $\frac{4}{3}$　　B. $\frac{3}{4}$　　C. $\frac{1}{2}$　　D. $\frac{1}{4}$

10. 设$\boldsymbol{A}$，$\boldsymbol{B}$为n阶矩阵，且$\boldsymbol{A}$与$\boldsymbol{B}$相似，$\boldsymbol{E}$为n阶单位矩阵，则(   ).

A. $\lambda\boldsymbol{E}-\boldsymbol{A}=\lambda\boldsymbol{E}-\boldsymbol{B}$

B. $\boldsymbol{A}$与$\boldsymbol{B}$有相同的特征值和特征向量

C. $\boldsymbol{A}$与$\boldsymbol{B}$都相似于一个对角矩阵

D. 对任意常数t，$t\boldsymbol{E}-\boldsymbol{A}$与$t\boldsymbol{E}-\boldsymbol{B}$相似

11. 设 $\boldsymbol{A}$ 是 n 阶实对称矩阵，$\boldsymbol{P}$ 是 n 阶可逆矩阵.已知 n 维列向量 $\boldsymbol{\alpha}$ 是 $\boldsymbol{A}$ 的属于特征值 λ 的特征向量，则矩阵 $(\boldsymbol{P}^{-1}\boldsymbol{AP})^{\mathrm{T}}$ 属于特征值 λ 的特征向量是(　　).

A. $\boldsymbol{P}^{-1}\boldsymbol{\alpha}$　　B. $\boldsymbol{P}^{\mathrm{T}}\boldsymbol{\alpha}$　　C. $\boldsymbol{P\alpha}$　　D. $(\boldsymbol{P}^{-1})^{\mathrm{T}}\boldsymbol{\alpha}$

12. n 阶方阵 $\boldsymbol{A}$ 具有 n 个不同的特征值是 $\boldsymbol{A}$ 与对角矩阵相似的(　　).

A. 充分必要条件　　B. 充分非必要条件

C. 必要非充分条件　　D. 既非充分也非必要条件

13. 设 λ_1，λ_2 是矩阵 $\boldsymbol{A}$ 的两个不同特征值,对应的特征向量分别为 $\boldsymbol{\alpha}_1$，$\boldsymbol{\alpha}_2$，则 $\boldsymbol{\alpha}_1$，$\boldsymbol{A}(\boldsymbol{\alpha}_1+\boldsymbol{\alpha}_2)$ 线性无关的充分必要条件是(　　).

A. $\lambda_1 \neq 0$　　B. $\lambda_2 \neq 0$　　C. $\lambda_1 = 0$　　D. $\lambda_2 = 0$

14. 设有四阶方阵 $\boldsymbol{A}$ 满足：$|\sqrt{2}\boldsymbol{E}+\boldsymbol{A}|=0$，$\boldsymbol{AA}^{\mathrm{T}}=2\boldsymbol{E}$，$|\boldsymbol{A}|<0$. 求 $\boldsymbol{A}^*$ 的一个特征值.

15. 设 $\boldsymbol{A}$ 是 n 阶矩阵,满足 $\boldsymbol{AA}^{\mathrm{T}}=\boldsymbol{E}$，$|\boldsymbol{A}|<0$，求 $|\boldsymbol{A}+\boldsymbol{E}|$ 的值.

16. 设方阵 $\boldsymbol{A}$ 满足 $\boldsymbol{A}^{\mathrm{T}}\boldsymbol{A}=\boldsymbol{E}$，试证明:$\boldsymbol{A}$ 的实特征向量所对应的特征值的绝对值等于 1.

第 5 章

二 次 型

二次型起源于几何学中二次曲线方程和二次曲面方程化简为标准形问题的研究. 二次型就是二次齐次多项式,这是一类重要的多元函数.二次型与实对称矩阵有紧密的联系.这一章介绍二次型的基本理论.包括二次型的定义;二次型的标准形及正定二次型.

5.1 二次型及其标准形

5.1.1 二次型的概念

二次型的概念

定义 1 含有 n 个变量 $x_1, x_2, \cdots, x_n$ 的 n 元二次齐次多项式

$$f(x_1, x_2, \cdots, x_n)=a_{11}x_1^2+a_{22}x_2^2+\cdots+a_{nn}x_n^2+2a_{12}x_1x_2+\cdots+2a_{1n}x_1x_n+2a_{23}x_2x_3+\cdots+2a_{2n}x_2x_n+\cdots+2a_{n-1,n}x_{n-1}x_n \tag{1}$$

称为 ***n* 元二次型**,简称**二次型**.当 a_{ij} 为复数时,f 称为**复二次型**;当 a_{ij} 为实数时,f 称为**实二次型**.本章只讨论实二次型.

在式(1)中取 $a_{ij}=a_{ji}$,又因为 $x_ix_j=x_jx_i$,则有

$$2a_{ij}x_ix_j=a_{ij}x_ix_j+a_{ji}x_jx_i,$$

于是式(1)的二次型可改写成下面的形式:

$$\begin{aligned}
f(x_1, x_2, \cdots, x_n)&=a_{11}x_1^2+a_{12}x_1x_2+\cdots+a_{1n}x_1x_n+a_{21}x_2x_1+a_{22}x_2^2+\cdots+\\
&\quad a_{2n}x_2x_n+\cdots+a_{n1}x_nx_1+a_{n2}x_nx_2+\cdots+a_{nn}x_n^2\\
&=\sum_{i=1}^{n}\sum_{j=1}^{n}a_{ij}x_ix_j\\
&=x_1(a_{11}x_1+a_{12}x_2+\cdots+a_{1n}x_n)+x_2(a_{21}x_1+a_{22}x_2+\cdots+\\
&\quad a_{2n}x_n)+\cdots+x_n(a_{n1}x_1+a_{n2}x_2+\cdots+a_{nn}x_n)\\
&=(x_1, x_2, \cdots, x_n)\begin{pmatrix} a_{11} & a_{12} & \cdots & a_{1n}\\ a_{21} & a_{22} & \cdots & a_{2n}\\ \vdots & \vdots & & \vdots\\ a_{n1} & a_{n2} & \cdots & a_{nn}\end{pmatrix}\begin{pmatrix} x_1\\ x_2\\ \vdots\\ x_n\end{pmatrix}.
\end{aligned}$$

从而给出二次型矩阵形式的定义如下.

定义 2 n 元二次型的一般形式为

$$f(x_1, x_2, \cdots, x_n)=\sum_{i=1}^{n}\sum_{j=1}^{n}a_{ij}x_ix_j \quad (a_{ij}=a_{ji}). \tag{2}$$

令

$$\boldsymbol{x}^{\mathrm{T}}=(x_1, x_2, \cdots, x_n), \quad \boldsymbol{A}=\begin{pmatrix} a_{11} & a_{12} & \cdots & a_{1n} \\ a_{21} & a_{22} & \cdots & a_{2n} \\ \vdots & \vdots & & \vdots \\ a_{n1} & a_{n2} & \cdots & a_{nn} \end{pmatrix}, \quad \boldsymbol{x}=\begin{pmatrix} x_1 \\ x_2 \\ \vdots \\ x_n \end{pmatrix},$$

则二次型的矩阵形式为

$$f(x_1, x_2, \cdots, x_n)=\boldsymbol{x}^{\mathrm{T}}\boldsymbol{A}\boldsymbol{x}$$

或

$$f(\boldsymbol{x})=\boldsymbol{x}^{\mathrm{T}}\boldsymbol{A}\boldsymbol{x}. \tag{3}$$

其中，$\boldsymbol{A}=(a_{ij})_{n\times n}(a_{ij}=a_{ji})$ 是对称矩阵，称为二次型 $f(x_1, x_2, \cdots, x_n)$的**矩阵**；矩阵 $\boldsymbol{A}$ 的秩 r 称为二次型 $f(x_1, x_2, \cdots, x_n)$的**秩**；同时把二次型 $f(x_1, x_2, \cdots, x_n)$ 称为对称矩阵 $\boldsymbol{A}$ 的**二次型**.

由式(2)与式(3)可以看出，二次型 $f(x_1, x_2, \cdots, x_n)$ 的矩阵 $\boldsymbol{A}=(a_{ij})_{n\times n}$ 与式(1)的二次型系数具有以下关系：

(1) 对称矩阵 $\boldsymbol{A}$ 的主对角线元素 a_{ii} 是式(1)中平方项 x_i^2 的系数；

(2) 因为 $a_{ij}=a_{ji}$，则 $a_{ij}+a_{ji}=2a_{ij}$，所以对称矩阵 $\boldsymbol{A}$ 的非主对角线元素 $a_{ij}(a_{ij}=a_{ji})$ 是式(1)中 x_ix_j 的系数的一半.

因此，二次型 f 与实对称矩阵 $\boldsymbol{A}$ 之间是**一一对应**的关系.

例 1 写出下列二次型的对称矩阵.

(1) $f(x_1, x_2, x_3)=x_1^2+2x_1x_2+x_1x_3-2x_2^2+4x_2x_3$；

(2) $f(x_1, x_2, x_3, x_4)=x_1^2+2x_2^2+3x_3^2+4x_4^2$.

解 (1) 三元二次型对应一个三阶的实对称矩阵为

$$\boldsymbol{A}=\begin{pmatrix} 1 & 1 & \frac{1}{2} \\ 1 & -2 & 2 \\ \frac{1}{2} & 2 & 0 \end{pmatrix}.$$

(2) 四元二次型对应一个四阶的实对称矩阵为

$$\boldsymbol{B}=\begin{pmatrix} 1 & 0 & 0 & 0 \\ 0 & 2 & 0 & 0 \\ 0 & 0 & 3 & 0 \\ 0 & 0 & 0 & 4 \end{pmatrix}.$$

注意到(2)中这个二次型只含有平方项，而与之对应的实对称矩阵是一个对角矩阵.

例 2 写出实对称矩阵 $\boldsymbol{A}=\begin{pmatrix} 2 & 1 & -2 \\ 1 & 1 & 1 \\ -2 & 1 & -4 \end{pmatrix}$ 对应的二次型.

解 三阶矩阵对应三元二次型

$$f(x_1, x_2, x_3)=(x_1, x_2, x_3)\begin{pmatrix}2 & 1 & -2\\ 1 & 1 & 1\\ -2 & 1 & -4\end{pmatrix}\begin{pmatrix}x_1\\ x_2\\ x_3\end{pmatrix}$$

$$=2x_1^2+x_2^2-4x_3^2+2x_1x_2-4x_1x_3+2x_2x_3.$$

5.1.2 矩阵的合同

二次型的主要问题之一是：对于给定的二次型 $f(x_1, x_2, \cdots, x_n)=\boldsymbol{x}^{\mathrm{T}}\boldsymbol{A}\boldsymbol{x}$，找到一个线性变换

$$\begin{cases}x_1=c_{11}y_1+c_{12}y+\cdots+c_{1n}y_n,\\ x_2=c_{21}y_1+c_{22}y+\cdots+c_{2n}y_n,\\ \quad\vdots\\ x_n=c_{n1}y_1+c_{n2}y+\cdots+c_{nn}y_n,\end{cases} \tag{4}$$

即 $\boldsymbol{x}=\boldsymbol{C}\boldsymbol{y}$，其中 $\boldsymbol{C}=(c_{ij})_{n\times n}$，是系数矩阵.将二次型做变量替换从而将二次型化简. 若矩阵 $\boldsymbol{C}$ 可逆，则线性变换(4)称为**可逆线性变换**.

事实上，对于二次型 $f(x_1, x_2, \cdots, x_n)=\boldsymbol{x}^{\mathrm{T}}\boldsymbol{A}\boldsymbol{x}$，若令 $\boldsymbol{x}=\boldsymbol{C}\boldsymbol{y}$，则有

$$f(x_1, x_2, \cdots, x_n)=\boldsymbol{x}^{\mathrm{T}}\boldsymbol{A}\boldsymbol{x}\xlongequal{x=cy}(\boldsymbol{C}\boldsymbol{y})^{\mathrm{T}}\boldsymbol{A}(\boldsymbol{C}\boldsymbol{y})=\boldsymbol{y}^{\mathrm{T}}(\boldsymbol{C}^{\mathrm{T}}\boldsymbol{A}\boldsymbol{C})\boldsymbol{y}.$$

由于 $\boldsymbol{A}$ 是对称矩阵，$\boldsymbol{C}^{\mathrm{T}}\boldsymbol{A}\boldsymbol{C}$ 也是对称矩阵，所以 $\boldsymbol{y}^{\mathrm{T}}(\boldsymbol{C}^{\mathrm{T}}\boldsymbol{A}\boldsymbol{C})\boldsymbol{y}$ 仍然是二次型，并且是关于变量 $y_1, y_2, \cdots, y_n$ 的二次型，对应的对称矩阵是 $\boldsymbol{C}^{\mathrm{T}}\boldsymbol{A}\boldsymbol{C}$.

定义 3 设 $\boldsymbol{A}, \boldsymbol{B}$ 是两个 n 阶矩阵，如果存在 n 阶可逆矩阵 $\boldsymbol{C}$，使得 $\boldsymbol{C}^{\mathrm{T}}\boldsymbol{A}\boldsymbol{C}=\boldsymbol{B}$，则称矩阵 $\boldsymbol{B}$ 与 $\boldsymbol{A}$ **合同**，记为 $\boldsymbol{A}\cong\boldsymbol{B}$.

矩阵的合同是一种等价关系，具有以下基本性质.

(1) **自反性** 任意矩阵 $\boldsymbol{A}$ 都与 $\boldsymbol{A}$ 自身合同.因为 $\boldsymbol{E}^{\mathrm{T}}\boldsymbol{A}\boldsymbol{E}=\boldsymbol{A}$.

(2) **对称性** 若 $\boldsymbol{B}$ 与 $\boldsymbol{A}$ 合同，则 $\boldsymbol{A}$ 与 $\boldsymbol{B}$ 合同.因为由 $\boldsymbol{C}^{\mathrm{T}}\boldsymbol{A}\boldsymbol{C}=\boldsymbol{B}$，可以得出

$$\boldsymbol{A}=(\boldsymbol{C}^{\mathrm{T}})^{-1}\boldsymbol{B}\boldsymbol{C}^{-1}=(\boldsymbol{C}^{-1})^{\mathrm{T}}\boldsymbol{B}(\boldsymbol{C}^{-1})=\boldsymbol{Q}^{\mathrm{T}}\boldsymbol{B}\boldsymbol{Q}.$$

其中 $\boldsymbol{Q}=\boldsymbol{C}^{-1}$.

(3) **传递性** 若 $\boldsymbol{B}$ 与 $\boldsymbol{A}$ 合同，$\boldsymbol{C}$ 与 $\boldsymbol{B}$ 合同，则 $\boldsymbol{C}$ 与 $\boldsymbol{A}$ 合同.

因为 $\boldsymbol{B}=\boldsymbol{C}_1^{\mathrm{T}}\boldsymbol{A}\boldsymbol{C}_1$，$\boldsymbol{C}=\boldsymbol{C}_2^{\mathrm{T}}\boldsymbol{B}\boldsymbol{C}_2$，所以 $\boldsymbol{C}=\boldsymbol{C}_1^{\mathrm{T}}\boldsymbol{C}_2^{\mathrm{T}}\boldsymbol{A}\boldsymbol{C}_1\boldsymbol{C}_2=(\boldsymbol{C}_1\boldsymbol{C}_2)^{\mathrm{T}}\boldsymbol{A}(\boldsymbol{C}_1\boldsymbol{C}_2)=\boldsymbol{P}^{\mathrm{T}}\boldsymbol{A}\boldsymbol{P}$，其中 $\boldsymbol{P}=\boldsymbol{C}_1\boldsymbol{C}_2$.

由前面的讨论，很容易得到下面的定理.

定理 1 设二次型 $f(x_1, x_2, \cdots, x_n)=\sum\limits_{i=1}^{n}\sum\limits_{j=1}^{n}a_{ij}x_ix_j$ 的矩阵为 $\boldsymbol{A}$，则对它施行一次可逆线性变换 $\boldsymbol{x}=\boldsymbol{C}\boldsymbol{y}$ 后得到的二次型的矩阵 $\boldsymbol{B}$ 与 $\boldsymbol{A}$ 合同，即 $\boldsymbol{B}=\boldsymbol{C}^{\mathrm{T}}\boldsymbol{A}\boldsymbol{C}$.

因为 $\boldsymbol{C}$ 可逆且 $\boldsymbol{B}=\boldsymbol{C}^{\mathrm{T}}\boldsymbol{A}\boldsymbol{C}$，所以 $R(\boldsymbol{B})=R(\boldsymbol{A})$. 由二次型秩的定义即有下面的推论.

推论　一个二次型在经过一次可逆线性变换后，二次型的秩保持不变.

二次型的标准形和规范形

5.1.3　二次型的标准形

二次型主要研究如何找到一个可逆线性变换将二次型化简成最简单的形式：只包含平方项的标准形.

定义 4　若二次型 $f(x_1, x_2, \cdots, x_n)=\sum\limits_{i=1}^{n}\sum\limits_{j=1}^{n}a_{ij}x_ix_j(a_{ij}=a_{ji})$，经过可逆线性变换 $\boldsymbol{x}=\boldsymbol{C}\boldsymbol{y}$ 变成只包含平方项的形式：

$$f(x_1, x_2, \cdots, x_n)=d_1y_1^2+d_2y_2^2+\cdots+d_ny_n^2, \tag{5}$$

则称式(5)为二次型 $f(x_1, x_2, \cdots, x_n)$ 的**标准形**.

显然，二次型的标准形的矩阵是一个简单的对称矩阵——对角矩阵：

$$\boldsymbol{B}=\begin{pmatrix} d_1 & & & \\ & d_2 & & \\ & & \ddots & \\ & & & d_n \end{pmatrix}.$$

由 5.1.2 节的讨论可知，经过可逆线性变换 $\boldsymbol{x}=\boldsymbol{C}\boldsymbol{y}$ 将二次型 $f(x_1, x_2, \cdots, x_n)=\boldsymbol{x}^{\mathrm{T}}\boldsymbol{A}\boldsymbol{x}$ 化为标准形的问题，用矩阵的语言可以叙述如下：

对于实对称矩阵 $\boldsymbol{A}$，存在一个可逆矩阵 $\boldsymbol{C}$，使得 $\boldsymbol{A}$ 合同于一个对角矩阵 $\boldsymbol{B}$，即 $\boldsymbol{B}=\boldsymbol{C}^{\mathrm{T}}\boldsymbol{A}\boldsymbol{C}$.

关于二次型标准形的问题首先给出下面的两个定理.

定理 2　任意一个二次型都可以经过可逆线性变换化为标准形.

(证明略.)

用矩阵的语言叙述就得到定理 2′：

定理 2′　任意实对称矩阵 $\boldsymbol{A}$，都存在可逆矩阵 $\boldsymbol{C}$，使得 $\boldsymbol{A}$ 合同于一个对角矩阵 $\boldsymbol{B}$，且 $\boldsymbol{B}=\boldsymbol{C}^{\mathrm{T}}\boldsymbol{A}\boldsymbol{C}$.

事实上，由第 4 章实对称矩阵对角化的方法可知，对于任意实对称矩阵 $\boldsymbol{A}$，都存在一个正交矩阵 $\boldsymbol{P}$，使得 $\boldsymbol{P}^{-1}\boldsymbol{A}\boldsymbol{P}=\boldsymbol{P}^{\mathrm{T}}\boldsymbol{A}\boldsymbol{P}=\mathrm{diag}(\lambda_1, \lambda_2, \cdots, \lambda_n)$. 即对于实对称矩阵 $\boldsymbol{A}$ 一定存在正交矩阵 $\boldsymbol{P}$，使得 $\boldsymbol{A}$ 既相似又合同于对角矩阵 $\mathrm{diag}(\lambda_1, \lambda_2, \cdots, \lambda_n)$. 从而有了化二次型为标准形的第一种方法——正交变换法.

1. 正交变换法

定理 3　任意二次型 $f=\sum\limits_{i=1}^{n}\sum\limits_{j=1}^{n}a_{ij}x_ix_j(a_{ji}=a_{ij})$，总有正交变换 $\boldsymbol{x}=\boldsymbol{P}\boldsymbol{y}$，使 f 化为标准形

$$f=\lambda_1y_1^2+\lambda_2y_2^2+\cdots+\lambda_ny_n^2,$$

其中，$\lambda_1, \lambda_2, \cdots, \lambda_n$ 是二次型 f 的对称矩阵 $\boldsymbol{A}=(a_{ij})_{n\times n}$ 的特征值，$\boldsymbol{P}$ 是正交矩阵，其列向量为 $\boldsymbol{A}$ 的对应于特征值 $\lambda_1, \lambda_2, \cdots, \lambda_n$ 的 n 个线性无关的正交单位化的特征向量.

例 3 用正交变换化法将二次型 $f(x_1, x_2, x_3)=2x_1^2+2x_2^2+3x_3^2+8x_1x_2$ 化为标准形.

解 (1) 写出二次型的矩阵 $\boldsymbol{A}=\begin{pmatrix}2&4&0\\4&2&0\\0&0&3\end{pmatrix}$.

(2) 求出 $\boldsymbol{A}$ 的所有特征值

$$|\lambda\boldsymbol{E}-\boldsymbol{A}|=\begin{vmatrix}\lambda-2&-4&0\\-4&\lambda-2&0\\0&0&\lambda-3\end{vmatrix}=(\lambda-3)(\lambda+2)(\lambda-6),$$

所以 $\boldsymbol{A}$ 的所有特征值为 $\lambda_1=3$, $\lambda_2=-2$, $\lambda_3=6$.

(3) 求出每个特征值线性无关的特征向量.

当 $\lambda_1=3$ 时，齐次线性方程组 $(3\boldsymbol{E}-\boldsymbol{A})\boldsymbol{x}=\boldsymbol{0}$ 的基础解系为 $\boldsymbol{p}_1=(0, 0, 1)^{\mathrm{T}}$;

当 $\lambda_2=-2$ 时,齐次线性方程组 $(-2\boldsymbol{E}-\boldsymbol{A})\boldsymbol{x}=\boldsymbol{0}$ 的基础解系为 $\boldsymbol{p}_2=(1, -1, 0)^{\mathrm{T}}$;

当 $\lambda_3=6$ 时，齐次线性方程组 $(6\boldsymbol{E}-\boldsymbol{A})\boldsymbol{x}=\boldsymbol{0}$ 的基础解系为 $\boldsymbol{p}_3=(1, 1, 0)^{\mathrm{T}}$.

(4) 将线性无关的特征向量 $\boldsymbol{p}_1$, $\boldsymbol{p}_2$, $\boldsymbol{p}_3$ 正交化,单位化.

因为 $\boldsymbol{p}_1$, $\boldsymbol{p}_2$, $\boldsymbol{p}_3$ 已经两两正交,所以只需单位化

$$\boldsymbol{e}_1=\boldsymbol{p}_1=(0, 0, 1)^{\mathrm{T}},\quad \boldsymbol{e}_2=\frac{\boldsymbol{p}_2}{\|\boldsymbol{p}_2\|}=\left(\frac{\sqrt{2}}{2}, -\frac{\sqrt{2}}{2}, 0\right)^{\mathrm{T}},$$

$$\boldsymbol{e}_3=\frac{\boldsymbol{p}_3}{\|\boldsymbol{p}_3\|}=\left(\frac{\sqrt{2}}{2}, \frac{\sqrt{2}}{2}, 0\right)^{\mathrm{T}}.$$

(5) 求得正交变换 $\boldsymbol{x}=\boldsymbol{P}\boldsymbol{y}$，其中,正交矩阵

$$\boldsymbol{P}=(\boldsymbol{e}_1, \boldsymbol{e}_2, \boldsymbol{e}_3)=\begin{pmatrix}0&\frac{\sqrt{2}}{2}&\frac{\sqrt{2}}{2}\\0&-\frac{\sqrt{2}}{2}&\frac{\sqrt{2}}{2}\\1&0&0\end{pmatrix},$$

将二次型化为标准形为

$$f(x_1, x_2, x_3)=3y_1^2-2y_2^2+6y_3^2.$$

由于正交变换保持向量的长度、夹角不变,因此在几何空间中,正交变换能够保持几何图形的大小和形状不变,所以正交变换在实际问题中有着广泛的应用.

下面介绍一种化二次型为标准型的行之有效的办法——拉格朗日配方法.

2. 拉格朗日配方法

拉格朗日配方法是利用完全平方公式，将二次型配成完全平方项的和的一种方法.关于多个变量的完全平方公式举例如下.

(1) $(x_1+x_2)^2=x_1^2+2x_1x_2+x_2^2$;

(2) $(x_1+x_2+x_3)^2=x_1^2+x_2^2+x_3^2+2x_1x_2+2x_1x_3+2x_2x_3$;

(3) $(x_1+x_2+x_3+\cdots+x_n)^2$

$=x_1^2+x_2^2+\cdots+x_n^2+2x_1x_2+\cdots+2x_1x_n+2x_2x_3+\cdots+2x_{n-1}x_n$;

(4) $$2x_1^2+2x_1x_2+x_2^2=2\left[x_1^2+2x_1\cdot\frac{x_2}{2}+\left(\frac{x_2}{2}\right)^2\right]-\frac{1}{2}x_2^2+x_2^2$$
$$=2\left(x_1+\frac{1}{2}x_2\right)^2+\frac{1}{2}x_2^2.$$

拉格朗日配方法的具体步骤如下.

(1) 若二次型含有 x_i 的平方项,则把所有含有 x_i 的项集中,然后利用完全平方公式配方;再对其余的变量同样进行,直到都配成平方项为止,经过可逆线性变换,就得到标准形.

(2) 若二次型不含有平方项,但是 $a_{ij}\neq 0\ (i\neq j)$,则先施行可逆变换

$$\begin{cases}x_i=y_i-y_j,\\ x_j=y_i+y_j,\\ x_k=y_k\end{cases}\quad (k=1,\ 2,\ \cdots,\ n,\ 且\ k\neq i,\ j)$$

化二次型为含有平方项的二次型,再按步骤(1)配方.

例 4 用配方法化二次型

$$f(x_1,\ x_2,\ x_3)=x_1^2+4x_2^2+4x_3^2-2x_1x_2+4x_1x_3+8x_2x_3$$

为标准形.

解 (1) 二次型中含有 x_1^2 项,将所有含有 x_1 的项合并,配成完全平方

$$f(x_1,\ x_2,\ x_3)=(x_1^2-2x_1x_2+4x_1x_3-4x_2x_3+x_2^2+4x_3^2)+12x_2x_3+3x_2^2$$
$$=(x_1-x_2+2x_3)^2+3x_2^2+12x_2x_3.$$

(2) 同理将括号外面所有含有 x_2 的项合并,配成完全平方

$$f(x_1,\ x_2,\ x_3)=(x_1-x_2+2x_3)^2+3(x_2^2+4x_2x_3+4x_3^2)-12x_3^2$$
$$=(x_1-x_2+2x_3)^2+3(x_2+2x_3)^2-12x_3^2.$$

令 $\begin{cases}y_1=x_1-x_2+2x_3,\\ y_2=\qquad x_2+2x_3,\\ y_3=\qquad\qquad x_3,\end{cases}$ 则有可逆线性变换 $\begin{cases}x_1=y_1+y_2-4y_3,\\ x_2=\qquad y_2-2y_3,\\ x_3=\qquad\qquad y_3.\end{cases}$

将原二次型化为标准形 $f=y_1^2+3y_2^2-12y_3^2$.

例 5 用配方法化二次型 $f(x_1,\ x_2,\ x_3)=x_1x_2+x_1x_3+x_2x_3$ 为标准形.

解 (1) 二次型中不含有平方项,但是含有 x_1x_2 项,利用平方差公式,首先进行可逆线性变换

$$\begin{cases} x_1 = y_1 - y_2, \\ x_2 = y_1 + y_2, \\ x_3 = \qquad\quad y_3, \end{cases} \quad 即\ \boldsymbol{x} = \boldsymbol{C}_1 \boldsymbol{y},$$

其中，$\boldsymbol{C}_1 = \begin{pmatrix} 1 & -1 & 0 \\ 1 & 1 & 0 \\ 0 & 0 & 1 \end{pmatrix}$.

将二次型化为含有平方项的形式

$$\begin{aligned} f &= y_1^2 - y_2^2 + 2y_1y_3 = (y_1^2 + 2y_1y_3 + y_3^2) - y_2^2 - y_3^2 \\ &= (y_1 + y_3)^2 - y_2^2 - y_3^2. \end{aligned}$$

(2) 配成完全平方.

令 $\begin{cases} z_1 = y_1 + y_3, \\ z_2 = y_2, \\ z_3 = y_3, \end{cases}$ 则有可逆线性变换 $\begin{cases} y_1 = z_1 - z_3, \\ y_2 = z_2, \\ y_3 = z_3, \end{cases}$ 即 $\boldsymbol{y} = \boldsymbol{C}_2 \boldsymbol{z}$,

其中，$\boldsymbol{C}_2 = \begin{pmatrix} 1 & 0 & -1 \\ 0 & 1 & 0 \\ 0 & 0 & 1 \end{pmatrix}$.

综上，有可逆线性变换 $\boldsymbol{x} = \boldsymbol{C}\boldsymbol{z}$，其中，$\boldsymbol{C} = \boldsymbol{C}_1 \boldsymbol{C}_2 = \begin{pmatrix} 1 & -1 & -1 \\ 1 & 1 & -1 \\ 0 & 0 & 1 \end{pmatrix}$.

将原二次型化为标准形 $f = z_1^2 - z_2^2 - z_3^2$.

例 6 用配方法化二次型 $f(x_1, x_2, x_3) = (x_1 + x_2)^2 + (x_1 + x_3)^2 + (x_2 - x_3)^2$ 为标准形.

解 因为

$$\begin{aligned} f(x_1, x_2, x_3) &= (x_1 + x_2)^2 + (x_1 + x_3)^2 + (x_2 - x_3)^2 \\ &= 2x_1^2 + 2x_2^2 + 2x_3^2 + 2x_1x_2 + 2x_1x_3 - 2x_2x_3 \\ &= 2\left[x_1^2 + 2x_1 \cdot \frac{x_2}{2} + 2x_1 \cdot \frac{x_3}{2} + 2\frac{x_2}{2} \cdot \frac{x_3}{2} + \left(\frac{x_2}{2}\right)^2 + \left(\frac{x_3}{2}\right)^2\right] - \\ &\quad\ 3x_2x_3 + \frac{3x_2^2}{2} + \frac{3x_3^2}{2} \\ &= 2\left(x_1 + \frac{x_2}{2} + \frac{x_3}{2}\right)^2 + \frac{3}{2}(x_2 - x_3)^2, \end{aligned}$$

令 $\begin{cases} y_1 = x_1 + \dfrac{x_2}{2} + \dfrac{x_3}{2}, \\ y_2 = x_2 - x_3, \\ y_3 = x_3, \end{cases}$ 即经过可逆线性变换 $\begin{cases} x_1 = y_1 - \dfrac{y_2}{2} - y_3, \\ x_2 = y_2 + y_3, \\ x_3 = y_3, \end{cases}$ 将原二次型化为标准

形 $f=2y_1^2+\frac{3}{2}y_2^2$.

注 例 6 若按线性变换 $\begin{cases}y_1=x_1+x_2,\\ y_2=x_2-x_3,\\ y_3=x_3+x_1\end{cases}$ 化为标准形 $f=y_1^2+y_2^2+y_3^2$ 是错误的，因为此线性变换是不可逆的. 因此利用配方法化二次型为标准形时，所作的线性变换必须是可逆的.

对于同一个二次型，用不同的可逆线性变换后，得到的二次型的标准形也不同，因此二次型的标准形不是唯一的.

5.1.4 二次型的规范形

设二次型 $f(x_1, x_2, \cdots, x_n)$ 经过适当的可逆线性变换，化为标准形

$$f(x_1, x_2, \cdots, x_n)=d_1y_1^2+\cdots+d_py_p^2-d_{p+1}y_{p+1}^2-\cdots-d_ry_r^2,$$

其中 $d_i>0\ (i=1, 2, \cdots, r)$. r 是二次型 $f(x_1, x_2, \cdots, x_n)$ 的秩，再施行可逆线性变换

$$\begin{cases}y_1=\dfrac{1}{\sqrt{d_1}}z_1,\\ \quad\vdots\\ y_r=\dfrac{1}{\sqrt{d_r}}z_r,\\ y_{r+1}=z_{r+1},\\ \quad\vdots\\ y_n=z_n.\end{cases}$$

则二次型化为

$$f(x_1, x_2, \cdots, x_n)=z_1^2+\cdots+z_p^2-z_{p+1}^2-\cdots-z_r^2. \tag{6}$$

式(6)称为二次型 $f(x_1, x_2, \cdots, x_n)$ 的**规范形**.

定理 4 任何二次型都可通过可逆线性变换化为规范形，且二次型的规范形是唯一的，与所作的可逆线性变换无关.

定义 5 二次型的规范形中正项的个数 p 称为二次型的**正惯性指数**，负项的个数 $q=r-p$ 称为二次型的**负惯性指数**，它们的差 $p-q$ 称为二次型的**符号差**.

定理 5(惯性定理) 二次型的正惯性指数 p，负惯性指数 $q=r-p$，以及二次型的秩 r 是由二次型唯一确定的，与所作的可逆线性变换无关.

定理 4 用矩阵的语言可叙述如下.

定理 6 任何实对称矩阵 $\boldsymbol{A}$ 都合同于形如 $\boldsymbol{B}=\begin{pmatrix}\boldsymbol{E}_p & & \\ & -\boldsymbol{E}_{r-p} & \\ & & \boldsymbol{O}\end{pmatrix}$ 的对角矩阵，其中 r

是矩阵$\boldsymbol{A}$的秩.

例 7　将二次型$f(x_1, x_2, x_3)=x_1^2-4x_2^2+12x_3^2$化为规范形,并求出二次型的正惯性指数,负惯性指数,符号差.

解　作可逆线性变换

$$\begin{cases} x_1=y_1, \\ x_2=y_3, \\ x_3=y_2, \end{cases} \quad 其中\ \boldsymbol{C}_1=\begin{pmatrix} 1 & 0 & 0 \\ 0 & 0 & 1 \\ 0 & 1 & 0 \end{pmatrix},$$

则二次型化为

$$f(x_1, x_2, x_3)=y_1^2+12y_2^2-4y_3^2;$$

再作可逆线性变换

$$\begin{cases} y_1=z_1, \\ y_2=\dfrac{1}{2\sqrt{3}}z_2, \\ y_3=\dfrac{1}{2}z_3, \end{cases} \quad 其中\ \boldsymbol{C}_2=\begin{pmatrix} \dfrac{1}{\sqrt{2}} & 0 & 0 \\ 0 & \dfrac{1}{2\sqrt{3}} & 0 \\ 0 & 0 & \dfrac{1}{2} \end{pmatrix},$$

则二次型的规范形为$f(x_1, x_2, x_3)=z_1^2+z_2^2-z_3^2$,且二次型的正惯性指数为2,负惯性指数为1,符号差为1.

思政案例:二次型

对二次型进行变换,把不一样的形式统一到一个规范形,将问题简单化,利于分析问题的本质,便于问题的解决.

习题 5.1

1. 写出下列二次型的矩阵.

(1) $f(x_1, x_2, x_3)=x_1^2+2x_2^2+3x_3^2-2x_1x_2+4x_1x_3-6x_2x_3$;

(2) $f(x, y, z)=xy+4yz+3xz-x^2+2z^2$;

(3) $f(x_1, x_2, x_3, x_4)=x_1^2+x_2^2+x_3^2-2x_1x_2+2x_1x_3-2x_2x_4+x_3x_4$.

2. 写出下列对称矩阵所对应的二次型.

(1) $\boldsymbol{A}=\begin{pmatrix} 1 & 2 & 3 \\ 2 & -2 & 5 \\ 3 & 5 & 3 \end{pmatrix}$;　　(2) $\boldsymbol{B}=\begin{pmatrix} 2 & 1 & -1 & \dfrac{3}{2} \\ 1 & 4 & 0 & 2 \\ -1 & 0 & 6 & 1 \\ \dfrac{3}{2} & 2 & 1 & 8 \end{pmatrix}$.

3. 求二次型$f(x_1, x_2, x_3)=x_1^2+x_2^2+x_3^2-2x_1x_2+4x_1x_3-2x_2x_3$的秩.

4. 用正交变换法将下列二次型化为标准形.

(1) $f(x_1, x_2, x_3) = 2x_1^2 + x_2^2 - 4x_1x_2 - 4x_2x_3$;

(2) $f(x_1, x_2, x_3) = 2x_1^2 + 5x_2^2 + 5x_3^2 + 4x_1x_2 - 4x_1x_3 - 8x_2x_3$.

5. 将下列二次型化为标准形,并进一步化为规范形,并求出二次型的正惯性指数.

(1) $f(x_1, x_2, x_3) = x_1^2 + 2x_2^2 + 4x_3^2 + 2x_1x_2 + 4x_2x_3$;

(2) $f(x_1, x_2, x_3) = -2x_1x_2 + 4x_1x_3 - 3x_2x_3$;

(3) $f(x_1, x_2, x_3, x_4) = x_1^2 + x_2^2 + 2x_3^2 + 2x_4^2 + 2x_1x_2 + 2x_1x_3 + 2x_2x_4$.

5.2　正定二次型

5.2.1　正定二次型的概念

正定二次型的概念

二次型是含有 n 个变量 $x_1, x_2, \cdots, x_n$ 的二次齐次多项式

$$f(x_1, x_2, \cdots, x_n) = \sum_{i=1}^{n}\sum_{j=1}^{n} a_{ij}x_ix_j,$$

也可以看作是一个 n 元函数.本节将就从函数的角度来学习一种重要的二次型——正定二次型.

定义 1　设 n 元实二次型 $f(x_1, x_2, \cdots, x_n) = \sum_{i=1}^{n}\sum_{j=1}^{n} a_{ij}x_ix_j = \boldsymbol{x}^{\mathrm{T}}\boldsymbol{A}\boldsymbol{x}$, $\boldsymbol{A}$ 是实对称矩阵.

(1) 若对于任意的非零向量 $\boldsymbol{x}_0 = (x_1^0, x_2^0, \cdots, x_n^0)^{\mathrm{T}}$, 都有

$$\boldsymbol{x}_0^{\mathrm{T}}\boldsymbol{A}\boldsymbol{x}_0 > 0 \quad (\boldsymbol{x}_0^{\mathrm{T}}\boldsymbol{A}\boldsymbol{x}_0 < 0),$$

则称 $f(x_1, x_2, \cdots, x_n)$ 是正定(负定)二次型,实对称矩阵 $\boldsymbol{A}$ 称为正定(负定)矩阵.

(2) 若对于任意的非零向量 $\boldsymbol{x}_0 = (x_1^0, x_2^0, \cdots, x_n^0)^{\mathrm{T}}$, 都有

$$\boldsymbol{x}_0^{\mathrm{T}}\boldsymbol{A}\boldsymbol{x}_0 \geqslant 0 \quad (\boldsymbol{x}_0^{\mathrm{T}}\boldsymbol{A}\boldsymbol{x}_0 \leqslant 0),$$

则称 $f(x_1, x_2, \cdots, x_n)$ 是半正定(半负定)二次型,实对称矩阵 $\boldsymbol{A}$ 称为半正定(半负定)矩阵.

(3) 若二次型 $f(x_1, x_2, \cdots, x_n)$ 既不是半正定的,也不是半负定的,则称 $f(x_1, x_2, \cdots, x_n)$ 是不定二次型,实对称矩阵 $\boldsymbol{A}$ 称为不定矩阵.

例 1　判定下列二次型的正定性.

(1) $f(x_1, x_2, x_3) = x_1^2 + 2x_2^2 + 3x_3^2$;　　(2) $f(x_1, x_2, x_3) = 2x_1^2 + 4x_2^2$;

(3) $f(x_1, x_2, x_3) = -x_1^2 - 2x_2^2 - 3x_3^2$;　　(4) $f(x_1, x_2, x_3) = -x_1^2 - 2x_2^2$;

(5) $f(x_1, x_2, x_3) = x_1^2 + 2x_2^2 - 3x_3^2$.

解　(1) 二次型 $f(x_1, x_2, x_3) = x_1^2 + 2x_2^2 + 3x_3^2$ 是正定二次型.

因为二次型是只含有平方项的和并且每一项符号都是正的,所以由定义对任意的 $\boldsymbol{x}_0 =$

$(x_1^0, x_2^0, x_3^0)^{\mathrm{T}} \neq \mathbf{0}$，恒有 $f(x_1^0, x_2^0, x_3^0) > 0$. 同时，此二次型的矩阵为对角矩阵 $\boldsymbol{A} = \begin{pmatrix} 1 & 0 & 0 \\ 0 & 2 & 0 \\ 0 & 0 & 3 \end{pmatrix}$，所以 $\boldsymbol{A}$ 是正定矩阵.

(2) 二次型 $f(x_1, x_2, x_3) = 2x_1^2 + 4x_2^2$ 是半正定二次型.

因为若 $\boldsymbol{x}_0 = (x_1^0, x_2^0, x_3^0)^{\mathrm{T}} \neq \mathbf{0}$，则恒有 $f(x_1^0, x_2^0, x_3^0) \geqslant 0$，并且当 $\boldsymbol{x}_0 = (0, 0, x_3^0)^{\mathrm{T}} \neq \mathbf{0}$ 时，有 $f(0, 0, x_3^0) = 0$；同时，此二次型的矩阵 $\boldsymbol{A} = \begin{pmatrix} 2 & 0 & 0 \\ 0 & 4 & 0 \\ 0 & 0 & 0 \end{pmatrix}$ 是半正定矩阵.

(3) 同理，由定义 1 不难判定 $f(x_1, x_2, x_3) = -x_1^2 - 2x_2^2 - 3x_3^2$ 是负定二次型，矩阵 $\boldsymbol{A} = \begin{pmatrix} -1 & 0 & 0 \\ 0 & -2 & 0 \\ 0 & 0 & -3 \end{pmatrix}$ 是负定矩阵.

(4) $f(x_1, x_2, x_3) = -x_1^2 - 2x_2^2$ 是半负定二次型，矩阵 $\boldsymbol{A} = \begin{pmatrix} -1 & 0 & 0 \\ 0 & -2 & 0 \\ 0 & 0 & 0 \end{pmatrix}$ 是半负定矩阵.

(5) $f(x_1, x_2, x_3) = x_1^2 + 2x_2^2 - 3x_3^2$ 是不定二次型，矩阵 $\boldsymbol{A} = \begin{pmatrix} 1 & 0 & 0 \\ 0 & 2 & 0 \\ 0 & 0 & -3 \end{pmatrix}$ 是不定矩阵.

例 2 证明：若 n 阶方阵 $\boldsymbol{A}$，$\boldsymbol{B}$ 都是正定矩阵，则 $\boldsymbol{A} + \boldsymbol{B}$ 也是正定矩阵.

证明 因为 $\boldsymbol{A}$，$\boldsymbol{B}$ 都是正定矩阵，所以对于任意 n 维列向量 $\boldsymbol{x} \neq \mathbf{0}$，都有 $\boldsymbol{x}^{\mathrm{T}}\boldsymbol{A}\boldsymbol{x} > 0$，$\boldsymbol{x}^{\mathrm{T}}\boldsymbol{B}\boldsymbol{x} > 0$，则 $\boldsymbol{x}^{\mathrm{T}}(\boldsymbol{A} + \boldsymbol{B})\boldsymbol{x} = \boldsymbol{x}^{\mathrm{T}}\boldsymbol{A}\boldsymbol{x} + \boldsymbol{x}^{\mathrm{T}}\boldsymbol{B}\boldsymbol{x} > 0$，即 $\boldsymbol{A} + \boldsymbol{B}$ 也是正定矩阵.得证.

二次型的正定性与其矩阵的正定性之间具有一一对应关系.因此，二次型的正定性判别可转化为对称矩阵的正定性判别.

5.2.2 正定二次型的判别法

正定二次型的判别方法

定理 1 设 $\boldsymbol{A}$ 是正定矩阵，若 $\boldsymbol{A}$ 与 $\boldsymbol{B}$ 合同，则 $\boldsymbol{B}$ 也是正定矩阵.

证明 若 $\boldsymbol{A}$ 与 $\boldsymbol{B}$ 合同，则存在可逆矩阵 $\boldsymbol{C}$，使得 $\boldsymbol{C}^{\mathrm{T}}\boldsymbol{A}\boldsymbol{C} = \boldsymbol{B}$，于是对任意的非零向量 $\boldsymbol{y}_0 \neq \mathbf{0}$，令 $\boldsymbol{x}_0 = \boldsymbol{C}\boldsymbol{y}_0 \neq \mathbf{0}$($\boldsymbol{C}$ 可逆)，又因为 $\boldsymbol{A}$ 是正定矩阵，所以

$$\boldsymbol{y}_0^{\mathrm{T}}\boldsymbol{B}\,\boldsymbol{y}_0 = \boldsymbol{y}_0^{\mathrm{T}}(\boldsymbol{C}^{\mathrm{T}}\boldsymbol{A}\boldsymbol{C})\,\boldsymbol{y}_0 = (\boldsymbol{C}\,\boldsymbol{y}_0)^{\mathrm{T}}\boldsymbol{A}(\boldsymbol{C}\,\boldsymbol{y}_0) = \boldsymbol{x}_0^{\mathrm{T}}\boldsymbol{A}\,\boldsymbol{x}_0 > 0,$$

由定义 1 知 $\boldsymbol{B}$ 是正定矩阵.

定理 1 用二次型的语言叙述，就有如下推论.

推论 1 一个二次型经过可逆线性变换后，二次型的正定性保持不变.

由推论1及例1,有下面判定二次型正定性的重要定理.

定理2 二次型 $f(x_1, x_2, \cdots, x_n)$ 是正定二次型的充分必要条件是它的标准形 $d_1y_1^2+d_2y_2^2+\cdots+d_ny_n^2$ 中平方项的系数 $d_i>0\ (i=1, 2, \cdots, n)$.

定理2用正惯性指数来描述就有下面的推论.

推论2 二次型 $f(x_1, x_2, \cdots, x_n)$ 是正定二次型的充分必要条件是它的正惯性指数 $p=n$.

定理3 对称矩阵 $\boldsymbol{A}$ 为正定矩阵的充分必要条件是它的特征值全大于零.

证明 因为对称矩阵 $\boldsymbol{A}$ 正定,所以二次型 $f(\boldsymbol{x})=\boldsymbol{x}^{\mathrm{T}}\boldsymbol{A}\boldsymbol{x}$ 是正定二次型,又因为必有正交变换 $\boldsymbol{x}=\boldsymbol{C}\boldsymbol{y}$,使 f 化为标准形 $f=\lambda_1y_1^2+\lambda_2y_2^2+\cdots+\lambda_ny_n^2$,其中 $\lambda_1, \lambda_2, \cdots, \lambda_n$ 是 f 的对称矩阵 $\boldsymbol{A}$ 的特征值,由定理2,$\boldsymbol{A}$ 正定的充分必要条件为 $\boldsymbol{A}$ 的特征值 $\lambda_1, \lambda_2, \cdots, \lambda_n$ 全部大于零.

例3 若 n 阶方阵 $\boldsymbol{A}$ 为正定矩阵,证明:$\boldsymbol{A}^{-1}$ 也是正定矩阵.

证明 因为 n 阶方阵 $\boldsymbol{A}$ 为正定矩阵,则 $\boldsymbol{A}$ 可逆,且 $\boldsymbol{A}$ 的任一特征值 $\lambda_i\ (i=1, 2, \cdots, n)$ 大于零.

又因为 $\boldsymbol{A}^{-1}$ 的特征值为 $\dfrac{1}{\lambda_i}>0\ (i=1, 2, \cdots, n)$,所以 $\boldsymbol{A}^{-1}$ 也是正定矩阵.

定理4 对称矩阵 $\boldsymbol{A}$ 为正定矩阵的充分必要条件是存在可逆矩阵 $\boldsymbol{C}$,使 $\boldsymbol{A}=\boldsymbol{C}^{\mathrm{T}}\boldsymbol{C}$,即 $\boldsymbol{A}$ 与 $\boldsymbol{E}$ 合同.

证明 因为 $\boldsymbol{A}$ 为正定矩阵,充分必要条件是二次型 $f(\boldsymbol{x})=\boldsymbol{x}^{\mathrm{T}}\boldsymbol{A}\boldsymbol{x}$ 的规范形的矩阵为单位矩阵 $\boldsymbol{E}$,即存在可逆矩阵 $\boldsymbol{P}$,使 $\boldsymbol{P}^{\mathrm{T}}\boldsymbol{A}\boldsymbol{P}=\boldsymbol{E}$. 令 $\boldsymbol{C}=\boldsymbol{P}^{-1}$,则 $\boldsymbol{A}=\boldsymbol{C}^{\mathrm{T}}\boldsymbol{E}\boldsymbol{C}$,即 $\boldsymbol{A}=\boldsymbol{C}^{\mathrm{T}}\boldsymbol{C}$. 得证.

推论3 若对称矩阵 $\boldsymbol{A}$ 为正定矩阵,则必有 $|\boldsymbol{A}|>0$.

证明 因为 $\boldsymbol{A}$ 为正定矩阵,所以存在可逆矩阵 $\boldsymbol{C}$,使 $\boldsymbol{A}=\boldsymbol{C}^{\mathrm{T}}\boldsymbol{C}$,且 $|\boldsymbol{C}|\neq 0$,于是 $|\boldsymbol{A}|=|\boldsymbol{C}^{\mathrm{T}}\boldsymbol{C}|=|\boldsymbol{C}^{\mathrm{T}}||\boldsymbol{C}|=|\boldsymbol{C}|^2>0$. 得证.

5.2.3 顺序主子式判别法

下面介绍一种判定正定矩阵和正定二次型比较实用的方法——顺序主子式判别法.

定义2 n 阶矩阵 $\boldsymbol{A}=(a_{ij})_{n\times n}$ 的前 k 行和前 k 列交叉的 k^2 个元素构成的 k 阶行列式

$$\begin{vmatrix} a_{11} & a_{12} & \cdots & a_{1k} \\ a_{21} & a_{22} & \cdots & a_{2k} \\ \vdots & \vdots & & \vdots \\ a_{k1} & a_{k2} & \cdots & a_{kk} \end{vmatrix}$$

称为 $\boldsymbol{A}$ 的 **k 阶顺序主子式**,记为 $|\boldsymbol{A}_k|\ (k=1, 2, \cdots, n)$.

定理5 n 阶矩阵 $\boldsymbol{A}=(a_{ij})_{n\times n}$ 是正定矩阵的充分必要条件是 $\boldsymbol{A}$ 的所有顺序主子式全大于零,即 $|\boldsymbol{A}_k|>0\ (k=1, 2, \cdots, n)$.

证明 先证必要性.已知 n 阶矩阵 $\boldsymbol{A}=(a_{ij})_{n\times n}$ 正定,则设 n 元二次型 $f(x_1, x_2, \cdots, x_n)=\sum\limits_{i=1}^{n}\sum\limits_{j=1}^{n}a_{ij}x_ix_j$ 是正定二次型,考虑每个 $k\ (1\leqslant k\leqslant n)$ 元二次型 $f_k(x_1, x_2, \cdots,$

$x_k)=\sum_{i=1}^{k}\sum_{j=1}^{k}a_{ij}x_ix_j$，则对任意的 $x_k^0=(x_1^0, x_2^0, \cdots, x_k^0)^{\mathrm{T}}$，有 $f_k(x_1^0, x_2^0, \cdots, x_k^0)=\sum_{i=1}^{k}\sum_{j=1}^{k}a_{ij}x_i^0x_j^0=f(x_1^0, x_2^0, \cdots, x_k^0, 0, \cdots, 0)>0$，因此，$f_k(x_1, x_2, \cdots, x_k)$ 是 k $(1\leqslant k\leqslant n)$ 元的正定二次型，所以它们的行列式都大于零，即

$$\begin{vmatrix} a_{11} & a_{12} & \cdots & a_{1k} \\ a_{21} & a_{22} & \cdots & a_{2k} \\ \vdots & \vdots & & \vdots \\ a_{k1} & a_{k2} & \cdots & a_{kk} \end{vmatrix}>0 \quad (k=1, 2, \cdots, n),$$

这就证明了矩阵 $\boldsymbol{A}$ 的所有顺序主子式都大于零.

再证充分性.对 n 作数学归纳法.

当 $n=1$ 时，$f(x_1)=a_{11}x_1^2$，已知 $a_{11}>0$，所以 $f(x_1)=a_{11}x_1^2$ 是正定二次型.

假设 $n-1$ 元二次型命题成立，则对于 n 元二次型，令

$$\boldsymbol{A}_{n-1}=\begin{pmatrix} a_{11} & \cdots & a_{1,n-1} \\ \vdots & & \vdots \\ a_{n-1,1} & \cdots & a_{n-1,n-1} \end{pmatrix}, \quad 于是 \boldsymbol{A}=\begin{pmatrix} \boldsymbol{A}_{n-1} & \boldsymbol{\alpha} \\ \boldsymbol{\alpha}^{\mathrm{T}} & a_{nn} \end{pmatrix},$$

因为 $\boldsymbol{A}$ 的顺序主子式全大于零，所以 $\boldsymbol{A}_{n-1}$ 的所有顺序主子式也大于零，由假设知 $\boldsymbol{A}_{n-1}$ 是正定矩阵.由定理 4，存在 $n-1$ 阶可逆矩阵 $\boldsymbol{C}_{n-1}$，使得 $\boldsymbol{C}_{n-1}^{\mathrm{T}}\boldsymbol{A}_{n-1}\boldsymbol{C}_{n-1}=\boldsymbol{E}_{n-1}$，其中 $\boldsymbol{E}_{n-1}$ 是 $n-1$ 阶单位矩阵，再令 n 阶可逆矩阵 $\boldsymbol{C}_1=\begin{pmatrix} \boldsymbol{C}_{n-1} & \boldsymbol{O} \\ \boldsymbol{O} & 1 \end{pmatrix}$，于是

$$\boldsymbol{C}_1^{\mathrm{T}}\boldsymbol{A}\boldsymbol{C}_1=\begin{pmatrix} \boldsymbol{C}_{n-1}^{\mathrm{T}} & \boldsymbol{O} \\ \boldsymbol{O} & 1 \end{pmatrix}\begin{pmatrix} \boldsymbol{A}_{n-1} & \boldsymbol{\alpha} \\ \boldsymbol{\alpha}^{\mathrm{T}} & a_{nn} \end{pmatrix}\begin{pmatrix} \boldsymbol{C}_{n-1} & \boldsymbol{O} \\ \boldsymbol{O} & 1 \end{pmatrix}=\begin{pmatrix} \boldsymbol{E}_{n-1} & \boldsymbol{C}_{n-1}^{\mathrm{T}}\boldsymbol{\alpha} \\ \boldsymbol{\alpha}^{\mathrm{T}}\boldsymbol{C}_{n-1} & a_{nn} \end{pmatrix},$$

令 $\boldsymbol{C}_2=\begin{pmatrix} \boldsymbol{E}_{n-1} & -\boldsymbol{C}_{n-1}^{\mathrm{T}}\boldsymbol{\alpha} \\ \boldsymbol{O} & 1 \end{pmatrix}$，则有

$$\begin{aligned} \boldsymbol{C}_2^{\mathrm{T}}\boldsymbol{C}_1^{\mathrm{T}}\boldsymbol{A}\boldsymbol{C}_1\boldsymbol{C}_2 &= \begin{pmatrix} \boldsymbol{E}_{n-1} & \boldsymbol{O} \\ -\boldsymbol{\alpha}^{\mathrm{T}}\boldsymbol{C}_{n-1} & 1 \end{pmatrix}\begin{pmatrix} \boldsymbol{E}_{n-1} & \boldsymbol{C}_{n-1}^{\mathrm{T}}\boldsymbol{\alpha} \\ \boldsymbol{\alpha}^{\mathrm{T}}\boldsymbol{C}_{n-1} & a_{nn} \end{pmatrix}\begin{pmatrix} \boldsymbol{E} & -\boldsymbol{C}_{n-1}^{\mathrm{T}}\boldsymbol{\alpha} \\ \boldsymbol{O} & 1 \end{pmatrix} \\ &= \begin{pmatrix} \boldsymbol{E}_{n-1} & \boldsymbol{O} \\ \boldsymbol{O} & a_{nn}-\boldsymbol{\alpha}^{\mathrm{T}}\boldsymbol{C}_{n-1}\boldsymbol{C}_{n-1}^{\mathrm{T}}\boldsymbol{\alpha} \end{pmatrix}, \end{aligned}$$

再令 $\boldsymbol{C}=\boldsymbol{C}_1\boldsymbol{C}_2$，$a_{nn}-\boldsymbol{\alpha}^{\mathrm{T}}\boldsymbol{C}_{n-1}\boldsymbol{C}_{n-1}^{\mathrm{T}}\boldsymbol{\alpha}=a$，于是 $\boldsymbol{C}^{\mathrm{T}}\boldsymbol{A}\boldsymbol{C}=\begin{pmatrix} 1 & & & \\ & \ddots & & \\ & & 1 & \\ & & & a \end{pmatrix}$.

又因为 $\boldsymbol{C}$ 可逆且 $|\boldsymbol{A}|>0$，所以 $a\neq 0$，$\boldsymbol{A}$ 合同于单位矩阵 $\boldsymbol{E}$，$\boldsymbol{A}$ 是正定矩阵.

由定义可知，若 $\boldsymbol{A}$ 是负定矩阵，则 $-\boldsymbol{A}$ 为正定矩阵，因此有下面的推论.

推论 4 n 阶矩阵 $\boldsymbol{A}=(a_{ij})_{n\times n}$ 是负定矩阵的充分必要条件是

$$(-1)^k \mid \boldsymbol{A}_k \mid > 0 \quad (k=1, 2, \cdots, n).$$

其中，$|\boldsymbol{A}_k|$ 是 $\boldsymbol{A}$ 的 k 阶顺序主子式.

(证明略.)

例 4 判断下列二次型的正定性.

(1) $f(x_1, x_2, x_3)=x_1^2+2x_2^2+3x_3^2-2x_1x_2-2x_1x_3$;

(2) $f(x_1, x_2, x_3)=-2x_1^2-2x_2^2-4x_3^2+2x_1x_2+4x_1x_3$.

解 (1) 二次型的矩阵为 $\boldsymbol{A}=\begin{pmatrix} 1 & -1 & -1 \\ -1 & 2 & 0 \\ -1 & 0 & 3 \end{pmatrix}$，则 $\boldsymbol{A}$ 的各阶顺序主子式为

$$|\boldsymbol{A}_1|=|1|>0, \quad |\boldsymbol{A}_2|=\begin{vmatrix} 1 & -1 \\ -1 & 2 \end{vmatrix}=1>0,$$

$$|\boldsymbol{A}_3|=|\boldsymbol{A}|=\begin{vmatrix} 1 & -1 & -1 \\ -1 & 2 & 0 \\ -1 & 0 & 3 \end{vmatrix}=1>0,$$

由顺序主子式法，此二次型是正定二次型.

(2) 二次型的矩阵为 $\boldsymbol{A}=\begin{pmatrix} -2 & 1 & 2 \\ 1 & -2 & 0 \\ 2 & 0 & -4 \end{pmatrix}$，则 $\boldsymbol{A}$ 的各阶顺序主子式为

$$|\boldsymbol{A}_1|=|-2|<0, \quad |\boldsymbol{A}_2|=\begin{vmatrix} -2 & 1 \\ 1 & -2 \end{vmatrix}=3>0.$$

$$|\boldsymbol{A}_3|=|\boldsymbol{A}|=\begin{vmatrix} -2 & 1 & 2 \\ 1 & -2 & 0 \\ 2 & 0 & -4 \end{vmatrix}=-4<0,$$

所以此二次型是负定二次型.

例 5 设二次型 $f(x_1, x_2, x_3)=x_1^2+x_2^2+5x_3^2+2tx_1x_2-2x_1x_3+4x_2x_3$，求 t 使其为正定二次型.

解

$$f(x_1, x_2, x_3)=(x_1, x_2, x_3)\begin{pmatrix} 1 & t & -1 \\ t & 1 & 2 \\ -1 & 2 & 5 \end{pmatrix}\begin{pmatrix} x_1 \\ x_2 \\ x_3 \end{pmatrix},$$

因为此二次型是正定二次型，所以 $\boldsymbol{A}$ 所有顺序主子式都大于零，又因为 $\boldsymbol{A}$ 的各阶顺序主子式为

$$|\boldsymbol{A}_1|=1>0, \quad |\boldsymbol{A}_2|=\begin{vmatrix} 1 & t \\ t & 1 \end{vmatrix}=1-t^2>0,$$

$$|A_3|=|A|=\begin{vmatrix}1 & t & -1\\ t & 1 & 2\\ -1 & 2 & 5\end{vmatrix}=-t(4+5t)>0,$$

解得 $-\dfrac{4}{5}<t<0$.

习题 5.2

1. 判断下列二次型的正定性.

(1) $f(x_1, x_2, x_3)=-2x_1^2-6x_2^2-4x_3^2+2x_1x_3+2x_2x_3$;

(2) $f(x_1, x_2, x_3, x_4)=x_1^2+3x_2^2+9x_3^2+19x_4^2-2x_1x_2+4x_1x_3+2x_1x_4-6x_2x_4-12x_3x_4$.

2. 已知矩阵 $A=\begin{pmatrix}1 & 2 & 0 & 0\\ 2 & x & 0 & 0\\ 0 & 0 & 2 & -1\\ 0 & 0 & -1 & y\end{pmatrix}$ 是正定的,求出 x, y.

3. 设对称矩阵 A 为正定矩阵,证明:存在可逆矩阵 U, 使 $A=U^TU$.

4. 设 A 为 n 阶正定矩阵,证明: A^* 也是正定矩阵.

5.3 数学建模案例

5.3.1 小行星的轨道模型

一天文学家要确定一颗小行星绕太阳运行的轨道,他在轨道平面内建立以太阳为原点的直角坐标系,在两坐标轴上取天文测量单位(一天文单位为地球到太阳的平均距离: $1.495\,978\,7\times10^{11}$ m).在 5 个不同的时间对小行星进行了 5 次观察,测得轨道上 5 个点的坐标数据见表 5.1.

表 5.1 坐标数据

坐标	x_1	x_2	x_3	x_4	x_5
x 坐标	5.764	6.286	6.759	7.168	7.408
坐标	y_1	y_2	y_3	y_4	y_5
y 坐标	0.648	1.202	1.823	2.526	3.360

【模型建立】 由开普勒(Kepler)第一定律知,小行星轨道为一椭圆.现需要建立椭圆的方程以供研究,椭圆的一般方程可表示为

$$a_1x^2+2a_2xy+a_3y^2+2a_4x+2a_5y+1=0.$$

文学家确定小行星运动的轨道时,依据是轨道上 5 个点的坐标数据:

$$(x_1, y_1),\quad (x_2, y_2),\quad (x_3, y_3),\quad (x_4, y_4),\quad (x_5, y_5).$$

由开普勒第一定律知,小行星轨道为一椭圆.而椭圆属于二次曲线,二次曲线的一般方

程为 $a_1x^2+2a_2xy+a_3y^2+2a_4x+2a_5y+1=0$. 为了确定方程中的5个待定系数,将5个点的坐标分别代入上面的方程,得

$$\begin{cases}a_1x_1^2+2a_2x_1y_1+a_3y_1^2+2a_4x_1+2a_5y_1=-1,\\ a_1x_2^2+2a_2x_2y_2+a_3y_2^2+2a_4x_2+2a_5y_2=-1,\\ a_1x_3^2+2a_2x_3y_3+a_3y_3^2+2a_4x_3+2a_5y_3=-1,\\ a_1x_4^2+2a_2x_4y_4+a_3y_4^2+2a_4x_4+2a_5y_4=-1,\\ a_1x_5^2+2a_2x_5y_5+a_3y_5^2+2a_4x_5+2a_5y_5=-1.\end{cases}$$

这是一个包含5个未知数的线性方程组,写成矩阵

$$\begin{pmatrix}x_1^2 & 2x_1y_1 & y_1^2 & 2x_1 & 2y_1\\ x_2^2 & 2x_2y_2 & y_2^2 & 2x_2 & 2y_2\\ x_3^2 & 2x_3y_3 & y_3^2 & 2x_3 & 2y_3\\ x_4^2 & 2x_4y_4 & y_4^2 & 2x_4 & 2y_4\\ x_5^2 & 2x_5y_5 & y_5^2 & 2x_5 & 2y_5\end{pmatrix}\begin{pmatrix}a_1\\a_2\\a_3\\a_4\\a_5\end{pmatrix}=\begin{pmatrix}-1\\-1\\-1\\-1\\-1\end{pmatrix}.$$

求解这一线性方程组,所得的是一个二次曲线方程.为了知道小行星轨道的一些参数,还必须将二次曲线方程化为椭圆的标准方程形式:

$$\frac{\boldsymbol{x}^2}{a^2}+\frac{\boldsymbol{y}^2}{b^2}=1.$$

由于太阳的位置是小行星轨道的一个焦点,这时可以根据椭圆的长半轴 a 和短半轴 b 计算出小行星的近日点和远日点距离,以及椭圆周长 L.

根据二次曲线理论,可得椭圆经过旋转和平移两种变换后的方程如下:

$$\lambda_1\boldsymbol{x}^2+\lambda_2\boldsymbol{y}^2+\frac{|D|}{|C|}=0.$$

所以,椭圆长半轴 $a=\left|\frac{|D|}{\lambda_1|C|}\right|$;椭圆短半轴 $b=\left|\frac{|D|}{\lambda_2|C|}\right|$;椭圆半焦矩 $c=\sqrt{a^2-b^2}$.

【模型求解】 首先由5个点的坐标数据形成线性方程组的系数矩阵

$$\boldsymbol{A}=\begin{pmatrix}33.223\,7 & 7.470\,1 & 0.419\,9 & 11.528\,0 & 1.292\,0\\ 39.513\,8 & 15.111\,5 & 1.444\,8 & 12.572\,0 & 2.404\,0\\ 45.684\,1 & 24.643\,3 & 3.323\,3 & 13.518\,0 & 3.646\,0\\ 51.380\,2 & 36.212\,7 & 6.380\,7 & 14.336\,0 & 5.052\,0\\ 55.950\,4 & 50.265\,6 & 11.289\,6 & 14.960\,0 & 6.720\,0\end{pmatrix},$$

使用计算机可求得

$$(a_1,a_2,a_3,a_4,a_5)=(0.614\,3,-0.344\,0,0.694\,2,-1.635\,1,-0.216\,5).$$

从而

$$C=\begin{pmatrix}a_1 & a_2\\ a_2 & a_3\end{pmatrix}=\begin{pmatrix}0.614\ 3 & -0.344\ 0\\ -0.344\ 0 & 0.694\ 2\end{pmatrix},$$

$|C|=0.308\ 1$，C 的特征值 $\lambda_1=0.308\ 0$，$\lambda_2=1.000\ 5$.

$$D=\begin{pmatrix}a_1 & a_2 & a_3\\ a_2 & a_3 & a_5\\ a_4 & a_5 & 1\end{pmatrix}=\begin{pmatrix}0.614\ 3 & -0.344\ 0 & -1.635\ 1\\ -0.344\ 0 & 0.694\ 2 & -0.216\ 5\\ -1.635\ 1 & -0.216\ 5 & 1\end{pmatrix},$$

$|D|=-1.820\ 3$.

于是，椭圆长半轴 $a=19.183\ 4$，短半轴 $b=5.904\ 5$，半焦距 $c=18.252\ 1$. 小行星近日点距和远日点距为 $h=a-c=0.931\ 3$，$H=a+c=37.435\ 5$.

最后，椭圆的周长的准确计算要用到椭圆积分，可以考虑用数值积分解决问题，其近似值为 84.788 7.

5.3.2 基因间"距离"的表示

在 ABO 血型的人群中，对各种群体的基因的频率进行了研究. 如果把四种等位基因 A_1，A_2，B，O 区别开，有人报道了基因的相对频率，见表 5.2.

表 5.2 基因的相对频率

基因	爱斯基摩人 f_{1i}	班图人 f_{2i}	英国人 f_{3i}	朝鲜人 f_{4i}
A_1	0.291 4	0.103 4	0.209 0	0.220 8
A_2	0.000 0	0.086 6	0.069 6	0.000 0
B	0.031 6	0.120 0	0.061 2	0.206 9
O	0.677 0	0.690 0	0.660 2	0.572 3
合计	1.000	1.000	1.000	1.000

考虑一个群体与另一群体的接近程度，需建立一个合宜的表示基因"距离"的量度.

【模型建立】 用单位向量来表示每一个群体. 首先取每一种频率的平方根，记 $x_{ki}=\sqrt{f_{ki}}$. 由于对这四种群体的每一种有 $\sum\limits_{i=1}^{4}f_{ki}=1$，所以得到 $\sum\limits_{i=1}^{4}x_{ki}^2=1$. 这意味着下列四个向量的每个都是单位向量. 记作

$$\boldsymbol{a}_1=\begin{pmatrix}x_{11}\\x_{12}\\x_{13}\\x_{14}\end{pmatrix},\quad \boldsymbol{a}_2=\begin{pmatrix}x_{21}\\x_{22}\\x_{23}\\x_{24}\end{pmatrix},\quad \boldsymbol{a}_3=\begin{pmatrix}x_{31}\\x_{32}\\x_{33}\\x_{34}\end{pmatrix},\quad \boldsymbol{a}_4=\begin{pmatrix}x_{41}\\x_{42}\\x_{43}\\x_{44}\end{pmatrix}.$$

在四维空间中，这些向量的顶端都位于一个半径为 1 的球面上. 再用两个向量间的夹角来表示两个对应的群体间的"距离"似乎是合理的.

【模型求解】 若将 $\boldsymbol{a}_1$ 和 $\boldsymbol{a}_2$ 之间的夹角记为 θ，由于 $|\boldsymbol{a}_1|=|\boldsymbol{a}_2|=1$，由内积公式，得

$\cos\theta=(\boldsymbol{a}_1,\boldsymbol{a}_2)$.

而

$$\boldsymbol{a}_1=\begin{pmatrix}0.5398\\0.0000\\0.1778\\0.8228\end{pmatrix},\quad \boldsymbol{a}_2=\begin{pmatrix}0.3216\\0.2943\\0.3464\\0.8307\end{pmatrix},$$

故

$$\cos\theta=(\boldsymbol{a}_1,\boldsymbol{a}_2)=\boldsymbol{a}_1^{\mathrm{T}}\boldsymbol{a}_2=0.9187,$$

得

$$\theta=23.2^\circ.$$

按同样的方式，可以得到表 5.3.

表 5.3　　基因间的“距离”

人群	爱斯基摩人	班图人	英国人	朝鲜人
爱斯基摩人	0°	23.2°	16.4°	16.8°
班图人	23.2°	0°	9.8°	20.4°
英国人	16.4°	9.8°	0°	19.6°
朝鲜人	16.8°	20.4°	19.6°	0°

【模型分析】 由表 5.3 可见，最小的基因“距离”是班图人和英国人之间的“距离”，而爱斯基摩人和班图人之间的基因“距离”最大.

5.3.3　人口迁移的动态分析

对城乡人口流动作年度调查，发现有一个稳定的朝向城镇流动的趋势：每年农村居民的 2.5%移居城镇，而城镇居民的 1%迁出.现在总人口的 60%位于城镇.假如城乡总人口保持不变，并且人口流动的这种趋势继续下去，那么 1 年以后住在城镇人口所占比例是多少？2 年以后呢？10 年以后呢？最终呢？

【模型建立】 令开始时，乡村人口为 y_0，城镇人口为 z_0，1 年以后有

$$\text{乡村人口：}\frac{975}{1\,000}y_0+\frac{1}{100}z_0=y_1,$$

$$\text{城镇人口：}\frac{25}{1\,000}y_0+\frac{99}{100}z_0=z_1,$$

或写成矩阵形式

$$\begin{pmatrix}y_1\\z_1\end{pmatrix}=\begin{pmatrix}\frac{975}{1\,000}&\frac{1}{100}\\\frac{25}{1\,000}&\frac{99}{100}\end{pmatrix}\begin{pmatrix}y_0\\z_0\end{pmatrix};$$

2 年以后，有

$$\begin{pmatrix} y_2 \\ z_2 \end{pmatrix} = \begin{pmatrix} \frac{975}{1\,000} & \frac{1}{100} \\ \frac{25}{1\,000} & \frac{99}{100} \end{pmatrix} \begin{pmatrix} y_1 \\ z_1 \end{pmatrix} = \begin{pmatrix} \frac{975}{1\,000} & \frac{1}{100} \\ \frac{25}{1\,000} & \frac{99}{100} \end{pmatrix}^2 \begin{pmatrix} y_0 \\ z_0 \end{pmatrix};$$

10 年以后，有

$$\begin{pmatrix} y_{10} \\ z_{10} \end{pmatrix} = \begin{pmatrix} \frac{975}{1\,000} & \frac{1}{100} \\ \frac{25}{1\,000} & \frac{99}{100} \end{pmatrix}^{10} \begin{pmatrix} y_0 \\ z_0 \end{pmatrix}.$$

事实上，它给出了一个差分方程：$u_{k+1} = \boldsymbol{A}u_k$. 现在来解这个差分方程. 首先

$$\boldsymbol{A} = \begin{pmatrix} \frac{975}{1\,000} & \frac{1}{100} \\ \frac{25}{1\,000} & \frac{99}{100} \end{pmatrix},$$

k 年之后的分布为

$$\begin{pmatrix} y_k \\ z_k \end{pmatrix} = \boldsymbol{A}^k \begin{pmatrix} y_0 \\ z_0 \end{pmatrix} = \begin{pmatrix} -1 & \frac{2}{5} \\ 1 & 1 \end{pmatrix} \begin{pmatrix} \left(\frac{193}{200}\right)^k & 0 \\ 0 & 1 \end{pmatrix} \begin{pmatrix} -\frac{5}{7} & \frac{2}{7} \\ \frac{5}{7} & \frac{5}{7} \end{pmatrix} \begin{pmatrix} y_0 \\ z_0 \end{pmatrix}.$$

这就是所要的解，容易看出，经过很长一个时期以后这个解会达到一个极限状态

$$\begin{pmatrix} y_\infty \\ z_\infty \end{pmatrix} = (y_0 + z_0) \begin{pmatrix} \frac{2}{7} \\ \frac{5}{7} \end{pmatrix}.$$

【模型分析】 总人口仍是 $y_0 + z_0$，与开始时一样，但在此极限中人口的 $\frac{5}{7}$ 在城镇，而 $\frac{2}{7}$ 在乡村.无论初始分布是什么样，这总是成立的.值得注意的是，这个稳定状态正是 $\boldsymbol{A}$ 的属于特征值 1 的特征向量.上述例子有一些很好的性质：人口总数保持不变，而且乡村和城镇的人口数决不能为负.

5.4 机算实验

5.4.1 实验目的

熟悉用 MATLAB 软件处理和解决下列问题的程序和方法.

(1) 用正交变换法将二次型化为标准形;

(2) 判断二次型的正定性;

(3) 二次型在几何、极值方面的应用.

5.4.2　与实验相关的 MATLAB 命令或函数

在使用 MATLAB 软件时,将二次型化为标准形和判断二型的正定性可用 eig 或 schur 函数来完成.其调用格式为

```
[V, D] = eig(A)
[V, D] = schur(A)
```

其中,矩阵 $\boldsymbol{V}$ 即为所求的正交矩阵,矩阵 $\boldsymbol{D}$ 为矩阵 $\boldsymbol{A}$ 的特征值构成的对角矩阵.

5.4.3　实验内容

例 1　用正交变换法将二次型 $f=2x_1^2+3x_2^2+3x_3^2+4x_2x_3$ 化为标准形.

解法 1　计算的思路和主要步骤如下.

写出二次型的对称矩阵 $\boldsymbol{A}=\begin{pmatrix}2&0&0\\0&3&2\\0&2&3\end{pmatrix}$,解特征方程 $\begin{vmatrix}2-\lambda&0&0\\0&3-\lambda&2\\0&2&3-\lambda\end{vmatrix}=0$,得方程的特征根为 $\lambda_1=1$, $\lambda_2=2$, $\lambda_3=5$. 对于每一个特征值,解齐次线性方程组

$$\begin{pmatrix}2-\lambda_i&0&0\\0&3-\lambda_i&2\\0&2&3-\lambda_i\end{pmatrix}\begin{pmatrix}x_1\\x_2\\x_3\end{pmatrix}=0\quad(i=1,\ 2,\ 3).$$

求出一个基础解系并将其单位化,这样便得 3 个两两正交的单位特征向量 $\boldsymbol{\eta}_1$, $\boldsymbol{\eta}_2$, $\boldsymbol{\eta}_3$.令 $\boldsymbol{P}=(\boldsymbol{\eta}_1,\ \boldsymbol{\eta}_2,\ \boldsymbol{\eta}_3)$,则 $\boldsymbol{P}$ 为正交矩阵,这时二次型 $f=\boldsymbol{X}^{\mathrm{T}}\boldsymbol{A}\boldsymbol{X}$ 通过正交变换 $\boldsymbol{X}=\boldsymbol{P}\boldsymbol{Y}$ 化成标准形 $f=y_1^2+2y_2^2+5y_3^2$.

解法 2　用 MATLAB 软件计算如下.

在 MATLAB 命令窗口输入

```
%用正交变换法将二次型化为标准形
clear;
A=[2 0 0; 0 3 2; 0 2 3];              %输入二次型矩阵 A
[VA, DA]=eig(A)                       %矩阵 VA 即为所求的正交矩阵,矩阵 DA 为矩阵 A 的特征值构
                                       成对角矩阵
syms  y1 y2 y3
f=[y1 y2 y3] * DA[y1; y2; y3]
```

运行结果如下.

```
VA=
```

```
        0    1.0000         0
  -0.7071         0    0.7071
   0.7071         0    0.7071
DA=
   1.0000         0         0
        0    2.0000         0
        0         0    5.0000
f=
 y1^2+2*y2^2+5*y3^2
```

例 2 用正交变换法将二次型 $f=x_1^2+4x_2^2+4x_3^2-4x_1x_2+4x_1x_3-8x_2x_3$ 化为标准形.

解法 1 计算的思路和主要步骤如下.

写出二次型的对称矩阵 $\boldsymbol{A}=\begin{pmatrix}1 & -2 & 2\\ -2 & 4 & -4\\ 2 & -4 & 4\end{pmatrix}$，解特征方程 $\begin{vmatrix}1-\lambda & -2 & 2\\ -2 & 4-\lambda & -4\\ 2 & -4 & 4-\lambda\end{vmatrix}=0$，得方程的特征根为 $\lambda_1=0$，$\lambda_2=0$，$\lambda_3=9$. 对于特征值 $\lambda_1=0$，$\lambda_2=0$，解齐次线性方程组

$$\begin{pmatrix}1-0 & -2 & 2\\ -2 & 4-0 & -4\\ 2 & -4 & 4-0\end{pmatrix}\begin{pmatrix}x_1\\ x_2\\ x_3\end{pmatrix}=0.$$

将对应的基础解系(两个线性无关的解向量)先正交化，再单位化；对于特征值 $\lambda_3=9$，解齐次线性方程组

$$\begin{pmatrix}1-9 & -2 & 2\\ -2 & 4-9 & -4\\ 2 & -4 & 4-9\end{pmatrix}\begin{pmatrix}x_1\\ x_2\\ x_3\end{pmatrix}=0,$$

将对应的基础解系(一个解向量)单位化. 这样便得到 3 个两两正交的单位特征向量 $\boldsymbol{\eta}_1$，$\boldsymbol{\eta}_2$，$\boldsymbol{\eta}_3$，令 $\boldsymbol{P}=(\boldsymbol{\eta}_1,\boldsymbol{\eta}_2,\boldsymbol{\eta}_3)$，则 $\boldsymbol{P}$ 为正交矩阵，二次型 $f=\boldsymbol{X}^{\mathrm{T}}\boldsymbol{A}\boldsymbol{X}$ 通过正交变换 $\boldsymbol{X}=\boldsymbol{P}\boldsymbol{Y}$ 化成标准形 $f=9y_3^2$.

解法 2 用 MATLAB 软件计算如下.

在 MATLAB 命令窗口输入

```
%用正交变换法将二次型化为标准形
clear
A=[1 -2 2; -2 4 -4; 2 -4 4];      %输入二次型矩阵 A
[VA, DA]=eig(A)                    %矩阵 VA 即为所求的正交矩阵，矩阵 DA 为矩阵 A 的特
                                    征值构成的对角矩阵
syms y1 y2 y3
f=[y1 y2 y3]*DA*[y1;y2;y3]
```

运行结果如下.

```
2VA=
        0.8944     0.2981    -0.3333
        0.4472    -0.5963     0.6667
             0    -0.7454    -0.6667
DA=
      0   0   0
      0   0   0
      0   0   9
f=
   9 * y3^2
```

例 3 判断下列二次型的正定性.

(1) $f=10x_1^2+4x_2^2+x_3^2+2x_1x_2-2x_2x_3-4x_1x_3$;

(2) $f=-3x_1^2-3x_2^2-3x_3^2+4x_1x_2+2x_1x_3$;

(3) $f=x_1^2+2x_2^2+5x_3^2+4x_1x_2+6x_1x_3-2x_2x_3$.

解法 1 计算的思路和主要步骤如下.

(1) 写出二次型的对称矩阵为

$$\boldsymbol{A}=\begin{pmatrix}10 & 1 & -2\\ 1 & 4 & -1\\ -2 & -1 & 1\end{pmatrix},$$

解特征方程:

$$\begin{vmatrix}10-\lambda & 1 & -2\\ 1 & 4-\lambda & -1\\ -2 & -1 & 1-\lambda\end{vmatrix}=0,$$

得特征根为 $\lambda_1=0.4037$, $\lambda_2=3.9581$, $\lambda_3=10.6382$. 由于矩阵的特征值全正,因此矩阵 $\boldsymbol{A}$ 正定.

(2) 写出二次型的对称矩阵为

$$\boldsymbol{A}=\begin{pmatrix}-3 & 2 & 1\\ 2 & -3 & 0\\ 1 & 0 & -3\end{pmatrix},$$

解特征方程:

$$\begin{vmatrix}-3-\lambda & 2 & 1\\ 2 & -3-\lambda & 0\\ 1 & 0 & -3-\lambda\end{vmatrix}=0,$$

得特征根为 $\lambda_1=-5.2361$, $\lambda_2=-3$, $\lambda_3=-0.7639$. 由于矩阵的特征值全负,因此矩阵 $\boldsymbol{A}$

负定.

(3) 写出二次型的对称矩阵为

$$A=\begin{pmatrix}1 & 2 & 3\\ 2 & 2 & -1\\ 3 & -1 & 5\end{pmatrix},$$

解特征方程:

$$\begin{vmatrix}1-\lambda & 2 & 3\\ 2 & 2-\lambda & -1\\ 3 & -1 & 5-\lambda\end{vmatrix}=0,$$

得特征根为$\lambda_1=-1.89$,$\lambda_2=3.283\,5$,$\lambda_3=6.606\,5$. 由于矩阵的特征值有正有负,因此矩阵 **A** 不定.

解法 2 用 MATLAB 软件计算如下.

在 MATLAB 命令窗口输入

```
A=[10 1 -2; 1 4 -1; -2 -1 1];
B=[-3 2 1; 2 -3 0; 1 0 -3];
C=[1 2 3; 2 2 -1; 3 -1 5];
A1=eig(A)
B1=eig(B)
B1=eig(B)
```

运行结果如下.

```
A1=
    0.4037
    3.9581
   10.6382
B2=
   -5.2361
   -3.0000
   -0.7639
C1=
   -1.8900
    3.2835
    6.6065
```

从矩阵特征值的正负可以看出,矩阵 **A** 正定,矩阵 **B** 负定,矩阵 **C** 不定.

例 4 在直角坐标系下,曲线方程为

$$5x_1^2-4x_1x_2-5x_2^2=48,$$

试确定该曲线的类型.

解法 1 计算的思路和主要步骤如下.

本题可以看成二次型的几何意义问题、正交变换保持图形的几何性质不变，因此曲线的方程经正交变换后，所得方程对应的几何图形和原方程对应的几何图形完全相同.

写出该二次型对应的实对称矩阵 $\boldsymbol{A}$，求出特征值及相应的单位特征向量 $\boldsymbol{P}_1$ 和 $\boldsymbol{P}_2$，令 $\boldsymbol{P}=[\boldsymbol{P}_1+\boldsymbol{P}_2]$，则变换 $\boldsymbol{X}=\boldsymbol{PY}$ 为正交变换，原曲线方程经正交变换后变为

$$3y_1^2+7y_2^2=48,$$

故该曲线为中心在原点的椭圆.

解法 2 用 MATLAB 软件计算如下.

在 MATLAB 命令窗口输入

```
clear;
A=[5 -2; -2 5];          %输入二次型矩阵 A
[VA, DA]=eig(A)          %矩阵 VA 即为所求的正交矩阵，矩阵 DA 为矩阵 A 的特征值构成的对角
                          矩阵
syms y1 y2
[y1 y2]*DA*[y1;y2]=48
```

运行结果如下.

```
VA=
    -0.7071   -0.7071
    -0.7071    0.7071
DA=
    3   0
    0   7
    3*y1^2+7*y2^2=48
```

故该曲线为中心在原点的椭圆.

例 5 求二次型函数 $f(x_1, x_2, x_3)=3x_1^2+2x_2^2+2x_3^2+2x_1x_2+2x_1x_3$ 在单位球面 $x_1^2+x_2^2+x_3^2=1$ 上的最大值与最小值.

解法 1 计算的思路和主要步骤如下.

该题实质上是求多元函数在某约束条件下的最大值与最小值问题，对于二次齐次函数(二次型)，可根据它的标准形理论来解决最大(小)值问题.首先，由于正交变换 $\boldsymbol{X}=\boldsymbol{PY}$ 不改变向量的长度，因此 $x_1^2+x_2^2+x_3^2=1$ 的充分必要条件是 $y_1^2+y_2^2+y_3^2=1$，于是问题转化为求二次型函数

$$f(x_1, x_2, x_3)=3x_1^2+2x_2^2+2x_3^2+2x_1x_2+2x_1x_3$$

在经过正交变换 $\boldsymbol{X}=\boldsymbol{PY}$ 后的标准形 $f=y_1^2+2y_2^2+4y_3^2$ 在单位球面 $y_1^2+y_2^2+y_3^2=1$ 上的最大值与最小值问题.

写出二次型的对称矩阵 $\boldsymbol{A}=\begin{pmatrix}3&1&1\\1&2&0\\1&0&2\end{pmatrix}$，解特征方程 $\begin{vmatrix}3-\lambda&1&1\\1&2-\lambda&0\\1&0&2-\lambda\end{vmatrix}=0$，得方程

的特征根为$\lambda_1=1$，$\lambda_2=2$，$\lambda_3=4$. 对于每一个特征值，解齐次线性方程组

$$\begin{pmatrix} 3-\lambda_i & 1 & 1 \\ 1 & 2-\lambda_i & 0 \\ 1 & 0 & 2-\lambda_i \end{pmatrix}\begin{pmatrix} x_1 \\ x_2 \\ x_3 \end{pmatrix}=0 \quad (i=1,\ 2,\ 3),$$

求出一个基础解系并将其单位化，这样便得 3 个两两正交的单位特征向量 $\boldsymbol{\eta}_1$，$\boldsymbol{\eta}_2$，$\boldsymbol{\eta}_3$. 令 $\boldsymbol{P}=(\boldsymbol{\eta}_1,\ \boldsymbol{\eta}_2,\ \boldsymbol{\eta}_3)$，则$\boldsymbol{P}$为正交矩阵，这时二次型 $f=\boldsymbol{X}^{\mathrm{T}}\boldsymbol{AX}$ 通过正交变换化$\boldsymbol{X}=\boldsymbol{PY}$成标准形 $f=y_1^2+2y_2^2+4y_3^2$.

由于在单位球面 $y_1^2+y_2^2+y_3^2=1$ 上，有

$$1=y_1^2+y_2^2+y_3^2\leqslant f\leqslant 4(y_1^2+y_2^2+y_3^2)=4.$$

又由于取 $(y_1,\ y_2,\ y_3)^{\mathrm{T}}=(1,\ 0,\ 0)^{\mathrm{T}}$，则 f 在此点的值为 1，取 $(y_1,\ y_2,\ y_3)^{\mathrm{T}}=(0,\ 0,\ 1)^{\mathrm{T}}$，则$f$在此点的值为4，因此，$f$在单位球面$x_1^2+x_2^2+x_3^2=1$上的最大值为4，最小值为1.

解法 2 用 MATLAB 软件计算如下.

在 MATLAB 命令窗口输入

```
A=[3 1 1; 1 2 0; 1 0 2];
A1=eig(A);
a=1 * min(A1);
b=1 * max(A1);
a
b
```

运行结果如下.

```
a=
   1.000 0
b=
   4
```

习题 5.4

1. 求一个正交变换将下列二次型化成标准形.

(1) $f=2x_1^2+3x_2^2+3x_3^2+4x_2x_3$;

(2) $f=x_1^2+3x_2^2+5x_3^2+2x_1x_2-4x_1x_3$;

(3) $f=x_1^2+x_2^2+x_3^2+x_4^2+2x_1x_2-2x_1x_4-2x_2x_3+2x_3x_4$.

2. 求一个正交变换把二次曲面的方程：$3x^2+5y^2-5z^2+4xy-4xz-10yz=1$ 化成标准方程.

3. 判别下列二次型的正定性.

(1) $f=-2x_1^2-6x_2^2-4x_3^2+2x_1x_2+2x_1x_3$;

(2) $f=x_1^2+2x_3^2+2x_1x_3+2x_2x_3$;

(3) $f=x_1^2+3x_2^2+9x_3^2+19x_4^2-2x_1x_2+4x_1x_3+2x_1x_4-6x_2x_4-12x_3x_4$.

4. 在直角坐标系下，曲线方程为 $x_1^2-4x_1x_2+6x_2^2=8$，试确定该曲线的类型.

5. 求二次型函数 $f(x_1,x_2,x_3)=x_1^2+2x_2^2+3x_3^2-2x_1x_2-2x_1x_3$ 在单位球面 $x_1^2+x_2^2+x_3^2=1$ 上的最大值与最小值.

思政元素:祖冲之

祖冲之(429—500)，中国数学家、科学家.祖冲之字文远，范阳遒县(今河北省中部)人，出生在南北朝时代.他原籍虽然在北方，但几代祖先都在南方做官，而且一家有几代研究历法.其祖父掌管土木建筑，也懂得一些科学技术，所以祖冲之从小就有机会接触家传的科学知识.祖冲之的杰出成就，主要在天文历法、机械和数学三方面.祖冲之对历法有很深的造诣，他发现当时通行的何承天(370—440)的《元嘉历》(445年开始实行)有三个重大的错误，因此自己制定了一种新的历法，以制成的年代命名为“大明历”.祖冲之指出，旧历法使用19年7闰的闰法不够精密.于是打破常规，采用391年144闰的闰法.这在当时是一项重大的革新.另一项革新是将“岁差”引入历法中，开辟了历法史的新纪元.除了这两大改革外，还有三项新的规定.462年，祖冲之上表给宋孝武帝刘骏，建议用《大明历》，但是由于种种原因没能如愿.直到510年，在祖冲之儿子祖暅的再三推荐下，梁武帝(萧衍)才开始施行《大明历》.这已在祖冲之去世后10年，上表论历之后48年了.《大明历》使用到589年，共通行80年.祖冲之在天文方面还有很多贡献.他首次精密测出交点月(月球两次经过白道升交点的时间)等于27.212 23日，和现在公认的27.212 22日相差还不到1秒.我国古代用岁星(木星)纪年，因为岁星约12年一周天，于是把黄道分为12等分(每一分称为一“次”)，给定12个名称，以岁星所在的位置作为岁名.实际上木星的恒星周期(公转周期)不恰好是12年.《三统历》(前7年)认为144年超过一次(即144年行145次)，这相当定岁星周期为 $12\times\frac{144}{145}=11.92$ 年.祖冲之认为不够精密，指出木星“行天七匝，辄超一位”. 1匝指12年，7匝是84年，超一位就是超过一“次”，即84年间共行85“次”.相当于以 $12\times\frac{84}{85}=11.859$ 年作为木星的恒星周期，和现今的测定只有0.026%的误差.祖冲之在其他天文方面的成就不一一列举.指南车是我国古代的卓越发明，它和利用磁性的“司南”(指南针)不同，是一种装有机械的车，上面有一个木人，无论车怎样行走转动，木人的手总指向南方.祖冲之改用铜机，无论怎样转动，所指的方向不变.此外，祖冲之还有水碓磨、千里船等多种机械创造.祖冲之懂得音乐，写过小说，注过多种经典，是我国历史上少有的博学多才的人物.祖冲之的数学著作《缀术》已失传，好在《隋书》还留下一小段关于圆周率的记载.圆周率的发展，在某种程度上反映了一个时代或一个民族的数学水平.从《隋书》的记载，知道祖冲之求得 $3.141\,592\,6<\pi<3.141\,592\,7$，密率 $\pi=\frac{355}{113}$，约率 $\pi=\frac{22}{7}$.

约率早已为阿基米德所知，然而密率却是一个空前的杰作.密率 $\frac{355}{113}$ 是一个很有趣的数字，分母、分子恰好是三个最小奇数的重复，便于记忆. $\frac{355}{113}=3.141\,592\,920\cdots$ 相对误差是 $\frac{9}{10^8}$，设直径为10 km，用此圆周率算出的圆周只比真值大不到3 mm.不难证明，约率比密率更接近 π 的分数，但比密率复杂得多.最简单的一个是$\frac{52\ 163}{16\ 604}$.换句话说，在分母小于16 604的一切分数中，不可能有比$\frac{355}{113}$更接近π的分数.为纪念祖冲之首创之功，日本数学史家三上义夫（Yoshio Mikami）在《中日数学发展史》（*The Development of Mathematics in China and Japan*，1913）中建议把$\pi=\frac{355}{113}$叫做"祖率".这种叫法在中华人民共和国成立后已通行于全国.《缀术》究竟是祖冲之所作，还是祖暅所作，各书记载不一.大概是祖冲之完成其主要部分，祖暅后来再编整补充.唐朝时规定各算书的学习年限，以《缀术》最长（4年），其博大精深由此可见.可惜"学官莫能究其深奥，是故废而不理"，后来竟在11世纪失传，这是我国学术界的重大损失.

总习题5

（A）

一、选择题

1. 设$\boldsymbol{A}$与$\boldsymbol{B}$为n阶矩阵，则以下成立的是（　　）.

A. $\boldsymbol{A}$与$\boldsymbol{B}$等价$\Rightarrow\boldsymbol{A}$与$\boldsymbol{B}$合同　　B. $\boldsymbol{A}$与$\boldsymbol{B}$合同$\Rightarrow\boldsymbol{A}$与$\boldsymbol{B}$等价

C. $\boldsymbol{A}$与$\boldsymbol{B}$等价$\Rightarrow\boldsymbol{A}$与$\boldsymbol{B}$相似　　D. $\boldsymbol{A}$与$\boldsymbol{B}$相似$\Rightarrow\boldsymbol{A}$与$\boldsymbol{B}$合同

2. 二次型$f(x_1,x_2,x_3)=(x_1,x_2,x_3)\begin{pmatrix}1&2&1\\0&1&0\\1&2&1\end{pmatrix}\begin{pmatrix}x_1\\x_2\\x_3\end{pmatrix}$的秩为（　　）.

A. 0　　B. 1　　C. 2　　D. 3

3. n阶实对称矩阵$\boldsymbol{A}$是正定矩阵的充分必要条件是（　　）.

A. $\boldsymbol{A}$所有特征值非负　　B. $\boldsymbol{A}$所有k级子式为正

C. 秩$\boldsymbol{A}=n$　　D. $\boldsymbol{A}^{-1}$为正定矩阵

4. 下列从变量x_1,x_2,x_3到y_1,y_2,y_3的线性替换中，可逆的线性替换为（　　）.

A. $\begin{cases}x_1=y_1+y_2,\\x_2=y_1+y_3,\\x_3=2y_1+y_2+y_3\end{cases}$　　B. $\begin{cases}x_1=y_1-y_2+y_3,\\x_2=y_1+y_2-y_3,\\x_3=-y_1+y_2-y_3\end{cases}$

C. $\begin{cases}x_1=y_1-2y_2+y_3,\\x_2=y_1-y_3,\\x_3=y_1-2y_2+2y_3\end{cases}$　　D. $\begin{cases}x_1=y_1-2y_2+y_3,\\x_2=y_2-2y_3,\\x_3=y_1-y_2-y_3\end{cases}$

二、填空题

1. 矩阵$\boldsymbol{A}=\begin{pmatrix}1&2&3\\2&1&0\\3&0&2\end{pmatrix}$对应的二次型为________.

2. 二次型$f(x_1,x_2,x_3)=x_1^2+4x_2^2-x_3^2+4x_1x_2+3x_1x_3+6x_2x_3$的秩为________，正惯性指数为________，负惯性指数为________，符号差为________.

3. 已知二次型$f(x_1,x_2,x_3)=5x_1^2+5x_2^2+cx_3^2-2x_1x_2+6x_1x_3-6x_2x_3$的秩为2，则

$c=$________.

三、计算与证明题

1. 已知二次型 $f(x_1, x_2, x_3)=(x_1, x_2, x_3)\begin{pmatrix}1 & 2 & 3\\ 4 & 5 & 6\\ 7 & 8 & 9\end{pmatrix}\begin{pmatrix}x_1\\ x_2\\ x_3\end{pmatrix}$，写出此二次型的矩阵.

2. 已知二次型 $f(x_1, x_2, x_3)=x_1x_2-x_1x_3+x_2x_3$，求此二次型的秩.

3. 求一个正交变换 $\boldsymbol{x}=\boldsymbol{P}\boldsymbol{y}$，将二次型 $f(x_1, x_2, x_3)=2x_1^2+2x_2^2+4x_3^2+4x_1x_3+4x_2x_3$ 化为标准形.

4. 用拉格朗日配方法将二次型 $f(x_1, x_2, x_3)=x_1^2-x_2^2-4x_1x_3-4x_2x_3$ 化为标准形.

5. 已知二次型 $f(x_1, x_2, x_3)=x_1^2+3x_2^2+x_3^2+2x_1x_2+2x_1x_3+2x_2x_3$，求该二次型的正惯性指数.

6. 已知矩阵 $\boldsymbol{A}=\begin{pmatrix}a & b+3 & 0\\ a-1 & a & 0\\ 0 & 0 & 2\end{pmatrix}$ 为正定矩阵，求 a，b 的值.

7. 设 $\boldsymbol{A}$ 为实对称矩阵，证明：当实数 t 充分大后，$t\boldsymbol{E}+\boldsymbol{A}$ 是正定矩阵.

8. 已知实对称矩阵 $\boldsymbol{A}$ 满足 $\boldsymbol{A}^3-6\boldsymbol{A}^2+11\boldsymbol{A}-6\boldsymbol{E}=\boldsymbol{O}$，证明：$\boldsymbol{A}$ 是正定矩阵.

9. 利用正交变换将二次曲线 $5x_1^2+5x_2^2-6x_1x_2=4$ 化为标准方程，求出所作的正交变换，并说明此变换的几何意义.

10. 证明：

(1) 实二次型为半正定的充分必要条件是它的正惯性指数 p 等于它的秩 r；

(2) 实对称矩阵 $\boldsymbol{A}$ 是半正定矩阵的充分必要条件是 $\boldsymbol{A}$ 的特征值都大于或等于零；

(3) 半正定矩阵 $\boldsymbol{A}$ 的行列式 $|\boldsymbol{A}|\geqslant 0$.

(B)

1. 设二次型 $f(x_1, x_2, x_3)=x_1^2-x_2^2+2ax_1x_3+4x_2x_3$ 的负惯性指数为 1，则 a 的取值范围是________.

2. 已知 $\boldsymbol{A}=\begin{pmatrix}1 & 0 & 1\\ 0 & 1 & 1\\ -1 & 0 & a\\ 0 & a & -1\end{pmatrix}$，二次型 $f(x_1, x_2, x_3)=\boldsymbol{x}^{\mathrm{T}}(\boldsymbol{A}^{\mathrm{T}}\boldsymbol{A})\boldsymbol{x}$ 的秩为 2，求

(1) 实数 a 的值；(2) 正交变换 $\boldsymbol{x}=\boldsymbol{Q}\boldsymbol{y}$ 将 f 化为标准形.

3. 设二次型 $f(x_1, x_2, x_3)=2(a_1x_1+a_2x_2+a_3x_3)^2+(b_1x_1+b_2x_2+b_3x_3)^2$，$\boldsymbol{\alpha}=\begin{pmatrix}a_1\\ a_2\\ a_3\end{pmatrix}$，$\boldsymbol{\beta}=\begin{pmatrix}b_1\\ b_2\\ b_3\end{pmatrix}$，

(1) 证明：二次型 f 对应的矩阵为 $2\boldsymbol{\alpha}\boldsymbol{\alpha}^{\mathrm{T}}+\boldsymbol{\beta}\boldsymbol{\beta}^{\mathrm{T}}$；

(2) 若 $\boldsymbol{\alpha}$，$\boldsymbol{\beta}$ 正交且均为单位向量，证明：f 在正交变换下的标准形 $2y_1^2+y_2^2$.

4. 已知二次型 $f = \boldsymbol{X}^{\mathrm{T}}\boldsymbol{A}\boldsymbol{X}$ 在正交变换 $\boldsymbol{X} = \boldsymbol{Q}\boldsymbol{Y}$ 下，其标准形为 $y_1^2 + y_2^2$，且 $\boldsymbol{Q}$ 的第 3 列为 $\left(\frac{\sqrt{2}}{2}, 0, \frac{\sqrt{2}}{2}\right)^{\mathrm{T}}$.

(1) 求矩阵 $\boldsymbol{A}$；

(2) 证明：$\boldsymbol{A}+\boldsymbol{E}$ 为正定矩阵，其中 $\boldsymbol{E}$ 为三阶单位矩阵.

5. 设二次型 $f(x_1, x_2, x_3) = ax_1^2 + a_2^2 + (a-1)x_3^2 + 2x_1x_3 - 2x_2x_3$.

(1) 求二次型 f 的矩阵的所有特征值；

(2) 若二次型 f 的规范形为 $y_1^2 + y_2^2$，求 a 的值.

习题参考答案

第1章 行列式

习题 1.1

1. (1) 12,偶； (2) 9,奇； (3) 14,偶； (4) 7,奇； (5) $\frac{n(n-1)}{2}$,当 $n=4k$, $4k+1$ 时,为偶排列,当 $n=4k+2$, $4k+3$ 时,为奇排列； (6) $n(n-1)$,偶.

2. $j=6$, $k=3$.

习题 1.2

1. (1) 24； (2) 24； (3) 0. **2.** $-a_{12}a_{23}a_{34}a_{41}$, $a_{12}a_{21}a_{34}a_{43}$.

3. (1) 负号； (2) 正号. **4.** $k=1$, $l=5$. **5.** 略.

6. (1) $(-1)^{\frac{n(n-1)}{2}}n!$； (2) $(-1)^{n-1}n!$； (3) 0； (4) $(-1)^{\frac{n(n-1)}{2}}a_{1n}a_{2n-1}\cdots a_{n1}$.

习题 1.3

1. (1) 6 123 000； (2) $4abcdef$； (3) 8.

2. (1) -270； (2) 80. **3.** $-8m$. **4.** 略.

5. (1) $[x+(n-1)a](x-a)^{n-1}$； (2) $n!$； (3) $b_1b_2\cdots b_n$；

(4) $(a_1a_2\cdots a_n)\left(a_0-\sum\limits_{i=1}^{n}\frac{1}{a_i}\right)$.

6. (1) $x=1, -1, 2, -2$； (2) $x_1=0$, $x_2=1$, …, $x_{n-2}=n-3$, $x_{n-1}=n-2$.

7. 略. **8.** 略.

习题 1.4

1. 0, 29. **2.** -15. **3.** (1) $a+b+d$； (2) 0.

4. (1) x^2y^2； (2) $b^2(b^2-4a^2)$； (3) $x^n+(-1)^{n+1}y^n$； (4) $(-1)^n(n+1)a_1a_2\cdots a_n$.

5. (1) $(-1)^{n-1}(n-1)2^{n-2}$； (2) $\prod\limits_{n+1\geqslant i>j\geqslant 1}(i-j)$； (3) $a_1a_2a_3a_4-a_1a_4b_2b_3-a_2a_3b_1b_4+b_1b_2b_3b_4$.

6. 7.

习题 1.5

1. (1) $x=3$, $y=-1$； (2) $x_1=3$, $x_2=2$.

2. (1) $x=1$, $y=2$, $z=3$; (2) $x=-a$, $y=b$, $z=c$.

3. (1) $x_1=3$, $x_2=-4$, $x_3=-1$, $x_4=1$; (2) $x_1=0$, $x_2=2$, $x_3=0$, $x_4=0$.

4. $y_j=\sum_{i=1}^{4}\frac{A_{ij}x_i}{D}$, $j=1, 2, 3, 4$.

5. 方程仅有零解.

6. $\mu=0$ 或 $\lambda=1$.

习题 1.7

略.

总习题 1

(A)

1. (1) 6,偶; (2) 7,奇. **2.** $-2\,015!$. **3.** (1) 40; (2) -799; **4.** 略.

5. -4. **6.** 2 000.

7. (1) $(a+b+c+d)(a-b-c+d)(a+b-c-d)(a-b+c-d)$;

(2) $a_1a_2a_3a_4-a_1a_4b_2b_3-a_2a_3b_1b_4+b_1b_2b_3b_4$; (3) $(-1)^{\frac{(n-1)(n-2)}{2}}\alpha^n+(-1)^{\frac{n(n-1)}{2}}\beta^n$.

8. (1) $(-1)^{\frac{n(n-1)}{2}}\frac{n^n+n^{n-1}}{2}$; (2) $5x(x-1)$.

9. 略. **10.** 0.

11. $A_{41}+A_{42}=12$, $A_{43}+A_{44}=-9$. **12.** $n!\left(1-\sum_{i=2}^{n}\frac{1}{i}\right)$.

13. (1) $x_1=1$, $x_2=-1$, $x_3=1$, $x_4=-1$, $x_5=1$;

(2) $x_1=\frac{1\,507}{665}$, $x_2=-\frac{1\,145}{665}$, $x_3=\frac{703}{665}$, $x_4=-\frac{395}{665}$, $x_5=\frac{212}{665}$.

14. $f'(x)$在$(1, 2)$, $(2, 3)$, $\cdots$, $(n-1, n)$各区间内有且仅有 1 个零点.

15. 略. **16.** 略.

(B)

1. -3. **2.** x^4. **3.** $a^n+(-1)^{n+1}b^n$.

4. $1-a+a^2-a^3+a^4-a^5$. **5.** -28.

6. D. **7.** B. **8.** B.

第 2 章 矩阵及其运算

习题 2.1

1. $\begin{pmatrix} a^2 & ab \\ ab & b^2 \end{pmatrix}$. **2.** 4. **3.** -54. **4.** $\begin{pmatrix} 1 \\ 8 \end{pmatrix}$.

5. $\begin{pmatrix} 2 & 5 \\ 17 & 4 \end{pmatrix}$. **6.** $\begin{pmatrix} 3 & 3 & 7 \\ -1 & -3 & 7 \end{pmatrix}$. **7.** B. **8.** C. **9.** A.

10. (1) $\begin{pmatrix} 8 & 6 \\ 18 & 10 \\ 3 & 10 \end{pmatrix}$; (2) -128.

习题 2.2

1. $\begin{pmatrix} 2a & 1 & 0 & 0 \\ 1 & 2a & 0 & 0 \\ 0 & 0 & 2b & 1 \\ 0 & 0 & 2 & 2b \end{pmatrix}$. 2. $\begin{pmatrix} 0 & 0 & 10 & 0 \\ 14 & 14 & 20 & -4 \\ -5 & -3 & 3 & 0 \end{pmatrix}$. 3. $\begin{pmatrix} 1 & 0 & 1 & 0 \\ -1 & 2 & 0 & 1 \\ -2 & 4 & 3 & 3 \\ -1 & 1 & 3 & 1 \end{pmatrix}$.

习题 2.3

1. (1) $\begin{pmatrix} 0 & -1 \\ \frac{1}{2} & \frac{3}{2} \end{pmatrix}$; (2) $\begin{pmatrix} \frac{1}{2} & 0 & 0 \\ 0 & \frac{1}{3} & \frac{2}{3} \\ 0 & 0 & -1 \end{pmatrix}$; (3) $\begin{pmatrix} \frac{1}{2} & 0 & -\frac{1}{6} \\ 0 & 0 & \frac{1}{3} \\ 0 & \frac{1}{2} & \frac{1}{6} \end{pmatrix}$;

(4) $\begin{pmatrix} -\frac{1}{5} & \frac{2}{5} & 0 & 0 \\ \frac{3}{5} & -\frac{1}{5} & 0 & 0 \\ 0 & 0 & -\frac{1}{3} & \frac{2}{3} \\ 0 & 0 & \frac{2}{3} & -\frac{1}{3} \end{pmatrix}$.

2. $\boldsymbol{C}^{-1}\boldsymbol{B}^{-1}\boldsymbol{A}^{-1}$. 3. C. 4. C. 5. B. 6. D. 7. A.

8. 提示：$\boldsymbol{A}^2-2\boldsymbol{A}-4\boldsymbol{E}=\boldsymbol{O}\Rightarrow\boldsymbol{A}(\boldsymbol{A}-2\boldsymbol{E})=4\boldsymbol{E}\Rightarrow\boldsymbol{A}\dfrac{\boldsymbol{A}-2\boldsymbol{E}}{4}=\boldsymbol{E}$，所以 $\boldsymbol{A}$ 可逆，且 $\boldsymbol{A}^{-1}=\dfrac{\boldsymbol{A}-2\boldsymbol{E}}{4}$.

9. $\boldsymbol{A}=\begin{pmatrix} 1 & \frac{1}{2} & 0 \\ -\frac{1}{3} & 1 & 0 \\ 0 & 0 & 2 \end{pmatrix}$. 10. $\boldsymbol{X}=\begin{pmatrix} 3 & -8 & -6 \\ 2 & -9 & -6 \\ -2 & 12 & 9 \end{pmatrix}$. 11. $\boldsymbol{X}=\begin{pmatrix} 2 & 0 & 1 \\ 0 & 3 & 0 \\ 1 & 0 & 2 \end{pmatrix}$.

习题 2.4

1. C. 2. C. 3. A. 4. A.

5. (1) $\dfrac{1}{m}\begin{pmatrix} d & -b \\ -c & a \end{pmatrix}$; (2) $\dfrac{1}{3}\begin{pmatrix} 2 & -1 & -3 \\ 4 & -2 & -9 \\ 1 & 1 & 3 \end{pmatrix}$; (3) $\dfrac{1}{3}\begin{pmatrix} 5 & -2 & -1 \\ -4 & 1 & 2 \\ -7 & 4 & 2 \end{pmatrix}$; (4) $\begin{pmatrix} 7 & -2 & 3 \\ -10 & 3 & -4 \\ 1 & 0 & 0 \end{pmatrix}$;

(5) $\dfrac{1}{4}\begin{pmatrix} 1 & 1 & 1 & 1 \\ 1 & -1 & -1 & 1 \\ 1 & 1 & -1 & -1 \\ 1 & -1 & 1 & -1 \end{pmatrix}$; (6) $\dfrac{1}{10}\begin{pmatrix} 1 & 0 & -5 & 6 \\ 0 & -5 & 10 & -5 \\ -5 & 10 & -5 & 0 \\ 6 & -5 & 0 & 1 \end{pmatrix}$; (7) $\begin{pmatrix} -3 & 2 & 0 & 0 \\ 2 & -1 & 0 & 0 \\ -34 & 20 & 2 & -3 \\ 26.5 & -15.5 & -1.5 & 2.5 \end{pmatrix}$.

6. (1) $\begin{pmatrix}-1 & -1\\ 2 & 3\end{pmatrix}$; (2) $\frac{1}{3}\begin{pmatrix}-11 & -8 & 2\\ 10 & 7 & -4\\ 22 & 16 & -1\end{pmatrix}$; (3) $\begin{pmatrix}0 & 2 & 3\\ 1 & -4 & -9\\ 0 & 3 & 5\end{pmatrix}$; (4) $\begin{pmatrix}19 & 8 & 6\\ -26 & -11 & -8\\ 2 & 0 & 1\end{pmatrix}$.

7. (1) $\begin{pmatrix}1 & 0 & -\frac{2}{3} & -\frac{3}{4}\\ -\frac{3}{2} & \frac{1}{2} & \frac{7}{6} & \frac{5}{8}\\ 0 & 0 & \frac{1}{3} & 0\\ 0 & 0 & 0 & \frac{1}{4}\end{pmatrix}$; (2) $\begin{pmatrix}1 & -1 & 0 & 0\\ -1 & 2 & 0 & 0\\ -13 & \frac{43}{2} & \frac{3}{2} & -\frac{5}{2}\\ 9 & -15 & -1 & 2\end{pmatrix}$; (3) $\frac{1}{4}\begin{pmatrix}1 & 1 & 1 & 1\\ 1 & -1 & 1 & -1\\ 1 & 1 & -1 & -1\\ 1 & -1 & -1 & 1\end{pmatrix}$;

(4) $\begin{pmatrix}1 & -1 & 1 & -1\\ 0 & \frac{1}{2} & -\frac{1}{2} & \frac{1}{2}\\ 0 & 0 & \frac{1}{3} & -\frac{1}{3}\\ 0 & 0 & 0 & \frac{1}{4}\end{pmatrix}$; (5) $\begin{pmatrix}4 & 2 & -3 & 0 & 0\\ \frac{1}{2} & \frac{1}{2} & -\frac{1}{2} & 0 & 0\\ -2 & -1 & 2 & 0 & 0\\ 0 & 0 & 0 & 2 & 1\\ 0 & 0 & 0 & \frac{5}{2} & \frac{3}{2}\end{pmatrix}$;

(6) $\frac{1}{32}\begin{pmatrix}16 & -8 & 4 & -2 & 1\\ 0 & 16 & -8 & 4 & -2\\ 0 & 0 & 16 & -8 & 4\\ 0 & 0 & 0 & 16 & -8\\ 0 & 0 & 0 & 0 & 16\end{pmatrix}$.

8. $\begin{pmatrix}0 & 4 & -12\\ 0 & 0 & 8\\ 0 & 0 & 0\end{pmatrix}$. **9.** $\frac{1}{4}\begin{pmatrix}1 & 1 & 0\\ 0 & 1 & 1\\ 1 & 0 & 1\end{pmatrix}$. **10.** $\boldsymbol{X}=\begin{pmatrix}3 & -1\\ 2 & 0\\ 1 & -1\end{pmatrix}$.

习题 2.5

1. 1. **2.** 3. **3.** 3. **4.** 2. **5.** $\lambda=\frac{9}{4}$. **6.** $m+n$. **7.** -1.

8. C. **9.** D. **10.** B. **11.** B. **12.** C. **13.** 3.

习题 2.7

略.

总习题 2

(A)

一、选择题

1. D. **2.** A. **3.** D. **4.** A. **5.** A. **6.** B. **7.** B. **8.** B. **9.** D. **10.** C.

二、填空题

1. $-\boldsymbol{A}$. **2.** 4，-5. **3.** $\boldsymbol{B}^2=\boldsymbol{E}$. **4.** $\boldsymbol{AB}=\boldsymbol{BA}$. **5.** $\begin{pmatrix}2&5&8\\1&6&7\\3&4&9\end{pmatrix}$.

6. $\dfrac{(-1)^{n-1}}{n!}\boldsymbol{A}$. **7.** $\begin{pmatrix}0&0&\frac{1}{3}&0\\0&\frac{1}{2}&0&0\\1&0&0&0\\0&0&0&\frac{1}{4}\end{pmatrix}$. **8.** $\begin{pmatrix}1&0&0\\0&\frac{1}{2}&0\\0&-\frac{3}{2}&-1\end{pmatrix}$. **9.** $\dfrac{\boldsymbol{A}^2}{2}$. **10.** $\boldsymbol{E}-\boldsymbol{A}$.

三、计算题

1. (1) $\begin{pmatrix}-1&3&1&5\\8&2&8&2\\3&7&9&13\end{pmatrix}$；(2) $\begin{pmatrix}14&13&8&7\\-2&5&-2&5\\2&1&6&5\end{pmatrix}$；(3) $\begin{pmatrix}3&1&1&-1\\-4&0&-4&0\\-1&-3&-3&-5\end{pmatrix}$；

(4) $\dfrac{2}{3}\begin{pmatrix}5&5&3&3\\0&2&0&2\\1&1&3&3\end{pmatrix}$.

2. $x=\dfrac{1}{2}$，$y=-\dfrac{11}{4}$，$u=\dfrac{5}{4}$，$v=-2$.

3. (1) $\begin{pmatrix}3&1\\19&12\end{pmatrix}$；(2) $\begin{pmatrix}0&0&0\\0&0&0\\0&0&0\end{pmatrix}$；(3) $\begin{pmatrix}1&2&4\\2&4&8\\4&8&16\end{pmatrix}$；(4) $\begin{pmatrix}0&-1\\5&32\end{pmatrix}$.

4. (1) $\begin{pmatrix}a_{31}&a_{32}&a_{33}&a_{34}\\a_{21}&a_{22}&a_{23}&a_{24}\\a_{11}&a_{12}&a_{13}&a_{14}\end{pmatrix}$；(2) $\begin{pmatrix}a_{11}&a_{12}&a_{13}&a_{14}\\a_{31}&a_{32}&a_{33}&a_{34}\\a_{21}&a_{22}&a_{23}&a_{24}\end{pmatrix}$；(3) $\begin{pmatrix}a_{11}&a_{12}&ka_{13}&a_{14}\\a_{21}&a_{22}&ka_{23}&a_{24}\\a_{31}&a_{32}&ka_{33}&a_{34}\end{pmatrix}$；

(4) $\begin{pmatrix}a_{11}&a_{12}&a_{13}&a_{14}\\a_{21}+la_{11}&a_{22}+la_{12}&a_{23}+la_{13}&a_{24}+la_{14}\\a_{31}&a_{32}&a_{33}&a_{34}\end{pmatrix}$.

5. $\boldsymbol{A}^k=\begin{pmatrix}1&k&\frac{k(k-1)}{2}&\frac{k(k-1)(k-2)}{6}\\0&1&k&\frac{k(k-1)}{2}\\0&0&1&k\\0&0&0&1\end{pmatrix}$，$\boldsymbol{B}^k=\begin{pmatrix}5^k&k5^{k-1}&k(k-1)5^{k-2}\\0&5^k&2k5^{k-1}\\0&0&5^k\end{pmatrix}$.

6. $\begin{pmatrix}a&b\\0&a\end{pmatrix}$（$a$，$b$ 为任意实数）.

7. (1) $\begin{pmatrix}-2&1\\2&-2\\3&-2\end{pmatrix}$；(2) $\begin{pmatrix}3&0&-2\\5&-1&-2\\0&3&2\end{pmatrix}$；(3) $\begin{pmatrix}a&0&ac&0\\0&a&0&ac\\1&0&c+bd&0\\0&1&0&c+bd\end{pmatrix}$.

8. (1) $\frac{1}{13}\begin{pmatrix}5 & -1\\-2 & 3\end{pmatrix}$; (2) $-\frac{1}{4}\begin{pmatrix}0 & -2\\-1 & 5\end{pmatrix}$; (3) $\begin{pmatrix}1 & -1 & 0\\0 & 1 & -1\\0 & 0 & 1\end{pmatrix}$;

(4) $\frac{1}{2}\begin{pmatrix}5 & -2 & -1\\-2 & 2 & 0\\-1 & 0 & 1\end{pmatrix}$; (5) 不可逆; (6) $\begin{pmatrix}1 & -2 & 0 & 0\\-2 & -5 & 0 & 0\\0 & 0 & \frac{1}{3} & \frac{2}{3}\\0 & 0 & -\frac{1}{3} & \frac{1}{3}\end{pmatrix}$.

9. (1) $\begin{pmatrix}1 & -1 & -1\\-1 & 1 & 1\\1 & 1 & -1\end{pmatrix}$; (2) $\begin{pmatrix}1 & 2 & 3\\4 & 5 & 6\\7 & 8 & 9\end{pmatrix}$; (3) $\begin{pmatrix}1 & 1\\\frac{1}{4} & 0\end{pmatrix}$; (4) $\begin{pmatrix}3 & -1\\2 & 0\\1 & -1\end{pmatrix}$.

10. (1) 3; (2) 2; (3) 2; (4) 3; (5) 5. **11.** $\begin{pmatrix}2^{k-1} & 2^{k-1} & 0 & 0\\2^{k-1} & 2^{k-1} & 0 & 0\\0 & 0 & 1 & 0\\0 & 0 & k & 1\end{pmatrix}$.

四、证明题

略.

(B)

1. $(-1)^{nm}ab$. **2.** $(-1)^{n-1}(n-1)$. **3.** $-\frac{2^{2n-1}}{3}$. **4.** $a(a^2-2^n)$. **5.** $\frac{1}{2}$. **6.** $\frac{1}{9}$. **7.** 2.

8. 3. **9.** -27. **10.** $\begin{pmatrix}1 & 0 & 0\\-\frac{1}{2} & \frac{1}{2} & 0\\0 & 0 & 1\end{pmatrix}$. **11.** $\begin{pmatrix}1 & -2 & 0 & 0\\-2 & 5 & 0 & 0\\0 & 0 & \frac{1}{3} & \frac{2}{3}\\0 & 0 & -\frac{1}{3} & \frac{1}{3}\end{pmatrix}$.

12. $\begin{pmatrix}0 & 0 & \cdots & 0 & \frac{1}{a_n}\\\frac{1}{a_1} & 0 & \cdots & 0 & 0\\0 & \frac{1}{a_2} & \cdots & 0 & 0\\\vdots & \vdots & & \vdots & \vdots\\0 & 0 & \cdots & \frac{1}{a_{n-1}} & 0\end{pmatrix}$. **13.** $\begin{pmatrix}3 & 0 & 0\\0 & 2 & 0\\0 & 0 & 1\end{pmatrix}$. **14.** $\begin{pmatrix}\frac{1}{10} & 0 & 0\\\frac{1}{5} & \frac{1}{5} & 0\\\frac{3}{10} & \frac{2}{5} & \frac{1}{2}\end{pmatrix}$.

15. 2. **16.** -3. **17.** $\begin{pmatrix}2 & 0 & 0\\0 & -4 & 0\\0 & 0 & 2\end{pmatrix}$. **18.** $\begin{pmatrix}1 & 0 & 0 & 0\\-1 & 2 & 0 & 0\\0 & -2 & 3 & 0\\0 & 0 & -3 & 4\end{pmatrix}$.

19. $\dfrac{\boldsymbol{A}+2\boldsymbol{E}}{2}$. **20.** -3. **21.** $\begin{pmatrix} 0 & \frac{1}{2} \\ -1 & -1 \end{pmatrix}$. **22.** $\begin{pmatrix} 0 & 0 & 1 \\ 0 & 1 & 0 \\ 1 & 0 & 0 \end{pmatrix}$.

23. C. **24.** C. **25.** C. **26.** C. **27.** A. **28.** A. **29.** D. **30.** D.

第3章　线性方程组

习题 3.1

1. (1) 只有零解； (2) $0, k, 2k, k$； (3) $2k_1+\dfrac{5}{3}k_2, -2k_1-\dfrac{4}{3}k_2, k_1, k_2$；

(4) $\dfrac{4}{3}k, -3k, \dfrac{4}{3}k, k$.

2. (1) 无解； (2) $-\dfrac{1}{2}k_1+\dfrac{1}{2}k_2+\dfrac{1}{2}, k_1, k_2, 0$；

(3) $\dfrac{13}{7}-\dfrac{3}{7}k_1-\dfrac{13}{7}k_2, -\dfrac{4}{7}+\dfrac{2}{7}k_1+\dfrac{4}{7}k_2, k_1, k_2$；

(4) $\dfrac{6}{7}+\dfrac{1}{7}k_1+\dfrac{1}{7}k_2, -\dfrac{5}{7}+\dfrac{5}{7}k_1-\dfrac{9}{7}k_2, k_1, k_2$.

3. 1 或 -2.

4. 当 $a=1, b=-1$ 方程组有无穷多解.解为 $-4k_2, 1+k_1+k_2, k_1, k_2$.

习题 3.2

1. $2\boldsymbol{\alpha}-\boldsymbol{\beta}+2\boldsymbol{\gamma}=(9, -5, -8, 8)^{\mathrm{T}}$, $\boldsymbol{x}=(-1, 3, -2, -7)^{\mathrm{T}}$.

2. (1) 线性相关； (2) 线性无关.

3. $\boldsymbol{\beta}=-\dfrac{k_1}{k_1+k_2}\boldsymbol{\alpha}_1-\dfrac{k_2}{k_1+k_2}\boldsymbol{\alpha}_2$, $k_1, k_2\in\mathbf{R}$, $k_1+k_2\neq 0$.

习题 3.3

1. $r(\boldsymbol{A})=2$, $\boldsymbol{\alpha}_1$ 和 $\boldsymbol{\alpha}_2$ 为列向量组的一个极大无关组, $\boldsymbol{\alpha}_3=\boldsymbol{\alpha}_1+\boldsymbol{\alpha}_2$, $\boldsymbol{\alpha}_4=-\boldsymbol{\alpha}_1$.

2. (1) $r(\boldsymbol{A})=3$, $\boldsymbol{\alpha}_1, \boldsymbol{\alpha}_2, \boldsymbol{\alpha}_3$ 为向量组的一个极大无关组, $\boldsymbol{\alpha}_4=-3\boldsymbol{\alpha}_1+5\boldsymbol{\alpha}_2-\boldsymbol{\alpha}_3$；

(2) $r(\boldsymbol{A})=2$, $\boldsymbol{\alpha}_1, \boldsymbol{\alpha}_2$ 为向量组的一个极大无关组, $\boldsymbol{\alpha}_3=2\boldsymbol{\alpha}_1+3\boldsymbol{\alpha}_2$；

(3) $r(\boldsymbol{A})=2$, $\boldsymbol{\alpha}_1, \boldsymbol{\alpha}_2$ 为向量组的一个极大无关组, $\boldsymbol{\alpha}_3=-2\boldsymbol{\alpha}_1+\boldsymbol{\alpha}_2$, $\boldsymbol{\alpha}_4=-\boldsymbol{\alpha}_1+2\boldsymbol{\alpha}_2$.

3. $a=2, b=5$, $\boldsymbol{\alpha}_1, \boldsymbol{\alpha}_2$ 为向量组的一个极大无关组.

习题 3.4

1. $\boldsymbol{\beta}_1=2\boldsymbol{\alpha}_1+3\boldsymbol{\alpha}_2-\boldsymbol{\alpha}_3$, $\boldsymbol{\beta}_2=3\boldsymbol{\alpha}_1-3\boldsymbol{\alpha}_2-2\boldsymbol{\alpha}_3$.

2. 略. **3.** $(2, -3, 1, 5)$. **4.** $\begin{pmatrix} 2 & 3 & 4 \\ 0 & -1 & 0 \\ -1 & 0 & -1 \end{pmatrix}$.

习题 3.5

1. (1) $\boldsymbol{\xi}_1=\left(\frac{2}{7}, \frac{5}{7}, 1, 0\right)^{\mathrm{T}}$, $\boldsymbol{\xi}_2=\left(\frac{3}{7}, \frac{4}{7}, 0, 1\right)^{\mathrm{T}}$, $\boldsymbol{x}=k_1\boldsymbol{\xi}_1+k_2\boldsymbol{\xi}_2$, $k_1, k_2\in\mathbf{R}$;

(2) $\boldsymbol{\xi}_1=(1, 1, 0, 0, 0)^{\mathrm{T}}$, $\boldsymbol{\xi}_2=(-7, 0, -2, 3, 1)^{\mathrm{T}}$, $\boldsymbol{x}=k_1\boldsymbol{\xi}_1+k_2\boldsymbol{\xi}_2$, $k_1, k_2\in\mathbf{R}$;

(3) $\boldsymbol{\xi}_1=(-1, 0, 1, 0)^{\mathrm{T}}$, $\boldsymbol{\xi}_2=(2, -1, 0, 1)^{\mathrm{T}}$, $\boldsymbol{x}=k_1\boldsymbol{\xi}_1+k_2\boldsymbol{\xi}_2$, $k_1, k_2\in\mathbf{R}$;

(4) $\boldsymbol{\xi}_1=(0, 0, 1, 2)^{\mathrm{T}}$, $\boldsymbol{\xi}_2=(1, 7, 0, 19)^{\mathrm{T}}$, $\boldsymbol{x}=k_1\boldsymbol{\xi}_1+k_2\boldsymbol{\xi}_2$, $k_1, k_2\in\mathbf{R}$.

2. (1) $\boldsymbol{x}=k_1\left(\frac{1}{4}, \frac{7}{4}, 1, 0\right)^{\mathrm{T}}+k_2\left(-\frac{3}{4}, \frac{7}{4}, 0, 1\right)^{\mathrm{T}}+\left(\frac{5}{4}, -\frac{1}{4}, 0, 0\right)^{\mathrm{T}}$, $k_1, k_2\in\mathbf{R}$;

(2) $\boldsymbol{x}=k_1\left(-\frac{1}{2}, -\frac{1}{2}, 1, 0, 0\right)^{\mathrm{T}}+k_2(0, -1, 0, 1, 0)^{\mathrm{T}}+k_3(2, -3, 0, 0, 1)^{\mathrm{T}}+\left(-\frac{9}{2}, \frac{23}{2}, 0, 0, 0\right)^{\mathrm{T}}$, $k_1, k_2\in\mathbf{R}$;

(3) $\boldsymbol{x}=k(-1, 1, 1, 0)^{\mathrm{T}}+(-8, 13, 0, 2)^{\mathrm{T}}$, $k\in\mathbf{R}$;

(4) $\boldsymbol{x}=k(-3, -1, 1, 0)^{\mathrm{T}}+(1, 1, 0, 1)^{\mathrm{T}}$, $k\in\mathbf{R}$.

3. 当 $a=2$, $b=4$ 时,方程组有无穷多解,通解为

$$\boldsymbol{x}=k_1(1, -2, 1, 0, 0)^{\mathrm{T}}+k_2(1, -2, 0, 1, 0)^{\mathrm{T}}+k_3(5, -6, 0, 0, 1)^{\mathrm{T}}+(0, 1, 0, 0, 0)^{\mathrm{T}}, k_1, k_2, k_3\in\mathbf{R}.$$

4. $\boldsymbol{x}=k(3, 4, 5, 6)^{\mathrm{T}}+(2, 3, 4, 5)^{\mathrm{T}}$, $k\in\mathbf{R}$.

习题 3.7

略.

总习题 3

(A)

1. (1) $-\frac{1}{2}k$, k, 0; (2) 方程组只有零解; (3) $-2k$, $-k$, k; (4) $-k$, $-4k$, $-3k$, k.

2. (1) 1, 2, 1; (2) 方程组无解; (3) $3-2k$, $2-k$, k;

(4) $\frac{13}{7}-\frac{3}{7}k_1-\frac{13}{7}k_2$, $-\frac{4}{7}+\frac{2}{7}k_1+\frac{4}{7}k_2$, k_1, k_2.

3. $\boldsymbol{\alpha}-2\boldsymbol{\beta}-\boldsymbol{\gamma}=(-3, -3, 2, 1)^{\mathrm{T}}$, $\boldsymbol{x}=(2, 4, 5, -8)^{\mathrm{T}}$.

4. (1) 线性无关; (2) 线性相关.

5. (1) 秩为 2,极大无关组为 $\boldsymbol{\alpha}_1$, $\boldsymbol{\alpha}_2$, 且 $\boldsymbol{\alpha}_3=2\boldsymbol{\alpha}_1+\boldsymbol{\alpha}_2$;

(2) 秩为 3,极大无关组为 $\boldsymbol{\beta}_1$, $\boldsymbol{\beta}_2$, $\boldsymbol{\beta}_4$, 且 $\boldsymbol{\beta}_3=\boldsymbol{\beta}_1-\boldsymbol{\beta}_2$.

6. $a=1$, $b=7$. **7.** V_1 是向量空间,V_2 不是向量空间.

8. $\boldsymbol{\beta}=-\frac{4}{3}\boldsymbol{\alpha}_1+\frac{4}{3}\boldsymbol{\alpha}_2-\frac{1}{3}\boldsymbol{\alpha}_3$. **9.** $\frac{1}{2}\begin{pmatrix}1 & 0 & 1\\ 1 & 2 & 1\\ 1 & 0 & -1\end{pmatrix}$.

10. (1) 基础解系 $\boldsymbol{\xi}=(-6, 11, 6, 1)^{\mathrm{T}}$, 方程组的通解为 $\boldsymbol{x}=k\boldsymbol{\xi}=k(-6, 11, 6, 1)^{\mathrm{T}}$, $k\in\mathbf{R}$;
(2) 基础解系 $\boldsymbol{\xi}_1=(0, 1, 1, 0)^{\mathrm{T}}$, $\boldsymbol{\xi}_2=(-1, 2, 0, 1)^{\mathrm{T}}$, 方程组的通解为 $\boldsymbol{x}=k_1\boldsymbol{\xi}_1+k_2\boldsymbol{\xi}_2=k_1$

$(0, 1, 1, 0)^T + k_2(-1, 2, 0, 1)^T$, $k_1, k_2 \in \mathbf{R}$.

11. (1) $\boldsymbol{x} = k_1(-3, -5, 1, 0)^T + k_2(-3, -4, 0, 1)^T + (-2, -3, 0, 0)^T$, $k_1, k_2 \in \mathbf{R}$; (2) $\boldsymbol{x} = (-2, 1, -1)^T$.

12. $\begin{cases} 3x_1 - 4x_2 + 2x_3 = 0, \\ x_1 - x_2 + x_4 = 0. \end{cases}$ **13.** $\boldsymbol{x} = k(3, 3, 3, -1)^T + (4, 2, 3, 1)^T$, $k \in \mathbf{R}$.

(B)

1. $(1, 1, -1)$. **2.** -1. **3.** 6. **4.** $\lambda \neq 1$.

5. $a_1 + a_2 + a_3 + a_4 = 0$. **6.** $\boldsymbol{x} = k(1, 1, \cdots, 1)^T$, $k \in \mathbf{R}$.

7. $\boldsymbol{X} = (1, 0, \cdots, 0)^T$. **8.** -1. **9.** -2. **10.** $abc \neq 0$. **11.** $\begin{pmatrix} 1 \\ 0 \\ 0 \end{pmatrix}$. **12.** $3^{n-1}\begin{pmatrix} 1 & \frac{1}{2} & \frac{1}{3} \\ 2 & 1 & \frac{2}{3} \\ 3 & \frac{3}{2} & 1 \end{pmatrix}$.

13. B. **14.** D. **15.** D. **16.** B. **17.** A. **18.** B. **19.** A.

20. (1) $1 - a^4$; (2) $k\begin{pmatrix} 1 \\ 1 \\ 1 \\ 1 \end{pmatrix} + \begin{pmatrix} 0 \\ -1 \\ 0 \\ 0 \end{pmatrix}$, $k \in \mathbf{R}$.

第 4 章　特征值与特征向量

习题 4.1

1. $\lambda_1 = 0$, $\boldsymbol{p}_1 = (-2, 1)^T$，对应的全部特征向量为 $k_1\boldsymbol{p}_1$，k_1 取不为零的常数.$\lambda_2 = 5$，$\boldsymbol{p}_2 = (1, 2)^T$，对应的全部特征向量为 $k_2\boldsymbol{p}_2$，k_2 取不为零的常数.

2. $\lambda_1 = \lambda_2 = -1$，$\boldsymbol{p}_1 = (-1, 1, 0)^T$，$\boldsymbol{p}_2 = (-1, 0, 1)^T$，对应的全部特征向量为 $k_1\boldsymbol{p}_1 + k_2\boldsymbol{p}_2$，$k_1$，$k_2$ 取不全为零的常数.$\lambda_3 = 5$，$\boldsymbol{p}_3 = (1, 1, 1)^T$，对应的全部特征向量为 $k_3\boldsymbol{p}_3$，k_3 取不为零的常数.

3. $\lambda_1 = \lambda_2 = -1$，$\boldsymbol{p}_1 = (-3, 0, 1)^T$，对应的全部特征向量为 $k_1\boldsymbol{p}_1$，k_1 取不为零的常数. $\lambda_3 = 2$，$\boldsymbol{p}_2 = (0, 0, 1)^T$，对应的全部特征向量为 $k_2\boldsymbol{p}_2$，k_2 取不为零的常数.

4. $\lambda_1 = \lambda_2 = 1$，$\boldsymbol{p}_1 = (0, 1, 0)^T$，$\boldsymbol{p}_2 = (1, 0, 1)^T$，对应的全部特征向量为 $k_1\boldsymbol{p}_1 + k_2\boldsymbol{p}_2$，$k_1$，$k_2$ 为不全为零的常数. $\lambda_3 = -1$，$\boldsymbol{p}_3 = (-1, 0, 1)^T$ 对应的全部特征向量为 $k_3\boldsymbol{p}_3$，k_3 为不为零的常数.

5. λ^3，$\lambda^2 + 4\lambda + 1$. **6.** C. **7.** C. **8.** -117.

9. 证明：设 λ 是矩阵 $\boldsymbol{A}$ 的特征值，由性质 1 的(6)知，$\lambda^2 - \lambda$ 是 $\boldsymbol{A}^2 - \boldsymbol{A}$ 的特征值，而 $\boldsymbol{A}^2 - \boldsymbol{A} = 0$，故 $\lambda^2 - \lambda = 0$.从而 λ 等于 0 或 1.

习题 4.2

1. D.

2. (1) 矩阵有 3 个不同的特征值，分别是 0，1，2，故可与对角矩阵相似；

(2) 矩阵的特征值为 2(二重根)和 -1，而特征值 2 对应的方程组的系数矩阵 $2\boldsymbol{E} - \boldsymbol{A}$ 经过行的初等变换后秩为 1，即有 2 个线性无关的特征向量，故此矩阵可与对角矩阵相似；

(3) 矩阵的特征值为 1(二重根)和 -2，而特征值 1 对应的方程组的系数矩阵 $\boldsymbol{E}-\boldsymbol{A}$ 经过行的初等变换后秩为 2，即只有一个线性无关的特征向量，故此矩阵不能相似于任何对角矩阵.

3. $a=-\dfrac{1}{2}$.

4. 由 $\mathrm{tr}(\boldsymbol{A})=\lambda_1+\lambda_2+\lambda_3$，得 $x=0$.对应于 -2 的特征向量为 $(1, 0, -1)^{\mathrm{T}}$；对应于 -1 的特征向量为 $(0, -2, 1)^{\mathrm{T}}$；对应于 2 的特征向量为 $(0, 1, 1)^{\mathrm{T}}$，故取 $\boldsymbol{P}=\begin{pmatrix}1 & 0 & 0\\ 0 & -2 & 1\\ -1 & 1 & 1\end{pmatrix}$，使得 $\boldsymbol{P}^{-1}\boldsymbol{AP}=\begin{pmatrix}-2 & 0 & 0\\ 0 & -1 & 0\\ 0 & 0 & 2\end{pmatrix}$. 注：矩阵 $\boldsymbol{P}$ 不唯一.

5. (1) $\boldsymbol{A}=\boldsymbol{P\Lambda P}^{-1}=\dfrac{1}{3}\begin{pmatrix}-1 & 0 & 2\\ 0 & 1 & 2\\ 2 & 2 & 0\end{pmatrix}$； (2)$\boldsymbol{A}=\boldsymbol{P\Lambda P}^{-1}=\begin{pmatrix}3 & -2 & 2\\ 0 & 1 & 0\\ -1 & 1 & 0\end{pmatrix}$. **6.** $\boldsymbol{A}^{20}=5^{19}\begin{pmatrix}1 & 2\\ 2 & 4\end{pmatrix}$.

习题 4.3

1. -70. **2.** (1) 无意义；(2) 无意义. **3.** $\theta=\arccos\left(-\dfrac{1}{3\sqrt{6}}\right)$.

4. $\boldsymbol{\alpha}_3=(a, 0, a)^{\mathrm{T}}$，$a$ 为任意实数.

5. 标准正交基为 $\boldsymbol{e}_1=\dfrac{1}{\sqrt{3}}(1, 1, 1)^{\mathrm{T}}$，$\boldsymbol{e}_2=\dfrac{1}{\sqrt{2}}(-1, 0, 1)^{\mathrm{T}}$，$\boldsymbol{e}_3=\dfrac{1}{\sqrt{6}}(1, -2, 1)^{\mathrm{T}}$.

6. 正交化：

$$\boldsymbol{\beta}_1=\boldsymbol{\alpha}_1=(0, 1, 1)^{\mathrm{T}},$$

$$\boldsymbol{\beta}_2=\boldsymbol{\alpha}_2-\frac{[\boldsymbol{\beta}_1, \boldsymbol{\alpha}_2]}{[\boldsymbol{\beta}_1, \boldsymbol{\beta}_1]}\boldsymbol{\beta}_1=(1, 1, 0)^{\mathrm{T}}-\frac{1}{2}(C, 1, 1)^{\mathrm{T}}=\left(1, \frac{1}{2}, -\frac{1}{2}\right)^{\mathrm{T}},$$

$$\begin{aligned}\boldsymbol{\beta}_3&=\boldsymbol{\alpha}_3-\frac{[\boldsymbol{\beta}_1, \boldsymbol{\alpha}_3]}{[\boldsymbol{\beta}_1, \boldsymbol{\beta}_1]}\boldsymbol{\beta}_1-\frac{[\boldsymbol{\beta}_2, \boldsymbol{\alpha}_3]}{[\boldsymbol{\beta}_2, \boldsymbol{\beta}_2]}\boldsymbol{\beta}_2\\ &=(1, 0, 1)^{\mathrm{T}}-\frac{1}{2}(0, 1, 1)^{\mathrm{T}}-\frac{\frac{1}{2}}{\frac{3}{2}}\left(1, \frac{1}{2}, -\frac{1}{2}\right)^{\mathrm{T}}=\left(\frac{2}{3}, -\frac{2}{3}, \frac{2}{3}\right)^{\mathrm{T}}.\end{aligned}$$

单位化：

$$\boldsymbol{e}_1=\frac{\boldsymbol{\beta}_1}{\|\boldsymbol{\beta}_1\|}=\left(0, \frac{1}{\sqrt{2}}, \frac{1}{\sqrt{2}}\right)^{\mathrm{T}},\quad \boldsymbol{e}_2=\frac{\boldsymbol{\beta}_2}{\|\boldsymbol{\beta}_2\|}=\left(\frac{\sqrt{6}}{3}, \frac{\sqrt{6}}{6}, -\frac{\sqrt{6}}{6}\right)^{\mathrm{T}},$$

$$\boldsymbol{e}_3=\frac{\boldsymbol{\beta}_3}{\|\boldsymbol{\beta}_3\|}=\left(\frac{\sqrt{3}}{3}, -\frac{\sqrt{3}}{3}, \frac{\sqrt{3}}{3}\right)^{\mathrm{T}},$$

$\boldsymbol{e}_1$，$\boldsymbol{e}_2$，$\boldsymbol{e}_3$ 为所求.

7. 正交化：

$\boldsymbol{\beta}_1=(1,\ 1,\ 0,\ 0)^{\mathrm{T}}$， $\boldsymbol{\beta}_2=\left(\frac{1}{2},\ -\frac{1}{2},\ 1,\ 0\right)^{\mathrm{T}}$， $\boldsymbol{\beta}_3=\left(-\frac{1}{3},\ \frac{1}{3},\ \frac{1}{3},\ 1\right)^{\mathrm{T}}$，

$\boldsymbol{\beta}_4=(1,\ -1,\ -1,\ 1)^{\mathrm{T}}$.

单位化：

$\boldsymbol{e}_1=\left(\frac{1}{\sqrt{2}},\ \frac{1}{\sqrt{2}},\ 0,\ 0\right)^{\mathrm{T}}$，$\boldsymbol{e}_2=\left(\frac{1}{\sqrt{6}},\ -\frac{1}{\sqrt{6}},\ \frac{2}{\sqrt{6}},\ 0\right)^{\mathrm{T}}$，

$\boldsymbol{e}_3=\left(-\frac{1}{\sqrt{12}},\ \frac{1}{\sqrt{12}},\ \frac{1}{\sqrt{12}},\ \frac{3}{\sqrt{12}}\right)^{\mathrm{T}}$，$\boldsymbol{e}_4=\left(\frac{1}{2},\ -\frac{1}{2},\ -\frac{1}{2},\ \frac{1}{2}\right)^{\mathrm{T}}$.

8. (1)不是； (2)是； (3)是.

习题 4.4

1. B.

2. (1) 令 $\boldsymbol{Q}=(\boldsymbol{e}_1,\ \boldsymbol{e}_2)=\begin{pmatrix}-\frac{1}{\sqrt{2}} & \frac{1}{\sqrt{2}}\\ \frac{1}{\sqrt{2}} & \frac{1}{\sqrt{2}}\end{pmatrix}$，则 $\boldsymbol{Q}^{-1}\boldsymbol{A}\boldsymbol{Q}=\begin{pmatrix}0 & \\ & 2\end{pmatrix}$；

(2) $\lambda_1=1$，$\lambda_2=2$，$\lambda_3=3$，$\boldsymbol{p}_1=\frac{1}{\sqrt{2}}\begin{pmatrix}1\\1\\0\end{pmatrix}$，$\boldsymbol{p}_2=\frac{1}{\sqrt{2}}\begin{pmatrix}1\\-1\\0\end{pmatrix}$，$\boldsymbol{p}_3=\begin{pmatrix}0\\0\\1\end{pmatrix}$，令

$\boldsymbol{Q}=(\boldsymbol{p}_1,\ \boldsymbol{p}_2,\ \boldsymbol{p}_3)$，则 $\boldsymbol{Q}^{-1}\boldsymbol{A}\boldsymbol{Q}=\begin{pmatrix}1 & & \\ & 2 & \\ & & 3\end{pmatrix}$；

(3) $\lambda_1=0$，$\lambda_2=\lambda_3=3$，$\boldsymbol{p}_1=\begin{pmatrix}1\\1\\1\end{pmatrix}$，$\boldsymbol{p}_2=\begin{pmatrix}-1\\-1\\0\end{pmatrix}$，$\boldsymbol{p}_3=\begin{pmatrix}-1\\0\\1\end{pmatrix}$，单位化

$\boldsymbol{p}_1$，正交单位化 $\boldsymbol{p}_2$，$\boldsymbol{p}_3$ 后，$\boldsymbol{Q}=\begin{pmatrix}\frac{1}{\sqrt{3}} & -\frac{1}{\sqrt{2}} & -\frac{1}{\sqrt{6}}\\ \frac{1}{\sqrt{3}} & \frac{1}{\sqrt{2}} & -\frac{1}{\sqrt{6}}\\ \frac{1}{\sqrt{3}} & 0 & \frac{2}{\sqrt{6}}\end{pmatrix}$，则 $\boldsymbol{Q}^{-1}\boldsymbol{A}\boldsymbol{Q}=\begin{pmatrix}0 & & \\ & 3 & \\ & & 3\end{pmatrix}$.

3. $\boldsymbol{p}_3=(1,\ 0,\ 1)^{\mathrm{T}}$.

4. $\boldsymbol{p}_3=(1,\ 0,\ -1)^{\mathrm{T}}$，$\boldsymbol{A}=\frac{1}{4}\begin{pmatrix}6 & 0 & 2\\ 0 & 8 & 0\\ 2 & 0 & 6\end{pmatrix}$.

5. 提示：$\boldsymbol{P}^{-1}\boldsymbol{A}\boldsymbol{P}=\mathrm{diag}(\lambda_1,\ \lambda_2,\ \cdots,\ \lambda_n)=\boldsymbol{Q}^{-1}\boldsymbol{B}\boldsymbol{Q}$，则 $\boldsymbol{B}=(\boldsymbol{P}\boldsymbol{Q}^{-1})^{-1}\boldsymbol{A}(\boldsymbol{P}\boldsymbol{Q}^{-1})$，易证得 $\boldsymbol{P}\boldsymbol{Q}^{-1}$ 是正交矩阵，所以矩阵 $\boldsymbol{A}$，矩阵 $\boldsymbol{B}$ 正交相似.

习题 4.6

略.

总习题 4

(A)

一、填空题

1. -1. **2.** $\boldsymbol{E}$. **3.** -1. **4.** 2，3，4. **5.** $\frac{1}{4}$. **6.** 4，5，5. **7.** 3. **8.** 1 或 -1. **9.** 0.

10. $\lambda_1=n$，$\lambda_2=\cdots=\lambda_n=0$.

二、选择题

1. CD. **2.** A. **3.** C. **4.** B. **5.** D. **6.** C. **7.** C. **8.** C. **9.** C. **10.** C. **11.** D.

三、计算题

1. (1) $\lambda_1=\lambda_2=\lambda_3=2$，对应的全体特征向量为 $k_1\begin{pmatrix}0\\(0,1,0)^{\mathrm{T}}\\0\end{pmatrix}+k_2\begin{pmatrix}-1\\(-1,0,1)^{\mathrm{T}}\\1\end{pmatrix}$，$k_1$，$k_2$ 取不全为零的常数；

(2) $\lambda_1=\lambda_2=1$，对应的全部特征向量为 $k_1\left(\frac{1}{2},\ 1,\ 0\right)^{\mathrm{T}}+k_2(0,\ 0,\ 1)^{\mathrm{T}}$，$k_1$，$k_2$ 为不全为零的常数. $\lambda_3=0$，对应的全部特征向量为 $k_3(1,\ 1,\ -3)^{\mathrm{T}}$，$k_3$ 取不为零的常数；

(3) $\lambda_1=\lambda_2=\lambda_3=1$，对应的全部特征向量为 $k_1(1,0,1,0)^{\mathrm{T}}+k_2(1,1,0,0)^{\mathrm{T}}+k_3(-1,0,0,1)^{\mathrm{T}}$，$k_1$，$k_2$，$k_3$ 取不全为零的常数. $r_4=-3$，对应的全部特征向量为 $k_4(1,\ -1,\ -1,\ 1)^{\mathrm{T}}$，$k_4$ 取不为零的常数.

2. (1) -7； (2) $-\frac{3}{2}$. **3.** $\frac{\pi}{2}$.

4. (1) $\boldsymbol{P}=\begin{pmatrix}1&-1\\1&1\end{pmatrix}$，$\boldsymbol{P}^{-1}\boldsymbol{AP}=\begin{pmatrix}1&0\\0&5\end{pmatrix}$； (2) $\boldsymbol{Q}=\frac{1}{\sqrt{2}}\begin{pmatrix}1&-1\\1&1\end{pmatrix}$，$\boldsymbol{Q}^{-1}\boldsymbol{AQ}=\boldsymbol{Q}^{\mathrm{T}}\boldsymbol{AQ}=\begin{pmatrix}1&0\\0&5\end{pmatrix}$.

5. $\lambda_1=\lambda_2=1$，$\lambda_3=10$.

对 $\lambda_1=\lambda_2=1$，线性无关的特征向量 $\boldsymbol{p}_1=\begin{pmatrix}-2\\(-2,1,0)^{\mathrm{T}}\\0\end{pmatrix}$，$\boldsymbol{p}_2=\begin{pmatrix}2\\(2,0,1)^{\mathrm{T}}\\1\end{pmatrix}$，将它们进行施密特正交化、单位化，$\boldsymbol{e}_1=\frac{1}{\sqrt{5}}\begin{pmatrix}-2\\(-2,1,0)^{\mathrm{T}}\\0\end{pmatrix}$，$\boldsymbol{e}_2=\frac{1}{3\sqrt{5}}\begin{pmatrix}2\\(2,4,5)^{\mathrm{T}}\\5\end{pmatrix}$.

对 $\lambda_3=10$，特征向量 $\boldsymbol{p}_3=\begin{pmatrix}1\\(1,2,-2)^{\mathrm{T}}\\-2\end{pmatrix}$，单位化得 $\boldsymbol{e}_3=\frac{1}{3}\begin{pmatrix}1\\(1,2,-2)^{\mathrm{T}}\\-2\end{pmatrix}$.

(1) 可逆矩阵 $\boldsymbol{P}=\begin{pmatrix}1&-2&2\\2&1&0\\-2&0&1\end{pmatrix}$，则 $\boldsymbol{P}^{-1}\boldsymbol{AP}=\begin{pmatrix}10&&\\&1&\\&&1\end{pmatrix}$；

(2) 正交矩阵 $\boldsymbol{Q}=\begin{pmatrix}\frac{2}{3\sqrt{5}}&\frac{-2}{\sqrt{5}}&\frac{1}{3}\\\frac{4}{3\sqrt{5}}&\frac{1}{\sqrt{5}}&\frac{2}{3}\\\frac{\sqrt{5}}{3}&0&\frac{-2}{3}\end{pmatrix}$，则 $\boldsymbol{Q}^{-1}\boldsymbol{AQ}=\begin{pmatrix}10&&\\&1&\\&&1\end{pmatrix}$.

6. (1) 由 $\mathrm{tr}(\boldsymbol{A})=\mathrm{tr}(\boldsymbol{B})$，$|\boldsymbol{A}|=|\boldsymbol{B}|$，得 $x=1$，$y=3$；

(2) $\boldsymbol{P}=\begin{pmatrix}1&1&0\\-1&-1&1\\0&1&-1\end{pmatrix}$，则 $\boldsymbol{P}^{-1}\boldsymbol{AP}=\boldsymbol{B}$；

(3) $\boldsymbol{A}^3=\boldsymbol{PB}^3\boldsymbol{P}^{-1}=\boldsymbol{P}\begin{pmatrix}-1&&\\&1&\\&&3\end{pmatrix}^3\boldsymbol{P}^{-1}=\begin{pmatrix}1&1&0\\-1&-1&1\\0&1&-1\end{pmatrix}\begin{pmatrix}-1&&\\&1&\\&&27\end{pmatrix}\begin{pmatrix}0&-1&-1\\1&1&1\\1&1&0\end{pmatrix}$

$=\begin{pmatrix}1&2&2\\26&25&-2\\-26&-26&1\end{pmatrix}$.

7. $a=0$，$b=-2$. 提示:构造方程时可利用$|(-1)\boldsymbol{E}-\boldsymbol{A}|=0$.

$$\boldsymbol{P}=\begin{pmatrix}0&0&-1\\-2&1&0\\1&1&1\end{pmatrix}.$$

8. (1) 由 $\boldsymbol{A\xi}=\lambda\boldsymbol{\xi}$,得 $a=-3$，$b=0$，$\lambda=-1$；(2) 因为 $\lambda_1=\lambda_2=\lambda_3=-1$，即三重根,而 $R(-\boldsymbol{E}-\boldsymbol{A})=2$，则方程组$(-\boldsymbol{E}-\boldsymbol{A})\boldsymbol{x}=\boldsymbol{0}$ 的基础解系只含有 1 个解向量. 所以 $\boldsymbol{A}$ 不能相似于对角矩阵.

9. 提示:$|\boldsymbol{A}+\boldsymbol{E}|=|\boldsymbol{A}+\boldsymbol{AA}^{\mathrm{T}}|=|\boldsymbol{A}\,(\boldsymbol{E}+\boldsymbol{A})^{\mathrm{T}}|=|\boldsymbol{A}|\,|\boldsymbol{E}+\boldsymbol{A}|$.

10. 提示:$(\boldsymbol{P}^{-1}\boldsymbol{AP})^k=\boldsymbol{P}^{-1}\boldsymbol{A}^k\boldsymbol{P}$.

11. 提示:需证 $\boldsymbol{\beta}^{\mathrm{T}}\boldsymbol{\alpha}=\boldsymbol{0}$ 或 $\boldsymbol{\alpha}^{\mathrm{T}}\boldsymbol{\beta}=\boldsymbol{0}$. $\boldsymbol{\beta}^{\mathrm{T}}\boldsymbol{A\alpha}=\lambda_1\boldsymbol{\beta}^{\mathrm{T}}\boldsymbol{\alpha}$，$\boldsymbol{\beta}^{\mathrm{T}}\boldsymbol{A\alpha}=\lambda_2\boldsymbol{\beta}^{\mathrm{T}}\boldsymbol{\alpha}$.

(B)

1. 24. **2.** 3. **3.** $\left(\dfrac{|\boldsymbol{A}|}{\lambda}\right)^2+1$. **4.** 24. **5.** 4. **6.** 1. **7.** 2.

8. B. **9.** B. **10.** D. **11.** B. **12.** B. **13.** B.

14. $\dfrac{-4}{-\sqrt{2}}=2\sqrt{2}$. **15.** 0. **16.** 略.

第5章 二 次 型

习题 5.1

1. (1) $\boldsymbol{A}=\begin{pmatrix}1&-1&2\\-1&2&-3\\2&-3&3\end{pmatrix}$； (2)$\boldsymbol{A}=\begin{pmatrix}-1&\frac{1}{2}&\frac{3}{2}\\\frac{1}{2}&0&2\\\frac{3}{2}&2&2\end{pmatrix}$； (3) $\boldsymbol{A}=\begin{pmatrix}1&-1&1&0\\-1&1&0&-1\\1&0&1&\frac{1}{2}\\0&-1&\frac{1}{2}&0\end{pmatrix}$.

2. (1) $f(x_1,x_2,x_3)=x_1^2-2x_2^2+3x_3^2+4x_1x_2+6x_1x_3+10x_2x_3$；

(2) $f(x_1,x_2,x_3,x_4)=2x_1^2+4x_2^2+6x_3^2+8x_4^2+2x_1x_2-2x_1x_3+3x_1x_4+4x_2x_4+2x_3x_4$.

3. 二次型的矩阵为

$\boldsymbol{A}=\begin{pmatrix}1&-1&2\\-1&1&-1\\2&-1&1\end{pmatrix}\to\begin{pmatrix}1&-1&2\\0&0&1\\0&1&-3\end{pmatrix}\to\begin{pmatrix}1&-1&2\\0&1&-3\\0&0&1\end{pmatrix}$.因为 $\boldsymbol{A}$ 的秩是 3,所以二次型的秩是 3.

4. (1) 二次型标准形为 $f(x_1, x_2, x_3)=y_1^2-2y_2^2+4y_3^2$，

正交变换矩阵为 $P=\frac{1}{3}\begin{pmatrix}-2 & 1 & 2\\ -1 & 2 & -2\\ 2 & 2 & 1\end{pmatrix}$；

(2) 二次型标准形为 $f(x_1, x_2, x_3)=y_1^2+y_2^2+10y_3^2$，

正交变换矩阵为 $P=(e_1, e_2, e_3)=\begin{pmatrix}\frac{-2}{\sqrt{5}} & \frac{2}{3\sqrt{5}} & -\frac{1}{3}\\ \frac{1}{\sqrt{5}} & \frac{4}{3\sqrt{5}} & -\frac{2}{3}\\ 0 & \frac{5}{3\sqrt{5}} & \frac{2}{3}\end{pmatrix}$.

5. (1) 标准形 $f(x_1, x_2, x_3)=y_1^2+y_2^2$，规范形为 $f(x_1, x_2, x_3)=y_1^2+y_2^2$，正惯性指数为 2；

(2) 标准形 $f(x_1, x_2, x_3)=-2y_1^2+2y_2^2-6y_3^2$，规范形为 $f(x_1, x_2, x_3)=z_1^2-z_2^2-z_3^2$，正惯性指数为 1；

(3) 标准形 $f(x_1, x_2, x_3, x_4)=y_1^2+y_2^2-y_3^2+y_4^2$，规范形为 $f(x_1, x_2, x_3, x_4)=z_1^2+z_2^2+z_3^2-z_4^2$，正惯性指数为 3.

习题 5.2

1. (1)负定；(2)正定. **2.** $x>4$，$y>\frac{1}{2}$. **3.** 略.

4. 证明:因为 A 是正定矩阵,所以 A 的所有特征值 $\lambda_i>0$ $(i=1, 2, \cdots, n)$,且 $|A|>0$.又因为 $A^*=|A|A^{-1}$，所以 A^* 的特征值为 $\frac{|A|}{\lambda_i}$ $(i=1, 2, \cdots, n)$全部大于零,所以 A^* 也是正定矩阵，得证.

习题 5.4

略.

总习题 5

(A)

一、选择题

1. B. **2.** B. **3.** D. **4.** C.

二、填空题

1. $f=x_1^2+x_2^2+2x_3^2+4x_1x_2+6x_1x_3$. **2.** 2，1，1，0. **3.** 3.

三、计算与证明题

1. $\begin{pmatrix}1 & 3 & 5\\ 3 & 5 & 7\\ 5 & 7 & 9\end{pmatrix}$. **2.** 3.

3. 二次型标准形为 $f(x_1, x_2, x_3)=2y_2^2+6y_3^2$，正交变换矩阵为 $P=\begin{pmatrix}\frac{1}{\sqrt{3}} & \frac{1}{\sqrt{2}} & \frac{1}{\sqrt{6}}\\ \frac{1}{\sqrt{3}} & -\frac{1}{\sqrt{2}} & \frac{1}{\sqrt{6}}\\ -\frac{1}{\sqrt{3}} & 0 & \frac{2}{\sqrt{6}}\end{pmatrix}$.

4. $f(x_1, x_2, x_3)=y_1^2-y_2^2$. **5.** 标准形为 $f(x_1, x_2, x_3)=y_1^2+2y_2^2$，正惯性指数为 2.

6. $a>\frac{1}{2}$，$b>-\frac{7}{2}$. **7.** 略. **8.** 略.

9. $f(x_1, x_2)=2y_1^2+8y_2^2$，$\frac{y_1^2}{2}+2y_2^2=1$，变换矩阵

$$\boldsymbol{P}^{\mathrm{T}}=\begin{pmatrix}\frac{\sqrt{2}}{2} & \frac{\sqrt{2}}{2}\\ \frac{\sqrt{2}}{2} & -\frac{\sqrt{2}}{2}\end{pmatrix}=\begin{pmatrix}-\cos\left(2\times\frac{5\pi}{8}\right) & -\sin\left(2\times\frac{5\pi}{8}\right)\\ -\sin\left(2\times\frac{5\pi}{8}\right) & \cos\left(2\times\frac{5\pi}{8}\right)\end{pmatrix}=\begin{pmatrix}-\cos 2\theta & -\sin 2\theta\\ -\sin 2\theta & \cos 2\theta\end{pmatrix},$$

其中 $\theta=\frac{5\pi}{8}$.

所以，该正交变换几何意义是以 $\theta=\frac{5\pi}{8}$ 方向为镜面的镜射.经过该镜射变换，在新的坐标系下，二次曲线为标准椭圆.

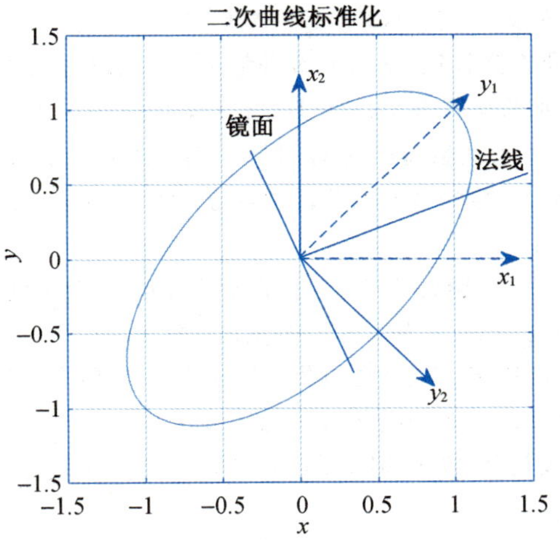

10. 提示：(1)设二次型 $f(x_1, x_2, \cdots, x_n)$ 的秩为 r，f 为半正定的充分必要条件是其标准形 $f=d_1y_1^2+d_2y_2^2+\cdots+d_ry_r^2\geqslant 0$.若正惯性指数 $p=r$，则 $d_i\geqslant 0$ $(i=1, 2, \cdots, r)$，故 $f=d_1y_1^2+d_2y_2^2+\cdots+d_ry_r^2\geqslant 0$.若二次型 f 为半正定，则必有 $d_i\geqslant 0$ $(i=1, 2, \cdots, r)$.故正惯性指数 $p=r$.(2)二次型 $p=r$ 可通过正交变换化为标准形.(3)由(2)可直接推出.

(B)

1. $[-2, 2]$. **2.** (1) $a=-1$； (2) $f(x)=\boldsymbol{x}^{\mathrm{T}}(\boldsymbol{A}^{\mathrm{T}}\boldsymbol{A})\boldsymbol{x}=2y_2^2+6y_3^2$. **3.** 略.

4. (1) $\boldsymbol{A}=\begin{pmatrix}\frac{1}{2} & 0 & -\frac{1}{2}\\ 0 & 1 & 0\\ -\frac{1}{2} & 0 & \frac{1}{2}\end{pmatrix}$； (2) 略. **5.** (1) $a-2, a, a+1$； (2) $a=2$.

参考文献

[1] 曹殿立,曹洁.线性代数课程思政建设的认识与实践[J].课程教学,2021(9):91-94.

[2] 曹洁,曹殿立,马巧云,等.融合思政的线性代数在线课程教材内容研究[J].科教导刊,2020(8):116-117.

[3] 曹殿立,苏克勤,曹洁.融合思政教育的线性代数在线课程教材建设研究[J].科教文汇(下旬刊),2020(2):49-50.

[4] 杨琳,王璇,申莹莹,等.新时代下大学数学课程融入思政元素探析——以定积分和矩阵乘法为例[J].中国多媒体与网络教学学报(上旬刊),2021(5):230-232.

[5] 季超越,丁丹.线性代数课程教学融入思政元素研究[J].中国教育技术装备,2021(2):110-111, 114.

[6] 李晓红.浅谈线性代数中的哲学思想[J].教育教学论坛,2017(39):219-220.

[7] 姚慧丽.融入课程思政的"线性代数"教学的探讨与实践[J].黑龙江教育(理论与实践),2021(8):9-10.

[8] 杨威,陈怀琛,刘三阳,等.大学数学类课程思政探索与实践——以西安电子科技大学线性代数教学为例[J].大学教育,2020(3):77-79.

[9] 刘方红,曹秀娟,王言英.《线性代数》课程思政教育专题研究[J].公关世界,2020(20): 2.

[10] 习近平.习近平谈治国理政:第2卷[M].北京:外文出版社,2017.

[11] 华罗庚.大哉数学之为用:华罗庚科普著作选集[M].上海:上海教育出版社,2018.

[12] 梁宗臣.数学家传略辞典[M].济南:山东教育出版社,1989.

[13] 中国大百科全书总编辑委员会《数学》编辑委员会.中国大百科全书:数学[M].2版.北京:中国大百科全书出版社.1998.

[14] 树人,姜葳.陈景润传[M].长春:时代文艺出版社,2012.

[15] 韩雪涛.好的数学:方程的故事[M].长沙:湖南科学技术出版社,2012.

[16] 杜瑞芝.数学史辞典[M].济南:山东教育出版社,2000.

[17] 王泽辉.现代密码学与金融信息安全技术[M].广州:暨南大学出版社,2004.

[18] 王树和.数学聊斋[M].3版.北京:科学出版社,2015.

[19] 吴军.数学之美[M].北京:人民邮电出版社,2012.

[20] 郭书春,刘钝校点.算经十书(一)[M].沈阳:辽宁教育出版社,1998.

[21] 郭书春,刘钝校点.算经十书(二)[M].沈阳:辽宁教育出版社,1998.